AF357383

(Mq. titre et explication des planches
1815.)

MONOGRAPHIE

DES

GUÊPES SOCIALES,

OU DE LA

TRIBU DES VESPIENS,

OUVRAGE FAISANT SUITE

A LA MONOGRAPHIE DES GUÊPES SOLITAIRES,

PAR

Henri de SAUSSURE.

Cahier *10*

PRIX : 6 FR.

PARIS,
VICTOR MASSON,
PLACE DE L'ÉCOLE-DE-MÉDECINE,

GENÈVE,
JOËL CHERBULIEZ,
RUE DE LA CITÉ,

1857.

PRÉFACE.

La bienveillance avec laquelle le public a accueilli la *Monographie des Guêpes solitaires*, m'a encouragé à poursuivre mes Études sur la famille des Vespides, et cet ouvrage a pris une extension que j'étais loin de vouloir lui donner dans l'origine, et que je ne supposais même pas pouvoir naître d'un sujet en apparence restreint.

Cette famille était, plus qu'aucune autre, abandonnée à un désordre toujours croissant, quoique bien anciennement signalé par Latreille lorsqu'il écrivait dans son *Genera* cette phrase significative : « *Utinam exurgat alius Kirby qui hanc familiam elucubrat !* » Un travail général était donc absolument nécessaire. Malheureusement, la publication de cet ouvrage a marché avec une extrême lenteur et a été brusquement interrompue par un voyage transatlantique qui, pendant vingt mois, m'a tenu éloigné de mes foyers. Diverses autres circonstances, telles que l'arrivée incessante de matériaux nouveaux et souvent le manque de livres, ont retardé la rédaction de la partie générale de ce second volume, en sorte que le troisième a paru avant l'achèvement complet de celui qui aurait dû le précéder.

Il est nécessaire aussi de rappeler au lecteur que trois années se sont écoulées entre la publication de la seconde partie de ce volume et celle de la première. Ce long intervalle expliquera plusieurs discordances entre les faits avancés dans chacune de ces parties, car une étude plus approfondie nous amène toujours à modifier nos vues.

On trouvera dans les pages qui suivent des détails nombreux sur la nidification des guêpes et la description d'un grand nombre de guépiers. Il aurait été intéressant d'ajouter à l'histoire de la nidification celle des mœurs des guêpes, de leurs évolutions, de leurs faits et gestes, de la nature de leurs sociétés. Mais cette étude, qui, malgré les beaux travaux de Réaumur, est encore presque neuve, exige plusieurs années d'observation ; il faut avoir, pour la faire avec fruit, la patience d'un Huber, et je me réserve cette tâche pour le moment où je pourrai vaquer en paix à une suite d'observations sédentaires. Elle sera l'objet d'un *Complément aux Études sur la Famille des Vespides*, et formera, s'il est en mon pouvoir de réaliser ce projet, un nouveau volume.

Ici encore je viens remercier avec sincérité tous ceux qui ont bien voulu mettre à ma disposition des matériaux et des ressources de quelque genre qu'ils soient (1). Tout ce qui se rapporte à l'histoire de la nidification m'a particulièrement intéressé. C'est à M. le professeur Milne-Edwards que je dois à cet égard les plus grandes obligations. Je dois beaucoup aussi à la complaisance de M. Gray, directeur des collections zoologiques du British-Muséum. Je prie ces savants d'agréer l'expression de ma sincère reconnaissance.

(1) Voyez la Préface de la *Monographie des Guêpes solitaires.*

INTRODUCTION.

Le goût de l'entomologie fait tous les jours de si nombreuses conquêtes, que le nombre de ses productions prend des proportions effrayantes. Les livres, les mémoires, les travaux de toute espèce dont ses inépuisables ateliers inondent journellement le monde, forment une vaste collection qu'aucune bibliothèque ne saurait plus renfermer en entier et qui s'augmente dans une progression toujours croissante. Cependant, en dépit de cette extrême prodigalité des esprits, on ne remarque pas dans cette science des progrès d'une immense importance. La grande majorité des travaux entomologiques est assez indiquée par le simple énoncé de leur titre. Ils ajoutent presque tous quelques détails à tant d'autres; mais changent rarement la direction de la voie suivie jusqu'alors.

Pourquoi donc ferais-je, selon l'usage habituel, précéder cet écrit d'un exposé historique? J'en ai dit assez, à ce sujet, dans la *Monographie des Guêpes solitaires*, et le peu que j'aurais à ajouter se trouvera dans la liste des mémoires cités. Il est cependant quelques noms qu'on ne peut omettre de célébrer, quelle que soit la branche de l'entomologie qu'on aborde; il en est d'autres qui se rattachent avec éclat à l'histoire des guêpes. Je mentionnerai avec soin soit les uns, soit les autres dans les pages qui suivent, mais je ne veux point entamer une sèche énumération des auteurs et des livres qu'ils ont enfantés ; je préfère parler de chacun à mesure que l'occasion s'en présentera, et j'espère ne faire aucun oubli dans l'exposition de leurs mérites.

Je me bornerai donc à parler ici des traditions que les travaux des anciens nous ont conservées au sujet des guêpes, et qui ne méritent d'être rappelées que pour l'absurdité des opinions auxquelles pouvait alors s'attacher l'esprit humain.

L'évêque Isidore suit Ovide dans ses métamorphoses, et fait naître les guêpes d'un cheval mort dans les combats, de même que les abeilles, dans l'opinion des Grecs, trouvaient leur origine dans les restes inanimés d'un fougueux taureau, et un des proverbes conservés par Aristote prouve qu'ils comparaient à nos insectes les épouses acariâtres (1). On les faisait aussi sortir des viscères d'un loup, c'est pourquoi, dans son poëme intitulé *Theriaca*, Nicander de Colophon appelle les Guêpes λυκοσπαδεσ. Ces misérables fables se sont perpétuées avec quelques variantes durant tout le Moyen-Age et se virent consignées avec foi dans divers auteurs : Vincent, abbé de Beauvais, le Pline du Moyen-Age (2), fait sortir les guêpes de la tête pourrie d'un vieux cerf, d'autres, de la terre ou de l'intérieur des fruits gâtés, etc. Ces erreurs peuvent s'expliquer par le fait que les guêpes se nourrissent de viande et de fruits et qu'on les voit souvent s'attaquer à ces substances qu'elles dévorent et creusent avec voracité ; les observateurs superficiels de l'antiquité, ayant vu sortir des guêpes du corps de quelques animaux morts ou de quelques fruits excavés à force d'être rongés, n'ont pas manqué de supposer qu'elles y avaient pris naissance. Les idées de génération spontanée ont du reste toujours été en grande faveur chez les peuples anciens,

(1) καίρετε αελλοπόδων θυγατερες ὶππῶν.

(2) Il mourut en 1256, après avoir compilé tous les ouvrages scientifiques de l'antiquité (Spécul. Doct. lib. II).

dont les sciences, encore rudimentaires, se résumaient toutes dans un système théogonique ayant pour base la terre créatrice, et où l'origine du monde et des êtres vivants s'expliquait par un panthéisme obscur. La boue et les substances organiques en état de décomposition servaient de milieu fécond, parce qu'elles offrent à l'esprit un certain vague et une absence de forme qui récèle tout ce que l'on veut et d'où l'imagination peut faire surgir des créations infinies. La première est comme la substance terrestre, elle ne revêt aucune forme, elle est prête à se mouler; les secondes représentent la matière organique en voie de transformation, et il était naturel de penser que la recomposition suivît la décomposition. Aussi les Egyptiens, dans leur système cosmogonique faisaient-ils naître le genre humain des limons du Nil, et Diodore de Sicile, en rendant compte de ces faits (1), cite, comme preuve, la grande fertilité du sol qui non seulement produit des plantes, mais aussi des rats : « L'on voit encore dans la Thébaïde une contrée où naissent spontanément des rats si prodigieux par leur grosseur et leur nombre que le spectateur en reste frappé de surprise, et que plusieurs de ces animaux, formés seulement jusqu'à la poitrine et les pattes de devant, se débattent, tandis que le reste du corps, encore informe et rudimentaire, demeure engagé dans le limon fécondant. Il est donc évident qu'après la création du monde, un sol aussi propice que celui de l'Egypte a dû produire les premiers hommes. » Et plus loin, le même auteur dit : « Au moment où les eaux se retirent, le soleil, qui dessèche la surface du limon, produit, dit-on, des animaux dont les uns sont achevés tandis que les autres ne le sont qu'à moitié et demeurent adhérents à la terre. »

Telles sont les croyances sur lesquelles se basèrent les singulières erreurs qui surgirent au sujet de l'origine des guêpes et dont la première observation des faits a aussitôt fait justice.

Les guêpes n'offrant pas à l'humanité d'utilité directe, n'ont joué dans l'antiquité aucun rôle qui puisse être rapproché de

____

(1) Livre I, chap. x.

celui des abeilles. On ne les trouve pas reproduites sur les monuments ni figurées dans les hiéroglyphes. Quoique souvent des dessins de ce genre semblent se rapprocher de leurs formes, rien ne paraît indiquer qu'ils se rapportent aux guêpes plutôt qu'aux abeilles, et tout semble prouver, au contraire, que ce sont ces dernières qu'ils doivent représenter. Telle est du moins la conclusion à laquelle m'a conduit l'examen de plusieurs de ces figures anciennes qui m'ont été soumises dans le but de les étudier.

CHAPITRE I.

DE LA TRIBU DES VESPIENS EN GÉNÉRAL.

Pour la même raison que je nomme EUMÉNIENS la tribu des guêpes solitaires et MASARIENS celle qui a pour premier type le genre *Masaris*, j'ai appliqué à la tribu des guêpes sociales le nom de VESPIENS. Je préfère ce terme à celui de *Polistides* que Lepeletier de Saint-Fargeau lui avait assigné, parce que le genre Vespa est de fondation plus ancienne que le genre Polistes, et que, par conséquent, il doit donner le nom à la tribu. Cette considération étant admise, la famille ne sera plus désignée par des noms arbitraires, d'autant plus nombreux que chaque auteur croit devoir inventer le sien. Il ne sera plus parlé de *Diploptères*, de *Diploptcriges*, d'*Odynerites*, ni de *Polistides*, mais on devra se borner à ceux de VESPIDES, *Masariens*, *Euméniens* et *Vespiens*.

ART. I. *De la classification des Vespiens*.

Par la classification, j'entends deux objets :

1° Classer toute la tribu à sa place dans l'ordre des Hyménoptères ;

· 2° Assigner à chaque genre la place qui lui convient dans la tribu elle-même.

Pour bien fixer le premier point, il faudrait définir le groupe, décrire ses caractères, les comparer à ceux d'autres groupes ; mais pour ce qui en est, je renvoie à l'introduction des guêpes solitaires, p. xvi (1), afin de ne pas retomber dans des répétitions inutiles. Partant, il ne me resterait qu'à arranger les genres

---

(1) Ouvrage cité, page xxii, 4ᵉ ligne, à partir du bas, *au lieu de :* 12, *lisez :* 2.

des Vespiens dans un ordre méthodique ; mais dans le but de faciliter encore la distinction des *Vespiens* et des *Euméniens*, j'établirai le tableau suivant :

VESPIENS.

1° Chaperon terminé angulairement par une dent. Abdomen variable.

2° Chaperon polygonal, échancré, nullement terminé par une dent (1). Abdomen entièrement sessile. Mandibules aussi larges que longues.

Armure des tibias intermédiaires composée de deux épines.

Crochets des tarses simples (sauf exception).

EUMÉNIENS.

Chaperon n'étant jamais terminé par une dent. Abdomen variable. Mandibules longues, aiguës, jamais aussi larges que longues.

Armure des tibias intermédiaires n'ayant qu'une seule épine.

Crochets des tarses dentés.

Je passe maintenant au second point, c'est-à dire à l'établissement des genres et à leur arrangement.

ATR. II. *De la division de la tribu en genres.*

Avant de me fixer sur les coupes naturelles que je croyais devoir adopter, j'ai dû examiner avec attention quels étaient les organes sur lesquels portent les modifications, et parmi ces derniers, lesquels les offrent avec le plus de fixité. Dans cette analyse, je suis arrivé au même résultat que pour les Euméniens (voyez la *Monog. des Guêpes solit.*, p. xxiii), avec quelques différences toutefois, que je vais signaler. Les ailes et les mandibules m'ont présenté les mêmes analogies, mais j'ai trouvé dans les palpes si peu de variété que leur étude peut être négligée sans le moindre risque d'erreur. Le chaperon, au contraire, et les formes extérieures m'ont offert des caractères parfaitement fixes et parfaitement concordants, inversement à ce que l'on observe chez les Euméniens.

En parcourant la série des organes, on arrive aux résultats suivants :

____

(1) Genre Vespa.

1° *Aile*. L'innervation alaire offre les deux mêmes modes que dans les Euméniens, c'est-à-dire que la deuxième nervure récurrente s'insère tantôt dans la deuxième tantôt daus la troisième cellule cubitale (1).

2° *Mandibules*. Elles sont toujours moins longues que dans les Euméniens et forment, par leur réunion, un bec obtus, étant tronquées obliquement à l'extrémité (pl. iii, fig. 5 ; pl. xiv, fig. 3, 4, 6, 7 ; pl. xxvi, fig. 7 *a*). Mais à cet égard l'on distingue sans peine deux types particuliers :

Le premier, et de beaucoup le plus fréquent, a une forme plus ou moins allongée et se termine par une troncature oblique (pl. iii, fig. 4 ; pl. xviii, fig. 4 *c* ; pl. xxi, fig. 1 *c* ; pl. xxxiv, fig. 1 *c*). Les mandibules sont quelquefois assez longues pour se croiser (pl. xviii, fig. 5, 6), et elles forment toujours un bec plus ou moins avancé lorsqu'elles se joignent par le bout. Si elles sont très courtes, elles peuvent se replier derrière le chaperon (pl. vi, fig; 1 *c*).

Le second type ne consiste qu'en une pièce carrée, très courte, très épaisse et ayant une grande force (pl. xiv, fig. 1 *c*). Les deux mandibules combinées forment comme un bec de perroquet (pl. xiv, fig. 3, 4).

3° *Chaperon*. Ou pentagonal, terminé en bas par une dent ou un angle (pl. ii, fig. 2 *f* ; pl. xxi, fig. 1 *d* ; pl. xxiii, fig. 1 *a* ; pl. v, fig. 6 *c*, 2 *a*, etc.), souvent arrondi au bout (pl. iii, fig. 5 ; pl. xviii, fig. 6 *a*) ; ou polygonal, terminé par une troncature ou une échancrure (pl. xiv, fig. 3, 4, 6, etc.).

Ces deux formes marchent toujours de pair avec celle des mandibules : le premier type de l'un de ces organes ne se rencontre que là où le premier de l'autre figure aussi et *vice versâ*.

On voit par là que ces formes de chaperon ne sont pas de simples accidents sans importance, mais qu'ils jouent un véri-

____

(1) Dans le tableau que l'on voit à la page xxii de l'Indrod. des *Guêpes solit.* cette variété de forme est signalée à titre de caractère spécial des Euméniens. Depuis, le genre Anthénéïda m'a montré l'existence du même fait chez les Vespiens.

table rôle zoologique, ce que *leur* constance indiquait du reste suffisamment.

4° *Formes du corps.* Elles sont remarquablement tranchées et en général très uniformes dans un même genre. On ne peut pas dire d'elles, comme chez les Euméniens, que l'étranglement de l'abdomen soit un caractère sans importance, car il existe des limites très appréciables entre les formes d'abdomens sessiles et celles d'abdomens pédicellés.

5° *Les palpes.* Le nombre de leurs articles est toujours très fixe : on en compte quatre aux labiaux et six aux maxillaires ; je n'ai rencontré dans les guêpes sociales qu'une seule exception à cette loi, qui sert à caractériser le genre *Ischnogaster*.

Voici à quel groupement nous ont conduit les considérations qui précèdent :

Ire SECTION. *La deuxième et la troisième cellule cubitale recevant chacune une nervure récurrente.*

Cette section ne comprend qu'un genre encore peu connu.

1. Anthrineidea White. Deuxième cubitale pédonculée, abdomen pédicellé (page 245).

IIe SECTION. *La deuxième cellule cubitale recevant les deux nervures récurrentes.*

1er Groupe. *Mandibules grosses, très courtes ; chaperon terminé par un bord ou une échancrure.*

2. Vespa Linn. Corselet globuleux, abdomen entièrement sessile (page 110).

2e Groupe. *Mandibules plus ou moins allongées, tronquées obliquement. Chaperon terminé par une dent ou arrondi au bout.*

A. Les *infundibuliventres.* Abdomen fusiforme.

3. Polistes Fab. Corselet plus ou moins allongé ; abdomen

subsessile, le premier segment en entonnoir (pages 43, 104, 242).

B. Les *pédonculiventres.* Premier segment de l'abdomen rétréci en un pétiole.

4. Icaria (mihi). Pétiole médiocre, en massue; deuxième segment très grand, chevauchant sur le troisième (p. 22, 236).

5. Polybia Lepel. Pétiole variable; deuxième segment ne recouvrant pas le troisième; chaperon angulaire (1) (p. 163).

6. Apoïca Lepel. Pétiole linéaire; abdomen cylindrique, allongé; le troisième segment aussi grand que le deuxième ; ce dernier n'étant pas pédicellé (p. 106).

7. Belonogaster (mihi). Pétiole linéaire, deuxième segment longuement pédicellé, chaperon terminé par une dent; palpes maxillaires de cinq articles seulement (p. 235, 12).

8. Synœca Sauss. Pétiole subcampanulé ; le resté de l'abdomen très conique; prothorax rétréci (p. 157).

9. Mischocittarus (mihi). Pétiole linéaire ; chaperon insensiblement échancré au bout (p. 19).

10. Ischnogaster Guérin. Pétiole linéaire ; chaperon arrondi au bout; deuxième cubitale n'étant pas rétrécie vers la radiale (p. 6).

C. Les *sessiliventres.* Abdomen sessile ou subsessile.

11. Chartergus Lepel. Premier segment de l'abdomen cupuliforme, emboîtant le deuxième; postécusson placé à la suite de l'écusson (p. 216).

12. Nectarinia Shuck. Premier segment de l'abdomen *très petit,* le deuxième très grand, chevauchant sur le troisième; postécusson placé *sous* l'écusson, sur la tranche du métathorax (p. 225).

____

(1) Sauf exception.

Au premier abord, les caractères énoncés ne paraissent pas être tous d'une assez grande importance pour permettre la formation d'un nombre de genres aussi considérable. Mais après s'être familiarisé avec les Vespiens, on voit que les coupes sont très nettes, et que ces genres ne pourraient être réunis facilement. L'étude des mœurs est de plus un grand guide à consulter ; elle montre qu'à chacune de ces formes correspondent des habitudes diverses, et que, par conséquent, il réside dans les divergences extérieures plus que de simples variétés de formes.

Les auteurs avaient établi beaucoup de coupes génériques que je n'ai pas adoptées, parce que je n'ai pu trouver entre elles de limites distinctes, et ceci s'applique surtout aux nombreuses sections des *Polybia* qui s'enchaînent entre elles avec la même intimité que le font les sections si variées des Odynères.

Enfin il m'a été indispensable de créer plusieurs noms de genres nouveaux pour des insectes qui, quoique anciennement connus, n'avaient su être distingués des Euméniens, et se trouvaient arbitrairement classés dans des genres desquels on ne saurait les rapprocher.

Je donne, planche I, un essai d'arrangement des genres, de même que je l'ai fait pour les guêpes solitaires, car, obligé comme on l'est de les placer bout à bout dans une monographie, leurs affinités risqueraient de ne pas être saisies si elles n'étaient représentées par un tableau, quelque défectueux que soit toujours ce dernier.

Art. III. *Des différences sexuelles.*

On peut répéter, quant à ce qui touche ces différences, ce qui a déjà été dit à propos des guêpes solitaires (voyez *Monog. des Guêp. solit.* Ire partie, p. XXXIII). Chez les guêpes sociales, on voit de même les antennes des mâles se terminer par un crochet (*Icaria*), ou par une spirale (*Belonogaster* et certains *Polistes*, pl. II, fig. 2 *d*), être simplement arquées (*Mischocyttarus, Polistes,* pl. III, fig. 6, pl. XII, fig. 4), ou être simples comme dans les femelles (*Vespa*). Ces détails sont de peu d'importance et varient souvent dans un même genre.

Le nombre des articles antennaires des mâles est de treize comme dans les Euméniens, le nombre de leurs segments abdominaux est aussi de sept, mais la forme du chaperon ne paraît pas varier sensiblement avec le sexe ; ses couleurs aussi sont moins variables. Du reste les mâles sont relativement rares dans cette tribu, rares surtout dans les collections, ce qui s'explique suffisamment par les mœurs de ces insectes chez lesquels les mâles ne vivent que peu de temps et n'existent durant une partie de la saison qu'à l'état d'œuf ou de larve.

Ici un nouvel état de chose surgit. Un troisième ordre d'êtres prend place à côté des deux sexes, c'est celui des ouvrières, dont la légion est la plus grande ; les ouvrières sont des femelles imparfaites, mais la distinction d'avec les vraies femelles n'est pas toujours facile à établir. Il est à mes yeux certain que les ouvrières apparaissent sous plusieurs formes plus ou moins parfaites, et qu'il existe à cet égard toutes les nuances possibles depuis l'ouvrière la plus complétement asexuelle jusqu'à la femelle la plus féconde, nuances qui peuvent tenir aux circonstances ambiantes du cours du développement de l'insecte. Aussi, dans certains genres, est-on souvent dans l'impossibilité la plus complète de décider entre ces deux états de l'espèce. Je vais même plus loin dans mes suppositions : je soupçonne que certains genres exotiques ne possèdent peut-être pas d'ouvrières, et que tous les travaux s'exécutent par des femelles fécondes, mais il n'est pas permis de rien formuler de positif sans avoir observé sur place.

En thèse générale, l'ouvrière diffère de la femelle par sa taille moins grande et par ses couleurs moins vives, mais ce n'est que par la comparaison des individus entre eux qu'on arrive à les distinguer avec plus ou moins de certitude, certitude toujours médiocre, puisque dans un même nid telle ouvrière peut être plus grande que telle femelle féconde selon la saison qui l'a vue naître. Cette distinction n'a du reste aucune importance réelle, puisque, zoologiquement parlant, l'ouvrière est une véritable femelle, qu'elle en offre les formes et les couleurs et qu'elle est aussi munie d'un aiguillon.

CHAPITRE II.

DE LA DISTRIBUTION GÉOGRAPHIQUE DES VESPIENS.

En général, j'ai trouvé, dans l'étude des Vespiens, la confirmation des faunes que m'avait dictées l'étude de la distribution géographique des Euméniens. Mais les premiers sont des insectes plus grands, plus forts, plus nombreux en individus sinon en espèces, et il est naturel que chaque espèce occupe des régions plus étendues. Ainsi la *Vespa vulgaris* s'étend depuis la Laponie jusqu'au midi de l'Europe ; les *Vespa germanica* et *Crabro*, sur l'Europe et la barbarie ; la *V. orientalis*, depuis la Grèce jusqu'aux Indes orientales, etc. Les faunes sont donc moins nombreuses et plus vastes.

Mais si au lieu d'envisager cette distribution d'après les espèces, on le fait par genres ou par groupes naturels, on remarque des faits du plus haut intérêt. Tandis que les Euméniens sont dispersés sans ordre apparent sur toute la surface du globe, les Vespiens offrent le frappant exemple de types localisés dans certaines régions ou bannis de telle autre. On peut tracer à cet égard des règles parfaitement fixes.

Le nombre des espèces est bien moins considérable qu'il ne l'est dans les guêpes solitaires, mais comme chacune d'elles forme des amas nombreux d'individus, l'espèce est néanmoins plus répandue à la surface du globe. Le nombre des individus ne peut, dans les Euméniens, atteindre à des limites extraordinaires. Chez eux, chaque ponte ne fournit qu'une progéniture peu nombreuse, toujours limitée par la faiblesse de la mère, qui n'a d'autre ressource que ses propres forces dans l'établissement du berceau de sa descendance. Combien de puissance au contraire la guêpe sociale trouve à sa disposition ! Son premier effort est, il est vrai, aussi rude que celui de la guêpe solitaire ; une mère unique fonde aussi par ses seules forces le nid où doit grandir sa famille ; mais bientôt cette même famille s'augmente ; nombre d'ouvrières se chargent d'étendre les limites de la demeure qui, prenant des proportions considérables, peut renfermer une ponte nombreuse, à son tour souche d'une peuplade entière. Ainsi, dans une même saison, la descendance d'un seul individu s'augmente outre mesure et va croissant selon une progression géométrique dont la raison est fort élevée et dont le nombre des termes (ou des pontes) peut, dans les années et dans les climats chauds, atteindre un chiffre extraordinaire. Des nids avancés contiennent souvent plusieurs milliers d'habitants ayant tous une origine commune dans la mère, qui, dès les premiers jours du printemps amasse les premières parcelles de sa charpente.

Il résulte de cet admirable ordre de choses que dans toutes les contrées les guêpes sociales figurent au nombre des insectes les plus communs, quoique, dans plusieurs d'entre elles, le nombre de leurs espèces ne dépasse pas six ou huit.

2. Ainsi partout où existent les guêpes sociales, elles doivent être communes. Cependant, dans les régions froides voisines des pôles ou sur les plateaux froids aussi, en raison de leur position élevée, cette règle est de plus en plus infirmée. En effet, nous avons vu qu'à partir du printemps le nombre des individus va croissant selon une progression géométrique dont la raison est fixée par le nombre d'œufs que produit chaque guêpe et dont le nombre des termes est égal à celui des pontes. Pour que le nombre des individus devienne le plus grand possible, il faut que la raison et que le nombre des termes soient considérables, c'est-à-dire que le nombre des œufs pondus et réussis d'une part, le nombre des pontes de l'autre, atteignent eux-mêmes à des chiffres élevés. Or, plus la région où vit l'animal est chaude, plus ses facultés reproductrices sont stimulées, plus le nombre d'œufs pondus sera grand et plus il y en aura de féconds dans le nombre. De même, plus la région sera chaude, plus le développement de chaque ponte sera rapide, grâce aux lois chimiques et physiologiques qui en règlent la marche, plus, par

conséquent, les individus éclos seront rapidement mis à même de pondre à leur tour, et plus il pourra se succéder de pontes dans l'espace d'une saison. C'est à cette cause qu'il faut attribuer l'abondance extraordinaire des guêpes dans les étés chauds et leur rareté relative dans les froids. Il découle donc de là que les régions froides de notre globe ne peuvent être habitées que par des guêpes rares en individus, et, relativement aux autres insectes, d'autant plus rares, que le nombre de leurs espèces est très restreint.

La loi de décroissance dans le nombre des espèces et des individus, si patente et si connue pour les régions circumpolaires, est pour les guêpes d'autant plus exagérée que l'accroissement numérique de leurs espèces dans le sens de l'équateur est plus extraordinaire. Néanmoins les guêpes s'étendent jusque dans les régions les plus septentrionales.

3. Chaque partie du globe, autant qu'il nous est encore connu, paraît posséder ses espèces de Vespiens. Sans doute il est des contrées qu'aucun investigateur n'a encore étudiées et où l'exception pourra surgir, mais comme la règle a cependant un haut degré de généralité, il n'est permis de révoquer en doute l'existence de cette tribu que dans les cercles parfaitement connus où leur absence a été constatée.

Or, jusqu'à ce jour, l'absence de ces insectes n'a été remarquée que dans une seule zone, la côte occidentale de l'Amérique méridionale, savoir la bande de terre représentée par le Chili, la côte de Bolivie et celle du Pérou. Ce qui nous autorise à penser ainsi, c'est l'exploration soigneuse et patiente qu'en a faite M. Claude Gay, qui pendant de longues années s'est appliqué à rassembler les matériaux d'une histoire physique de ces contrées. Dans les nombreuses et riches collections entomologiques de ses voyages, je n'ai vu figurer aucune guêpe sociale, et cependant l'ordre des Hyménoptères y est richement représenté. M. d'Orbigny n'a pas non plus rapporté un seul vespien de cette partie de l'Amérique, qui, du reste, offre une création toute spéciale et tout exceptionnelle pour ce qui tient aux guêpes solitaires (1). Il n'en est pas de même du versant occidental des montagnes rocheuses. La Californie nous a fourni une Vespa et plusieurs Polistes. Selon divers rapports, les guêpes y abondent.

4. La distribution des guêpes sociales sur la surface du globe peut se formuler comme suit :

a. *Coup d'œil général.* Les sessiliventres sont répandus sur tous les continents. Les infundibuliventres habitent toute la surface de la terre. Les pédonculiventres sont limités dans les pays chauds et entièrement bannis de la zone tempérée de l'hémisphère boréal.

Or, pour parler un langage plus scientifique, en prenant en considération les groupes naturels plutôt que les formes extérieures, on peut dire que :

Les Phragmocyttares sont tous limités dans les régions chaudes de l'Amérique;

Les Stelocyttares gymnodomes habitent la totalité du globe;

Les Stelocyttares calyptodomes sont probablement exclus de l'Amérique méridionale.

b. *Des groupes naturels limités à certaines régions.* Ici rentrent tout d'abord les genres compris sous le nom de Phragmocyttares, c'est-à-dire *Nectarinia Chartergus, Tatua, Polybia* (2), *Synœca*, et enfin les *Apoïca* et *Mischocyttarus*, qui, quoique appartenant à un autre groupe, sont aussi limités dans les régions chaudes du continent américain, depuis les bouches du Rio-de-la-Plata jusqu'aux confins septentrionaux du Mexique, y compris les Antilles.

L'Afrique nourrit les *Belonogaster*, genre très naturel, propre à tout le continent africain, à l'Arabie et aussi à Madagascar.

Les Icaria représentent les Polybies dans l'ancien monde; elles ne dépassent guère non plus les pays tropicaux, s'étendant

____

(1) Voyez la monographie de ces dernières. Prem. part., p. XLVII, 17.

(2) Font exception toutefois la section des *Polybia* nommée *Parapolybia* qui habite l'archipel Indien.

sur l'Afrique, Madagascar, les Indes et sur l'archipel, et se continuent, quoique dans des régions moins torrides, sur la Nouvelle-Hollande, la Tasmanie et l'archipel de l'océan Pacifique.

c. *Des genres répandus sur toute la surface du globe*, le genre *Polistes* qui représente à lui seul les *infundibuliventres* est l'exemple le plus frappant de l'universalité géographique d'un même groupe. Partant, où il existe des Vespiens, les Polistes abondent, et, chose très singulière, avec cette immense dispersion de ses représentants, il offre cependant une parfaite homogénéité; quelle que soit la distance qui sépare le lieu d'habitation de deux espèces, quelle que soit l'étendue des océans jetés entre leurs patries, elles sont toujours de formes identiques.

Après les Polistes, ce sont les Vespa, ou guêpes proprement dites, qui couvrent la plus grande étendue de terre. Elles peuplent en abondance l'Amérique du Nord, l'Europe, l'Afrique et l'Asie entière, l'archipel indien et la Nouvelle-Hollande (1), mais nous n'en connaissons aucune de l'Amérique méridionale, contrée du reste suffisamment munie de guêpes par la grande abondance des autres genres (2).

5. Comme on peut en juger, la distribution des Vespiens est parfaitement nette et facile à saisir. Mais comme, en général, à chacun des genres est attachée une nidification particulière, il n'est pas sans intérêt de chercher le rapport entre le mode de nidification et le pays qui en est le siége, et quoique j'anticipe ici sur l'histoire de la nidification, je ne saurais passer sous silence que les diverses formes de guêpiers ont aussi une distribution géographique très remarquable.

Chaque genre ayant sa nidification particulière, on connaîtra la dispersion des nids lorsqu'on saura quel est le mode d'architecture de chaque genre, et ce n'est pas sans étonnement que

(1) Il n'est pas bien certain que la Nouvelle-Hollande soit la patrie de certaines *Vespa*. Ce genre est peut être étranger au continent Austral.

(2) Fabricius indique, il est vrai, plusieurs guêpes comme venant de la Nouvelle-Hollande, mais ces guêpes sont indiennes, et l'auteur a souvent l'habitude de tomber dans la même confusion.

l'on verra l'Amérique du sud être le seul pays où se font les nids en *carton*, ainsi que tous ceux dont nous formons le groupe des Phragmocyttares.

CHAPITRE III.

DE L'ARCHITECTURE DES VESPIENS EN GÉNÉRAL.

La qualité la plus essentielle des guêpes sociales n'est peut-être pas l'instinct qui les porte à vivre en société, car il est probable que plusieurs catégories d'entre elles ne forment que des sociétés très restreintes, mais elle consiste plutôt à savoir construire des alvéoles hexagonales qui s'agglomèrent avec ordre, pour former des rayons ou gâteaux, à la manière des abeilles. Toutefois, ces rayons sont d'un aspect très variable ; tantôt grands et étendus en forme de planche, tantôt n'étant qu'un faisceau ou un petit groupe de cellules. Par analogie, ils porteront toujours le nom de rayon ou gâteau, quoique dans ce cas ils n'aient guère de ressemblance avec les objets auxquels on les a comparés (1).

(1) Ces termes *rayon* et *gâteau* ont d'abord été employés pour les ruches où ils étaient plus naturels. Les gâteaux de miel dans les ruches ont été nommés ainsi, parce qu'ils ressemblent effectivement à des gâteaux ; leur nom de *rayons* leur vient de ce qu'ils sont disposés par étages comme les rayons d'une bibliothèque. On a ensuite appliqué ces termes aux guêpiers des *Vespa*, où l'on trouve des parties très analogues à celles qu'on distingue dans les ruches des abeilles. Pour cette raison il m'a fallu m'en servir aussi pour toute espèce de guêpiers, même pour ceux dont les rayons ne sont plus que de simples agglomérations de cellules, et ne ressemblent pas plus à de véritables rayons qu'une mosaïque d'alvéoles de papier gris ne rappelle l'idée d'un gâteau succulent. Ces termes sont très défectueux et la nécessité d'en avoir d'autres plus précis se fait grandement sentir. Dans le IVᵉ chapitre ce mot *rayon* m'a souvent embarrassé par son identité avec le terme par lequel on désigne le *rayon mathématique* du cercle.

Toutes les guêpes sociales construisent des alvéoles presque toujours hexagonales, dont l'assemblage forme une mosaïque parfaite d'éléments tous égaux et qui ne laissent entre eux aucun vide. Par contre, aucune guêpe solitaire ne possède cette industrie ; beaucoup d'entre elles bâtissent des alvéoles irrégulières et irrégulièrement groupées, mais aucune ne sait rien faire de semblable à ce que nous nommons un rayon, quelque petite qu'elle soit. Cette différence est essentielle.

Les alvéoles ou cellules qui constituent les rayons servent de berceaux aux larves ; celles-ci y sont élevées par la femelle ou par des ouvrières, en sorte que les gâteaux sont de grands nids communs à toute une société. Ces nids ont reçu le nom de guêpiers. Ils réunissent souvent encore d'autres parties, mais à vrai dire, ce qui constitue le guêpier, c'est le rayon ; toutes les autres parties qu'on y peut trouver ne sont qu'accessoires ; beaucoup de guêpiers ne se composent même que du rayon, seul ou multiple, grand ou petit, et, partout où il y a guêpier, il y a rayon. Cette définition doit être bien notée, car on se représente en général par le nom de guêpier un édifice compliqué qui n'est l'attribut que des guêpes les plus industrieuses et qu'on chercherait vainement chez beaucoup d'autres.

Le *guêpier* ou *nid* désigne en général l'ensemble de l'édifice qui sert de demeure aux guêpes, mais un seul rayon isolé, quelque minime qu'il soit, lorsqu'il existe à lui seul, est aussi bien un guêpier que la construction la plus vaste et la plus complexe.

Des rayons en général.

Dans ce chapitre introducteur, je ne parlerai que du *rayon*, qui est le seul élément commun à tous les guêpiers ; dans les chapitres suivants je ferai connaître les autres parties accessoires qui peuvent s'y joindre.

Un *rayon* est le résultat de l'assemblage d'un certain nombre d'alvéoles selon une surface plane ou courbe.

Les *alvéoles* ou *cellules* sont des godets le plus souvent en forme
de prismes hexagonaux, limités par des parois minces et fermés
à un bout par une calotte convexe, en d'autres termes, des
éprouvettes polygonales. Un grand nombre de ces éprouvettes
assemblées, collées les unes aux autres par leurs parois et s'ouvrant toutes d'un même côté, formeront comme un casier en
mosaïque dont une des faces offrira toutes les ouvertures, et
dont l'autre sera une surface bosselée par toutes les calottes
terminales des alvéoles. Telle est l'apparence du rayon. Il faut,
de plus, remarquer que toujours cette dernière surface est la
supérieure, en sorte que les alvéoles s'ouvrent en bas et représentent, pour ainsi dire, des éprouvettes renversées.

C'est dans ces godets que les œufs sont déposés, que les larves
éclosent et grandissent, puis s'enferment et se transforment en
guêpes. Or, les guêpes ont des formes infiniment variées selon
les espèces : les unes sont allongées, extraordinairement grêles;
d'autres grosses et trapues. Il faut naturellement que les alvéoles
des guêpiers dans lesquels s'opère leur développement soient en
rapport avec ces formes et que l'instinct de chaque espèce étant
façonné à ces exigences, dicte à chacune la manière dont elle
doit travailler : tandis que nos Vespa font leurs cellules larges et
peu profondes, les guêpes exotiques à abdomen longuement pédicellé *(Belonogaster, Miscocyttarus, etc.)* les rétrécissent et les
allongent extraordinairement (1).

Les rayons de divers guêpiers suivent une surface courbe ;
ils sont convexes en bas, d'où il résulte que le fond des alvéoles
est plus étroit que leur bouche. La forme du corps des larves
qui les habitent est en général un peu conique et correspond à
celle des alvéoles. La configuration de l'insecte parfait est in-
fluencée par ce fait, et les *Polistes* et les *Nectarinia* dont les
rayons offrent surtout cette particularité, sont aussi précisément
ceux dont l'abdomen est le plus conique.

(1) Je crois que ces guêpes à abdomen extraordinairement long ont, durant leur
transformation et jusqu'à l'éclosion, l'abdomen replié contre le pétiole, ce qui
diminuerait considérablement la longueur de l'insecte et nécessiterait des alvéoles
moins longues.

Il existe aussi entre les alvéoles d'un même rayon des différences notables en ce que celles qui servent de demeures aux mâles et aux femelles sont sensiblement plus allongées que les cellules destinées aux ouvrières. Enfin, elles changent d'aspect avec leur âge : d'abord elles sont courtes et peu profondes, puis les guêpes les allongent à mesure que les larves croissent et exigent des logements plus spacieux ; enfin, lorsque ces dernières sont arrivées au moment de leur transformation en nymphes, les alvéoles sont fermées, comme murées par une calotte soyeuse, convexe, qui s'ajoute à leur extrémité inférieure. On ne sait encore au juste si c'est la larve qui la sécrète ou l'ouvrière qui la construit.

On ne saurait trop admirer cette forme de prisme à base hexagonale qui réalise une si grande économie de place en permettant une exacte juxtaposition sans laisser de vide, et une si grande économie de matériaux en faisant servir chaque paroi simultanément pour deux alvéoles. Réaumur et Huber ont si bien expliqué cet ordre et ces propriétés dans leur travaux sur les abeilles, qu'il serait superflu d'y revenir ici (1). Une attention réfléchie nous montre qu'en cherchant seulement à réaliser la plus grande économie de place, il fallait bien arriver à trouver cette forme de prisme à base hexagonale. Que l'on suppose, en effet, au lieu d'un rayon de cellules polygonales, une planche de cellules cylindriques parfaitement juxtaposées, puis qu'on leur fasse subir une pression transversale et régulière capable de les déformer ; c'est nécessairement la forme hexagonale que prendra chacune d'elles, puisque cette forme est la seule par laquelle les éléments sont assemblés dans un ordre géométriquement régulier et sans laisser aucun vide entre eux, par cette simple raison que chaque cylindre est en contact avec six autres et qu'il est donc écrasé de six côtés à la fois. Réaumur, après avoir observé que souvent les alvéoles ébauchées avaient une forme arrondie, en a conclu que les alvéoles sont primitivement cylindriques et qu'elles ne

---

(1) Voyez le théorème à la fin du premier volume de Huber.

deviennent prismatiques que par la pression exercée sur ses parois par les larves dont le corps s'accroît. Il y a du vrai dans cette supposition, quoique les choses ne se passent pas matériellement ainsi. Souvent, à son début, l'alvéole est arrondie, puis lorsque la larve a grandi et grossi et que les guêpes sentent le besoin de l'allonger afin d'agrandir sa demeure, elles se trouvent dans la nécessité de l'élargir aussi, mais la place leur manque pour les élargir en leur conservant la forme cylindrique; l'alvéole doit donc s'aplatir dans les six points de contact qu'elle a avec les six cellules environnantes, tandis qu'elle s'élargit dans les points intermédiaires qui correspondent aux arêtes des prismes. En donnant à chaque cellule un aplatissement parfaitement égal sur ses six faces et en élargissant chacune d'elles d'une quantité exactement la même dans les six points qui correspondent aux angles et où la cellule peut seule être élargie, on arrivera naturellement et sans grand effort d'esprit à la forme hexagonale. Les guêpes y arrivent tout naturellement en partant des six points tangents du cercle qui sert de base à chaque cellule pour élever la cloison, en ne donnant pas à l'une un élargissement plus grand qu'à l'autre.

La forme géométrique de l'alvéole n'est pas toute moulée dans l'instinct de la guêpe; celle-ci y arrive pour ainsi dire par la force des choses, par une conséquence de l'exactitude des mesures qu'elle applique à ses travaux. Ceci est si vrai, que les alvéoles marginales ne sont polygonales que du côté où elles s'appuyent contre d'autres alvéoles et restent simplement arquées à leur face libre, où rien ne les gêne dans leur voisinage. Dans certains guêpiers exotiques dont les dimensions sont très limitées, qui ne sont qu'un simple faisceau d'alvéoles peu nombreuses, celles-ci conservent la forme cylindrique, parce qu'elles ont amplement place pour se développer, et ne subissent théoriquement aucune pression, c'est-à-dire qu'elles ne sont pas forcément élargies quand même la place manque pour cette augmentation, mais lorsqu'au contraire un rayon est établi subitement et d'un seul jet, la nécessité de gagner de la place, c'est-à-dire de serrer les cellules, fait que, dès le début, les guêpes leur donnent la forme polygonale.

Je pense donc que la guêpe a toujours la tendance de faire des alvéoles cylindriques, que cette forme réside dans son instinct, mais qu'elle se plie à la nécessité et arrive au prisme par *déformation*. En effet, jamais les guêpiers ne sont établis que cellule par cellule ; on ne voit pas les guêpes bâtir d'abord un plancher et élever sur celui-ci des cloisons en zig zag qui, rejointes par des traverses, circonscriraient les alvéoles ; non, l'idée de mosaïque et de *cloisons* n'existe pas dans l'instinct des guêpes, celle de l'*alvéole* y est seule empreinte ; la pensée de l'insecte est uniquement appliquée à la fabrication d'un godet ou d'une éprouvette renversée capable de contenir la larve, et il est naturel que la forme la plus simple soit celle du cylindre ayant un fond arrondi en calotte. C'est cette forme que nous pensons devoir être le type idéal que conçoit la guêpe et ce n'est que par suite d'une nécessité matérielle qu'elle s'en écarte, tout en cherchant à s'y tenir le plus possible (1). Chez les abeilles, il n'en est pas de même ; l'instinct est plus avancé et la structure de leurs cellules paraît être le résultat d'une science innée et invariable ; mais les guêpes et les abeilles, quoique se servant de matériaux différents et quoique ne travaillant pas exactement de la même manière, établissent les unes comme les autres leurs rayons en agglomérant des cellules, jamais en cloisonnant une surface ; les cloisons ne sont que la conséquence, non la cause, de l'existence des alvéoles. Ce fait, bien établi dans l'histoire de l'architecture des abeilles, a été démontré également dans celle des guêpes par les observations du docteur Barclay (2) d'où il ressort que les cloisons sont fermées par un double feuillet qui se continue chacun d'un côté avec le fond de l'alvéole respective à laquelle chacun d'eux appartient. On voit bien par là que la cloison est, non seulement en théorie, mais même en réalité, le résultat de l'accollement des parois de deux cellules, et que, par conséquent, ce que l'on désigne sous le nom d'*alvéoles* n'est pas une fiction théo-

---

(1) Pour cette raison je donne souvent à la cellule cylindrique le nom de cellule *primitive*.

(2) *Mém. Soc.* Werner. II, 260.

rique par laquelle on cherche à désiguer le vide prismatique compris entre les parois qui le limitent, mais qu'il implique l'idée d'un prisme creux véritable, ou d'un godet jouissant bien réellement de ses parois. Chaque alvéole est un réservoir indépendant et le gâteau n'offre pas le résultat d'un système de cloisons bâties sur un fond commun, mais bien l'annexion d'une infinité de prismes creux.

Afin de faire mieux comprendre ma pensée au sujet de ce qui précède, j'y reviendrai au chapitre suivant, où l'on trouvera la chose développée d'une manière géométrique qui servira à faire comprendre comment l'alvéole polygonale naît de l'alvéole cylindrique. Cette dernière, qui est la plus naturelle et la moins savante, a été adoptée par la majorité vulgaire des Hyménoptères, par toutes les races à vie solitaire et par plusieurs autres qui constituent des sociétés imparfaites. Les Bourdons ne savent point encore grouper leurs cellules sur un plan unique et économiser de la place et du travail en ne les séparant que par des cloisons minces. Les guêpes sociales sont infiniment plus avancées ; elles savent établir, les unes des faisceaux de cellules cylindriques habilement groupées ; d'autres, plus habiles, des plans d'alvéoles assez étendus pour que la gêne de ces éléments les force à donner à celles du centre une forme prismatique ; les plus savantes, enfin, construisent des rayons étendus, en mosaïque polygonale, à la manière des abeilles. Quant à celles-ci, elles bâtissent des rayons d'alvéoles parfaitement hexagonales, sans passer par la forme cylindrique et réalisent au plus haut degré l'économie de place et de matériaux en composant leur gâteau d'une double couche d'alvéoles s'ouvrant en dessus et en dessous, et dont les fonds en demi-rhomboèdres, s'emboîtent dans un ordre alterne. Comme architecte, l'abeille est sans doute le plus parfait des insectes, elle l'est individuellement à un bien plus haut degré que la guêpe, par l'étonnante science géométrique qu'elle porte dans son instinct et applique à ses ouvrages, mais si l'on compare la famille des abeilles à celle des guêpes, non plus artisan à artisan, mais peuplade à peuplade, les guêpes auront la palme à titre d'auteurs d'édifices moins admirables mais plus variés.

L'instinct de l'abeille est le plus savant, celui de la guêpe renferme plus d'imagination ; les abeilles sont de bons mathématiciens, les guêpes de bons ingénieurs. J'aimerais presque à dire : les premiers sont des architectes classiques, les seconds des architectes romantiques.

Quoique le *rayon* soit l'essence du guêpier et qu'un rayon seul soit en réalité un guêpier complet, cependant un grand nombre de nids possèdent encore d'autres parties qui leur donnent un aspect très varié. Souvent les rayons sont dérobés aux regards et protégés par des enveloppes multiples ; aussi, à l'extérieur, pourrait-on confondre ces guêpiers avec les nids d'autres hyménoptères, et il peut être utile d'en faire la distinction précise :

Les termites, les fourmis et autres insectes bâtissent des nids en sociétés ; plusieurs de leurs édifices ressemblent extérieurement aux ouvrages des guêpes. Diverses fourmis bâtissent en débris d'écorces des maisons qu'elles suspendent aux branches des arbres ; d'autres rassemblent et accollent des feuilles sèches qu'elles empâtent de diverses matières ; enfin j'ai fréquemment trouvé au Mexique des nids de fourmis d'un papier semblable à celui dont nos guêpiers européens fournissent l'exemple. Mais l'intérieur des fourmillières ne contient pas trace d'alvéoles, ce qui suffit pour les faire distinguer des guêpiers. Il n'est que les guêpes et les abeilles dont les habitations renferment des rayons de cellules hexagonales. Beaucoup d'autres hyménoptères sociaux ou solitaires établissent des alvéoles cylindriques mais elles sont toujours disposées d'une manière irrégulière et ne forment pas de rayons.

Les rayons des abeilles sont doubles, comme je l'ai dit plus haut, tandis que ceux des guêpes sont simples, composés d'un seul plan de cellules dont le fond ou plancher est plat ou en calotte. D'après cela, il sera toujours facile de distinguer un guêpier du nid de tout autre insecte par l'inspection de ses rayons. Ajoutons que les abeilles bâtissent généralement en cire (1),

____

(1) L'architecture des abeilles exotiques n'est pas assez connue pour que cette assertion ne soit quelque peu hasardée.

tandis que les guêpes emploient tout espèce de matériaux papyracés, ligneux ou terreux. La présence du miel dans les alvéoles, qu'on avait considérée comme étant exclusivement l'apanage des abeilles, appartient aussi bien aux guêpes et ne fournit aucun caractère.

Je suppose connu tout ce que Réaumur, de Geer et autres observateurs ont écrit sur les sociétés des guêpes, et je renvoie à ces auteurs pour les détails qui pourraient manquer dans ce résumé, surtout pour la manière dont les guêpes travaillent à l'établissement de leurs demeures (1).

CHAPITRE IV.

DES RAYONS CONSIDÉRÉS AU POINT DE VUE MATHÉMATIQUE.

1° *De la cellule.*

La cellule, envisagée isolément, est un étui qui enveloppe la larve. Sa forme primitive est celle d'un cylindre creux, parce qu'ainsi ses parois enveloppent avec le moins de matériaux possible une larve allongée. Si l'alvéole était destinée à rester isolée, elle aurait certainement la forme d'un cylindre, c'est pourquoi je donne le nom de *cellule primitive* à cette cellule cylindrique que je suppose, en théorie, mère de l'alvéole prismatique. Mais si un grand nombre de cellules se juxtaposent, la forme cylindrique n'est plus économique, attendu que chacune d'elles nécessite des parois propres, tandis qu'une autre forme qui limiterait le vide à enfermer par des parois planes, permettrait de juxtaposer les deux alvéoles au point qu'elles ne seraient plus séparées que

(1) A défaut de ces ouvrages on en trouvera des extraits dans Lep. de Saint-Fargeau, *Hist. des Hymén.;* Lacordaire, *Introd. à l'Entomologie;* Westwood, *Introd. to Mod. class. of Ins.* et autres ouvrages généraux.

par deux plans se touchant en tous points et auxquels on pourrait substituer une seule cloison, commune aux deux espaces.

L'insecte arrive, du reste, naturellement à découvrir cette nouvelle forme, par suite d'une nécessité impérieuse, lorsque l'espace vient à lui manquer ; d'ailleurs, son instinct le conduit naturellement à substituer une cloison plane à deux murs courbes tout-à-fait juxtaposés.

Voici comment les alvéoles prismatiques doivent naître des cellules cylindriques.

Proposition : *Lorsqu'un cercle est entouré par six cercles de même rayon que lui et qui lui sont tangents, ces cercles entourants seront tangents entre eux.* (Pl. xxxv, fig. 2).

Supposons que le cercle A fig. 1, soit le cercle central. Partageons-le par trois diamètres qui divisent sa circonférence en six parties égales, et sur chacun des point de rencontre, entre la circonférence et les diamètres, plaçons un cercle tangent au premier. Soient B et C de ces cercles. Joignons leurs trois centres par les lignes cd, cf, df, et nous aurons le triangle dcf qui est un triangle isocèle, vu que $cd = cf = 2r$. Donc les angles cdf, cfd sont égaux ; mais le troisième angle $dcf = 60°$, donc les deux premiers sont aussi chacun égaux à 60°, par conséquent le triangle est équilatéral et $df = 2$ rayons, donc les cercles B et C sont tangents. Le même raisonnement pourrait s'appliquer aux quatre autres cercles entourants ; les cercles sont donc tous tangents deux à deux (fig. 2).

Supposons maintenant que la fig. 2 représente la coupe transversale de sept cellules cylindriques, dont une centrale et six groupées régulièrement autour d'elle. L'inspection seule de la figure montre que ces sept cylindres se toucheront tous deux à deux selon une ligne, et c'est le cas dans un groupe d'alvéoles ébauchées dont le fond est souvent rond et moins large que la bouche. Les cellules doivent maintenant et s'allonger et devenir plus larges. Évidemment, aucune des alvéoles ne peut s'élargir aux points tangents a, b, c, d, e, etc., sans déplacer ce point commun à deux cellules et sans rétrécir l'une d'elles. Mais cha-

cune d'elles pourra s'élargir dans tout autre point de la circonférence au détriment des triangles perdus entre les cercles. Chacun de ces triangles est enfermé entre trois cercles ; or, si la
paroi qui suit la circonférence de chacun de ces cercles est écartée de son centre d'une manière parfaitement égale pour chacun
d'eux, point par point, à partir du point tangent, les parois des
deux cercles suivront toutes deux la tangente commune aux
deux circonférences (fig. 1); les parois ba, bs, refoulées plus
loin de leur centre, suivront toutes deux la tangente bo. A partir des trois points tangents des trois cercles a, d et s, les parois
se placeront sur les trois tangentes bo, ao, so et chaque cercle
se sera exactement augmenté du tiers du triangle perdu. Mais
comme le cercle central est entouré par six cercles tangents qui
enferment six triangles perdus, à propos desquels on peut faire
le même raisonnement, le cercle central se sera augmenté de
six petits triangles, et sa circonférence se sera confondue avec
les six tangentes menées aux extrémités des trois diamètres qui
partagent le cercle primitif en six parties égales. Chacune de ces
tangentes représente le côté d'un hexagone régulier circonscrit,
donc le cercle se sera transformé en hexagone. Ce qui est
vrai pour le cercle central, l'est aussi pour les cercles entourants,
pourvu qu'ils soient en contact avec d'autres cercles, de façon à
en être complétement entourés. Les circonférences de ces cercles
ne représentent que la coupe des parois des cellules ébauchées ;
et leur transformation graduelle en polygone représente ce qui se
passe lorsque les alvéoles se complètent et s'élargissent au détriment de leur forme.

Si l'on a bien suivi ce qui précède, on comprendra que pour
terminer en prisme une alvéole ébauchée en cylindre, il suffit à
la guêpe d'être douée d'une assez grande exactitude pour ne
pas empiéter, en bâtissant, sur une alvéole à l'avantage d'une
autre ; en d'autres termes, il lui suffit de partager les triangles
perdus en trois parties égales pour ajouter chaque tiers à chaque
cellule voisine. Si elle possède cette exactitude de coup d'œil,
elle suivra la tangente sans s'en douter et simplement parce
qu'elle n'a aucune raison pour ne pas la suivre, vu que ce

chemin est le plus simple de tous ; il ne lui faut pour cela aucune science dans son instinct (1).

Certaines guêpes, comme les Polistes par exemple, travaillent de la manière suivante ; elles donnent à la base de leurs alvéoles une forme circulaire, puis elles les terminent en prismes hexagonaux et arrivent à cette dernière forme par une espèce de tâtonnement. D'autres guêpes ont tout acquis dans l'instinct ce que celles-ci apprennent par la nécessité d'augmenter le volume de leurs cellules, et donnent d'emblée aux premiers rudiments de leurs alvéoles la forme hexagonale ; telles sont les Vespa et les Phragmocyttares en général. On pourrait dire que, dans leur manière de travailler, elles veulent, par économie de place, éviter le triangle perdu et qu'elles rapprochent suffisamment les cercles des cellules primitives pour que ce triangle disparaisse. Dans cette supposition, les cercles se couperont par arcs égaux, chacun au sixième de leur circonférence (fig. 3). Alors, au lieu d'élever des parois qui se coupent, les guêpes prendraient le terme moyen, et suivraient dans leur tracé les cordes qui joignent les points d'intersection, d'où naîtrait encore l'hexagone régulier.

2° *Des rayons.*

Que la cellule primitive soit cylindrique ou prismatique, le rayon est toujours un disque polygonal, car c'est à cette forme que conduit le groupement régulier d'un grand nombre de cylindres. Lorsque les cellules ont une forme légèrement conique, le disque qui doit naître de leur assemblage aura pour base une surface gauche en forme de calotte sphérique. Du reste, il importe fort peu qu'il en soit ainsi, car le même raisonnement peut s'appliquer à tous les rayons, soit qu'ils suivent dans leur développement une surface plane ou une surface sphérique. Mais

(1) Il est inutile de s'arrêter à réfuter l'absurde assertion de Harris, que les guêpes mesurent leurs cellules à la longueur de leurs antennes et se servent de ces dernières à titre de tiges graduées dont les graduations seraient représentées parles articles deces organes ! !

lorsque le rayon est parfait, c'est-à-dire composé d'éléments nombreux, les cellules ont toujours la forme prismatique, et la coupe représente invariablement une mosaïque à éléments hexagonaux.

Ceci ne change absolument rien au fait mathématique, puisque, comme il a été montré plus haut, les hexagones se groupent, les uns par rapport aux autres, selon des lois identiques à celles qui règlent l'arrangement des cercles.

La première cellule construite, celle autour de laquelle se groupent toutes les autres et qui, par suite, se trouve occuper le centre du rayon, sera désignée sous le nom de cellule nucléale (fig. 4). Autour d'elle, il s'en groupe six, comme je l'ai montré plus haut, qui sont placées aux extrémités des trois diamètres par lesquels la circonférence de la cellule nucléale est partagée en six parties égales. Si l'on prolonge indéfiniment ces diamètres, on verra que sur chacun d'eux vient se placer un chapelet d'alvéoles ou de cercles tangents deux à deux et dont les points tangents coïncident avec les points d'intersection des diamètres prolongés et de leurs circonférences. Cette proposition est trop claire pour exiger aucune démonstration.

Les six séries divergentes de cellules qui rayonnent ainsi de la cellule nucléale, forment les six rayons mathématiques (1) du gâteau qui partagent sa circonférence en six parties égales et enferment entre eux six triangles égaux. On peut leur donner le nom de *séries rayonnantes*. Chacun des triangles qu'elles enferment est un tout idéal qui se trouve répété six fois dans le gâteau. Il suffit donc d'en examiner un seul pour les connaître tous. L'angle compris entre deux séries rayonnantes est rempli par un triangle d'alvéoles rangées selon les nombres 1, 2, 3, 4, etc., si on les prend par séries parallèles à la circonférence du gâteau, ou par *cicles* s'écartant du centre. Sur la figure 4, chaque cicle porte ses numéros d'ordre.

Ceci montre de quelle manière on peut calculer le nombre de cellules que compte un gâteau. Laissant de côté la cellule nu-

---

(1) Il s'agit ici d'un rayon de cercle, non d'un rayon d'alvéoles ou gâteau.

cléale, on peut considérer chaque secteur comme composé :
1° d'une série rayonnante ; 2° du triangle intercalé, qui représente une progression arithmétique dont la raison est un et dont
le nombre des termes est égal à celui des cellules qui composent
la série rayonnante, moins une.

Soit n le nombre des cellules de la série rayonnante ; celui
des cellules du triangle sera :

$$n/2\ (n-1)$$

auquel il faut ajouter celui que renferme la série, savoir n, donc :

$$n/2\ (1+n).$$

Le nombres des cellules contenues dans le gâteau tout entier
sera représenté par six fois cette quantitée plus la cellule nucléale,
c'est-à-dire :

$$3\ n\ (1+n)+1.$$

Si de ce gâteau idéal on passe au gâteau réel dont les cellules
sont hexagonales (fig. 5), on n'y remarquera aucune différence,
quant au résultat. Les cellules des rangées rayonnantes sont
précisément celles qui, sous la pression théorique, cause de la
transformation en hexagones, auraient seules agi sur la cellule
nucléale et auraient agi dans le sens des diamètres qui joignent
les points de tangence et déterminent la direction des séries
rayonnantes. L'aplatissement, avons-nous vu, donne naissance à
une facette perpendiculaire à ces diamètres, d'où il résulte que
les alvéoles constituantes des séries, se trouvent placées bout à
bout, côté contre côté ; les triangles intermédiaires suivent aussi
exactement la même loi que précédemment, mais ils sautent
aux yeux avec moins d'évidence à cause de l'engrenage de leurs
angles avec ceux des séries.

Pour trouver le nombre n, il suffira de prendre le gâteau au
point de sa plus grande largeur et de compter les alvéoles disposées sur la série qui dessine son diamètre. Si ce nombre est x,
n sera égal à $x-1/2$. Mais on n'arrivera jamais dans le calcul
des alvéoles qu'à une approximation, vu que le gâteau est rarement parfaitement régulier, et d'ailleurs, il n'est jamais polygonal ; les guêpes l'arrondissent, comme de juste, par l'addition de

quelques cellules sur les côtés de l'hexagone, pour cette raison, probablement, que l'enveloppe du guêpier circonscrit ainsi plus d'espace avec les mêmes matériaux.

Le gâteau est partagé en six triangles égaux par les diamètres primitifs prolongés jusqu'à ses angles. On peut dire qu'il se compose de ce triangle six fois répété (fig. 4) et se représenter un gâteau simple uniquement composé de ce triangle élémentaire ; seulement pour qu'il puisse exister, il faudra lui ajouter la seconde moitié des cellules des deux séries qui le bordent et la cellule nucléale, toutes partagées par les deux demi-diamètres qui le dessinent. Ce gâteau élémentaire n'est point une fiction théorique, mais se trouve réalisé dans la nature, comme nous aurons plus d'une occasion de le montrer plus bas.

Dans le triangle élémentaire, on peut nommer *séries longitudinales* celles que forment les cellules parallèlement à une des séries rayonnantes, et *séries transversales* celles que l'on peut tracer parallèlement à la base du triangle dont la cellule nucléale forme le sommet. Dans le rayon élémentaire, ces séries transversales vont croissant selon les nombres 1, 2, 3, 4, 5, etc., mais le gâteau est toujours terminé irrégulièrement par un ajouté qui s'arrondit et transforme le triangle en secteur de cercle. Quelquefois le triangle élémentaire n'est pas entier ; il lui manque un de ses angles par suite de l'absence des dernières séries longitudinales (fig. 4, *d*, *c*, *b*, *a*). Cette décroissance peut même être poussée si loin qu'il ne reste du gâteau qu'une des séries rayonnantes (D) et sa série parallèle voisine qui, elle-même, est incomplète. D'autres fois, il existe plus que le triangle ; une série longitudinale lui est annexée (*r*), en sorte que la première série transversale se compose de deux alvéoles.

Des séries longitudinales peuvent être retranchées d'un côté et ajoutées de l'autre, ce qui donnera la forme *e s o v t* ; deux triangles élémentaires peuvent être réalisés ensemble, ou enfin on peut avoir le gâteau polygonal tout entier, mais auquel il manquerait les dernières séries transversales de deux ou trois triangles élémentaires juxtaposés, ce qui donnera un gâteau excentrique, etc. Les combinaisons possibles sont infiniment nombreuses; on pourrait toutes les désigner par des formules mathématiques, mais ce sont là des spéculations de l'esprit plus amusantes qu'utiles et que je ne poursuivrai pas au delà de ces limites.

CHAPITRE V.

CONSIDÉRATIONS THÉORIQUES SUR LES DIVERS MODES DE NIDIFICATION ET CLASSIFICATION DES GUÊPIERS

Les auteurs qui ont étudié les ouvrages des guêpes, et décrit les étonnants édifices qu'elles se construisent, ont en général traité le sujet en simples curieux de la nature, en décrivant seulement, tels qu'ils leurs tombaient sous les yeux, les nids de ces insectes. Chacun s'est borné à observer des faits et des objets isolés, aucun d'eux n'a cherché à s'élever à des considérations plus générales et à un examen d'ensemble destiné à mettre au jour les lois qui régissent cette nidification.

Il est vrai que, pour arriver à ce résultat, il eût été indispensable d'avoir à sa disposition une collection de matériaux que personne n'a pu réunir jusqu'à présent; mais on a lieu de s'étonner cependant qu'aucun observateur n'ait songé à mettre en regard les différents travaux exécutés de part et d'autre, et à soumettre à une analyse judicieuse les divers principes dont on peut constater la prédominance dans l'économie des guêpes. Il n'est pas jusqu'à l'inimitable Réaumur, dont le livre est cependant un trésor où il a versé toutes les richesses de son génie, qui n'ait aussi négligé ce côté de la question. Il a étudié les guêpes avec la rare sagacité qui lui était propre, mais ses observations sont demeurées à l'état de matériaux dispersés faute d'un lien commun ; plusieurs difficultés n'ont pas même été entrevues par l'auteur, parce que, ne voyànt dans la diversité des modes de nidification qu'un caprice de la nature, il n'a pas songé un seul instant qu'elle pût être expliquée et commentée à l'aide de l'hypothèse d'un système complet, d'un ordre régulier dans cette partie de la création.

De Geer, de son côté, en continuant l'œuvre de son devancier a fort peu ajouté aux éléments déjà connus de l'histoire de la nidification des guêpes.

Enfin, depuis ces deux grands observateurs, cette branche de l'entomologie est restée pour ainsi dire stationnaire ; ses progrès se bornent à l'acquisition à la science de quelques points de détail et à la description isolée de quelques nids jusque-là inconnus.

Je vais donc chercher à montrer certaines relations théoriques qui ont échappé aux investigateurs. Je m'attacherai surtout à faire comprendre que les modes très différents de nidification des guêpes ne sont pas de simples caprices accidentels de la nature, mais bien les termes divers d'un plan unique, unis par des rapports du même genre que ceux qui relient les animaux entre eux, et dont les apparences variées ne sont que le résultat de transformations théoriques, semblables à celles que l'étude de l'anatomie a démontrées dans l'organisation des êtres (1).

Art. Ier. *Du rapport entre les formes des nids et la nature variée de leurs artisans.*

La forme des organismes étant étroitement liée à leur mode

(1) La plupart des faits qui suivent ont été établis dans mon mémoire intitulé : *Nouvelles considérations sur la nidification des guêpes,* publié dans la Bibliothèque universelle de Genève, février 1855, reproduit dans les Annales des Sciences naturelles, 1855.

d'application, il est évident que les différences de structure dans les organismes doivent correspondre à des différences analogues de leur usage et de leurs productions, et que les résultats de la mise en œuvre des instruments divers doivent pouvoir être classés en groupes naturels, corrélatifs à ceux établis parmi ces instruments dont ils sont, pour ainsi dire, la traduction dynamique. Cette concordance logique et nécessaire existe si bien, que souvent on a vu la classification chercher ses points d'intersection et ses caractères dans l'étude des produits plutôt que dans celle des organes, et trouver un appui plus solide dans les résultats que dans les causes qui les engendrent : c'est à cette manière de procéder que plusieurs classes d'insectes ont dû leurs dénominations, et, pour n'en citer qu'un exemple, c'est ainsi qu'on a distingué les guêpes sociales des guêpes solitaires.

Je ne crois pas néanmoins, quel que soit l'usage qu'on en puisse faire dans certains cas particuliers, que les mœurs des animaux offrent un degré de fixité suffisant pour qu'elles constituent un ensemble de caractères susceptible de servir de base à une distribution naturelle des espèces. Rien, en effet, n'est plus frappant que la singulière diversité par laquelle, en mainte occasion, en voulant généraliser ce système, on arriverait infailliblement à placer fort loin les uns des autres des animaux tout voisins.

Je crois donc que, pour être dans le vrai et ne pas dépasser les limites d'une sage application, il ne faut faire de l'étude des mœurs qu'un auxiliaire de la méthode naturelle ; elle ne peut lui servir de base, mais son rôle est encore assez important, si, par ce moyen, on arrive à étayer solidement les faits tirés de l'organisation par une concordance judicieusement établie.

Il est une circonstance que l'on ne doit pas oublier pour pouvoir apprécier sainement la valeur des caractères offerts par l'organisme, à côté de celle des caractères que les mœurs peuvent fournir : on comprend aisément que les premiers, qui dépendent de la forme, du nombre, de la présence ou de l'absence de certains instruments physiologiques, présentent une netteté relative bien plus grande : ce sont des faits permanents, soumis à l'appréciation de nos sens et dont l'observation, par conséquent, ne prête guère à l'erreur ; les caractères fournis par les mœurs n'existent au contraire comme faits que dans notre esprit, et sont le produit de l'examen rapide et difficile des mouvements fugitifs de certains organes, que nous sommes obligés de chercher au hasard et que nous ne découvrons souvent qu'après une longue série de tentatives infructueuses.

Il est des cas cependant, où, par suite d'une grande uniformité de structure, les faits anatomiques manquant pour établir des sections, les faits moraux présentent, malgré cette uniformité extérieure, des différences si notables, qu'ils exigent des divisions parmi les êtres les plus voisins. C'est ainsi que les guêpes sociales ne diffèrent presque des solitaires que par leurs mœurs, si bien que Fabricius, cet habile naturaliste de cabinet, n'a pas su les distinguer.

Ces remarques viennent, d'une part comme de l'autre, à l'appui de l'importance qu'il faut accorder aux caractères moraux ; nous allons, du reste, montrer de quelle utilité ils peuvent être, en esquissant à leur aide une théorie de la nidification des guêpes. Naturellement, ce genre d'observations fournira ses données les plus instructives en étant appliqué aux guêpes sociales, dont un des attributs est d'établir des constructions admirablement variées.

Art. II. *Des deux modes principaux de nidification.*

Je suppose connu l'arrangement d'un guêpier. Il consiste toujours dans l'ensemble d'un certain nombre de gâteaux ou rayons parallèlement disposés, chacun de ces gâteaux étant formé de l'agglomération d'une grande quantité d'alvéoles papyracées, le tout étant ou non enveloppé d'un manteau d'une matière analogue à celle qui sert à la construction des alvéoles ou d'un carton d'une consistance plus ou moins solide.

Des caractères qui servent à classer les nids.

1. Il suffit d'avoir jeté un coup d'œil sur des guêpiers originaires des divers continents, pour s'apercevoir qu'il règne dans leur établissement des différences assez considérables. En effet, les uns sont protégés par une enveloppe dure, les autres par de simples feuilles d'un mince papier, d'autres enfin montrent leurs alvéoles complétement à découvert. Ces différences ne sont pas des variations accidentelles : chacune correspond à un mode de nidification parfaitement fixe, parce que les guêpes ne construisent jamais au hasard, mais qu'elles sont guidées par des principes particuliers qui varient selon les espèces ; chaque espèce crée des guêpiers toujours identiques entre eux, mais différents de ceux des autres espèces : les nids peuvent donc être étudiés comme des objets spécifiquement distincts.

2. Examinés avec attention, tous les guêpiers sans exception, même des natures les plus diverses, présentent des cellules toujours établies sur le même plan. Cette portion de leur architecture n'offre donc aucun caractère à utiliser pour la distribution des espèces : il en est tout autrement de la partie qui enveloppe les rayons (là où elle existe, car elle manque entièrement dans bien des cas).

On pourrait donc, par l'inspection de ce seul caractère, créer une première division, une catégorie contenant les guêpiers découverts, une autre catégorie embrassant les guêpiers revêtus d'une enveloppe ; mais ce n'est point là le seul mode de distinction possible : les guêpiers diffèrent encore notablement dans leur forme extérieure, leur disposition intérieure, la nature de leur tissu, leur station, le nombre de leurs rayons, etc. (1).

3. En examinant chacun de ces caractères pour en déterminer la portée, on arrive aux conclusions que voici : les

____

(1) C'est sur ce dernier caractère que Latreille a voulu baser sa division en espèces ; mais il est facile de reconnaître qu'il ne présente rien de solide, ce nombre variant avec l'âge du guêp'er.

formes et le nombre n'ont rien de suffisamment certain ; ils constituent du reste, en général, en zoologie, un caractère d'une valeur très minime ; la nature du tissu dépend, le plus souvent, du genre des matériaux, nécessairement très variables, que l'insecte trouve à sa disposition ; la différence entre les nids nus et les nids habillés ne consiste que dans l'absence ou la présence d'une pièce (le manteau), mais ne repose point sur une diversité dans le principe de leur architecture ; la disposition intérieure, au contraire, est le résultat d'un mode particulier de construction et les différences qu'elle offrira seront donc celles auxquelles il faudra s'arrêter avant tout.

4. Il est évident que, pour arriver à une appréciation parfaitement nette des diverses nidifications, il faudrait pouvoir suivre les insectes dans le développement successif de leurs travaux et assister à la construction de leurs demeures, depuis la première pièce jusqu'à la dernière ; c'est ainsi seulement qu'on trouverait d'une manière assurée le nœud de nombreuses difficultés qui se présentent à l'observateur réduit au simple examen anatomique des corps arrivés à leur état parfait.

Malheureusement, il n'est pas possible de saisir cette série de transformations ; le plus grand nombre des nids qui sont soumis à l'investigation du naturaliste lui viennent de pays éloignés, théâtre sur lequel il ne peut se transporter ; et ceux mêmes placés à notre portée immédiate, ceux qui peuplent nos campagnes, ont été observés si superficiellement, qu'on ne connaît pas encore, à vrai dire, leur mode d'accroissement.

Le défaut de connaissances physiologiques (si l'on peut s'exprimer ainsi) force donc à s'en tenir au procédé relativement incomplet de l'étude anatomique des guêpiers, et à déduire de l'inspection attentive de leur charpente les lois qui régissent leur construction.

En procédant par cette voie, on trouve que les guêpiers peuvent se diviser en deux grandes catégories principales, autour desquelles viennent se grouper la presque totalité de leurs combinaisons variées.

Du premier mode de nidification, ou des nids indéfinis.

5. Un premier type se rencontre dans certains guêpiers exotiques, déjà connus fort anciennement, et qui sont l'ouvrage des insectes du genre Chartergus (pl. xxxv, fig. 8).

Ceux-ci sont composés d'une enveloppe plus ou moins cylindrique, fermée de toutes parts (1), percée seulement d'un trou qui établit la communication avec l'extérieur *(e)* ; l'intérieur est partagé en loges par des cloisons parallèles horizontales qui sont en connexion intime avec le tissu de l'enveloppe ; les cloisons sont toutes percées d'un trou correspondant à celui de l'enveloppe, et servent à supporter les alvéoles dont l'assemblage forme les rayons (fig. 6, 7, 8). A première vue on est tenté de considérer les nids de ce genre comme cloisonnés, non comme édifiés par étages successifs : c'est ce qu'ont fait quelques auteurs. Un coup d'œil attentif sur une coupe apprend que les différents tronçons de l'enveloppe cylindrique ne forment pas un tout continu, mais que les fibres du carton d'un tronçon se prolongent avec la cloison placée au-dessous, en sorte que le premier étage (2) a dû être construit de toutes pièces avant que le second fût commencé. A ce moment-là, le premier étage devait représenter un nid complet à une seule loge (fig. 6), et ce qui s'appellerait la première cloison (fig. 8 *aa'*) dans un langage moins exact, n'est donc autre chose que la portion inférieure de l'enveloppe. Au-dessous de cette première chambre, il s'en élève une seconde par la construction d'un nouveau tronçon du cylindre et d'un disque terminal qui le clôt au-dessous (fig. 7). Et s'il s'en ajoute de la même manière plusieurs autres, on aura un nid du genre de celui que représente la figure 8. En même temps, à mesure que la portion inférieure de l'enveloppe du nid se transforme en une cloison intérieure par l'addi-

---

(1) Les figures qui se rapportent à ce chapitre sont purement théoriques ; elles ont uniquement pour but de faire comprendre le principe de la nidification, et ne représentent point des nids véritables.

(2) C'est-à-dire l'étage supérieur, car c'est celui-là qui tient au point d'appui.

tion d'un nouvel étage, elle se charge plus ou moins d'alvéoles; chacune des cloisons sert successivement ainsi de plancher à un gâteau de cellules.

Il existe, en outre, un autre fait qui conduit directement à la même conclusion que l'examen attentif de la charpente du nid: je veux parler de la circonstance qu'on trouve de ces nids de différentes grandeurs à différentes périodes de leur agrandissement; or, ils sont toujours également larges à la base, mais de longueurs très variables, et cette dernière dimension est toujours proportionnelle au nombre de chambres que porte le nid. Ces guêpiers (du reste très communs dans les collections) représentent donc les états différents d'un même édifice; par conséquent, il ne serait point logique de les considérer comme une maison allongée coupée par des cloisons; on doit, au contraire, les comparer à une maison bâtie étage par étage, chaque étage étant recouvert d'un toit sur lequel s'édifie le suivant.

6. J'ai donné à cette catégorie de guêpiers le nom de *Phragmocyttares* (1), et, par ce terme, je désigne non seulement les nids, mais aussi leurs artisans; ceci ne peut être la source d'aucune confusion, puisqu'on dira, d'une part: *nid phragmocyttare*, de l'autre: *insecte phragmocyttare*.

7. Si l'on a bien compris ce que je viens d'exposer, il sera facile d'en déduire les conséquences:

1° Dans un nid phragmocyttare, l'enveloppe sera toujours en continuité de tissu avec les cloisons qui le partagent, et ces cloisons seront percées d'un trou qui établira la communication d'une chambre à l'autre.

2° La portion terminale du nid, après avoir servi d'enveloppe inférieure ou plutôt après avoir fait partie de l'enveloppe, devient partie interne et sert à son tour à supporter des alvéoles. Il y a donc, dans ce genre de construction, une grande simpli-

---

(1) Φράγμα, cloison; κύτταρον, gâteau de miel, nid. Ce nom, comme on le voit, n'est pas bien choisi; il aurait été préférable de rappeler plutôt l'idée de nid à chambres; mais comme il exprime bien au fond l'état anatomique de ces constructions, je ne crois pas devoir le changer.

cité théorique et économie de travail, en ce sens que l'insecte trouve un plancher tout construit lorsqu'il veut établir un nouveau rayon. Il est vrai qu'en revanche il doit bâtir une nouvelle enveloppe inférieure ; néanmoins, il ne faut pas s'abuser sur l'étendue relative de ce dernier travail, bien qu'au premier abord il puisse paraître qu'il serait moins laborieux d'établir premièrement une autre enveloppe *extérieure*, puis de la cloisonner, parce que des cloisons minces semblent moins dispendieuses à établir qu'une série d'épaisses enveloppes inférieures. En effet, pour que le travail soit le moins considérable possible, et exige le moins possible de matériaux, le nid doit être aussi petit possible, et, par conséquent, il sera calculé de façon à renfermer juste le nombre d'habitants qu'il doit abriter. Or, la société allant toujours croissant, il est évident qu'à chaque accroissement elle réalise une économie de temps, de travail et de matériaux, à pouvoir construire une nouvelle chambre sans rien détruire, ce qu'elle serait obligée de faire avec l'autre système.

3° L'accroissement se fera toujours dans un même sens (fig. 8), par exemple, de haut en bas, en longueur ; la largeur restera immuable, puisque les parties qui constituent cette dimension ne sont plus, une fois établies, ni remaniées, ni augmentées.

4° Grâce à l'identité des parties internes et des parties externes, ainsi qu'à leur mode d'accroissement, les guêpiers phragmocyttares sont toujours simultanément achevés et incomplets ; *achevés*, parce que, à quelque période de leur existence qu'on les surprenne, ils offrent un tout parfait ; *incomplets*, parce qu'ils sont continuellement, quel que soit l'état de leur développement présent, susceptibles de l'adjonction de nouveaux étages.

C'est en considération de cette propriété de s'accroître indéfiniment, que je nomme leur mode de construction la nidification *indéfinie*, de même qu'en botanique on appelle *inflorescence indéfinie*, une inflorescence telle, que, par suite de la disposition des axes floraux, la floraison peut se produire indéfiniment.

8. Les deux désignations de *nids phragmocyttares* et de *nids indéfinis* sont donc synonymiques et caractérisent également le premier mode de nidification. Celui-ci se subdivise en plusieurs variétés que je ferai connaître après avoir décrit le second mode.

- 9. Dans l'exposé qui précède, je n'ai pu parler d'une manière parfaitement générale, parce qu'en histoire naturelle on ne peut, comme dans les mathémiques, procéder par formules algébriques; j'ai dû, pour fixer les idées, prendre une forme de nid particulière, et j'ai choisi la forme cylindrique comme la plus simple. Tout ce que j'ai dit ne pourrait donc s'appliquer avec la même rigueur à toutes les variétés de nids phragmocyttares; mais il me sera facile, en avançant, de rectifier dans chaque cas spécial ce que peuvent présenter de trop absolu les considérations que j'ai émises, en m'attachant uniquement à la forme cylindrique.

Du second mode de nidification, ou des nids définis.

(Pl. XXXVII).

10. Ce mode est commun chez les guêpes de l'ancien continent, et notamment chez celles de nos contrées.

Ici l'on ne voit plus construire une première chambre qui sert de base ou de noyau à un développement ultérieur; l'appareil est différent, il présente un simple rayon de cellules disposées sur un plan horizontal (fig. 10 *ab*). Au-dessous de ce premier rayon, il s'en bâtit un autre (*cd*), et comme il n'existe dans ce cas aucune enveloppe, aucune cloison intérieure qui puisse lui servir de support et le joindre au premier, la nature y supplée par des espèces de colonnes qui, s'attachant à l'un et à l'autre, les unissent et les tiennent en même temps à distance. Au-dessous de ce second rayon, il s'en construira un troisième, relié au précédent de la même façon, et ainsi de suite.

Dans certains cas, ces nids sont protégés par une enveloppe celluleuse (fig. 11), percée d'un ou plusieurs trous (*e*) et c'est

ce genre que je choisirai comme type du second mode de nidification, parce que c'est celui qui est le plus complet et qui
constitue la demeure la mieux établie.

11. En comparant ces nids aux *phragmocyttares*, il est facile
de reconnaître que d'importantes différences les distinguent
entre eux. Comme eux, ils offrent une enveloppe générale renfermant des rayons parallèles ; mais ici l'enveloppe est entièrement indépendante des rayons, et ceux-ci, au lieu d'être
soutenus par ses dépendances, le sont par des pièces fabriquées
ad hoc, par les piliers décrits ci-dessus. En raison de cette circonstance, j'ai nommé *stélocyttares* (1) les nids de cette seconde
catégorie.

12. Outre les différences essentielles qui viennent d'être
mentionnées entre ces deux modes de nidification, il en est
plusieurs autres que la comparaison permet de déduire aisément :

1° A la rigueur, un stélocyttare peut se passer de son enveloppe, puisqu'elle est indépendante des rayons, tandis qu'elle
est indispensable dans les phragmocyttares, où le manteau établit seul leur cohésion. Chez ces derniers, les rayons n'existent
pour ainsi dire que par suite de l'enveloppe ; chez les premiers,
au contraire, l'enveloppe n'est qu'une pièce additionnelle ajoutée
pour la protection des cellules.

2° Dans cette seconde catégorie, chacune de ses deux parties
a un rôle particulier et distinct ; le manteau ne sert que comme
enveloppe ; il y a, par conséquent, une plus grande division du
travail ; mais il serait difficile de dire que ce fût ici un élément
de supériorité. En effet, si les guêpiers stélocyttares sont établis
à moins de frais que les phragmocyttares, puisqu'ils n'exigent
pas ce gaspillage des matériaux, si évident dans l'épaisseur plus
que superflue des cloisons, ils exigent un travail de plus.

On ne sait ce qu'on doit admirer le plus, de ce procédé qui
économise ingénieusement le travail, en profitant des parties

____

(1) Στύλη, colonne ; κύτταρον, rayon, nid.

externes, devenues inutiles, pour en faire le support des rayons intérieurs, ou de l'industrie peut-être moins savante des autres, mais plus économe de matériaux.

Quoi qu'il en soit, cette double solution d'un problème difficile montre une fois de plus combien le Créateur s'est plu à varier à l'infini toutes les productions de la nature.

3° Ces guêpiers sont parfaitement *définis*, car une fois les rayons intérieurs établis et l'enveloppe close de toutes parts, le nid ne s'accroît plus ; aussi la dénomination de nid ou guêpier *défini* sera-t-elle le synonyme de *stélocyttare*, de même que celle de guêpier *indéfini* l'était de *phragmocyttare*.

4° Tandis que dans les phragmocyttares les rayons sont perforés pour la communication d'un étage à l'autre, chez les stélocyttares la communication se fait par les vides laissés entre les rayons et l'enveloppe ; en d'autres termes, dans les premiers elle est centrale, dans les seconds elle est périphérique.

13. Une fois ces différences comprises, ainsi que les bases des deux systèmes opposés, il sera facile de reconnaître auquel des deux groupes appartiendra chaque nid soumis à l'observation, et l'on ne sera point induit en erreur par des apparences extérieures souvent trompeuses ou tout au moins embarrassantes.

De la nomenclature des guêpiers.

14. Jusqu'ici je me suis servi, dans l'exposé des faits qui sont relatifs à la nidification, de termes très arbitraires, parce qu'il ne m'était pas possible d'en fixer la valeur sans avoir préalablement fait connaître les objets qu'ils doivent désigner ; maintenant, et avant d'aller plus loin, je dois en préciser la signification, afin d'écarter le vague des expressions que j'aurai à employer.

L'ensemble d'un certain nombre de cellules disposées sur une surface quelconque se nomme *rayon* ou *gâteau*.

Nous nommerons *entrées* les trous qui servent à la communication entre l'intérieur du nid et l'extérieur.

Termes applicables aux phragmocyttares.
(Pl. XXXV).

Quoique je me sois servi souvent des termes *enveloppe*, *manteau*, il n'existe à vrai dire rien de semblable dans le guêpier, puisque toutes les parties de la charpente se confondent, et que les séparations intérieures appartiennent à un même tout qui forme en même temps ce qui se voit à l'extérieur. Mais comme l'idée de cet ensemble extérieur peut devoir être exprimée, il est bon de conserver à cet effet le mot d'*enveloppe*, mais sans perdre de vue le côté arbitraire de cette désignation.

Je nomme *chambre* chacun des compartiments du nid considéré isolément : ces diverses chambres seront numérotées de haut en bas en suivant l'ordre de leur construction successive. Ainsi la première chambre sera celle qui aura été formée la première ; la seconde sera celle placée immédiatement au-dessous ; la dernière, celle de l'extrémité inférieure du nid. La paroi cylindrique qui limite chaque chambre sur les côtés est la *muraille* (fig. 7, *ac*). Le plan supérieur est le *plancher* (*b*) et l'inférieur le *plafond* (*d*) ; en effet, dans un guêpier tout est renversé : les cellules sont dirigées de haut en bas, et c'est le plan supérieur qui leur sert de base.

Le plancher de la première chambre est aussi celui de tout le nid ; mais comme il prend ordinairement une forme particulière, il exige peut-être un nom spécial.

De même le plafond de la dernière chambre est celui de tout le nid ; mais à raison du rôle qu'il joue comme partie de la surface extérieure, je le nomme *toit*.

Le toit est percé de l'*entrée*.

Chaque plafond est d'une manière semblable traversé par le *trou de communication*.

Enfin, on peut nommer *étage*, au point de vue général, chacune des chambres en cheminant du bas vers le haut, dans le sens que suit l'insecte lorsqu'il pénètre de l'extérieur jusqu'à la première chambre ; on pourra donc dire *monter ou descendre les étages*, mais il ne faudra pas se servir de ce mot en l'accompagnant de numéros qui commenceraient au bas pour finir en haut, parce qu'ainsi le *premier étage* serait précisément le *dernier* bâti; dans ce cas, et pour indiquer un compartiment particulier ou dans ses rapports avec les autres, il faudra employer le terme de *chambre*.

Termes applicables aux stélocyttares.
(Pl. XXXVII).

Les *piliers* (fig. 10, 11) sont ces petites colonnes qui relient entre eux les rayons. Celui qui sert à attacher le premier rayon est le *pédicelle;* il exige un nom particulier, parce que, dans certains guêpiers, il prend un développement exceptionnel et souvent très considérable.

L'*enveloppe* (fig. 11) est la couche celluleuse et foliacée qui recouvre les rayons et les renferme dans la cavité qu'elle circonscrit. Souvent cette enveloppe prend une étendue considérable, et ressemble plus un à *amas* qu'à une *couche* de substances papyracées; dans ce cas nous ne lui conservons pas moins le même nom.

ART. III. *Classification des phragmocyttares ou nids indéfinis.*

(Pl. XXXV).

Division en deux sections.

Un nid indéfini est zoologiquement caractérisé comme suit :

Nid toujours protégé par une enveloppe extérieure; offrant dans son intérieur une ou plusieurs chambres séparées par des cloisons (plafonds) perforées, qui supportent les rayons, sans qu'il existe aucun espace libre entre l'enveloppe et les rayons.

Comme avant d'aborder les détails qui vont suivre il est absolument nécessaire d'avoir bien saisi le mode d'accroissement des phragmocyttares, je vais y revenir encore ici. Le nid représenté dans la figure 8, et qui m'a servi de type pour la description des guêpiers de ce groupe, était, si l'on s'en souvient, un cylindre terminé à la partie supérieure comme à la partie inférieure par un disque plan (plancher et toit) ; mais cette forme est complétement idéale, et je l'ai choisie seulement à cause de sa simplicité, pour m'en servir à établir un principe général.

Si, au lieu d'avoir comme première base un plancher circulaire plan (fig. 6), on a une sphère, cette sphère peut être envisagée comme une modification du plancher circulaire dont les bords se seraient réfléchis sur le centre et soudés, en entraînant dans leur mouvement d'inflexion les cellules du premier gâteau (fig. 12); le noyau premier du nid, au lieu d'être un plan de cellules, sera une surface sphérique tapissée de cellules. Le plancher (*oo'* fig. 8) deviendra une sphère; ses bords réfléchis en arrière se sont confondus sur un point de suture théorique, en sorte que toute la muraille de la première chambre (fig. 8 *o'a'*) se réduit à une colonne (fig. 9 *oa*).

Le plafond (fig. 8 *aa'*) parallèle au plancher suivra ce dernier dans son inflexion, s'étendra et se courbera en une autre surface sphérique parallèle à la première.

La première chambre (fig. 9) sera donc sphérique, et comprise entre les périmètres de deux sphères inscrites l'une dans l'autre. Le trou (*e*) subsistera comme dans le type primitif. Les autres chambres se circonscriront successivement autour de la première, et le guêpier se trouvera composé d'une série de sphères emboîtées, présentant à l'extérieur l'aspect d'une sphère parfaitement énigmatique quant à son intérieur. Le toit formera une véritable enveloppe extérieure de tout le nid, et remplacera entièrement la muraille dans ses fonctions protectrices. Cette dernière se trouvera réduite au rôle d'une simple colonne *intérieure*, ainsi qu'il est facile de le voir *a priori*. En effet, la muraille suivant dans son développement le pourtour du plancher, une fois que ce dernier n'est plus qu'un point, elle-même ne peut plus être qu'une colonne, et en même temps s'explique comment cette colonne est intérieure, tandis que la muraille était primitivement extérieure.

Du reste, ce genre de nid pourrait également se déduire du type par une autre transformation, si l'on y voyait un phragmocyttare à *plancher sphérique*, le toit étant assez étendu pour former une sphère complète. En suivant la transformation des parties du guêpier de l'extérieur à l'intérieur, au lieu de la suivre de l'intérieur à l'extérieur, on arriverait à un résultat identique.

Ces considérations, peut-être un peu abstraites, étaient nécessaires pour rendre compte de l'analogie qui unit au fond deux types en apparence aussi différents.

Je nomme *phragmocyttares sphériques* les nids construits sur le principe que je viens d'expliquer, parce qu'ils croissent suivant les trois dimensions (fig. 9), et *phragmocyttares rectilignes*, ceux qui m'ont servi de premier type et qui, partant d'une surface plane comme base, ne se développent que suivant la direction d'une ligne plus ou moins droite. Ces deux dénominations divisent et indiquent les deux sections dans lesquelles se partagent les *phragmocyttares*.

Les sections une fois établies, on pourra les fractionner encore d'après les détails variés de construction qui se manifestent dans chacune d'elles; en suivant cette voie, on finira par avoir un certain nombre de *genres* et d'*espèces* de guêpiers suffisant pour former une bonne classification; mais le mot d'*espèces* ne doit pas être pris ici dans un sens zoologique; en effet, chaque espèce de guêpe n'a pas toujours une nidification assez différente de celle des autres espèces du même genre, pour que, à la seule inspection de ses guêpiers, ils puissent être distingués et immédiatement attribués à l'une ou à l'autre. D'une part, une même espèce zoologique peut admettre dans la construction de sa demeure des formes variables dans une certaine limite, comme elle peut comporter l'emploi de matériaux changeant avec les contrées et les ressources diverses qu'elles offrent à l'insecte constructeur. D'autre part, des espèces différentes, quoique voisines, bâtissent souvent, d'après un même principe, avec des matériaux bruts identiques, préparés et mis en œuvre d'une manière identique. L'espèce dans les guêpiers, représente pour ainsi dire l'espèce *morale* et ne doit pas être mise en parallèle rigoureux avec l'espèce *animale* ou zoologique proprement dite.

4

a. *Des phragmocyttares sphériques.*

Cette section ne se subdivise pas. Du moins je ne connais qu'une espèce qui lui appartienne, je n'ai donc rien à ajouter à son sujet (fig. 9, 10 et pl. xxxvi, fig. 6).

b. *Subdivision des phragmocyttares rectilignes.*

J'ai fait comprendre plus haut que le nid théorique qui sert de type à cette section est entièrement imaginaire, parce qu'il offre des éléments de régularité mathématique absolue qui ne sont point dans les habitudes de la nature ; l'insecte se plie dans la construction de son nid et en subordonne les formes à celles des objets voisins qui le servent ou le gênent : mille autres causes insignifiantes contribuent en outre pour leur part à introduire dans le guêpier des irrégularités accidentelles ; il n'y a de régulier que les cellules dont la formation suit toujours avec précision les lois mathématiques.

On distingue dans les phragmocyttares rectilignes deux catégories principales de constructions. Dans l'une, le guêpier s'étend en longueur, reçoit plusieurs étages : il est toujours suspendu à des branches d'arbre ; c'est le phragmocyttare proprement dit. Dans l'autre, le guêpier s'étend plutôt en largeur sur un plan : il ne présente qu'un ou deux étages et adhère à un objet plat ; c'est le phragmocyttare imparfait.

1. *Genre des phragmocyttares parfaits.*
(Pl. XXXVI).

Les nids de ce genre sont toujours construits d'un carton solide et d'autant plus ferme que le nombre des étages doit être plus grand. Leur construction commence invariablement par l'établissement d'une couche de carton (fig. 4, p) qui encroûte une partie de la branche à laquelle doit être suspendu le guêpier : ce travail achevé, la branche se trouve prise dans un manchon de carton (p) qu'on peut nommer *anneau suspenseur* et dont la face inférieure est aplatie de façon à pouvoir se tapisser d'une couche de cellule qui formera le premier gâteau. Le plan sur lequel repose cette couche (1) sera le premier plancher ; celui-ci une fois établi, le reste de la construction se fait comme il a été dit plus haut, et un nombre plus ou moins considérable de chambres s'ajoutent successivement.

1re espèce.

Elle tient presque le milieu entre les phragmocyttares sphériques et les rectilignes. A son origine, le nid croît par sphères concentriques, presque comme un vrai *Phr. sphérique,* puis les cercles deviennent de plus en plus incomplets et finissent par ne plus être que des calottes sphériques ajoutées à la suite les unes des autres pour former les étages. Le toit est convexe. Dans le seul spécimen que nous connaissions et qui appartienne à cette espèce, l'enveloppe, même le toit, est hérissée d'apophyses extrêmement curieuses. L'artisan de ce nid est la *Polybia scutellaris,* White. — (Pl. xxxvi, fig. 5).

2me espèce.

Le toit est conique et l'entrée est centrale. C'est dire en même temps que les plafonds, et par suite aussi les rayons, sont tous coniques, et que les trous de communication sont centraux. En général, le cylindre est comprimé et la configuration dominée par la forme conique, en sorte que le nid s'élargit vers le bas. — Architecture du genre *Chartergus,* Lepel. (pl. xxxiii).

3me espèce.

Le toit est plan ; l'entrée latérale ; la forme très conique ; il s'ensuit des plafonds plans et percés latéralement. Peut-être existe-t-il une différence positive et fixe entre ceux qui ont une forme conique, et ceux qui affectent une forme cylindrique. Ce mode est propre au genre *Tatua,* Sauss. (pl. xxxii).

4me espèce.

Le toit est en forme de calotte ; l'entrée latérale, souvent

(1) *oo'* pl. xxxv, fig. 8.

multiple. Cette espèce admet diverses variétés, en particulier quant aux matériaux employés dans la construction, j'en ai vu qui étaient bâtis de toutes pièces en argile. La *Polybia occidentalis,* que j'ai souvent observée au Mexique, construit son nid selon ce mode et le fait d'un papier assez semblable à celui que fabriquent nos *Vespa.*

5me espèce.

Les formes sont très irrégulières. L'anneau suspenseur est souvent incomplet ou nul ; dans ce dernier cas il est remplacé par un simple accolement ; les étages sont peu nombreux ; le nid complet revêt une forme plus ou moins ovoïde, ou pyriforme ; le toit est en calotte sphérique, l'entrée latérale ; l'enveloppe est épaisse, souvent celluleuse, et les plafonds sont relativement très minces. — Architecture du genre *Polybia*, Lepel. (pl. xvi, fig. 3, pl. xxix, fig. 2).

Cette espèce est la moins bien connue ; elle doit probablement se subdiviser elle-même. Elle n'est plus exactement phragmocyttare, en ce sens que les éléments sont distincts et séparés : la charpente et le mode de construction, moins judicieusement combinés pour un accroissement considérable, limitent à un nombre fort restreint les étages de ces guêpiers. Ils se rapprochent en cela des nids définis, parce que, à une certaine époque, on peut les considérer comme complets et parce que leurs parties internes (plafonds) commencent à être distinctes de l'enveloppe. En effet, lorsque ces guêpiers ont acquis deux ou trois étages, ils sont devenus pyriformes ou ovoïdes et c'est là que s'arrête en général leur développement ; leur principe de construction est toujours indéfini, mais, de fait, ils sont plus ou moins définis. Les plafonds sont très minces ; en cela ils diffèrent de l'enveloppe qui, elle, est très épaisse. Le toit, épais aussi, se confond avec la muraille pour former l'enveloppe extérieure et il diffère beaucoup de chacun des plafonds. Cette espèce admet diverses variétés : certains de ces nids sont en terre, d'autres en carton, d'autres en écorce mâchée, etc.

2. *Genre des phragmocyttares imparfaits.*

Si l'on ne jetait qu'un coup d'œil superficiel sur les guêpiers de cette catégorie, cet examen fournirait si peu de points de comparaison avec ceux que nous venons de décrire, qu'il faudrait une certaine bonne volonté pour voir en eux les variétés d'un même type ; ils n'offrent, en effet, aucune analogie extérieure avec les phragmocyttares parfaits ; mais si l'on ramène les uns et les autres à leurs types théoriques, on ne pourra manquer de reconnaître le rapport qui les unit véritablement. Supposons que dans le nid théorique, représenté pl. xxxv, fig. 8, toutes les chambres, sauf la première, viennent à être supprimées (fig. 6), et que cette chambre prenne un grand accroissement dans le sens du plan qu'elle occupe : on aura, comme à la figure 11, un guêpier composé d'une couche de cellules, reposant sur un plancher *oo'*, couverte d'un plafond *aa'*, avec une entrée quelconque en *e* ; le nid, au lieu de s'étendre en longueur, a acquis de grandes dimensions latérales. Il est encore plus défini que la troisième espèce de la précédente section, puisqu'il se trouve complet avec un seul étage ; il est même, de fait, parfaitement défini ; mais on doit néanmoins le rattacher aux indéfinis, parce que son principe de construction est le même que celui de ces derniers, et qu'il n'est défini que par arrêt de développement. Ici l'on ne trouve point d'anneau, car le guêpier ne se fixe pas à un support mince (comme une branche, par exemple), mais adhère à une large surface (feuilles, troncs d'arbres, etc.).

1re espèce.

Un plancher distinct, plus ou moins. libre ; le nid se fixant par des colonnettes bâties dans ce but spécial ; plafond plat, disposé parallèlement à une couche de cellules plane ; forme très variable suivant celle de l'objet auquel est attaché le guêpier ; un ou deux étages irréguliers, entrée latérale. — Architecture de la *Polybia sedula,* Sauss. (pl. xxi).

2me espèce.

Le plancher n'est pas libre, mais ne consiste que dans un encroûtement de la surface de l'objet qui lui sert de base ;le plafond, convexe, figure une voûte allongée ; l'entrée latérale est prolongée en goulot. — Architecture du genre *Synoeca*, Sauss, (pl. xx).

Art. IV. *Classification des stélocyttares ou nids indéfinis.*

Division en deux sections.

(Pl. XXXVII).

Les rayons sont libres dans les guêpiers de cette section, libres du moins en ce qu'ils n'ont pas de connexion intime avec le manteau dont ils ne sont pas une dépendance comme chez les phragmocyttares. Ainsi, chaque rayon est un tout indépendant qui peut être séparé du reste du guêpier et qui peut exister à lui seul. Ce fait est d'une grande importance pour l'explication de ce qui va suivre.

Les cellules sont, comme on le sait, des prismes hexagonaux parfaits, qui, en se juxta-posant, ne laissent entre eux aucun vide. D'après cela, on doit considérer le type primitif du rayon comme étant un disque polygonal ou rond, puisque c'est à cette forme qu'aboutit un groupement régulier de cellules autour d'un centre unique.

Mais l'observation montre que si cette forme est la plus généralement employée, elle n'est cependant pas seule dictée à l'instinct des artisans. D'autres formes, irrégulières en apparence, frappent souvent nos yeux ; mais, avec un peu d'attention, on les ramène facilement à ce type primitif. Souvent le cercle entier (fig. 3) est réalisé, et le rayon affecte la forme discoïdale. Dans d'autres cas, un des secteurs du cercle (fig. 3 *apb*) se remplit seul d'alvéoles, et alors le rayon n'a qu'une forme triangulaire. Dans le premier cas, l'insecte bâtit les cellules autour de l'alvéole nucléale dans un ordre parfaitement régulier; dans le second, il ne les accumule que d'un seul côté et ne remplit qu'un secteur du cercle idéal. Il est des rayons de l'un et de l'autre genre dans lesquels on peut suivre le principe avec une rigueur mathématique. Mais dans la plupart des cas cette précision est négligée; l'instinct de l'insecte se plie avec facilité aux exigences de la station et des corps voisins, d'où naissent d'ordinaire des irrégularités plus ou moins considérables, dans lesquelles il faut voir des traductions poétiques de la nature plutôt que des infractions à la règle. J'aurai lieu de les expliquer plus bas.

Le pédicelle du nid occupe toujours le centre du disque, vrai ou idéal. Lorsque le disque tout entier est développé, le nid sera donc supporté par un pédicelle central (fig. 3, *p*). Les nids de cette catégorie sont droits et non obliques, c'est pourquoi on peut leur appliquer le terme de *rectinides*. Mais dans le second cas, le secteur (*r*) aura son pédicelle placé à l'extrémité du triangle; il est supporté latéralement : le guêpier sera *latérinide*.

Chacune de ces deux sections peut facilement se subdiviser en deux autres, car on sait déjà que lorsqu'un nid comprend un certain nombre de rayons, il n'est plus suffisamment abrité par les objets de la nature et qu'il exige un manteau qui l'enveloppe et le protége (fig. 11). Lorsqu'au contraire le guêpier ne doit pas acquérir de grandes dimensions, il peut subsister à l'air libre (fig. 10), à l'abri seulement des feuilles des plantes, des rochers ou des toits. Ce fait donne lieu aux deux sous-sections pour lesquelles je propose les noms de *calyptodomes* (1) et *gymnodomes* (2).

---

(1) Καλύπτα, cacher; δόμος, demeure, maison.

(2) Γυμνός, nu ; δόμος, demeure, maison.

a. *Des rectinides calyptodomes.*

Ils offrent deux modes de construction particuliers, qui permettent d'y distinguer deux genres.

Dans le premier, le guêpier est assez large dès sa base, il ne se suspend pas, mais s'accole à un objet plat, contre lequel vient d'emblée . s'établir un rayon. L'enveloppe ne se compose que d'un feuillet unique, assez épais, et se termine en goulot (pl. xxviii, fig. 3).

Dans le second, l'enveloppe est celluleuse, plus ou moins épaisse ou composée de plusieurs feuillets, et ne se termine pas en goulot.

1⁰ *Genre des calyptodomes à enveloppe simple.*

Espèce unique.

Rayons attachés sous un corps étranger par des piliers et unis entre eux de la même manière. Enveloppe en forme de bouteille ou se prolongeant en goulot (1).

2⁰ *Genre des calyptodomes à enveloppe multiple.*

Ils sont si semblables entre eux qu'on a quelque peine à les fractionner en espèces bien nettes, mais des observations ultérieures et plus complètes permettront probablement de faire mieux sous ce rapport. Ces guêpiers, qui sont les plus grands de tous et qui appartiennent tous à l'industrie des insectes du genre Vespa, se composent d'un certain nombre de rayons discoïdaux suspendus les uns au-dessous des autres par un axe central. Lorsque les rayons sont petits et peu nombreux, un seul axe médian les supporte tous; mais quand ils ont acquis un grand poids, le nombre des colonnes doit être augmenté. Souvent les rayons sont très nombreux, acquièrent une très grande dimension et sont unis par une multitude de colonnettes.

L'enveloppe augmente la solidité de leur union en se mettant

(1) Dans mon mémoire sur la nidification, publié en 1854, j'avais rangé cette espèce dans les phragmocyttares imparfaits. Depuis lors j'en ai vu un exemplaire plus parfait, possédant plus d'un rayon, sur lequel sa nature stelocyttare était parfaitement évidente.

par place en connexion avec les rayons. Mais cette soudure n'est qu'accidentelle et n'a rien de commun avec ce qui se voit chez les phragmocyttares. Ici les rayons se construisent et l'enveloppe vient après, tandis que là l'enveloppe est nécessairement antérieure au rayon.

1re espèce.

Enveloppe foliacée, composée de feuillets concentriques; nids réguliers, ovoïdes, sphériques, construits à l'air libre, sur les arbres ou sous les toits (*Vespa sylvestris*, etc., pl. xv et xvii, pl. xxxvii, fig. 12).

2me espèce.

Enveloppe celluleuse, irrégulière; nids souvent construits dans des cavités souterraines, etc. (*Vespa vulgaris*, etc., pl. xvi, pl. xxxvii, fig. 11, 13, 14).

b. *Des rectinides gymnodomes.*

Les constructions de ce groupe sont les plus légères, les plus gracieuses et les plus variées de l'architecture des guêpes, et, grâce à leur admirable diversité, il est possible de distinguer ici plusieurs genres.

Comme les rayons sont abandonnés à leurs seules forces, et qu'ils ne jouissent pas d'une enveloppe qui les fixe en s'attachant aux branches ou en remplissant les cavités qui les recèlent, le nid est toujours attaché par un pédicelle ou tout au moins accolé à quelque objet; dans certains cas, il arrive même que des rayons prennent à la fois pour axe et pour support la branche d'un arbrisseau. Le pédicelle, qui sert à les fixer, en supporte ordinairement le poids à lui seul, et nous n'en avons jamais observé plus d'un pour un même nid. Il est évidemment l'analogue des colonnettes, puisqu'il s'étend souvent entre les gâteaux et les supporte comme le font ces dernières.

Les rectinides gymnodomes forment un genre dans lequel je connais trois espèces, mais qui en comprendra certainement un plus grand nombre par la suite.

Genre des rectinides gymnodomes.

Un ou plusieurs rayons superposés, suspendus à un axe central qui sert en même temps de pédicelle au nid (pl. xxxvii, fig. 1, 2).

1re espèce (fig. 1).

Nid composé d'un gâteau discoïdal très grand et supporté par ·un très court pédicelle (pl. xiii). Il est construit par un Poliste exotique (1).

2me espèce.

Nid composé d'un petit amas d'alvéoles et supporté au bout d'un très long pédicelle filiforme (pl. iii, fig. 9). — Nidification des *Mischocyttarus*.

Les alvéoles sont très allongées et cylindriques, et le centre de l'amas de cellules qui constitue ce nid n'est pas occupé par une seule alvéole nucléale, mais par un petit amas de trois cellules et c'est entre ces trois cellules que s'insère le pédicelle.

3me espèce (fig. 16).

Nids à plusieurs étages fixés au même axe (pl. ii, fig. 1 *f*). — Nidification des *Ischnogaster*.

c. *Des Latérinides.*

(Pl. XXXVII).

Ici le pédicelle n'est plus central, mais latéral, et les gâteaux se trouvent supportés comme à l'extrémité d'un manche (fig. 7, vu de profil; fig. 4, vu en dessus). Comme je l'ai montré, on peut considérer ces nids comme des portions de rectinides. En effet, si le cercle (fig. 3) représente un rayon ou gâteau

---

(1) Les Polistes sont essentiellement latérinides ; je crois donc que cette espèce serait mieux placée parmi les latérinides imparfaits et que le nid en question doit être considéré comme faiblement irrégulier, j'oserais presque dire comme théoriquement irrégulier, quoique de fait régulier, l'irrégularité étant dans ce cas nulle ou presque nulle.

d'un rectinide dont le pédicelle serait en *p*, le secteur *a p b* sera le gâteau du latérinide correspondant au même rayon ; un latérinide dont un segment seul existe réellement ; partant, le latérinide ne peut être aussi grand que le rectinide et c'est précisément ce qu'on observe dans la nature. Les nids latérinides sont toujours petits et ne réunissent pas des sociétés de beaucoup aussi nombreuses que les rectinides.

Le pédicelle est en général élargi à son extrémité, comme le montre le profil de la figure 1, mais lorsqu'un segment seul du gâteau qu'il supporte existera réellement, il ne correspondra qu'à un segment du pédicelle, tel qu'il est représenté fig. 5, *p*. La position latérale du pétiole est donc normale, ainsi que sa direction latérale : seulement, dans la nature, cette direction s'exagère et finit souvent par devenir horizontale (fig. 6, 7). Ce phénomène est très singulier, en ce qu'il semble indiquer un fait contraire à la grande règle de l'économie du travail que la Nature suit dans ses œuvres. Par suite de l'excentricité du pétiole et du poids du nid placé au bout d'un levier plus ou moins long, le pétiole doit être plus fort, plus épais, par conséquent plus difficile à construire que si le mode de suspension était mieux calculé sur les lois de l'équilibre ; aussi les latérinides n'offrent-ils jamais que de faibles dimensions.

De ce mode de construction il résulte encore que le guêpier ne peut guère acquérir plus d'un étage, parce que, l'axe étant dévié, il se confond nécessairement plus ou moins avec la direction des gâteaux ; mais nous montrerons plus bas par quel artifice la nature a tourné la difficulté.

Les latérinides ne sont pas tous excentriques, mais passent par transitions successives aux rectinides. Il a cependant fallu ranger dans ce genre certains nids concentriques irréguliers qui, de toute manière, se rattachent aux latérinides.

Entre les latérinides, il existe la même différence qu'entre les rectinides, laquelle permet de les partager aussi en *calyptodomes* et en *gymnodomes* ; mais afin de mieux suivre leurs transformations, nous les prendrons dans l'ordre inverse, commençant par les gymnodomes.

d. *Latérinides gymnodomes.*

1° Genre des latérinides gymnodomes imparfaits.

Dans ce groupe on trouve des nids qui représentent les formes intermédiaires entre les *rectinides* et les *latérinides*. La tendance au développement latéral est très prononcée mais non exclusivement dominante.

. 1re espèce.

Pas de pétiole : un simple gâteau à cheval sur une branche qui lui sert d'appui (pl. xxxvi, fig. 11). Cette forme n'est latérinide que par analogie avec la suivante. C'est un latérinide sans pétiole. J'ai vu un grand nid de cette espèce qui avait été rapporté du Brésil, mais dont on ne connaissait pas l'artisan, que je suppose devoir être un *Polistes*.

2me espèce.

Nid variable, irrégulier, oblong ou circulaire, avec un pétiole plus ou moins central, gros et court, ou sans pétiole et simplement accolé à son appui (pl. viii, fig. 1, 2, 3, 6 *a*; pl. x, fig. 5). Ces nids servent de trait d'union entre les latérinides et les rectinides. On voit représenté dans Réaumur (VI, pl. 25, fig. 2) un nid de cette catégorie qui a deux étages. C'est le seul exemple à moi connu d'un latérinide à deux étages tenant l'un à l'autre ; encore ici le nid est-il presque circulaire et le pétiole peu excentrique. Cette figure (pl. xxxvi, fig. 12) a été reproduite dans l'ouvrage de Lepel. de Saint-Fargeau ; mais jamais je n'ai eu l'occasion de rien rencontrer qui lui ressemblât, quoique ce guêpier ait bien appartenu au *Polistes gallicus*.

Pour s'expliquer cette forme, on peut la considérer comme résultant d'un rectinide dont le développement d'un des côtés a marché plus lentement que celui de l'autre. On peut aussi voir en elle la superposition des deux principes, en supposant le nid formé d'un nid latérinide d'abord, lequel servirait ensuite de noyau central à un rectinide, lequel prendrait une forme excentrique en se bâtissant avec régularité autour du centre irrégulier, de façon à constituer un tout irrégulier supporté par le pétiole du latérinide central.

On pourrait distinguer ici plusieurs variétés selon la forme. Pl. viii, 6 *a*, on voit la figure d'un nid ovale, ou en semelle, dont deux côtés sont atrophiés, d'où renaît une régularité accidentelle.

Genre des latérinides gymnodomes parfaits.

Ces nids sont réduits à un secteur de cercle. Le pétiole est donc entièrement latéral.

Il est bien clair que la forme ne peut être toujours mathématiquement celle d'un secteur. La nature vivante préfère les contours pittoresques aux angles mathématiques ; elle arrondit les formes et réalise le type idéal de plusieurs manières différentes.

1re espèce.

Pétiole entièrement latéral ; nid représentant souvent un secteur parfait et triangulaire (pl. xxxvi, fig. 13 ; voyez aussi pl. ix, fig. 1 *a*, 2, 3, et pl. viii, fig. 4 *a*, 5). Ces figures représentent diverses variétés plus ou moins régulières. Souvent la forme du secteur est altérée par l'addition de cellules à droite et à gauche lorsque l'insecte éprouve le besoin d'agrandir son nid. De là naissent des formes diverses et pour la plupart accidentelles. Ces nids appartiennent tous aux vrais polistes.

2me espèce.

Nid entièrement latéral, réduit à une étroite bande de cellules alternes (pl. xxxvi, fig. 14, pl. iv, fig. 3 *a*).

Cette espèce représente le secteur de cercle le plus petit qui puisse encore se réaliser ; l'atrophie poussée aux dernières limites du possible. C'est pour ainsi dire le secteur devenu si petit qu'il n'est plus qu'une ligne. Les insectes du genre *Icaria* ont adopté cette architecture aérienne et gracieuse ; j'ai aussi figuré (pl. iv, fig. 7) un de ces guêpiers qui doit sa construction à des guêpes américaines qui sont probablement des Polybies.

e. *Des Latérinides calyptodomes.*

Ce sont des nids latérinides multiples, renfermés sous une

même enveloppe, mais leur construction est si curieuse, qu'elle m'a d'abord beaucoup embarrassé lorsqu'il s'est agi de la rattacher aux autres types.

La figure 15, pl. xxxvi, représente la coupe d'un guêpier du geure de ceux que nous avons en vue dans ce moment ; cet édifice se compose :

1° D'un axe formé par une tige naturelle, ab ;

2° D'un certain nombre de gâteaux (latérinides) pédicellés fixés à cet axe, pr, $p'r'$;

3° D'une cnveloppe générale, m.

Cette construction est tout exceptionnelle ; elle devrait rentrer dans les stélocyttares, puisque les rayons sont libres et que le nid est défini.

Chacun des rayons étant pédicellé latéralement, nous sommes d'abord reportés aux latérinides par analogie. Un latérinide est, suivant notre théorie, une portion de rectinide ; on peut donc supposer, par la pensée, un latérinide à plusieurs étages qui ne serait qu'un secteur du rectinide multiple (pl. xxxvi, fig. 2), de même que la fig. 4 représente un latérinide produit du rectinide de la fig. 3. Ce serait le nid hypothétique dont la coupe est représentée fig. 8. Mais on a vu que, lorsque le nid devient latérinide, son axe p (fig. 5) ne conserve pas sa position primitive, mais qu'il est dévié comme le montre la figure 7. Le latérinide multiple (fig. 8) devra donc être représenté par trois rayons superposés et libres les uns par rapport aux autres, comme sur la figure 9. Ce nouveau nid n'est autre que celui de la figure 8, dans lequel l'axe aa a été détruit par la déviation de chacun de ses tronçons p, p', p'' qui sont devenus les pétioles des rayons. Mais ce nid (fig. 9) serait impossible si rien ne reliait ses diverses parties. Pour qu'il devienne possible, il faut qu'il s'établisse contre une branche d'arbre ou tout autre axe naturel qui en réunisse les différentes parties. On n'est donc fondé à n'y voir qu'un latérinide multiple, et comme de plus il est muni d'une enveloppe, c'est en même temps un calyptodome.

Ces guêpiers, forment un genre très intéressant. L'élégance de leurs formes et l'art délicat qui frappe dans leur charpente, les rend très dignes de remarque. Leur manteau n'est qu'un simple voile plissé qui prend la forme d'un faisceau et qui diffère essentiellement de l'enveloppe des rectinides calyptodomes, mais comme ces charmants édifices sont décrits plus bas dans tous leurs détails, je n'anticiperai pas, en parlant dans ce chapitre d'autre chose que de leur principe de construction.

Les *latérinides calyptodomes* ne forment qu'un genre dans lequel je distingue deux espèces qui pourraient bien appartenir à la même.

1re espèce (pl. xxxvi, fig. 15).

Axe unique ; rayons pétiolés ; entrée sans goulot ; forme étant celle d'un fuseau régulier (pl. xxvii). (Artisan inconnu).

2me espèce.

Axes multiples ; rayons excentriques traversés par l'axe ; entrée au bout d'un goulot (pl. xix et xix *bis*). J'ai fréquemment observé ces nids qui ne sont pas rares sur les arbrisseaux des savanes des terres chaudes du Mexique. Leur artisan est le *Chartergus apicalis*.

f. *Des Gibbinides.*

Enfin il existe parmi les stélocyttares, outre les *rectinides* et les *latérinides*, un troisième type que je nomme celui des *gibbinides* et qui se trouve caractérisé comme suit :

Nid sans pédicelle ; composé d'une calotte hémisphérique celluleuse, servant de plancher à une couche d'alvéoles (pl. xxxvii, fig. 15).

Ces nids appartiennent évidemment aux stélocyttares, puisqu'ils n'ont pas d'enveloppe, car, l'enveloppe formant chez les phragmocyttares l'essence du nid, elle ne saurait manquer, et cette section ne saurait donc renfermer des guêpiers nus. Mais parmi les stélocyttares ils forment une coupe bien tranchée, bien différente des autres par la présence de cette masse spongieuse sur laquelle le véritable rayon est établi (1). Je n'en connais

---

(1) C'est à tort que dans la description des insectes j'ai réuni les gibbinides aux latérinides gymnodomes à cause de leur analogie avec certains nids de *Polistes*.

qu'une seule espèce, figurée pl. xxviii, et qui représente l'architecture du genre *Apoïca*, Lepel.

—

L'ordre que j'ai suivi dans l'exposé qui précède n'est pas régulier. Je me suis laissé guider plutôt par le désir de me faire comprendre que par celui d'un groupement méthodique des genre et des espèces ; je n'ai pas procédé des formes les plus simples aux plus compliquées, en suivant la marche que semble suivre la nature dans ses transformations.

Il m'avait fallu prendre d'abord les types les plus complets afin de donner d'emblée des idées nettes sur les principales entités de la nidification ; maintenant que ces modes sont connus, il sera plus naturel d'aller du simple au composé, car les nids composés renferment en eux les parties des plus simples et n'en sont pour ainsi dire que des dérivés d'un ordre supérieur, ayant reçu plus de parties et les ayant toutes plus complètes.

Le résumé qui suit montrera dans un ordre plus méthodique l'arrangement des diverses catégories de guêpiers avec renvoi aux figures explicatives plus ou moins théoriques par lesquelles j'ai cherché à représenter chaque espèce (pl. xxxvi).

I. STÉLOCYTTARES.

I. St. GIBBINIDES.

Genre unique.

Une espèce (fig. 15, pl. xxxvii).

II. St. LATÉRINIDES.

Pl. XXXVI.

Genre latérinides gymnodomes imparfaits.
Deux espèces (fig. 10, 12 et 11).

Genre latérinides gymnodomes parfaits.
Deux espèces (fig. 13 et 14).

Genre latérinides calyptodomes.
Deux espèces (fig. 15 et pl. xix).

III. St. RECTINIDES.

Genre rectinides gymnodomes.
Trois espèces (fig. 9, 7, 8).

Genre rectinides calyptodomes.
Trois espèces (fig. 2.— Pl. xxxvii, fig. 12.— 11, 13, 14).

II. PHRAGMOCYTARES.

I. *Genre Phr. rectilignes imparfaits.*
Deux espèces (fig. 1 et 3, pl. xxxvi).

II. *Genre Phr. rectilignes parfaits.*
Cinq espèces (fig. 4 et 5. — Pl. xxxii, xxxiii).

III. *Genre Phr. sphériques.*
Une espèce (fig. 6).

Tel est l'ensemble des divers groupes que nos observations nous ont conduit à admettre. Sans doute, ce n'est là qu'une première ébauche d'un travail qui n'a pas encore été abordé, et, sur ce terrain, les faits observés et constatés sont encore bien peu nombreux pour permettre de généraliser à coup sûr; aussi ai-je peut-être été trop loin dans mes déductions. C'est aux naturalistes plus heureux que moi dans leurs recherches, mieux partagés dans leurs ressources ou plus habiles dans l'art de grouper les faits, que revient la tâche de corriger ce que ces lignes peuvent présenter de hasardé ou d'imparfait.

Art. V. *Rapport entre la classification des nids et celle de ses artisans.*

Après avoir classé les productions des guêpes en groupes qui paraissent naturels, il faut chercher si ces groupes correspondent à ceux que l'on est porté à admettre dans l'arrangement des insectes mêmes qui en sont les auteurs.

Il existe à cet égard des règles et des exceptions. Ainsi, tous les nids phragmocyttares se rattachent aux guêpes de l'Amérique tropicale et méridionale, et sont construits par les genres *Nectarinia*, *Chartergus*, *Tatua*, *Polybia* et *Synoeca*. Chacun de ces genres naturels a son mode de construction assez spécial. Certains genres s'attachent exclusivement dans leur architecture à un mode particulier : tels sont les *Nectarinia*, artisans des phragmocyttares sphériques; les *Tatua*, dont les nids rentrent dans la catégorie des phragmocyttares rectilignes de la troisième espèce; les *Synoeca*, phragmocyttares imparfaits de la deuxième espèce; les *Apoïca*, constructeurs exclusifs des gibbinides; les *Mischocyttarus* et les *Ischnogaster*, auteurs de ces nids rectinides gymnodomes à long pédicelle, à formes si gracieuses et spéciales pour chacun d'eux. Les *Icaria* ont aussi leur architecture toute particulière décrite comme les latérinides parfaits de la deuxième espèce, et les *Vespa* enfin sont exclusivement et à eux seuls calyptodomes rectinides (1).

Mais à côté de ces genres si bien limités par la concordance remarquable qui régne entre les résultats fournis par les caractères zoologiques des insectes et par ceux de leurs productions morales, on en voit d'autres moins nettement partagés. Tels sont ceux des *Chartergus*, *Polistes* et *Polybia*.

Le premier de ces genres offre cette particularité singulière que, quoique zoologiquement parfaitement net et naturel, ses espèces se groupent autour de deux genres d'architecture entièrement différents. En effet, le *Ch. chartarius*, Oliv. bâtit des guêpiers phragmocyttares rectilignes de la deuxième espèce, et le *Ch. apicalis* est l'auteur des *latérinides calyptodomes* (2).

---

(1) Par la suite on découvrira peut-être des exceptions pour les genres qui précèdent, mais il n'est pas probable qu'on en trouve dans le genre si homogène des *Vespa*.

(2) Dans mon mémoire sur la nidification cité plus haut, je croyais inadmissible que les insectes d'un même genre fussent, les uns phragmocyttares, les autres stélocyttares. Je suis entièrement revenu de cette opinion depuis que j'ai pu vérifier le fait par l'observation des insectes mêmes dans les pays lointains qu'ils habitent.

Le genre *Polistes*, qui n'est pas moins naturel, dont les espèces sont toutes si extrêmement semblables de formes, offre aussi quelques irrégularités de même nature, quoique bien moins fortes. Ses espèces sont *toutes* des latérinides gymnodomes des trois premières catégories (1), qui ont toutes les trois ce caractère commun d'avoir les formes lourdes.

Enfin les *Polybies* forment un genre si peu naturel, embrassant tant de formes variées, qu'il n'est pas étonnant que leur architecture soit très variable.

La *P. scutellaris* est un phragmocyttare rectiligue de la première espèce; les *P. sericea*, *atra*, etc., appartiennent à la quatrième espèce du même genre; la *P. occidentalis*, à la troisième; j'ai observé la *P. cubensis* construisant un nid latérinide gymnodome du genre de ceux des Polistes, et d'autres espèces paraissent en construire de très étroits à la manière des Icaries. C'est probablement aussi à une Polybie qu'on doit le nid stelocyttare calyptodome du premier genre.

On voit donc que les divers modes de nidification correspondent à des groupes naturels; que, lorsque le genre est nettement délimité, son architecture est spéciale aux espèces qu'il renferme. Toutefois, un même genre de guêpe peut réunir deux ou plusieurs modes d'architecture à lui spéciaux. Enfin lorsque le genre n'est pas net, comme celui des Polybies, qui est un genre *par enchaînement*, la multiplicité et le vague règnent dans l'architecture aussi bien que dans les formes zoologiques de ses espèces. La nidification correspond donc aux groupes naturels et ne peut par conséquent rester étrangère à la classification des insectes.

Ces divers ordres de nids ont naturellement aussi une distribution géographique correspondante à celle de leurs artisans. Ainsi nous trouvons les phragmocyttares et les latérinides calyptodomes localisés dans les régions chaudes de l'Amérique; les

---

(1) Quelques-unes sont peut-être *rectinides gymnodomes*, ainsi que je l'ai indiqué plus haut, mais comme leurs nids ne sont jamais bien réguliers, on peut considérer les espèces comme étant toutes latérinides.

stélocyttares rectinides, généralement répandus, aussi bien que les latérinides ; enfin les rectinides calyptodomes s'étendent sur toute l'Amérique du nord et sur l'ancien continent, comme les *Vespa* qui en sont les constructeurs.

Nota.

Dans la deuxième partie de ce volume, qui a paru trois ans avant la première, outre les deux divisions des Phragmocyttares et Stelocyttares, j'ai adopté une troisième classe de guêpiers que j'ai désignée sous le nom de *Pœcilocyttares*, ou nids variés, et j'y ai placé une partie des *phragmocyttares* dont je n'avais pas encore bien reconnu les analogies. Depuis lors, j'ai abandonné cette coupe inutile et fautive. Partout où figure le nom qui la désigne, on substituera donc celui de *phragmocyttares*.

CHAPITRE VI.

DESCRIPTION DES DIVERS GUÊPIERS CONNUS.

Dans le chapitre précédent, j'ai cherché à donner une idée des divers modes de nidification et à les coordonner selon un ordre méthodique ; je n'ai pu parler que des nids en général, en les ramenant à des types généraux et théoriques. Il me reste ici à décrire, non plus le principe de leur construction, mais les nids eux-mêmes ; non plus leurs formes théoriques, mais leur apparence réelle.

Dans cette étude, je ne suivrai pas le même ordre que dans le chapitre précédent, mais je m'attacherai à l'ordre zoologique adopté dans la deuxième partie de ce volume, lequel ne s'écarte pas essentiellement de celui auquel j'ai été conduit dans le chapitre V, puisque la classification naturelle des guêpiers suit de près celle des guêpes.

De l'architecture des guêpes en général.

Les guêpiers sont des constructions en même temps légères et solides , dont le but principal est de servir de berceau aux générations incessantes, et le but accessoire d'abriter la famille de ses artisans.

Ces édifices sont presque toujours faits en papier ou en carton, avec des matériaux ligneux triturés et agglutinés de diverses manières. Il existe, du reste, sous ce rapport, de nombreuses variétés : certaines guêpes font avec les débris qu'elles arrachent aux bois mort une pâte très homogène, finement triturée, un véritable carton fin ; d'autres se bornent presque à agglutiner ensemble des parcelles ligneuses ; d'autres enfin mêlent les deux genres de matériaux et leur carton est un mélange de particules brutes unies par un mastic papyracé. Ces faits sont faciles à observer au microscope (1). Certaines guêpes exotiques fabriquent même du carton avec les excréments des quadrupèdes, et l'on connaît déjà quelques exceptions remarquables qui bâtissent avec de l'argile (2).

·Réaumur, frappé de l'extrême ressemblance du papier des guêpiers avec celui dont les hommes font usage, proposa d'imiter ces insectes dans leur industrie et de chercher à tirer parti du bois en le substituant aux chiffons qui servent à la fabrication de la pâte du papier, mais les expériences qu'il proposa de faire ne paraissent pas avoir été jusqu'à ce jour l'objet d'aucune recherche.

Certains guêpiers exotiques offrent assez d'analogie pour les formes et les couleurs, avec les nids que les fourmis sculptent dans le bois. La distinction n'en est, du reste, pas difficile.

(1) White, *Ann. a. Mag.* VII, 318.

(2) Shuckard prétend (*Cabin. cyclopæd. Ins.*, p. 183) que certaines guêpes mêlent de l'argile et des brins de paille. Il faut qu'il ait été trompé par l'apparence de certains cartons grossiers. Je ne sache pas que jamais on ait observé ce procédé chez les guêpes.

Tandis que les guêpiers n'ont qu'une ou deux entrées, les fourmilières en sont en général criblées et ressemblent presque à une éponge grossière.

Il est aussi d'autres fourmilières que l'on prendrait facilement pour des guêpiers, à en juger par l'extérieur, telle est, par exemple, celle de la *Myrmica Sallei*, Guér. (1).

Il est digne de remarque que dans l'Amérique tropicale où l'hiver n'est pas moins chaud que l'été, où les plantes persistent pendant toute l'année, les insectes n'en meurent pas moins. Fort peu d'espèces, et de rares individus seulement, peuplent les bois durant la saison sèche, et les guêpes aussi subissent les lois rigides de la nature qui mettent entre chaque période de vie une saison de repos et d'arrêt aux approches de l'hiver. Les guêpiers sont abandonnés, sans qu'il soit possible d'en découvrir la cause, car il semble que ni l'abaissement de la température, ni la disette ne les font souffrir. On dirait que la mort des insectes est la suite d'une nécessité physiologique (2) qui se manifeste dans toute la nature vivante. Les insectes meurent et la végétation languit. C'est ce qui explique pourquoi les guêpiers n'atteignent jamais un très grand volume. La nature semble permettre aux guêpes de les étendre indéfiniment, mais elle y met obstacle par une destruction périodique. Quelques guêpiers isolés restent comme oubliés par les rigueurs de la saison et continuent à héberger un essaim chétif et sans activité.

Est-ce à ces sociétés rares et malheureuses que revient la tâche de repeupler les bois et les savanes à l'entrée de la belle saison, ou des femelles fécondées, éparses, s'abritent-elles de leur mieux durant l'hiver, comme sous nos climats ingrats, c'est ce que l'on ignore complétement. Il en est de même de presque tous les insectes. Quelques individus isolés et qui se sont pour ainsi dire fourvoyés, quant au moment de leur naissance, éclosent en automne et persistent pendant l'hiver.

(1) *Revue zoologique*, 1852, pl. 3.

(2) Sans doute les fleurs manquent beaucoup en hiver; elles ne manquent cependant pas absolument et j'ai peine à croire que les guêpes meurent de faim durant la saison sèche.

Les guêpiers sont commencés au début de la belle saison ; ils s'accroissent jusqu'au moment où les froids et le manque de nourriture font périr leurs artisans, alors ils restent abandonnés aux intempéries de l'air et finissent par se détruire. Dans l'Amérique tropicale où certaines constructions des guêpes acquièrent une grande solidité, indispensable pour résister aux pluies torrentielles de l'été, ils persistent souvent pendus aux arbres longtemps après avoir été abandonnés. Au Mexique, j'ai fréquemment trouvé de ces nids abandonnés et déjà couverts de mousse. Cuming rapporte qu'il a observé dans les environs de Buenos-Ayres un vieux guêpier de ce genre dans lequel une hirondelle avait établi son nid (1).

Des stelocyttares en général.

Les guêpiers dont l'architecture se règle sur ce mode général ont tous quelque chose de commun ; c'est la ténuité de leur tissu. On ne trouve pas ici un carton dur et épais, mais seulement un papier mince et léger. Ce n'est pas à dire pour cela que les Phragmocyttares ne sachent de leur côté faire que du carton ; au contraire, ils fabriquent toute espèce d'enveloppes papyracées, en sorte que ce caractère est négatif, mais il n'en doit pas moins être noté.

Il ressort du principe de la construction des Stelocyttares que la nature de l'enveloppe n'a rien à faire avec la direction des rayons. Souvent le manteau loin de suivre le contour de ces derniers, recèle des vides considérables qui sont destinés à laisser à de nouveaux gâteaux la place que réclamera leur établissement.

Les guêpiers de cette catégorie sont à proportion de leurs artisans moins grands que les phragmocyttares les plus parfaits, c'est-à-dire que le nombre de leurs alvéoles est moins considérable et, par suite, le nombre de leurs habitants aussi très inférieur. Même nos nids de Vespa, qui sont parmi les Stelocyttares

(1) *Ann.-a-Magas.* III, 315 (note).

les mieux disposés pour supporter une nombreuse population, ont un développement relativement très limité. Certains petits nids stelocyttares sont même si exigus que je suis naturellement conduit à penser que les espèces qui les construisent ne forment pas des sociétés de même nature que nos guêpes indigènes. Je crois que ces insectes n'ont pas à proprement parler des mœurs vraiment sociales ; en tout cas, elles ne vivent qu'en association très restreintes et peut-être sont elles plus ou moins solitaires. Chaque femelle construit son nid à la manière des sociales, mais il est probable que les jeunes s'échappent à leur éclosion et s'en vont chacune de leur côté fonder une colonie comme le font les guêpes solitaires. Du reste, ce ne sont ici que des suppositions et, en tout cas, il n'existe aucune limite distincte entre ces guêpes que je suppose à peine sociales et celles qui le sont essentiellement ; aussi ne saurait-on les séparer de cette tribu si bien caractérisée par le fait que toutes ses espèces bâtissent des rayons ou gâteaux d'alvéoles hexagonales.

Comme les guêpiers que j'ai figurés sont en grande majorité encore inédits, j'ai pensé qu'ils méritaient en tous cas une description détaillée.

Architecture du genre Ischnogaster.

Stelocyttares, rectinides, *gymnodomes*.

Je ne connais qu'un seul nid qui se rapporte à ce genre, c'est celui qui se voit pl. ii, fig. 1 *f*. Il est arrivé à ma connaissance par notre compatriote, feu M. Melly, qui en fit don au musée de Genève avec les insectes qui l'habitaient.

Ce guêpier a été trouvé dans l'île de Java (2). Il est composé de trois gâteaux successifs, de forme sensiblement circulaire, tous supportés par un axe central, dont la première partie forme le pédicule qui servait à fixer le nid à une branche et à en sup-

---

(1) Voyez : de Saussure, Note sur le genre *Ischnogaster*, Ann. Soc. Ent. de France, 1852, X, p. 24, pl. I.

porter le poids. Un certain nombre de cellules sont revêtues de leur calotte ; il en est qui sont plus longues les unes que les autres et celles-là se trouvent placées sur le pourtour du rayon moyen ; elles sont si longues qu'elles dépassent la base du troisième gâteau. Ce sont sans doute celles qui renfermèrent les nymphes des femelles.

Comme je ne connais qu'un seul exemplaire de guêpier de ce genre, je n'oserais affirmer que l'*Ischnogaster Mellyi* fasse toujours son nid à trois étages ; évidemment cette construction peut s'agrandir, chaque rayon peut croître par la circonférence et un quatrième, un cinquième rayons peuvent venir s'y ajouter. Dans ce nid, le pédicelle vient se fixer à une cellule centrale ; le noyau de chaque rayon est dans une simple cellule, non dans une réunion de trois, comme cela se voit dans le nid du *Mischocyttarus labiatus.*

La figure représente le nid renversé ; dans la position naturelle les cellules regardent en bas.

Architecture du genre MISCHOCYTTARUS.

STELOCYTTARES, rectinides, *gymnodomes.*

(Pl. III, fig. 9.)

Le genre Mischocyttarus ne comprend que deux espèces, et je ne connais que le nid du *M. labiatus.* Ce charmant guêpier est, comme celui de l'*Ischnogaster Mellyi,* entièrement inédit. J'en possède un dans ma collection, un autre se voit au Muséum de Paris. Sa forme gracieuse et très extraordinaire rappelle celle de certains nids d'oiseaux. Suspendu par un long pédicelle, ou plutôt par un fil, il est comme pendu à la branche d'un arbrisseau. Lui-même n'est qu'une masse allongée de cellules, mais qui offrent ceci de particulier qu'elles sont beaucoup plus longues que d'ordinaire dans les guêpiers ; ce qui est parfaitement en rapport avec les formes très grêles et très allongées des insectes dont elles sont le berceau.

Ces cellules aussi sont arrondies, cylindriques plutôt qu'hexagonales ; d'où résulte un vide triangulaire entre chaque trois cellules, et ce vide est rempli de matière corticale.

Les matériaux de cette construction sont très grossiers ; on dirait de simples parcelles d'une écorce brune, formant des filaments transversaux ; ce n'est pas un véritable carton collé ou un papier bien mastiqué et bien trituré comme dans la majorité des nids des guêpes. Le fil suspenseur est comme toujours simplement collé à son support ; il est élargi à son origine, et l'espèce de petit renflement qui lui sert de racine est formé d'une véritable gomme. Le pétiole lui-même contient beaucoup de subtance gommeuse ; il est dur et élastique.

Il faut supposer que ce nid n'est qu'au début de sa formation, et qu'avec le temps il aurait pris des dimensions un peu plus considérables ; mais il n'est pas admissible qu'il fût destiné à recevoir plus d'un étage. Ici les alvéoles centrales ou nucléoles sont au nombre de trois ; c'est entre ces trois que vient se fixer le pétiole et c'est autour de ce noyau que sont groupées les autres alvéoles, contrairement à ce qui a lieu chez les Ischnogaster, où le premier noyau est formé d'une seule cellule.

Quand on compare la petitesse relative de ce nid à la grandeur de son artisan (fig. 8) (et il en est de même dans le genre Ischnogaster) on est conduit à se demander comment il se fait que des insectes aussi grands habitent d'aussi petites demeures. Le simple raisonnement nous montre que les nids de ce genre ne sont pas susceptibles d'un grand accroissement, attendu que leur faible pédicelle ne suffirait plus à en supporter la masse ; il faut donc qu'ils soient voués à ne posséder jamais qu'un petit nombre d'alvéoles. Or, il faut, pour la même raison, que les guêpes qui les construisent et les habitent soient très peu nombreuses. Frappé de cette circonstance ainsi que des rapports zoologiques intimes qui lient ces insectes aux Euméniens, particulièrement les Ischnogaster, j'ai déjà posé la question (1) de savoir si dans ces quelques genres il existe des ouvrières, ou si

_____

(1) Note sur le genre Ischnogaster, *loc. cit.*

les femelles n'ont pour construire leurs demeures que le secours de leurs propres forces.

———

Je ne connais malheureusement aucune construction du genre Belonogaster. Il est probable que ses nids sont établis sur le même principe que ceux des deux genres précédents. La longueur extraordinaire de ces insectes doit exiger des cellules d'une forme très allongée ; c'est en effet ce que j'ai remarqué sur un fragment de rayon appartenant au *B. filiformis*. Il suffit du du reste de jeter un coup d'œil sur la figure du *B. Guerini* (pl. ii, fig. 3) pour comprendre que c'est dans ce genre qu'on doit trouver les nids jouissant des plus longues alvéoles, quoiqu'elles soient passablement raccourcies par le fait que chez les guêpes à abdomen longuement pédicellé, la masse de l'abdomen est repliée contre le pétiole durant le terme de leur évolution.

Architecture du genre ICARIA.

STELOCYTTARES, laterinides, *gymnodomes.*

(Pl. IV, fig. 3, *a.*)

Ce n'est pas ici une des constructions les moins singulières des guêpes ; la forme en est vraiment extraordinaire ; on dirait que la nature s'est plue à exercer sur ces guêpiers la variété de ses moyens. Comme dans les précédents, on remarque un pétiole d'attache, mais ici il est entièrement excentrique, latéral, dévié horizontalement. Il ne se fixe au nid que par une seule alvéole toute latérale, qui soutient à elle seule l'ensemble de la construction. Le reste du nid est composé d'une double série linéaire d'alvéoles, disposées dans un ordre alterne. De ces cellules, les premières sont comme de juste les plus grandes, les plus parfaites ; vers le bout, elles deviennent de moins en moins longues, et les dernières ne sont que commencées.

Ici, plus encore que chez les Rectinides, les sociétés doivent être restreintes ; peut-être même sont-elles entièrement passagères ; il est possible que chaque nid soit l'ouvrage d'une seule femelle, qui se borne à y élever sa progéniture, laquelle se disperse aussitôt après l'éclosion. Peut-être chaque société établit-elle plusieurs nids voisins les uns des autres ; il est, sous ce rapport, bien des faits à étudier.

Le nid nº 3 *a* est construit par l'*Icaria Mellyi*, guêpe qui vit dans les îles de la Sonde d'où cet intéressant objet a été envoyé à M. Melly, qui en a fait hommage au musée de Genève.

Il est bien possible que les Icaria bâtissent encore d'une autre manière ; mais n'ayant pas eu l'occasion de voir d'autres constructions de ces insectes, je laisse aux entomologistes étrangers le soin de les décrire.

J'ignore quel est l'artisan du nid nº 7, qui est d'une espèce tout à fait semblable. Comme il a été rapporté du Brésil, il est à présumer qu'il est la création d'une Polybie.

Architecture des POLISTES.

STELOCYTTARES, laterinides, *gymnodomes.*

(Pl. VIII à X.)

Les Polistes ont un système de nidification plus vaste que les précédents, mais ils sont loin de posséder l'art des Vespa.

Réaumur en a décrit les détails avec précision à la fin de son VIIe mémoire du tome VI ; il a de plus figuré les nids de nos Polistes indigènes, pl. 25. Lepeletier de Saint-Fargeau a copié une partie de cette planche dans son histoire des Hyménoptères, mais il n'a pas parlé des mœurs des Polistes.

L'art de ces insectes est assez varié ; ils font des nids de formes très diverses et très variables aussi quant à leur grandeur et à leur mode d'attache. Mais ils ont cela de commun que les gâteaux sont toujours à nu.

Comme l'a très bien fait remarquer Réaumur, ces guêpiers ont toujours une position oblique ou verticale, afin de ne pas être trempés par la pluie. Si les alvéoles regardaient en haut, elles se rempliraient d'eau ; si c'était au contraire la base du nid qui eût cette position, l'eau séjournerait dessus comme sur un toit plus ou moins plat, et elle finirait par le percer de part en part. Au contraire, le nid étant disposé obliquement ou verticalement, l'eau s'écoule avec facilité. Il n'y a de mouillé que les cellules périphériques les plus supérieures qui ne sont en général qu'ébauchées et qui ne contiennent jamais rien. Nos insectes ont de plus la précaution de tourner les cellules du côté du nord ou du nord-est, comme l'a fait remarquer Réaumur, parce que, dans nos climats, les vents qui amènent la pluie soufflent de l'horizon opposé. Mais, en outre, les Polistes ajoutent beaucoup à l'imperméabilité de leurs nids en les vernissant ; il est facile de remarquer que tous les nids de ces insectes, soit indigènes, soit exotiques, ont un aspect perlé qui tient ou à un vernis particulier ou à la composition même du papier : « Un des grands ouvrages des mouches dont nous parlons, dit Réaumur, est de mettre ce vernis ; je les ai vues employer beaucoup de temps à frotter et refrotter avec leur bouche les différentes parties du nid ; et j'ai lieu de croire que tous leurs frottements ne tendaient qu'à étendre sur ces parties une liqueur qui, lorsqu'elle serait sèche, serait un enduit capable de les conserver. »

On remarque chez les Polistes une grande variété de modèles dans leurs constructions. Sous ce rapport, il ne règne point la même homogénéité qui est si manifeste dans les formes extérieures du corps de ces insectes. Les uns bâtissent des nids entièrement excentriques, et qui sont de véritables Latérinides (pl. VIII, fig. 5) ; tandis que d'autres se rapprochent de la forme régulière (pl. XIII).

Les premiers sont susceptibles de plusieurs variétés ; ainsi, pl. VIII, fig. 5, on en voit un qui est triangulaire, et qui ne compte à son origine qu'une seule cellule, puis en viennent deux, appuyés sur la première, puis trois, puis quatre, et ainsi de suite jusqu'à sept, ensuite de quoi les séries vont en diminuant, et l'extrémité du nid est arrondie. Rien n'empêche du reste qu'il ne prenne un plus grand accroissement en suivant toujours le même principe, ce qui s'exécuterait par l'addition de nouvelles cellules à l'extrémité de chacune des séries, à partir de celle qui commence la décroissance.

On voit fig. 4 *a*, un autre nid de ce genre dans lequel le premier noyau est composé de deux cellules. Je ne sais malheureusement pas quels sont les Polistes auxquels on doit attribuer ces nids qui ont été rapportés de l'Amérique méridionale, et qui se voient au Muséum de Paris. J'ai eu l'occasion d'en examiner encore plusieurs autres; en particulier celui des *Polistes canadensis*, pl. IX, fig. 1 *a*, qui avait du reste déjà été décrit par M. Fr. Smith (1). Celui-ci est bien moins régulier que les précédents, plus large, presque sans symétrie aucune. Sur la même planche, fig. 2 et 3, en sont figurés d'autres de formes diverses. Chaque espèce paraît avoir une forme qu'elle affectionne ; cette forme est sans doute fixée par son instinct particulier, mais l'insecte sait très bien varier ses travaux pour les plier aux circonstances et aux exigences des objets qui les entourent. Rien n'est plus facile du reste que de varier les formes d'un nid de ce genre; le guêpier est une mosaïque dont tous les éléments sont des hexagones réguliers; dont les propriétés mathématiques font qu'on pourra, en ajoutant des éléments sur tel ou tel point, allonger, élargir la mosaïque, lui donner toute espèce de formes, sans jamais causer aucune irrégularité intérieure. Il serait intéressant d'étudier quelles sont les règles d'architecture auxquelles obéissent les Polistes dans l'exécution de ce travail.

Les nids de la seconde forme sont ronds, ou du moins se rapprochent de la forme circulaire. Ils consistent en un simple gâteau plus ou moins régulier, comme on peut le voir pl. XIII, fig. 1. Par derrière, ils sont fixés au moyen d'un pédicule central, fig. 2, ou bien ils sont simplement accolés, ce qui est le cas le plus rare.

Le nid que je viens de citer est d'origine inconnue; on le voit au Muséum de Paris où M. le professeur Milne-Edwards a

____

(1) On the nect of *Polistes Lanio*, etc. in Trans. Ent. Soc. of London, 2ᵉ sér. I, 1851.

a bien voulu me le communiquer ; on ignore quel est son artisan, mais il est certain qu'il est exotique et qu'il appartient à une très grande espèce de Polistes.

Enfin entre les formes de ces nids, dont les uns sont parfaitement latérinides, et les autres presque rectinides, comme le dernier cité, se trouvent toutes les transitions imaginables. Pl. viii, fig. 1, l'on voit un nid de *P. tepidus,* que M. Verreaux a rapporté de la Nouvelle-Hollande et qui est presque régulier.

D'autres nids, plus irréguliers, en ce sens qu'ils sont comme comprimés, ovales ou rectangulaires, se voient pl. x, et pl. viii, fig. 6 *a ;* mais ils ont encore un pétiole central. Ceci n'a plus lieu au nid du Poliste gaulois qui est manifestement excentrique, pl. viii, fig. 2 ; on pourrait le considérer comme un nid circulaire à pétiole central, dont le bord aurait été tronqué et enlevé sur la moitié de la circonférence. Si la troncature était plus grande, de façon à enlever toute une moitié du nid jusqu'au pétiole, ou même les deux tiers, on aurait un vrai Latérinide, comme pl. ix, fig. 1 *a.* D'après cela, il n'est pas facile de trouver la véritable place naturelle des guêpiers des Polistes ; je les ai rangés de préférence parmi les Latérinides ; parce qu'ils sont loin d'être réguliers, et que tous montrent plus ou moins de tendance à la forme excentrique.

Un nid parfaitement latéral, comme se voit, pl. viii, fig. 5, ne saurait avoir qu'un seul étage ; en effet la règle veut que les rayons soient parallèles ; si donc un second rayon devait s'ajouter au premier, il ne pourrait se placer que bout à bout avec lui, grâce à la direction horizontale du pétiole ; l'insecte alors agrandirait son nid avec moins de peine en ajoutant des cellules au gâteau unique. Mais si le guêpier n'est qu'excentrique, ayant un pétiole oblique et incliné au rayon, plusieurs étages pourront être élevés les uns au-dessus des autres. C'est à ce système de construction qu'appartient le nid figuré par Réaumur, pl. xxv du tome VI. (Voyez pl. xxxvi, fig. 12).

Les alvéoles qu'établissent les Polistes ne sont pas toujours d'une parfaite régularité, ce qui résulte de leur mode de groupement.

Un nid de Polistes est moins un gâteau plat qu'un faisceau d'alvéoles convergeant vers un centre commun qui est le pétiole, (pl. VIII, fig. 3), d'où il résulte, comme l'a du reste fait remarquer Réaumur, que ce sont des pyramides tronquées, ou espèces d'entonnoirs plus larges à la bouche qu'à leur base. La nature profite habilement de cette circonstance pour loger la nymphe de façon à ce que la tête qui est large corresponde à l'ouverture, et l'abdomen pointu au fond de l'entonnoir.

Par suite de cette disposition en éventail, la face inférieure du nid est souvent concave, (pl. VIII, fig. 2), ou si elle ne l'est pas, c'est que les rangs des cellules se fixent par gradins successifs, de façon à ce que les plus anciens, ceux du milieu, fassent le plus saillie en dessous, fig. 1 et pl. X, fig. 5.

Les cellules périphériques ne sont jamais parfaites ; elles ne sont que des ébauches ou des rudiments ; celles du milieu sont au contraire grandes, longues et larges ; elles sont en général pleines de larves et couvertes de leur calotte. C'est que les guêpes ont l'habitude de construire non seulement les alvéoles qu'elles veulent remplir, mais aussi de préparer celles qui doivent être construites plus tard. Elles ne font que les ébaucher, établissant seulement le fond de l'alvéole, en forme de petit godet ; l'œuf peut déjà être pondu dans le godet de ce genre, et plus tard, ses parois se compléteront et allongeront l'alvéole. Ces ébauches sont disposées sur les bords du nid ; on les distingue pl. VIII, fig. 1, 2, et surtout pl. XIII, où on leur voit former un quadruple rang autour des grandes alvéoles qui forment le gâteau proprement dit. Les alvéoles accessoires et sans usage direct, n'ont pas seulement l'avantage de permettre d'ajouter en très peu de temps un grand nombre de cellules au nid, mais, étant placées sur le bord, elles protégent le centre en recevant les chocs qui endommagent le nid ou les eaux qui en imbibent les bords.

Au premier coup d'œil, on croirait que ces alvéoles incomplètes sont avortées et trop exiguës pour être d'aucun usage. Mais ceci tient seulement à ce qu'elles n'offrent au regard que leur fond, qui est plus petit que l'autre bout, comme je l'ai expliqué plus haut.

Souvent aussi elles ne sont pas polygonales, mais arrondies ; en effet le côté externe est toujours arrondi, parce qu'il est libre, et parce qu'aucune cloison ne s'appuyant sur lui, il ne s'y détermine pas des angles et des plans. Mais les alvéoles ne se bâtissent pas de toutes pièces comme je viens de le dire. Les guêpes établissent d'abord un plan de godets (ou fonds de cellules) qui sont assez irréguliers. Ensuite elles les allongent sur tout un plan à la fois. Les godets ne sont plus alors libres d'un côté, mais forment une surface d'alvéoles solidaires les unes des autres qu'il faut compléter ; alors le fait seul de la coïncidence des cloisons et de la nécessité de faire chaque cellule identique à sa voisine, conduit nécessairement à la forme d'hexagones réguliers, forme qui est loin d'exister dans les godets primitifs.

Malgré toutes ces causes de rectification, il se rencontre toujours certaines irrégularités, mais les insectes savent les corriger avec un art admirable, et l'on voit toujours l'erreur se raccorder au bout de quelques alvéoles voisines.

La forme même des nids indique que les alvéoles latérales sont les plus divergentes, les plus obliques, les plus difficiles à construire avec toutes leurs proportions, aussi sont elles moins belles que les médianes ; c'est peut-être à cette cause qu'on doit attribuer les nombreuses variétés auxquelles toutes les espèces de Polistes sont sujettes. Les individus nés et élevés dans des cellules trop latérales sont probablement moins parfaits, moins colorés, moins grands que ceux qui sont sortis du centre du nid.

Chez les Polistes, on distingue sans peine des femelles et des ouvrières ; ces deux catégories d'êtres existent dans la société, mais leur limite n'est pas plus tranchée qu'elle ne l'est chez les bourdons. Il me semble qu'on peut également trouver des femelles, des petites femelles, des demi-neutres et des neutres proprement dites, états qui n'ont aucune limite fixe, qui se graduent par degrés insensibles, et qui ne dépendent que de l'éducation plus ou moins heureuse de la larve.

6

Une bonne partie de ce qui touche les Polistes peut se dire aussi des Vespa ; comme j'ai traité en détail des premiers, il me sera permis de ne pas revenir sur ces faits en traitant des secondes.

—

Les nids des Polistes ont été figurés par divers auteurs anciens ; voici quelques citations à ajouter à celles déjà faites :

Roesel, *Abh. v. Ins.* II. *Hummeln und Bienen*, tab. 7 (1).
Christ, *Hyménoptères*, tab. XXI. *Polistes gallicus.*
Latreille, *Annales du Muséum*, I, pl. 21, fig. 6.
Lepel. de St-Fargeau, *Hymén.*, pl. 11.

Architecture des Apoïca.

STÉLOCYTTARES, gibbinides.

(Pl. XXVIII, fig. 1.)

L'architecture des *Apoïca* se rapproche beaucoup de celle des Polistes. Que l'on empâte la face dorsale du nid figuré pl. XIII d'une grande abondance de matière celluleuse, et l'on aura un nid d'*Apoïca*. En effet, ce dernier n'est autre qu'un gâteau plus ou moins concave d'alvéoles profondes qui reposent sur une calotte d'une substance spongieuse, celluleuse, ressemblant presque à de l'écume de savon, mais formée d'une matière jaunâtre, gommée et luisante, qui, lorsqu'on veut la déchirer, offre quelque rapport avec la ouate. L'extérieur de la calotte sphérique, qui en forme le dos, ressemble aussi à cette substance. J'ai représenté, fig. 2, le mode d'accroissement du nid. Ici c'est l'inverse de ce qui se passe chez les Polistes : les cellules ne se groupent pas en faisceau autour du point central de façon à

(1) Kirby a cité ce nid en le rapportant à l'*Odynerus parietum* (Kirb. a. Spence. Introduc.).

donner souvent naissance à une surface convexe, mais il existe un vaste plancher plat formé par la face inférieure de l'hémisphère celluleux qui leur sert d'appui.

La calotte celluleuse sert en outre à deux usages : par son épaisseur et son vernis gras, elle est impénétrable à la pluie et tient lieu de toit imperméable ; ensuite, en empâtant les ramuscules des arbrisseaux, elle sert à supporter le nid, c'est-à-dire à le faire supporter par les plantes qui sont engagées dans son tissu.

Ce guêpier n'a qu'un seul étage ; il n'offre ni pétiole ni colonnettes, et, vu cette circonstance, il ne peut rentrer que par analogie dans les Stélocyttares. Il appartient à ce groupe parce qu'il n'a rien de commun avec les Phragmocyttares, tandis qu'il ne diffère pas essentiellement du système qui prévaut dans la construction des nids de Polistes, lesquels sont de vrais Stélocyttares (1).

Architecture des VESPA.

STÉLOCYTTARES, rectinides, *calyptodomes.*

Une grande incertitude a régné jusqu'à ce jour dans toute l'histoire du genre Vespa.

C'est que, d'une part, l'étude des espèces est très difficile dans ce genre, et que leur confusion perpétuelle amène de graves erreurs dans l'histoire de leurs mœurs ; de l'autre, que, malgré leur fréquence et leur abondance souvent très nuisibles, on est loin d'avoir étudié avec soin leur architecture.

Ainsi, Westwood (*Introd. Mod. Classif.*, 249) fait valoir que la *V. vulgaris* Linn. doit habiter sous les toits, puisque Linnée l'indique ; mais Linnée peut d'autant mieux avoir fait cette erreur, qu'il n'a pas vu de différence entre les *V. vulgaris, germanica, sylvestris, media.* Il n'y a donc pas de raison pour

(1) Grâce à cette circonstance, j'ai rangé dans la deuxième partie de ce volume les *Apoïca* parmi les Latérinides, mais il me semble maintenant indispensable d'en faire une section particulière.

révoquer en doute la synonymie de la *V. vulgaris.* Mais ce qui est plus étonnant, c'est que M. Westwood déclare n'avoir trouvé aucune différence entre les guêpes souterraines et les guêpes aériennes.

M. Bigge, qui a voulu débrouiller les espèces indigènes, n'a fait que les embrouiller au delà de toute expression. Il met la *V. vulgaris* sur les arbres et en fait deux espèces, baptisant du nom de *V. gallica* celle qui reste sous terre, confondant celles que De Geer a décrites, dont il ne connaît même pas les espèces, etc.

Je vais chercher à jeter quelque jour sur cette partie de l'histoire de nos insectes qui mérite certes d'être analysée avec soin.

C'est dans ce genre surtout que nous verrons les guêpes déployer tous les ressorts de leur industrie pour élever ces ouvrages vastes et complexes qui les caractérisent. Elles en font de deux espèces, comme je l'ai indiqué plus haut; mais celles-ci ont tant de points communs, qu'on ne peut les séparer bien nettement. Dans chaque espèce, le nid renferme une infinité d'alvéoles disposées en plusieurs étages ou rayons, et ces rayons sont protégés par une puissante enveloppe foliacée, composée de lamelles de papiers fabriquées avec un art parfait. Lorsqu'on tient une feuille de ce papier détachée du nid dont elle fait partie, on est étonné de la ressemblance qu'elle offre avec notre *papier gris;* ce papier est seulement plus mince, plus soyeux, plus lisse, et il ne boit pas l'encre. Pour son lustre, on pourrait le comparer à certains papiers grossiers de la Chine, dans la composition desquels il entre beaucoup de soie; il n'est pas non plus sans offrir une grande analogie avec les papiers d'écorce d'arbres que fabriquent les sauvages des îles, ou encore avec les rouleaux de papyrus sur lesquels sont inscrits ou peints les hiéroglyphes égyptiens. C'est, qu'en effet, ce papier est aussi fabriqué avec l'écorce des plantes, et il est des espèces de guêpes qui choisissent toujours les plus fines.

« J'ai vu, dit Lepeletier de Saint-Fargeau, et des guêpes et des Polistes posés sur des planches depuis longtemps

usées et qui laissaient à nu des fibres déjà ramollies par
un grand nombre de pluies successives qui les avaient en
quelque sorte rouies. Les travailleuses ouvrant leurs mandibules, et appesantissant en même temps leur tête, pour enfoncer
dans le bois les dents apicales, détachaient en cherchant à fer-
mer ces mandibules, des fibres à peu près d'une ligne de longueur ; ensuite, en comprimant ces fibres à plusieurs fois, elles
en diminuaient la longueur et les divisaient même en plusieurs
fibrilles, selon leur longueur ; ensuite le dégorgement d'une
liqueur gluante donnait une liaison à toute la mase travaillée,
et les mandibules la transportaient au nid, à l'accroissement
duquel elle devait être employée. Là, pressée de nouveau par
les mandibules, elle est réduite en une lame, à peu près comme
une masse de métal l'est par les cylindres du laminoir. Lorsque
cette opération première est finie, la langue achève l'ouvrage
et lui donne une espèce d'éclat et de poli en l'induisant de la
liqueur gluante qui a déjà été employée pour sa composition. »

Avant lui déjà, Müller avait observé ces faits sur la *Vespa
crabro*. Elle apportait continuellement entre ses pattes des bou-
lettes de pâte, qu'ensuite elle allongeait en forme de ruban,
comme le fil qui sort d'une quenouille, et ce ruban s'ajoutait au
bord de l'enveloppe du nid. Toujours la guêpe marchait à recu-
lons dans cette opération. Quels que soient les nids sur lesquels
on observe le papier, il offre toujours des zones transversales,
parfois peu distinctes, parce qu'elles ne varient que du gris au
gris pâle, mais souvent aussi tout le nid est zébré de plusieurs
couleurs très tranchées. J'en ai un sous les yeux dont la
couleur foncière est d'un gris cendré, mais qui est parcouru de
zones blanches, jaunes, orangées, brunes, même vertes, et entre
ces couleurs se nuancent toutes les teintes intermédiaires, de
façon à former une bigarrure complète.

Il n'est rien là qui doive étonner dans la manière de fabrication du papier. L'enveloppe se bâtit de haut en bas, par
zones circulaires horizontales ; toute la colonie travaille simultanément à cet ouvrage, et les guêpes se répandent isolément dans

la campagne pour ramasser des matériaux. Elles les trouvent dans les écorces et les bois pourris des environs qu'elles coupent ou arrachent avec leurs mandibules et qu'elles triturent ensuite avec divers sucs de façon à produire la pâte du papier. On les voit souvent arrachant la couche foliacée qui se trouve à la superficie des branches de peuplier et de bouleau et qui ressemble à de la pelure d'oignon. Lorsqu'une guêpe a trouvé un bon lieu d'exploitation, plusieurs autres accourent, puis elles portent leurs matériaux au même point du nid et construisent une zone, qui sera d'une couleur particulière, parce que tous ses matériaux viennent du même endroit ; si, par exemple, les guêpes se sont attaquées à un bouleau, la zone sera blanche ; puis il en viendra d'autres qui auront exploité un pieu de peuplier et dont l'ouvrage sera gris, et ainsi de suite. Müller a fait cette observation piquante : que la même guêpe n'apporte pas toujours de la pâte de la même couleur, mais que toujours chacune place ses matériaux à la suite de ceux qui ont la même couleur, de façon à ne point faire de bandes mixtes.

Les matériaux qui servent à fabriquer les bandes vertes se trouvent dans les feuilles du *Hypnum purum* L. dont les guêpes coupent des morceaux. Plusieurs autres plantes leur conviennent sans doute également. La disposition des zones ne peut donc avoir aucune règle fixe, puisqu'elle est due au hasard ; ni leur longueur ni leur largeur ne sont limitées, mais, en général, elles ont une certaine longueur, parce que les mêmes individus font plusieurs voyages et reviennent travailler au même endroit.

Le papier qui naît de ce procédé se déchire régulièrement selon les zones colorées ; il se déchire aussi facilement en travers des zones parce qu'il est peu filandreux, mais alors la déchirure est très irrégulière.

Nos guêpes vulgaires travaillent avec finesse ; elles font un papier fin, très mince et très flexible (pl. xvii). Les grandes guêpes, particulièrement les exotiques, se servent de matériaux plus grossiers ; leur papier, dont la pâte est plutôt faite avec des écorces celluleuses qu'avec des écorces filandreuses, est alors épais, grossier, cassant et peu flexible (pl. xv).

Les cellules qui constituent les rayons sont faites du même papier que l'enveloppe.

Je vais maintenant décrire séparément l'économie de chacune des deux espèces :

De la première espèce.

Les guêpes qui ont adopté ce mode d'architecture construisent en plein air, presque toujours sur les arbres, ou du moins, si elles s'abritent sous quelque accident, elles ne sont guère protégées par lui. Comme les nids sont exposés à toutes les intempéries de l'air, leur forme est presque dictée naturellement ; elle est en effet toujours celle d'un œuf, dont le sommet, large et obtus, sert de toit au reste de la bâtisse, qui est plus étroite. Les guêpes ont aussi la précaution de choisir pour leur établissement des arbres touffus, tels que des sapins, dont les branches sont un abri de premier aloi ; mais j'en ai vu qui, plus maladroites, s'étaient établies au sommet d'un poirier nain, comme si elles s'étaient plu à défier les orages .

Il est bien difficile de se rendre compte des motifs qui décident les insectes à choisir tel endroit plutôt que tel autre, et à s'arrêter dans leur choix précisément au lieu dont l'intelligence de l'homme les aurait bannies.

Les guêpes qui, à ma connaissance, bâtissent selon ce principe sont la *Vespa sylvestris* Scop., la *V. media* et, dans certains cas, la *V. crabro* Linn. Peut-être la *V. norwegica* nidifie-t-elle de la même manière (1).

Lorsque les guêpes veulent établir un nid, elles font choix du lieu où il doit être placé et commencent par accumuler une bonne provision de papier, lequel est employé à faire une calotte celluleuse qui formera la voûte supérieure de l'édifice. Cette masse papyracée est collée contre les tuiles d'un toit, ou accumulée autour de plusieurs branches d'arbres qui se trouvent prises dans la bâtisse et lui servent de soutien. Un exemple de chacun de ces modes se voit pl. xv et pl. xvii.

(1) M. Fréd. Smith a aussi trouvé le nid de sa *V. arborea* dans les arbres.

C'est cette calotte, plane en dessous, qui forme le plancher du nid sur lequel s'établit le premier gâteau. Le reste de l'ouvrage consiste à prolonger la calotte en forme d'enveloppe et à établir un certain nombre de gâteaux dans son intérieur.

Le premier rayon qui est fixé à l'enveloppe en est naturellement enclavé de toutes parts, mais ceux qui suivent en dessous sont libres et ne pendent qu'aux petites colonnes que le plafond de chaque rayon envoie au rayon immédiatement supérieur. Cependant le principe n'est pas sauvegardé d'une manière parfaitement pure : pour renforcer les rayons, on voit souvent l'enveloppe envoyer des feuilles qui s'en détachent pour se mettre en continuité de tissu avec eux, en sorte que ces derniers ne sont pas libres dans tout leur pourtour. C'est ici une première analogie avec la continuité si caractérisque qui, chez les phragmocyttares, règne entre l'enveloppe et les cloisons.

Ces faits sont très visibles dans les nids de la *Vespa media*, l'espèce qui nidifie avec le plus de régularité.

Dans ces guêpiers, les rayons sont reliés les uns aux autres par un axe central ; cet axe, quoique assez épais, n'obstrue aucune des alvéoles auxquelles il s'attache par sa base, parce que, creusé et façonné *ad hoc*, il finit par venir s'attacher au point où trois cellules se réunissent, sans pour cela les encombrer. On voit jusqu'où va l'économie des guêpes, qui, pour gagner une cellule, ne font reposer les soutiens des gâteaux que sur les cloisons mêmes des alvéoles. Il en est de même de plusieurs autres colonnettes qui se trouvent placées latéralement. Ces colonnettes ne sont pas des piliers bâtis pour servir de soutiens ; elles ne sont que les restes d'une autre construction et sont encore un admirable exemple de l'économie du travail dont la nature est si savante à profiter. Lorsqu'on ouvre un guêpier de *Vespa media*, on y trouve en général deux rayons, mais au-dessous du deuxième il règne un grand vide destiné à en recevoir un troisième et souvent un quatrième. Comme ici la nature semble avoir horreur du vide, cet espace est rempli par de larges circonvolutions papyracées dont les parois tortueuses viennent s'insérer sur celles des alvéoles des rayons, en suivant les contours que font les bords de ces dernières. Lorsqu'un nouveau rayon est ajouté, il remplit l'espace vide celluleux, et les replis papyracés doivent disparaître ; ils sont en effet rongés, enlevés, détruits, et leur substance sert de matériaux au nouvel étage ; mais les guêpes ménagent avec art certains rudiments d'insertion de ces replis qui deviennent des colonnettes de support. Tel est l'origine de ces piliers que l'on serait tenté de prendre d'abord pour des soutiens établis de toutes pièces dans le but de servir comme tels, mais qui ne sont en définitive que les restes d'un autre contingent. On peut les considérer indifféremment comme les derniers rudiments des folioles papyracés qui remplissaient la chambre inférieure ou comme des prolongements des parois des alvéoles. De tout ceci il résulte que ces colonnettes sont souvent très irrégulières.

C'est particulièrement dans les guêpiers du genre *Vespa* qu'on peut bien étudier les alvéoles, parce qu'ici elles atteignent un développement considérable soit dans leur nombre, soit dans leurs dimensions.

Dans les nids de la *Vespa media*, les rayons ressemblent assez à ceux des guêpiers des Polistes ; les alvéoles sont obliques et rayonnent un peu comme les éléments d'une fleur composée, mais dans les grands nids à gâteaux bien plats on n'observe plus rien de semblable : toutes les alvéoles sont verticales.

En général, un grand nombre d'entre elles sont closes au moyen d'une calotte sphérique blanchâtre. Réaumur et De Geer ont pris cette calotte pour un couvercle, mais la moindre observation montre qu'elle se continue dans la cellule et en tapisse toutes les parois de façon à envelopper la larve. Ce n'est autre chose que le cocon de la larve dont une des extrémités fait saillie ; aussi la calotte est-elle toujours un tissu de soie et non un couvercle de carton. Dans les alvéoles qui servent de berceau aux femelles, la calotte continue la cellule de façon à l'allonger au delà de ses limites premières, parce que la larve exige plus de place qu'il ne lui en est accordé.

Réaumur a fort bien décrit cette opération (1), De Geer (2) a de plus remarqué que certaines alvéoles étaient plus longues que d'autres, et il ajoute que leur prolongement doit être l'ouvrage des guêpes, non celui des larves, attendu que ces dernières ne sauraient où prendre les matériaux qui servent à faire le papier nécessaire à l'allongement des cellules. Cette question est loin d'être encore parfaitement résolue.

L'enveloppe du nid est composée d'un grand nombre de couches séparées ou plutôt de feuilles de papier qui se recouvrent concentriquement; ces feuilles ne font que se toucher sans adhérer ensemble (3). Cependant il est à remarquer que chacune d'elles ne forme pas un sac complet enfermant le nid comme la coque enferme l'œuf; les feuillets sont limités, se soudent et se fondent par place en s'imbriquant, de façon à intercepter de grands espaces celluleux plats, ce dont on juge facilement en passant le doigt entre deux feuillets ou en disséquant le guêpier avec délicatesse. Vers le sommet du nid, l'enveloppe ne forme qu'une masse épaisse très celluleuse; mais sur les côtés et vers le bas, la disposition en feuillets est parfaitement nette (4).

Cette disposition en cellules ou en feuillets offre de grands avantages contre les intempéries de l'air. En effet, les différentes couches de papier ne sont en contact que par leurs points de fusion, partout ailleurs elles sont séparées par une couche d'air, et comme les feuillets s'imbriquent, leurs points de soudure alternent; ceux de deux couches successives ne tombent jamais l'un sur l'autre et reposent toujours sur un espace plein d'air. Toute la couche extérieure du nid peut donc être trempée sans que les autres se mouillent, parce que partout les couches mouillées sont séparées des couches suivantes par des vides

(1) VI, p. 190.
(2) II, p. 789.
(3) De Geer, II, p. 783.
(4) Voyez pl. xvii, l'orifice placé au bas du nid où ces feuillets sont très distinctement représentés.

qui ne permettent pas le contact. Le papier que fabriquent les *Vespa* est bien côllé, il ne boit pas, cependant il n'est pas verni comme celui des Polistes, et il se mouille très facilement. Mais bien que mouillé, il ne se décompose pas, et un nid peut facilement, après avoir été trempé extérieurement, ressécher au soleil sans être le moins du monde détérioré.

L'orifice du nid de la *Vespa media* est placé vers le bas, mais un peu latéralement. Les guêpes ont soin de le tourner au nord, c'est-à-dire du côté d'où la pluie ne vient pas (pl. XVII, fig. 1).

Le guêpier de la *Vespa media* se voit fréquemment suspendu aux arbres de nos campagnes. Il est donc bien extraordinaire que ce nid ait entièrement échappé à l'infatigable Réaumur. C'est à peine s'il a connu celui de la *V. sylvestris*, qui est, lui, très commun.

De Geer, plus heureux que son devancier, a trouvé ce nid ; il l'a figuré tome II, pl. 27. Ce même guêpier fut aussi figuré par Leach dans ses *Zoolog. miscellany*, sous le nom de *Vespa britannica* ; Newman (1) a aussi publié une note qui s'y rapporte ou du moins à la *V. britannica* ; mais il n'apprend rien de nouveau, si ce n'est que les alvéoles contenant des nymphes de mâles sont fermées par des couvercles en papier faits par les guêpes, non par la larve, ce qui a besoin d'être vérifié.

Les guêpiers de la *Vespa media* ne paraissent pas atteindre une taille bien considérable. Le plus souvent ils ont la grosseur d'un beau melon ou d'une petite citrouille.

On trouve souvent sous les toits de nos maisons d'autres petits nids en papier gris qui ont une taille bien moindre et qui, au lieu d'être ovoïdes, sont sphériques ou même plus larges que longs. Les plus petits que je connaisse sont de la grosseur d'une noix (pl. XVII, fig. 2-4) et sont formés d'une enveloppe simple ou multiple qui renferme un noyau d'alvéoles (2).

Réaumur en représente (VI, pl. 27) un autre construit autour

---

(1) *The Entomologist*, p. 106.
(2) La position est renversée sur la figure ; le pétiole d'attache devrait être en haut et la branche en bas.

d'une branche d'une taille un peu supérieure, dont l'enveloppe offre une multitude de feuillets concentriques parfaitement réguliers et dont l'intérieur contient deux gâteaux. De Geer paraît l'avoir trouvé aussi; il en figure des parties, tome II, pl. 26, mais il a confondu l'espèce avec la *V. vulgaris*, et j'ai continué cette erreur à la page 114 de la monographie, en la répétant dans la synonymie de cette dernière (1).

J'ai sous mes yeux un nid du même genre ayant cinq pouces de diamètre et qui, du reste, est l'identique de celui qu'a figuré Réaumur. Il contient de même deux rayons dont le second est de beaucoup le plus petit. Son enveloppe est formée de dix feuilles de papier qui représentent autant de sphères s'emboîtant les unes dans les autres, mais n'ayant nulle adhérence entre elles. Des individus arrivés au terme de leur développement et extraits des cellules de ce nid m'ont fait voir qu'il est celui de la *Vespa sylvestris*. Le guêpier a encore ceci de particulier que son ouverture est centrale, non latérale comme chez celui de la *Vespa media*. Il est bien étonnant que Réaumur ne l'ait vu qu'une fois et qu'il n'en ait jamais connu l'artisan.

Swammerdam déjà en avait donné une mauvaise figure (*Bibl. Nat.*, tab. 26, fig. 14) ; Christ l'avait figuré pl. xxii de son ouvrage sur les Hyménoptères. Latreille a représenté avec art et fidélité un autre de ces nids qui a trois feuillets d'enveloppe (*Ann. du Mus.* I, pl. 21, fig. 2, 3). Il l'avait détaché du plafond d'une chambre, et en cite encore un autre établi au fond d'une ruche vide. Kirby et Spence l'ont décrit aussi (*Intr.* I, 510) ; enfin ce guêpier a été encore, à diverses reprises, décrit et représenté sans que jamais les auteurs aient su découvrir son véritable artisan (2).

(1) La *V. vulgaris* est une des plus rares de nos guêpes. Les figures données par De Geer ne permettent pas de doutes relativement à l'espèce; les yeux sont écartés des mandibules, le premier segment n'a qu'un bord jaune, étroit, etc. Il s'agit donc bien de la *V. sylvestris*.

(2) Aussi figuré dans le *Magazine of Nat. Hist.* 1830; ensuite par Knapp dans le *Journal of Naturalits*, p. 333, sous le nom de nid de *Vespa campanaria* et Schaw dans les *Nat. Miscell.* XV, pl. 603, a encore représenté le nid de la guêpe campanulaire. Westwood l'a figuré (*Ent. Text. Book*, p. 389) à un état tout à fait

Il est encore d'autres guêpes qui nichent en plein air. M. Fr. Smith a trouvé sur un arbre le nid de sa *V. arborea,* et les pays exotiques ne peuvent manquer d'en fournir. Dans divers musées j'ai même vu plusieurs guêpiers exotiques du genre des précédents, ouvrages des Vespa. Ils ont tous une enveloppe celluleuse ou foliacée entourant une série de gâteaux en étages et ne différant que par le degré de finesse de leurs matériaux ou par le nombre de leurs rayons. Tous ils ont été détachés des toits des maisons ou des branches des arbres et ont une forme ovoïde. Un de ces nids, trouvé au Canada, ressemblait en tous points à celui de la *Vespa sylvestris,* mais je n'en connais pas l'artisan. C'étaient les mêmes sphères papyracées emboîtées les unes dans les autres.

Après avoir décrit les guêpiers aériens, je vais arriver, par une transition naturelle, à ceux qui se construisent sous terre. Il est certaines guêpes dont les nids sont intermédiaires entre les deux espèces, en ce sens qu'ils occupent les deux stations, que tantôt ils sont libres et suspendus, tantôt remplissent des cavités et se trouvent naturellement protégés par les objets qui leur servent de siége. Il s'agit ici des constructions des frélons. Les guêpes, capables de varier ainsi leur industrie, possèdent un instinct complexe qu'il est bien difficile d'expliquer, car quelque complexe qu'il soit, il est toujours invariable, toutes les guêpes se pliant simultanément et par une volonté unique à un seul et même plan, variable selon les lieux. Réaumur a si bien décrit les guêpiers des frélons, que je dois me borner à de brefs détails.

Il nous a montré ces bestioles bâtissant des guêpiers assez semblables à ceux de la *Vespa sylvestris,* mais bien plus grands et faits d'un papier cassant et ligneux : c'est qu'elles se servent pour le faire de matériaux tirés du bois pourri et non de l'écorce filandreuse des arbres. Ces guêpiers sont souvent fixés par un

jeune où le noyau des cellules est encore à nu. Les noms attribués à l'espèce ont été bien nombreux aussi, comme on peut en juger par sa synonymie; le nid offrant selon son âge une apparence très variée, les entomologistes myopes ont trouvé l'occasion d'en faire plusieurs espèces.

pédicelle ou simplement accollés, mais toujours ils sont naturellement abrités. On en trouve très fréquemment sous les toits, dans les greniers, sous des pierres ou des planches, sous des auvents quelconques, enfin partout où les météores ne les inquiètent pas. Ils ont alors la forme d'une poire et leur enveloppe est très celluleuse.

J'ai fait graver (pl. xv) un grand guêpier de la *V. crabro* que Latreille a fait figurer dans la collection des vélins du Muséum de Paris et dont la représentation m'a été obligeamment communiquée par M. le professeur Edwards. Ce nid était établi à l'angle d'une fenêtre et il était protégé par une espèce de paravent (*a*) que les insectes avaient construit dans ce but. Ce qu'il offre de plus singulier, ce sont les goulots de son enveloppe.

Cette dernière n'est plus, comme dans les guêpiers qui précèdent, un manteau de feuillets en· sphères emboîtées, mais une épaisse paroi de cellules papyracées, boursoufflées et remplies d'air. Ces cellules ont une très grande régularité à la surface du nid, et les plus périphériques se terminent par les goulots en question qui s'ouvrent en dehors, mais en ayant toujours leur bouche tournée en bas de façon à ce qu'aucun corps tombant d'en haut n'y puisse pénétrer. Je crois que l'usage de ces goulots est de permettre l'accès et la circulation de l'air dans les vacuoles de l'enveloppe dans le but d'amener un prompt desséchement de ses feuillets chaque fois qu'elle a été mouillée et ramollie à sa surface. La véritable entrée du nid est à son extrémité inférieure ; les goulots ne communiquent point avec l'intérieur et ne servent pas d'entrée aux insectes comme j'ai pu le remarquer sur d'autres nids identiques à celui qu'on voit figuré (1). Ces guêpiers sont de beaucoup les plus grands de nos contrées : ils atteignent jusqu'à trois pieds de longueur. Longtemps ces nids restent petits, parce que le nombre de leurs habi-

(1) Sur le dessin que j'ai cité, et auquel est empruntée la planche xv de ce volume, on a supposé à tort que les goulots sont des entrées pour les différents étages, et l'artiste s'est plu à représenter avec trop d'imagination une multitude de guêpes entrant et sortant par ces orifices.

tants ne croît d'abord que lentement ; mais en automne il prennent des dimensions colossales et peuvent porter au delà de douze gâteaux.

Müller a suivi le développement d'un de ces nids et donne sur le travail des frélons les plus curieux détails. Ce développement n'est pas facile à suivre ; Réaumur y a échoué, parce que, lorsqu'on transporte un guêpier chez soi pour l'élever ; les guêpes ne savent plus le retrouver, elles s'égarent, et la seule femelle qui en est la reine à son début une fois perdue, le nid est peu à peu abandonné.

Beaucoup d'autres guêpes, qui par leurs formes se rapprochent de la *V. crabro*, bâtissent de la même manière. La *V. orientalis* et d'autres exotiques lui ressemblent tellement qu'on aurait pu le présumer ainsi. J'ai vu un nid de la *V. velutina* rapporté des Indes orientales et qui avait une longueur de trois pieds sur une largeur d'un et demi. Il était pendu à une branche de cyprès et son enveloppe celluleuse et grossière était d'un papier brun qui ressemble beaucoup à l'écorce de ces arbres. J'ai de même vu le guêpier de la *V. crabroniformis* qui n'offre rien de particulier et qu'on prendrait volontiers pour celui de la *V. crabro*.

Les guêpiers des frélons n'offrent pas toujours des goulots autour de leur enveloppe. Celle-ci est très variable ; souvent elle est simplement foliacée et celluleuse. Mais les frélons semblent ne se résigner à bâtir leurs belles demeures régulières que lorsqu'ils ne trouvent pas de cavité naturelle pour y loger leurs gâteaux. Ils paraissent être assez paresseux à bâtir, et comme une cavité de ce genre leur évite, en tout ou en partie, le soin de faire l'enveloppe et les abrite beaucoup mieux avec moins de peine, ils préfèrent cette station à celles de l'air libre. C'est pour cela que je dis que les frélons ont un mode d'architecture intermédiaire entre celui qui caractérise les guêpes à mœurs aériennes et celles à mœurs souterraines.

Les frélons affectionnent tout particulièrement les vieux arbres creux et pourris. L'intérieur d'un arbre leur offre en effet un abri des plus complets contre la pluie et contre les curieux. Réaumur a remarqué que les frélons savent distinguer les arbres pourris intérieurement quoique sains en dehors ; ils perforent alors le bois sain pour arriver dans l'intérieur, mais comme ce travail est rude, le trou n'est pas élargi au delà des limites voulues pour laisser passer un insecte, et c'est par ce trou qu'elles vident le tronc en rongeant ensuite le bois pourri. Plus souvent nos guêpes s'établissent dans des creux naturels résultant de la pourriture qui succède à la mutilation d'une branche. Elles établissent leurs gâteaux dans l'intérieur ou les suspendent au plafond de la cavité, et lorsque la place leur manque pour en établir de nouveaux, elles rongent le bois pourri et augmentent le creux. Les matériaux enlevés servent à faire des alvéoles et à tapisser les vides. Ainsi le trou d'entrée est toujours obstrué de feuilles de papier qui le ferment autant que possible sans gêner la sortie.

Ce qui est surtout remarquable, c'est la sagacité avec laquelle les guêpes savent établir leurs ouvrages, n'obéissant point à un instinct aveugle comme tant d'autres insectes qui font leurs ouvrages toujours de la même manière, et souvent en dépit de la nature des lieux environnants qui les rendent impossibles ou qui pourraient, par leur nature même, leur en éviter les frais. Ainsi une larve de Phryganide, qui fait sa coque de parcelles de bois, lorsqu'elle n'aura pour la construire que des pierres, ne changera pas pour cela la nature de son tissu très impropre à les retenir ensemble ; tandis que d'autres larves habituées à s'entourer de pierres sont tout aussi gauches lorsqu'elle doivent y substituer des parcelles végétales ; ni l'une ni l'autre ne sauront profiter d'un tube naturel pour s'éviter la peine d'en construire un. Les guêpes-frélons comprennent parfaitement que le creux d'un arbre les dispense de former une enveloppe, et elles s'en évitent la peine, comme on peut le voir pl. XVI, fig. 2, sur laquelle est représenté un guêpier de ces insectes (1) établi dans la cavité d'un arbre creusé par une

____

(1) Il est renversé et considérablement réduit. Ce nid m'a été communiqué au Musée de Londres.

femelle qui jetait les premiers fondements d'une société de
guêpes.

La première espèce des guêpiers du groupe des Stélocyttares
rectinides calyptodomes, renferme donc trois variétés, auxquelles
on pourra sans doute en ajouter d'autres. Ces trois variétés
sont représentées par les nids des *Vespa sylvestris*, *media* et *crabro*,
et diffèrent surtout par la nature de leur enveloppe :

1° Enveloppe composée de feuillets concentriques, formant
des globes qui s'emboîtent, en papier fin et souple. (Guêpier
sphérique ou ovoïde, ayant rarement plus de trois ou quatre
rayons; en général exposé à l'air libre.)

2° Enveloppe comme dans le premier cas, mais ses feuillets
s'accolant par points et enfermant de vastes vacuoles. (Comme
le précédent, mais les rayons souvent plus nombreux.)

3° Enveloppe celluleuse, composée de boursoufflures irrégulières et très variables, d'un papier plus épais et plus cassant.
(Nid en général abrité, atteignant des dimensions considérables,
souvent très irrégulier et logé dans des cavités.)

Cette dernière variété pourrait à tout aussi juste titre se ranger dans la seconde espèce, puisque souvent elle en a la station
et les formes. J'ai cependant cru devoir la laisser dans celle-ci
à cause de la perfection du guêpier lorsqu'il est établi de toutes
pièces et à l'air libre, ce qui est son état normal.

Développement.

Dans l'étude des nids des *Vespa* il est une question impor-
tante qui n'a pas été envisagée encore. Ces guêpiers, comme je
l'ai expliqué plus haut, sont *définis*, c'est-à-dire qu'arrivés à un
certain terme, ils sont parfaitement complets et n'ont plus de
raison de croître. En effet, on ne comprend pas comment un
nid contenant un certain nombre de rayons, et de toute part
limité par une enveloppe, peut s'augmenter, à moins que les

guêpes ne consentent à en détruire une portion chaque fois que la nécessité d'ajouter de nouveaux rayons se fera sentir, quitte à la reconstruire ensuite. Mais comme il paraît être prouvé que l'accroissement des guêpiers n'est pas dû à cet expédient, il faudra nécessairement chercher une autre explication à ce phénomène.

La société des guêpes s'accroît incessamment, et comme, au bout d'une ou deux pontes, le nid ne peut plus contenir ses habitants, il doit nécessairement être agrandi. Au printemps, les guêpiers sont très rares, ils sont toujours petits et n'ont été fondés que par une seule mère, sans le secours d'aucune ouvrière (pl. xvii, fig. 2-4). Lorsque cette première fondatrice d'une colonie a réussi à élever un certain nombre de larves, elle s'est adjoint autant d'ouvrières qui l'aident dans ses travaux, et lui permettent de pondre sur des bases plus étendues qui exigeront aussi plus d'espace. Deux cas peuvent alors se présenter : ou le nid trop limité sera abandonné, et l'on en construira un autre ; ou il sera agrandi. La seconde alternative me paraît la normale, sans que toutefois la première puisse être entièrement rejetée. En effet, si les guêpes trouvent le lieu mal choisi, elles le quitteront pour s'établir ailleurs ; il n'est pas rare de trouver de ces nids rudimentaires délaissés par leurs habitants ; peut-être aussi cet abandon sera-t-il dû à la mort de la femelle, car, dans cette occurrence, les ouvrières se dispersent et abandonnent le nid.

Mais il me semble que normalement les faits doivent se passer tout autrement, et voici quelle est mon opinion à cet égard, quoique aucune observation ne l'ait encore confirmée.

Si l'on prend un nid très jeune (pl. xvii, fig. 2 et 3), on le voit composé d'une seule enveloppe sphérique (a), ayant au bas une ouverture circulaire (o). Bientôt un nouveau feuillet extérieur vient envelopper le premier (b). Cette enveloppe part de la base, croît et finit par embrasser tout le nid en ne laissant qu'un orifice en o. Il s'établit ensuite un troisième feuillet (fig. 4 c) qui enveloppe le tout semblablement, et ainsi de suite. Le guêpier croîtra ainsi dans tous les sens par une série de sphères emboîtantes. On finira de cette manière par avoir le nid de la *Vespa sylvestris*, cité plus haut et figuré par Réaumur, qui se compose d'une douzaine de sphères papyracées concentriques. Mais par suite de cette série d'accroissements, l'espace intérieur n'aura pas augmenté. Comment se fait-il qu'on le trouve cependant grand en proportion et logeant deux ou plusieurs gâteaux? C'est que probablement à mesure que les guêpes ajoutent des couches à l'extérieur, elles détruisent les intérieures et se servent de leurs matériaux pour bâtir les alvéoles.

Ainsi le nid ira toujours s'élargissant au dedans comme au dehors, mais plus au dehors qu'au dedans, parce qu'à mesure qu'il s'accroît ses parois doivent être plus épaisses, c'est-à-dire avoir plus de feuillets.

Il est bien singulier que jusqu'à ce jour aucune observation ne soit venue instruire de ces faits, ainsi que d'une multitude d'autres qu'il reste à éclaircir sur l'histoire des guêpes, et que cette partie de l'entomologie soit restée dans un oubli aussi complet. Moi-même, obligé jusqu'à présent de me transporter incessamment d'un lieu dans un autre, je n'ai pas eu le loisir de m'en occuper.

Si le mode d'accroissement que je viens de décrire est juste, les nids définis seraient pour ainsi dire indéfinis, en ce sens qu'ils sont aussi susceptibles de s'accroître indéfiniment. Mais il y a cette différence avec les nids indéfinis proprements dits que leur principe est défini; que, pour les agrandir, il faut détruire certaines parties et que par conséquent, quoique indéfinis de fait, ils sont définis dans leur mode et basés, quant à leur construction sur un principe, sur une pensée, qui est bien celle du défini.

De la seconde espèce.

Celle-ci est déjà très bien connue par les beaux travaux de Réaumur, De Geer, Müller et quelques autres. Elle comprend tous les guêpiers dont l'habitude n'est pas d'être suspendus à l'air libre, mais bien au contraire d'être logés dans des cavités souterraines, et dont les formes générales sont beaucoup influencées par la station. Ce sont, dans nos contrées, ceux des *Vespa germanica, vulgaris* et *rufa.*·

Un guêpier qui remplit une cavité ne peut être fait de même que celui qui pend à l'air libre. Il faut qu'il suive les accidents des parois du vide qu'il occupe, et sa forme en sera modifiée de la manière la plus capricieuse et la plus accidentelle. Son enveloppe ne sera nécessaire qu'autant que la cavité laissera des fentes à boucher ou des orifices à diminuer ; elle pourra donc être ou nulle ou incomplète, ou complète mais irrégulière ; le hasard seul en décidera et les convenances locales serviront de guide aux travaux que dirigent chez les guêpes aériennes une loi fixe et immuable.

En général, l'édifice occupe une cavité souterraine que les guêpes creusent à la profondeur d'un pied sous les gazons des prés. Un canal étroit conduit dans cette cavité, que le guêpier remplit entièrement. Celui-ci a été très bien figuré par Réaumur (1) et encore mieux décrit par lui. Il se compose, comme ceux qui stationnent dans l'air, d'une certaine quantité de gâteaux parallèles, soutenus les uns au-dessous des autres par des colonnettes ou piliers plus réguliers que ceux qui sont décrits dans la première espèce. Le nombre des rayons est en général grand, il va facilement jusqu'à douze. L'enveloppe n'est pas formée de longues et larges feuilles qui s'emboîtent, mais seulement de couches de papier très irrégulières, contournées, et qui, par leur assemblage, forment une enveloppe celluleuse et moutonnée. Les parties les plus profondes surtout sont celluleuses, les plus externes, au contraire, moutonnées et floconneuses, ayant souvent l'apparence de feuilles qui s'imbriquent.

Il existe dans cette enveloppe deux trous, l'un servant d'entrée et l'autre de sortie.

Je ne connais pas au juste les détails de nidification des trois

1) *Mém. Ins.*, VI, pl. xiv et xv.

espèces que j'ai citées, et je ne sais pas si chacune d'elles offre des circonstances particulières de forme ou d'arrangement. Le nid qu'a figuré Réaumur appartient à la *Vespa germanica*; et se trouve très communément.

Lorsque la guêpe creuse la cavité souterraine qui doit récéler sa maison, elle donne autant que possible à son ouvrage une forme arrondie; c'est pourquoi souvent le guêpier, quoique souterrain, a la figure d'une sphère. Mais lorsqu'elle rencontre sur son chemin des obstacles qui l'arrêtent, tels que des pierres ou des racines, elle les contourne sans s'inquiéter de l'irrégularité qui en naît. Souvent aussi elle s'empare d'une cavité toute creusée et s'accommode fort bien des vides les plus anguleux; aussi voit-on des guêpiers, d'une dimension souvent considérable, qui, au lieu d'être arrondis, sont carrés ou triangulaires (pl. XVI, fig. 1), ayant une enveloppe celluleuse des plus épaisses et des plus irrégulières. Ce n'est cependant pas ici une manière d'édifier qui soit spéciale à une espèce, mais seulement une forme accidentelle due à la nature de la cavité que le nid était appelé à remplir.

Le guêpier figuré pl. XVI a une longueur de deux pieds; la masse celluleuse de son enveloppe occupe les trois quarts de son volume; elle est presque carrée et a évidemment été moulée sur des objets voisins. On peut supposer que les guêpes ont établi cette masse celluleuse dans le seul but de se préserver de l'humidité qui peut suinter à travers la terre; cependant une bien moindre provision aurait suffi et il est plus probable que, lorsqu'elles trouvent une cavité toute faite, elles l'occupent, et qu'ensuite elles remplissent de feuillets boursoufflés tout l'espace qui n'est pas pris par les rayons, dans le but peut-être d'y préparer un magasin de matériaux pour l'agrandissement des gâteaux, pour boucher quelque ouverture ou simplement pour fixer le nid avec stabilité.

Il n'a pas encore été constaté si cette forme, tantôt arrondie, tantôt *carrée*, des nids souterrains tient ou non à des différences spécifiques. J'ai remarqué que, dans les guêpiers carrés, les rayons ne sont pas libres sur tout leur pourtour, mais que d'un côté ou de l'autre ils adhèrent à l'enveloppe en faisant corps avec elle. C'est, si l'on veut, une exception à la règle.

Je suppose que les guêpiers souterrains s'accroissent de la même manière que les aériens, et je n'ai donc rien à ajouter sur cet objet.

—

Il serait peut-être hasardé d'avancer qu'on peut, d'après l'inspection de la guêpe, juger de la station qu'affectionne son espèce. J'ai remarqué que, chez nos guêpes européennes, celles qui habitent sous terre ont les yeux qui s'étendent jusqu'à toucher la base des mandibules, tandis que celles qui nichent en plein air ou du moins au-dessus de la surface du sol, offrent toujours un espace libre entre ces organes (1). La *V. arborea*, Smith forme exception à cette règle, puisqu'elle a les yeux faits comme chez celles de la première catégorie et qu'elle niche sur les arbres; mais cette exception tombera peut-être si l'observation de M. Smith ne se confirme pas ou si la *V. arborea* est reconnue pour une variété de la *V. rufa*. Les grosses espèces asiatiques, qui sont certainement aériennes, viennent confirmer cette règle.

———

Des phragmocyttares en général.

Les guêpiers qui appartiennent à cette manière de construction ont tous un cachet commun.

Ce qui les distingue d'abord des Stélocyttares, c'est que leur papier est en général moins fin, plus cassant, quoique souvent l'exception se remarque. Les Stélocyttares font du papier, mais jamais du carton, et ils suppléent à la faiblesse de ce moyen par la superposition d'un grand nombre de feuillets. Les Phragmocyttares, au contraire, n'ont jamais à leur enveloppe qu'une

(1) Voyez à la page 123 de la seconde partie de ce volume.

seule couche, tantôt de carton épais et très résistant (1), tantôt mince, souple, selon le degré de protection qu'exige le guêpier. Ici encore, et par suite de sa manière de construction, l'enveloppe suit de près la direction du plan des cellules.

On voit les guêpiers de cette catégorie prendre un développement extraordinaire auquel ne sauraient atteindre ceux des Stélocyttares ; soit que les sociétés de ces insectes soient établies sur d'autres bases, soit que la température des climats qui les enfantent ne mette pas un terme aussi court à leur durée.

Architecture du genre SYNŒCA.

PHRAGMOCYTTARES *imparfaits.*

(Planche XX.)

L'architecture des *Synœca* n'était pas encore connue lorsque, pour la première fois, je vis au British-Museum un guêpier très curieux que je crus devoir être l'ouvrage de ces insectes. Je ne tardai pas à en acquérir la certitude à la vue d'un autre nid de ce genre dans les cellules duquel plusieurs guêpes étaient encore engagées ; je ne pouvais donc commettre d'erreur lorsqu'en publiant une figure du guêpier je l'attribuai aux *Synœca*. Depuis lors j'ai fréquemment observé la *Synœca cyanea* dans les terres chaudes du Mexique et j'ai vu que toujours elle bâtit une demeure parfaitement semblable à celle qu'on voit ici représentée.

Après ce que j'ai dit de ces édifices dans le chapitre précédent, il me reste peu de chose à ajouter.

Le nid est une espèce de demi-fuseau irrégulier établi contre le tronc d'un arbre. Il est uniquement composé d'une couche de cellules qui encroûte l'écorce et d'une voûte d'un carton

_____

(1) Il en est que l'on peut impunément frapper et qui ne s'écrasent pas sous une forte pression.

assez épais qui la protége ; les bords de cette voûte sont ridés, ce qui tient à ce qu'elle suit le contour des alvéoles du bord ; vers l'extrémité inférieure est un grand orifice qui sert d'entrée aux guêpes, et afin qu'il ne serve pas en même temps d'entrée aux corps nuisibles qui tombent de haut en bas, il est un peu avancé en goulot. Le carton de ce nid est grossier, cassant, de couleur brune et formé de molécules rugueuses et agglutinées ; ce n'est pas un carton lisse et résistant comme celui des guêpiers que font certains *Chartergus*. Sa couleur est celle de l'écorce de l'arbre qui le porte, aussi est-on tenté de le prendre à première vue pour une excroissance du bois.

On distingue nettement, sur la voûte protectrice, des stries longitudinales qui indiquent ses zones d'accroissement. Elles sont concentriques de la circonférence à la ligne médiane, ce qui indique que l'enveloppe est commencée sur le pourtour et achevée sur la ligne médiane ; car si, au contraire, elle était commencée par un bout, achevée par l'autre, les stries seraient transversales. Vers le bas, les zones viennent toutes continuer le goulot et y former des lignes circulaires. Le goulot est comme le nœud (on pourrait dire le nombril) du nid auquel viennent aboutir et converger les parois de tous côtés ; il est donc construit en dernier lieu. L'irrégularité de la forme (en d'autres termes, du toit) doit naturellement donner aux zones corticales une forme irrégulière et une direction qui n'est pas celle de lignes parallèles ; on remarque avec admiration l'habileté avec laquelle les insectes savent augmenter tel côté de l'une, diminuer telle courbure de l'autre pour les raccorder autour du goulot. Cette diminution graduelle des courbes ressemble beaucoup à celle que forment les couches du bois des arbres lorsqu'elles contournent une branche, et qu'on peut observer sur les planches qui offrent des nœuds.

Ces guêpiers ont des dimensions très diverses. Les plus petits que j'ai vus sont de la grandeur de celui qui est figuré ; le plus grand avait près d'un mètre de longueur sur un décimètre et demi de largeur.

J'ai déjà dit que je ne comprenais pas de quelle manière ces nids s'accroissent ; peut-être ne s'accroissent-ils pas , mais sont-ils abandonnés pour d'autres plus spacieux lorsque les insectes le jugent nécessaire ? Peut-être aussi chaque guêpier émet-il des colonies toutes les fois qu'il ne suffit plus à loger ses habitants ? C'est ici l'exemple remarquable d'un nid *défini* quoique construit suivant le principe indéfini. De fait, il est bien défini, mais, en théorie, il est indéfini et ne peut figurer que dans cette dernière catégorie, parce qu'il représente une des loges définies d'un nid indéfini.

La nature de son papier est du reste parfaitement celle d'un Phragmocyttare ; l'enveloppe est unique, point celluleuse, mais épaisse et dure, et les cellules forment un plan qui n'est pas libre mais accolé contre un objet et en continuité de tissu avec la voûte qui le protége et qui lui sert de manteau.

Architecture du genre POLYBIA.

Les faits moraux qui se rattachent à ce genre sont si variés qu'on a peine à le comprendre. Les Polybies bâtissent des guêpiers de toute espèce, et, sous ce rapport, elles méritaient bien le nom d'insectes *pœcilocyttares* que je leur ai donné dans la partie spéciale de cette monographie. Peut-être, lorsque la nidification du plus grand nombre de ses espèces sera connue, pourra-t-on scinder le genre en divers groupes qui renfermeront des insectes à formes respectivement différentes, mais, pour le moment, nous ne pouvons que décrire les faits isolés qui sont arrivés à notre connaissance. Je vais le faire successivement en plaçant les nids à décrire dans un ordre correspondant à celui qui a été adopté dans le chapitre précédent.

1. *Pragmocyttares imparfaits.*

Ici viennent se placer les guêpiers de *Polybia sedula,* figurés pl. XXI.

J'ai reçu plusieurs de ces intéressants objets de Bahia, au Brésil, où ils semblent être communs. Chose singulière, l'insecte paraît avoir deux manières de bâtir : l'une à un, l'autre à deux étages ! En général, le nid a la forme donnée sur la figure quatrième. Il forme un gâteau allongé de cellules, recouvert par un plafond mince en matière corticale, cassante, et percé de l'entrée vers le bas. Ces guêpiers sont attachés à la face inférieure des feuilles de divers végétaux au moyen d'un grand nombre de piliers très irréguliers qui partent de sa base et de son pourtour. Il est bien étonnant de voir avec quelle sagacité l'insecte profite de l'abri des feuilles. C'est la feuille qui protége le nid, et, pour que sa protection soit efficace, il faut qu'elle le déborde de toutes parts. Peut-être les guêpes ont-elles un moyen d'obtenir qu'elles réfléchissent leurs bords en dessous en embrassant le nid. Toujours est-il que le nid suit la forme de la feuille. Il est rond ou ovale lorsqu'il pend sous des feuilles à formes larges ; il est allongé, fusiforme, en semelle, lorsqu'il se cache sous des feuilles linéaires. Au premier abord, on a peine à croire à l'identité de ces deux nids, mais après avoir retiré des alvéoles de l'un et de l'autre des Polybies spécifiquement identiques, le doute ne m'a plus été permis. Fig. 5, on voit un de ces nids en partie dépouillé de son plafond dans le but de faire voir le gâteau dont plusieurs alvéoles sont occupées par les nymphes.

Enfin, il paraît que lorsque l'insecte veut accroître le guêpier, il sait dans certains cas élever un second étage (fig. 6) au-dessus du premier ; celui-ci est irrégulièrement placé, mais bien établi selon toutes les règles des Phragmocyttares (1).

Je ne suppose pas que jamais ceci arrive lorsque le nid à la forme allongée ; la feuille ne suffirait plus pour le protéger, et d'ailleurs on ne comprendrait pas bien un second étage sur une forme aussi extraordinaire ; l'insecte a de l'avantage, s'il veut augmenter son nid, de le faire plus ou moins rond, afin de gagner en solidité et d'économiser les matériaux. La forme arrondie représente un nid indéfini, de fait et en théorie ; la

(1) Le plafond a été déchiré autour de l'entrée.

première en fuseau est celle des nids qui ne sont indéfinis qu'en principe, tandis qu'en réalité il sont définis.

Outre les guêpiers de cette espèce que je possède, j'en ai vu encore un certain nombre au Musée de Londres qui sont de grandeur très variable, et dont les plus grands atteignent près d'un pied de longueur.

En regardant attentivement leur couverture, on y voit des zones concentriques qui partent d'un point situé sur l'un des bords et qui ressemblent d'autant plus à un hile que souvent le guêpier a la figure d'un grand haricot. Le toit est donc commencé par le milieu d'un des bords et va croissant par zones qui s'enveloppent successivement.

2. *Pragmocyttares parfaits de la 5ᵐᵉ espèce.*

(Planche XXIX.)

Rien n'est plus gracieux que les guêpiers construits par une multitude de Polybies, qui donnent à leurs demeures la forme d'un œuf. Un grand nombre de leurs espèces paraissent affectionner cette manière de bâtir. Après ce que j'en ai dit dans le chapitre précédent, je n'ai plus à ajouter que quelques détails : ces nids sont faits de matériaux très grossiers ; on dirait absolument des parcelles d'écorce accolées les unes aux autres. Sur la figure quatrième qui montre la face inférieure du nid représenté fig. 5, on voit distinctement les zones de construction, qu'il ne faudrait pas prendre pour des zones d'accroissement.

La *Polybia rejecta* est l'artisan du nid représenté fig. 4 et 5 (réduit de près de moitié) ; ce nid continué et poussé très loin deviendra celui que représente la fig. 6, qui compte un grand nombre d'étages.

Les fig. 1 et 2 représentent le guêpier de la *Polybia sericea.* J'ai aussi vu ceux des *Polybia chrysothorax* et *occidentalis*, qui sont presque identiques à celui de la *P. sericea.* Le Musée de Londres possède une admirable collection de guêpiers de ce genre. Il faut qu'ils soient très communs au Brésil pour qu'on ait pu en réunir un si grand nombre.

J'ai encore fait représenter un autre nid de Polybie d'après un dessin que voulut bien me faire M. le marquis Spinola (voyez pl. XVI, fig. 3). Ce nid est pyriforme et ressemble en tout à ceux dont je viens de parler, mais il offre ceci de particulier, qu'au lieu d'être fait d'écorce ou de carton, il est composé de terre. Certaines guêpes du Brésil paraissent bâtir avec de l'argile, et j'aurai l'occasion d'en citer un autre exemple, bien plus remarquable encore.

Ce qui doit étonner dans ces guêpiers, quand on connaît leur mode d'accroissement par étages surajoutés successivement, c'est la ténuité relative des planchers et l'épaisseur souvent très grande du manteau. Ce fait est extraordinaire, parce que, à un moment donné, chaque plancher a servi de toit et qu'alors il devait bien avoir autant d'épaisseur que le reste de l'enveloppe. Je suppose que lorsqu'une fois le plancher est couvert de cellules, qui, à la rigueur ont assez de force pour se soutenir par elles-mêmes, sans le secours d'un plancher, je suppose, dis-je, qu'à ce moment, les guêpes voyant son inutilité, le rongent et l'amincissent afin d'employer à la construction de nouveaux étages les matériaux qu'ils enlèvent ainsi. Cet amincissement des planchers est visible dans tous les nids, même dans les plus parfaitement phragmocyttares. Dans ceux des *Chartergus*, par exemple, les planchers inférieurs sont encore intacts et aussi épais que le toit, tandis que les supérieurs n'offrent plus qu'une couche très mince et paraissent avoir été rongés.

Dans le nid d'argile (pl. XVI) dont j'ai parlé, l'enveloppe est extraordinairement épaisse et surtout celluleuse, offrant des vides dont le but est probablement de le rendre plus léger, tout en lui conservant une grande force, en vertu du principe qu'une certaine quantité de matière étant donnée, la forme sous laquelle elle offrira le soutien le plus solide sera celle de tube, non de cylindre plein. Ces vacuoles de l'enveloppe existent pour la même raison que nos os sont creux.

Ceci n'est aucunement nécessaire pour le carton des nids papyracés, car le carton n'est nullement fragile et il allie à une extrême légèreté une force considérable.

C'est très probablement aussi un guêpier de *Polybia* qui fut figuré par Latreille, pl. XXI, fig. 3, de la *Zoologie du voyage de Humboldt et Bomplan*, d'après une ancienne figure méconnaissable de Hernandez.

On voit aussi dans les Mémoires de la Société Linnéenne de Londres (1) la figure du nid de la *Polybia occidentalis* que l'on doit à M. Curtis.

3. *Pragmocyttares rectilignes parfaits de la 4me espéce.*

Un guêpier de cette espèce se voit planche XXIX où je l'ai fait représenter, considérablement réduit, d'après un dessin que j'avais fait au British-Museum. Ce guêpier, d'un carton brun très dur, n'offre rien de très particulier si ce n'est sa grandeur extraordinaire, car, en réunissant les divers tronçons qui en subsistaient, on arrivait à une longueur de plus d'un mètre. Il devait loger plus de cent mille guêpes si toutes les alvéoles étaient occupées, car l'insecte dont il est l'ouvrage est d'une taille remarquablement petite. Ce guêpier est celui de la *P. rejecta;* son toit est plat à la manière de celui des guêpiers des *Tatua*, et je n'ajoute rien à sa description car ces derniers seront décrits avec plus de détails. Mais d'autres Polybies, au lieu de faire du carton, bâtissent en papier gris des guêpiers à nombreux étages qui ont une forme ovoïde avec une entrée latérale. Ce papier est semblable à celui que fabriquent nos Vespa, aussi est-il bien faible pour des guêpiers phragmocyttares dont la charpente exige toujours une grande solidité. Pour suppléer à cette faiblesse, nos Polybies établissent en général leur demeure contre des murs, dans les angles rentrants des fenêtres, des toits ou des rochers; ainsi deux ou trois de leurs faces se trouvent naturellement protégées; cette station les met aussi à l'abri des pluies qui leur causeraient de grands dommages. La *P. parvula*, espèce très commune au Mexique, bâtit à la

(1) Tome XIX, pl. 31, fig. 8, 9.

manière qui vient d'être décrite. J'en ai fréquemment rencontré les nids dans les montagnes du Michoacan ; l'espèce est du reste répandue sur tout le plateau et s'étend aussi sur les terres tempérées.

Divers autres guêpiers, que nous avons reçus du Brésil et qui sont, sans nul doute, l'ouvrage des Polybies, se rapprochent beaucoup de ceux de la *P. parvula,* mais ils sont faits d'un papier plus grossier, plus jaune et plus cassant. Ils ont souvent une configuration très irrégulière.

Enfin je connais un guêpier ovoïde, qui du reste est exécuté selon le même principe, mais dont la substance constituante est une argile jaune. J'ai eu le bonheur d'avoir entre les mains un nid de cette espèce, mais comme M. Fr. Smith a été le premier à décrire et à figurer son semblable (1) c'est à lui qu'en revient tout l'honneur.

Ce guêpier est assez semblable à celui du *Chartergus charta-rius,* seulement ses parois sont beaucoup plus épaisses, comme l'exigeait la nature si peu résistante de l'argile. Malheureusement on ne connaît pas l'artisan de ce guêpier, mais sa forme ovale indique qu'il est probablement l'ouvrage d'une Polybie.

4. *Pragmocyttares de la 3me espèce.*

La *Polybia liliacea* bâtit un guêpier de même nature que celui des *Tatua,* mais qu'elle établit sur une échelle bien autrement grande! Le Muséum de Paris a reçu du Brésil un édifice de cette espèce qu'on peut considérer à juste titre comme un des plus grands miracles de l'architecture des insectes. Ce guêpier n'a pas moins de quatre à cinq pieds de longueur, sur une largeur de un à deux pieds. Il est suspendu à une branche d'arbre, comme tous les Phragmocyttares parfaits ; sa forme est comprimée et il va s'évasant vers le bas. Il est bâti avec des matériaux ligneux assez grossiers, dont la couleur est d'un brun

(1) *Transact. of the Ent. Soc. of Lond.,* 2e sér, I, pl. XVI, fig. 3.

rougeâtre ou violet lie-de-vin, couleur que je n'ai vue chez aucun autre guêpier. L'enveloppe est très rugueuse, irrégulière, relativement mince. Les rayons sont très rapprochés et irréguliers, leur plancher étant souvent bosselé, ce qui amène un écartement inégal des diverses parties des gâteaux.

J'ai compté vingt-six rayons successifs, et il en existait un plus grand nombre, car le guêpier a été brisé et se trouve privé de sa portion inférieure; on possède quelques gâteaux libres qui venaient s'ajouter à la suite, mais le toit manque. Ce guêpier pouvait fort bien avoir une longueur de deux mètres et de trente à quarante rayons, aussi le nombre de ses habitants était-il prodigieux. Cependant on ne voit aucune entrée latérale correspondant à une chambre intermédiaire; la seule entrée de cet édifice était évidemment au milieu du toit qui devait être plat puisque les rayons le sont. Les trous de communication percent aussi le milieu des rayons, mais comme la société était immense et que le nombre des allants et venants devait être d'autant plus grand qu'ils ne pouvaient gagner la sortie qu'en traversant toutes les chambres. Ces trous ont une assez grande dimension pour offrir passage à une douzaine d'insectes à la fois.

Je n'ai pas fait figurer ce guêpier, parce que son principal mérite consiste dans sa prodigieuse grandeur, et qu'en le réduisant pour le faire cadrer dans le format d'une planche, il n'offrirait plus rien de curieux.

5. *Phragmocyttares subsphériques.*

Ce sont encore les Polybies qui font ces guêpiers si singuliers que M. White a fait connaître (1) d'après un beau spécimen rapporté de l'Uruguay par M. Hawkins. Son artisan est la *P. scutellaris.*

Ce nid, qui fait partie de la collection du British-Museum,

(1) *Annals a. Magaz. of Nat. Hist.* VII, 315.

avait du reste déjà été cité par Westwood (*Introd. to mod. class. II*, 251), et c'est probablement à un guêpier de la même espèce que se rapportent quelques phrases de Burmeister dans son *Handbuch d. Entomol.*, § 296, et que l'auteur applique à tort à celui du *Tatua morio*.

Ce nid est aussi d'une grandeur considérable par rapport à son artisan (1). Il est de forme ovale, un peu étranglé au milieu. Son carton est d'une dureté étonnante; il est épais, brun, à texture grossière, et les naturels du pays disent qu'il est fait avec les excréments du *Capincha*, qui paraît être le tapir.

Deux choses remarquables frappent dans cet édifice tout exceptionnel :

D'abord, après en avoir fait la coupe, on est étonné d'y voir une disposition toute particulière des rayons (2). Les plus supérieurs sont des espèces de sphères emboîtées, exactement comme dans les phragmocyttares sphériques (voyez la figure théorique). Ensuite les insectes ont trouvé trop laborieux de bâtir une sphère entière toutes les fois qu'ils augmentaient le guêpier d'un rayon ; ils n'ont plus fait que de grands arcs de cercle, et le nid a été croissant, comme je l'ai figuré pl. xxix, fig. 3 ; puis ces arcs de cercle vont en diminuant, en sorte que la moitié inférieure du nid est un vrai phragmocyttare rectiligne croissant par chambres successives, comme le nid figuré pl. xxxii, avec cette différence que les planchers sont convexes en bas. M. White ne nous apprend pas comment est placée l'entrée. D'après ses expressions, on serait tenté de croire qu'il en existe plusieurs, mais ce fait me paraît inadmissible, et quoique ayant vu cet admirable guêpier au Muséum de Londres, je ne me souviens pas des détails de cette circonstance. Ce nid est donc à volonté un phragmocyttare sphérique ou rectiligne, ou plutôt il est mixte; on pourrait aussi le nommer *sphérique imparfait*, parce

____

(1) Il a dix-sept pouces de longueur. Voyez la figure de la *Polybia scutellaris*.

(2) La figure donnée par White, *loc. cit*, pl. iv, représente le nid coupé selon son petit diamètre.

que son principe de sphéréité ne se poursuit pas au delà d'un certain nombre de rayons.

La seconde circonstance exceptionnelle qui se remarque au guêpier de la *Polybia scutellaris*, c'est la configuration extraordinaire de son enveloppe. Le carton extérieur est épais, assez fin et donne naissance à une infinité de gros piquants ou plutôt de grosses apophyses également de carton. Ces apophyses sont disposées par zones horizontales qui semblent correspondre plus ou moins aux rayons du nid et sont formées de plusieurs couches papyracées très compactes et peu distinctes qui leur donnent une grande dureté. Quoique peu aiguës, on comprend qu'elles puissent peut-être devenir une arme défensive contre certaines bêtes fauves qui sont souvent très friandes de miel (1), mais je vois dans ces piquants plutôt un simple jeu de la nature qu'une arme protectrice. Chose singulière, la face inférieure du nid (ou le toit) est également pourvue de piquants; il faut donc que l'insecte ronge ces apophyses et les détruise chaque fois qu'il veut ajouter un étage au nid; je suppose qu'il le fait en ramollissant le carton par quelque suc que fournit son economie et que ce même carton sert à bâtir le nouvel étage ou à établir les alvéoles nouvelles. Il reste encore bien des recherches à faire sur l'industrie étonnante des guêpes américaines qui nichent toutes sur les arbres, mais avec une variété de procédés qu'on ne peut assez admirer!

Au dire de M. White, les cellules du guêpier qui nous occupe étaient remplies de miel desséché. C'est la seconde observation positive de miel trouvé dans les guêpiers; Lepel. de Saint-Fargeau en a fourni la troisième, en sorte que maintenant il n'est plus permis de révoquer ce fait en doute.

M. White a fait remarquer avec justesse que Latreille se trompe en pensant que la guêpe *Chiguana* ou *Lechoguana* soit une Nectarinie; car d'Azarra dit expressément que le guêpier est *dur* et que sa surface est couverte de saillies, ce qui correspon-

(1) Les tigres (jaguars, kuguars et autres chats), sont, selon Hawkins, les ennemis les plus redoutables des guêpiers; ils réussissent souvent à les abattre des arbres et les ouvrent pour en dévorer le miel (*Ann. a. Magaz*, XII, 268).

drait bien au nid de la *Polybia scutellaris ;* il faut ajouter à cette probabilité que ce dernier vient de l'Uruguay ou de la République Argentine, pays que d'Azarra a particulièrement parcourus. Ce serait donc à la *P. scutellaris* que reviendrait le nom spécifique de *Lecheguana,* mais il est probable que, sous ce nom, les habitants de l'Amérique confondent plusieurs guêpes d'espèces voisines, et qu'il est plutôt le terme générique de toutes les petites guêpes à miel que d'une espèce en particulier.

Il est inutile de s'arrêter à l'opinion erronée d'Audouin au sujet de la *Polybia scutellaris,* que ce savant croyait n'être que le parasite du nid.

6. *Stélocyttares latérinides gymnodomes.*

Plusieurs espèces de Polybies paraissent avoir un mode d'architecture identique à celui des Polistes. J'ai observé dans l'île de Saint-Domingue la *Polybia cubensis* occupée à fonder un petit guêpier oblique, semblable à celui du *Polistes gallicus,* qu'elle attachait à un rocher. Il est probable que beaucoup d'autres Polybies édifient de la même manière, mais les observations manquent complétement à ce sujet.

7. *Stélocyttares rectinides calyptodomes à enveloppe simple.*

C'est sans doute encore au genre *Polybia* qu'on doit rapporter le nid figuré pl. xxviii, fig. 3. Ici il est vu renversé, parce qu'étant établi sur la face inférieure d'une feuille, il a fallu la relever pour le faire voir.

L'enveloppe du guêpier a la forme d'une bouteille. En regardant par son goulot, on distingue au fond un petit amas de cellules comparable à celui qui forme le premier noyau chez les *Stélocyttares calyptodomes* (pl. xviii, fig. 3); mais la forme particulière de l'enveloppe et le fait que la base de la bouteille est tout entière collée contre la feuille, lui donnent une fausse ana-

logie avec les nids de la deuxième espèce du genre des Phragmocyttares imparfaits. Cette terminaison de l'enveloppe en goulot
est une ressemblance de plus qui m'avait d'abord induit en
erreur (1). Mais le noyau des cellules est pédicellé, ce qui est
un caractère très positif de Stélocyttares. Je ne connais pas l'insecte auquel il appartient ni le lieu de sa provenance. Je l'ai
dessiné d'après le seul spécimen qu'en possède le British-Muséum.

Depuis lors, un autre échantillon, reçu du Brésil dans un
déplorable état de conservation, et toujours sans aucun de ses
artisans, m'a montré les restes de deux rayons qui étaient réunis
par des colonnettes à la manière des rayons que font les *Vespa*.

—

On voit que les Polybies bâtissent selon presque tous les
modes de construction. On dirait que la nature s'est plu à semer
au hasard les faits moraux parmi les espèces de ce groupe, ou
plutôt que certaines d'entre elles sont arrivées à un mode de
construction plus avancé dans l'ordre des transformations théoriques (2), tandis que chez d'autres une incapacité morale ou
physique, ou encore une station différente, ont fait prévaloir un
mode plus simple. Autrement comment s'expliquer cette irrégularité entre les mœurs d'insectes identiques pour l'organisation,
quand cependant nous voyons la structure des guêpiers être sou-
mise à des règles de construction parfaitement fixes quoique
très variées. Comment s'expliquer autrement le fait singulier
que, les différents modes de constructions étant donnés, les
espèces identiques en organisation se soient attachées à des modes
très différents, tandis que des espèces très différentes se sont
emparées du même mode?

(1) Voyez la note au bas de la page LVI.
(2) Voyez le chapitre VII.

Architecture du genre Tatua.

Phragmocyttares *rectilignes parfaits de la 3me espèce.*

(Pl. XXXII).

Les *Tatua* ont une architecture admirable. Ce sont eux qui savent produire le carton le plus solide, c'est-à-dire en même temps le plus dur et le moins cassant.

Le guêpier de ces insectes a été figuré par G. Cuvier (1), et comme j'ai eu sous les yeux précisément le spécimen qui a servi à cet auteur pour sa description, j'ai pu le faire représenter d'une manière plus satisfaisante. Depuis, un autre exemplaire a encore été cité avec quelques détails par White (2) comme faisant partie de la collection du British-Museum.

Ce guêpier a la figure d'un pain de sucre irrégulier ; il est d'un carton brun, épais, très dur, nullement fragile. Les planchers sont des plans circulaires ; ils sont presque aussi épais que la muraille et aussi forts qu'elle, comme on peut bien en juger sur la coupe que l'on en voit planche XXXII.

C'est à cette espèce de guêpiers que s'appliquerait surtout la phrase par laquelle Réaumur peint celui du *Chartergus chartarius :*

« L'union de chaque gâteau avec la boîte est si parfaite qu'il semble que le guêpier entier ait été fait d'une pâte fluide jetée en moule, et que la boîte et les gâteaux soient venus du même jet. »

Lorsqu'on examine de près sur la coupe la texture du carton, on distingue dans son épaisseur deux sortes de tissus. L'un est brun (fig. 2, *b b*) et forme toute la charpente du guêpier ; l'autre est plus fin, plus gris ; il tapisse les parois des chambres (fig. 2, *c*). Enfin la couche la plus extérieure a aussi une apparence parti-

____

(1) *Bulletin de la Société Philomatique*, N° 8.

(2) *Ann. a. Mag. of Nat. Hist.* VII, 316. — J'ai reçu du Brésil plusieurs nids de *Tatua morio* qui ne diffèrent en rien de ceux dont il est question.

culière qui est à peu près intermédiaire entre celle des deux autres.

L'entrée est très latérale (fig. 1, *c*) et par suite aussi les trous de communication sont très excentriques, logés presque en dehors du mas d'alvéoles de chaque rayon.

Le guêpier que représente la figure est arrivé à un terme très avancé de son développement. Il compte un très grand nombre de rayons complets, mais ceux qui occupent les dernières chambres sont encore incomplets, parce que les guêpes prennent toujours de l'empars afin de ne jamais manquer de place dans un moment pressant. Elles bâtissent de nouveaux étages avant de s'en servir et ne font qu'y préparer les alvéoles. En effet, la ponte peut s'effectuer dans des alvéoles qui ne sont qu'ébauchées, parce que les guêpes ont le temps de les achever durant l'évolution des larves, mais il leur est indispensable d'avoir à l'avance des chambres toutes préparées afin d'être prêtes, s'il le faut, à ébaucher les cellules qui doivent les tapisser, car les cellules sont vite ébauchées, mais les chambres sont d'une construction longue et pénible.

Je possède dans ma collection plusieurs nids de *Tatua Guerini* que j'ai rapportés des terres chaudes du Mexique où ils sont communs. On les trouve en général suspendus aux branches des arbres dans les jardins ou sur la lisière des forêts. C'est à l'entrée de la saison des pluies qu'ils commencent à prendre du développement, et c'est pendant le cours de cette saison que la société devient très nombreuse. Telle est l'excellence du carton parfaitement collé dont le guêpier est fait, qu'il ne se laisse point ramollir et qu'il reste imperméable aux ondées torrentielles de l'été tropical ; mais, sans cesse soumis à cette influence d'humidité, les guêpiers se tapissent en général de mousses et d'autres cryptogames. A l'entrée de l'hiver, les nids sont abandonnés, mais la solidité de leur charpente fait qu'ils résistent bien longtemps encore aux agents destructeurs. Que de questions intéressantes se rattachent à ces guêpiers encore à peine connus. Les sociétés des Tatuas sont-elles dissoutes chaque année, ou quelle est la cause de l'abandon des nids? Les colonies naissantes s'emparent-elles des vieux guêpiers délaissés ou en font-elles de nouveaux? Chaque rayon ne sert il qu'à une seule ponte, ou les cellules sont-elles nettoyées pour servir de rechef, etc.? Tels sont les problèmes auxquels pourront s'exercer les curieux de la nature, lorsque le goût des sciences aura pénétré dans les contrées lointaines.

Architecture du genre CHARTERGUS.

Une anomalie frappante semble se complaire à ne grouper dans ce genre que des espèces tout à fait homogènes de formes et à leur assigner deux modes de nidification entièrement dissemblables !

Malheureusement, nous ne connaissons avec certitude que les guêpiers de deux espèces qui offrent ces deux extrêmes ; en sorte qu'on ne saurait encore tirer de cette anomalie aucune conclusion générale. Les deux modes adoptés sont les suivants :

1. *Pragmocyttares rectilignes de la 2ᵐᵉ espèce.*

Le *Ch. chartarius* est l'artisan de ces guêpiers de carton gris, si fin et si solide, qui sont de tous les plus communs dans les collections. Ils paraissent être très fréquents dans l'Amérique méridionale et ont été décrits et figurés bien anciennement déjà par plusieurs auteurs. Réaumur en a donné une description très complète (1), accompagnée de bonnes planches, ce qui me dispense d'y revenir d'une manière détaillée. Christ aussi l'a figuré (*Hym.*, pl. xx), et l'on voit déjà dans Seba, pl. 98, la représentation de deux nids qui, s'ils ne sont pas de la même espèce, comme je le pense, en sont au moins singulièrement voisins. Kirby et Spence ont décrit ces édifices artistiques. (*Introd.* I, 506), et il est peu d'auteurs qui n'aient été frappés de leur

____
(1) *Mém. Ins.* VI.

charmante architecture et qui n'en aient parlé. Le carton est d'une finesse parfaite, cotonneux, blanchâtre, très épais et très résistant.

« Ce ne serait pas assez dire, écrit Réaumur, que cette espèce de vase paraît de carton ; il en est réellement, et d'un carton qui ne le cède en rien au plus blanc, au plus fort que nous sachions faire. Qu'on remette ce vase entre les mains d'un de nos ouvriers en carton, sans lui dire par qui il a été fabriqué : il aura beau le tourner et le retourner, le manier, le remanier, l'examiner en tout sens, le déchirer, il ne lui viendra jamais à l'esprit de soupçonner qu'il puisse avoir été fait par quelqu'un qui n'est pas de sa profession. »

La figure que j'ai donnée de sa coupe (pl. XXXIII) le fait mieux connaître que la meilleure description. Le toit, et par conséquent les cloisons, ont une forme conique, et l'entrée *a*, qui est percée au sommet du cône, se continue à travers tous les étages. Mais il existe dans cet individu une anomalie particulière. Le nid s'était accru régulièrement jusqu'au sixième rayon. Il était alors terminé par le toit *ff'*. A ce moment, par suite d'un accident ou seulement parce que les cartonnières trouvaient leur plan trop petit, au lieu de continuer à ajouter des étages régulièrement, elles ont subitement donné au nid une plus grande largeur en attachant le rayon suivant, non point en *f'*, comme elles auraient dû le faire, mais à la muraille de la troisième chambre en dessus. Ainsi la surface externe de la muraille de la sixième chambre s'est trouvée enfermée dans le nid d'un côté et s'est couverte d'alvéoles. Il fallait pour cela chez les guêpes un certain raisonnement, et il est probable qu'une bonne portion d'entre elles se sont trompées dans la construction de l'étage suivant, en sorte que le rayon *eé* a été manqué, mais l'expérience leur a profité pour le suivant *dd* qui est parfaitement raccordé.

Peut-être aussi le rayon *eé* avait-il été fait régulièrement, lorsqu'une cause fortuite, en détruisant le côté gauche, a obligé les guêpes de le réparer en leur créant un travail accidentel auquel elles ont de la peine à se plier.

On voit ces mêmes guêpiers affecter des formes très variées.
Il en est de coniques, de cylindriques, de droits, mais plus souvent ils sont un peu arqués comme sur la figure. Ils peuvent
encore être très comprimés. Toutes ces variations ont peu d'importance et sont toujours accidentelles. Leur grandeur est souvent considérable ; j'en ai vu qui n'avaient pas moins d'un
demi-mètre de longueur.

J'ai expliqué dans le chapitre précédent comment s'accroissent
ces guêpiers ; et ce qu'il y a de singulier, c'est que, quoique
formés d'étages successivement ajoutés les uns à la suite des
autres, on n'en voit nulle trace sur l'enveloppe que l'on croirait
être établie d'un seul jet. Cependant sur la coupe de sa charpente (pl. xxx, fig. 2) on distingue bien que la muraille de
chaque chambre ne tient à la précédente que par une espèce
d'accollement (d a, muraille d'une chambre ; a b, commencement d'une cloison ; a c, muraille d'une chambre inférieure).
On voit admirablement dans ces guêpiers toutes les particularités des Phragmocyttares. On voit surtout que les planchers
supérieurs sont infiniment minces ou même nuls, tandis que les
inférieurs deviennent de plus en plus épais, parce que les supérieurs ont été diminués et amincis comme je l'ai expliqué plus
haut.

L'anneau suspenseur embrasse la branche qui lui sert de
pivot, mais il ne pivote pas, le carton y est collé avec force.
J'ai bien de la peine à croire que le nid dont parle Westwood (1)
n'appartienne pas à cette catégorie. Selon cet auteur, son
anneau serait lâche, en sorte que le vent le ferait osciller autour
de sa branche comme un pendule ! On ne saurait croire que les
guêpes se plaisent à être ainsi balancées, ce qui leur donnerait
mille difficultés pour atteindre l'entrée. Je suppose donc que
M. Westwood a eu sous les yeux un nid détérioré qu'on avait
violemment détaché de sa branche, en sorte que cette dernière
tournait dans son anneau après avoir été déchaussée.

J'ai plusieurs fois observé au fond des alvéoles de ces nids

_____

(1) *Intr. to Mod. Class.* II, 251.

une espèce de matière brune que je prends pour du miel desséché. On ne saurait en effet douter que les *Chartergus* ne fassent du miel puisque plusieurs autres guêpes en produisent ; mais il est certain que dans la grande majorité des nids on n'en voit pas trace.

Quelque bien fermés que soient ces guêpiers, ils ne sont pas à l'abri des parasites ; on en trouve souvent dans leur intérieur, mais ces faits appartiennent au chapitre des ennemis des guêpes.

2. *Stélocyttares latérinides calyptodomes.*

Lorsque j'écrivis mon précédent mémoire qui traite de l'architecture des guêpes, je ne soupçonnais pas que les guêpiers dont il va être question pussent être l'ouvrage des *Chartergus*, dont certaines espèces bâtissent les nids si différents qui viennent d'être décrits, et je ne savais pas alors à quels artisans rapporter les guêpiers latérinides et calyptodomes. Dès lors j'ai eu fréquemment l'occasion d'observer les *Chartergus* dans les forêts du Mexique et j'ai pu me convaincre de la réalité d'une architecture si étonnamment variée parmi les espèces d'un même genre.

J'ai distingué parmi les latérinides calyptodomes deux espèces, l'une est incomplétement latérinide, l'autre l'est parfaitement. Je ne connais que l'artisan de la première espèce, celle qu'on voit figurée pl. xix et xix *bis* : c'est le *Chartergus apicalis*.

A l'extérieur, ces guêpiers affectent des formes diverses, qui toutes se rapprochent plus ou moins de celle d'un fuseau terminé inférieurement par un prolongement en goulot servant d'entrée. Le guêpier tout entier entoure et empâte les ramuscules des arbres qui le supportent en le traversant de part en part. Je vais maintenant décrire chacune des parties de ces gracieux édifices en commençant par l'intérieur.

Lorsqu'on enlève la mince enveloppe qui sert de manteau, on voit à découvert une série de rayons disposés par étages et très semblables à ceux des guêpiers des Vespa, si ce n'est qu'ils sont moins irréguliers. Ces rayons prennent leur appui sur les branches qui se ramifient dans l'intérieur du nid ; en général, la plus grosse et la plus droite d'entre elles sert d'axe à l'édifice tout entier. Quoique fixés à cet axe, les rayons n'en sont pas moins reliés les uns aux autres — de même que dans les guêpiers des Vespa — par des colonnettes, des lames et appuis divers ; mais toutes ces parties sont très irrégulières.

Les *rayons* pris isolément peuvent être envisagés comme des latérinides semblables aux guêpiers des Polistes ; cependant ils affectent toujours une forme plus circulaire, afin d'être plus exactement logés dans le fuseau de l'enveloppe (fig. 3) (1). Par suite de cette forme en fuseau, les rayons du milieu doivent être plus grands que ceux du haut et du bas ; ils représentent l'état avancé, tandis que ceux des extrémités ne sont pour ainsi dire que le jeune âge des rayons. C'est aussi dans ces derniers que l'on distingue le mieux la forme latérinide. (pl. xxvii, fig. 6). Mais dans cette espèce de guêpier, les rayons sont à peine pétiolés ; les plus petits sont simplement collés contre l'axe et les autres l'entourent de tous côtés, en sorte que l'axe les traverse mais toujours dans un point excentrique, ce qui caractérise bien sa nature latérinide, les grands rayons entourants naissent naturellement des petits subpédicellés par l'accroissement en arrière de leurs deux angles postérieurs jusqu'à leur rencontre et leur soudure (pl. xix *bis*, fig. 3-3 c). Souvent la rencontre est irrégulière et laisse le rayon percé d'un trou (fig. 3 d) ; ce trou est alors tout à fait accidentel, mais on peut le comparer à celui qui traverse tous les étages des nids phragmocyttares. Ici, comme dans les calyptodomes rectinides, la communication entre les étages est périphérique et se fait par les vides laissés sur le pourtour intérieur de l'enveloppe. La régularité dans la disposition des rayons est loin d'être parfaite. Souvent un grand rayon est le résultat de deux gâteaux juxta-posés, collés à deux faces différentes de l'axe, et comme souvent ils n'ont pas été établis dans leur origine à une hauteur exactement pareille, la rencontre se fait mal, et de leur soudure naît un gâteau tordu. Lorsque les

____

(1) Consultez l'explication de la pl. xix *bis*.

axes sont multiples, ils troublent beaucoup les travaux qui s'exécutent dans l'intérieur du guêpier. Un grand nombre d'individus
travaillent chacun de leur côté sur des axes différents et commencent, à des niveaux divers, de petits gâteaux qui ne se rencontrent pas pour former des étages complets. J'ai sous les yeux
un exemple remarquable de ce genre d'irrégularité dans un
guêpier que j'ai rapporté du Mexique et qui est criblé de petits
rameaux.

L'enveloppe n'est qu'une simple feuille de papier mince, du
genre de celui que fabriquent nos Vespa, mais elle est d'une
texture plus solide, mieux gommée et en général plus fine. Cette
feuille, qui circonscrit et dessine le fuseau du guêpier, l'enferme
comme en un sac, entoure et tapisse les branches qui le percent,
sans laisser aucune solution de continuité ; elle se rétrécit enfin
à l'extrémité inférieure du guêpier et se prolonge en un goulot
ouvert qui sert d'entrée (pl. xix *bis*).

A sa surface, l'enveloppe est rugueuse, irrégulière et bosselée ;
elle est parfois ridée transversalement et circulairement : il est
même des nids où ces cannelures affectent une régularité qui
les fait ressembler à une espèce de dentelle frisée (pl. xix). Sur
l'une des faces de l'enveloppe on voit en général comme un
raphé où les zones de papier et les rides se rencontrent. Lorsque
le nid est enchevêtré de plusieurs branches, servant chacune de
point d'appui et de centre de construction à l'enveloppe, les rides
se groupent séparément autour de chacune de ces branches et
il part de ces points des arêtes plus ou moins prononcées qui
forment le raphé des zones des diverses faces. Souvent il naît de
cette origine multiple de l'enveloppe des irrégularités de soudure ;
mais on les voit toujours se raccorder un peu plus bas avec un
art parfait. La branche qui sert d'axe réel au guêpier n'est pas
verticale, mais celui-ci s'établit dans une position oblique par
rapport à son soutien, en sorte que son axe mathématique est plus
ou moins vertical. Le goulot se place donc toujours au-dessous
de la branche, et il résulte de cet arrangement que pour conserver une position horizontale, les rayons doivent couper
le support à angle oblique.

L'édifice tout entier serait très fragile tant à l'intérieur, qu'à sa surface s'il n'était renforcé par divers appuis. J'ai déjà parlé des colonnettes irrégulières par lesquelles les rayons sont unis; mais il en est d'autres encore. D'abord tous les rayons sont soudés à l'enveloppe par leurs bords au moyen de petites lames de papier ; il est seulement ménagé des vides irréguliers sur le pourtour du rayon pour donner passage aux allants et venants. Par ce moyen les gâteaux sont fixés solidement et l'enveloppe est considérablement solidifiée en gagnant un grand nombre de points d'appui. Ces soudures ne sont autres que le développement et l'exagération de celles que j'ai mentionnées en décrivant les guêpiers des Vespa. Ici elles acquièrent une si grande importance, que le guêpier commence à ressembler à un phragmocyttare mal réussi, quoique sa nature, essentiellement stélocyttare, soit bien nettement indiquée par la présence des colonnettes, par la circulation périphérique, par le fait que le rayon inférieur est le plus petit, que la forme extérieure ne suit pas la direction des gâteaux, et, comme on va le voir, par le mode d'accroissement. Mais c'est peut-être dans les guêpiers de cette espèce que la transition entre les deux modes de nidification est le plus évidente et qu'un examen attentif la révèle avec le plus de netteté.

Outre les moyens de renforcement que je viens d'indiquer, on en voit encore un autre qui n'est pas moins important, c'est celui des lames verticales de papier, adhérentes à l'enveloppe et perpendiculaires à celle-ci qui traversent et unissent les bords des rayons, mais qui n'ont pas une grande largeur; ce sont comme des planches formant des cloisons verticales sur le pourtour, ou comme des liteaux arqués qui unissent les différents étages entre eux (pl. xix *bis*).

La manière dont s'opère l'accroissement du guêpier m'a longtemps embarrassé; je fus même sur le point de croire que celui-ci n'était pas susceptible de s'agrandir; mais j'ai fini par me convaincre du contraire à l'inspection d'un de ces nids qui avait acquis un grand développement en grandissant exactement de la même manière que les guêpiers des Vespa, c'est-à-dire

des calyptodomes rectinides (1). La chose était difficile à trouver,
parce que le manteau n'ayant qu'un seul feuillet, il semblait que
nos insectes ne pouvaient augmenter l'espace intérieur du nid
sans détruire son enveloppe. Pour arriver à cette découverte, il
faut surprendre les guêpes au moment où elles l'agrandissent; on
les voit alors établir sur certaines parties de sa surface des
feuillets en forme de voûtes qui y dessinent des protubérances
et enferment de grandes cellules papyracées (fig 1 *a b c d*). Lorsque
ce travail est achevé, les bestioles rongent depuis l'intérieur le
morceau de l'enveloppe qui s'est trouvé recouvert par une voûte
de ce genre ; ainsi le feuillet nouvellement établi remplace
l'ancien, qui est supprimé, et l'espace intérieur du nid s'agrandit
d'autant. Le guêpier s'élargit et s'allonge de cette manière,
place par place ; les voûtes qui servent à l'augmenter occupent
souvent toute sa longueur et elles sont parfois soutenues par des
lames papyracées transversales, en sorte que l'enveloppe devient
momentanément celluleuse. Lorsque les insectes détruisent
l'ancien feuillet (intérieur) afin de prolonger les rayons dans
l'espace que circonscrit la nouvelle enveloppe, ils en ménagent
certains restes qui se trouvent naturellement adhérer aux
rayons ; ces restes qui s'étendent d'un gâteau à l'autre, forment
ensuite les colonnes de support dont j'ai parlé plus haut, lesquelles conservent encore une forme comprimée et lamellaire.
Tout se passe donc exactement comme dans les guêpiers des
Vespa. Enfin, les bords de l'ancien feuillet, sur ses lignes de
rencontre avec le nouveau, sont également ménagés avec soin
et donnent naissance à ces lames verticales plus ou moins perpendiculaires à l'enveloppe, et encore à ces cloisons rudimentaires par lesquelles les rayons sont solidifiés. A ce moment
elles ne font que relier les rayons avec la portion nouvelle de
l'enveloppe ; mais lorsqu'ensuite les rayons s'augmentent au
point d'atteindre cette dernière, les feuillets verticaux se trouvent pris dans leur pourtour (pl. xix *bis f*).

Enfin, comme dernier résultat de ce mode d'accroissement,

____

(1) Voir pages xc ii et suivantes.

on doit noter que l'espace le plus inférieur du guêpier, celui qui se trouve compris entre le dernier rayon et le goulot, est souvent rempli de feuillets papyracés, de même que le vide correspondant dans les nids de Vespa est rempli de matière celluleuse. Ces feuillets sont les restes de l'ancien goulot autour et audessus duquel l'enveloppe s'est étendue de façon à l'enfermer dans son intérieur. Ces lames papyracées sont un magasin de matériaux pour le moment où l'établissement d'un nouveau rayon en exigera de nouveaux (pl. xix *bis*, fig. 2. Voyez l'explication).

Malgré l'habileté architecturale qu'on remarque dans la charpente de ces guêpiers, l'extrême fragilité de leur faible enveloppe en fait toujours de bien frêles demeures, et j'ai peine à comprendre comment elle suffit pour protéger le nid contre les pluies torrentielles des tropiques. Je n'ai du reste trouvé ces guêpiers que vers la fin de l'hiver et au printemps, c'est-à-dire avant le commencement des pluies ; mais je suis loin de vouloir affirmer qu'en été ils ne continuent à subsister, toutefois ils n'atteignent pas de bien grandes dimensions ; je n'en ai pas vu qui dépassassent de beaucoup la longueur d'un pied.

Deuxième espèce.

Après ce que j'ai dit de la première espèce, l'explication de la seconde ne sera pas longue. Celle-ci diffère surtout de la première par son caractère de latérinide parfait, en ce sens que les gâteaux sont pétiolés. L'enveloppe est beaucoup plus régulière et ne se termine pas par un goulot. Le seul exemplaire de cette espèce qui paraisse exister dans les collections, se voit au Muséum de Paris. Il a été décrit par M. Milne-Edwards (1), et c'est d'après un des vélins du Muséum que cet illustre professeur a bien voulu me communiquer, que je l'ai fait graver (pl. xxvii). Les figures qui en sont données représentent le nid

(1) Annales de la Soc. Entom. de France, 2ᵉ série, I, 1843, Bull. p. 18. L'auteur le rapporte à la guêpe *Tatua*, mais ce nom de *Tatua* s'applique à une multitude de guêpes de l'Amérique du Sud.

de grandeur naturelle. Ici les guêpes ont su avec un art admirable profiter de la branche d'un arbrisseau pour en faire l'axe et le support de toute la construction. Les rayons viennent tous s'attacher à l'axe par un pétiole qui les maintient dans une position horizontale et parallèle, comme on peut en juger par la fig. 1, qui montre l'arrangement des gâteaux dans l'intérieur du nid (1).

On voit un de ces gâteaux par sa face supérieure (fig. 6 et fig. 5). Le même rayon est représenté de profil (2). Ici les rayons sont petits; leurs pétioles les supportent avec assez de solidité pour que les colonnettes soient inutiles. L'enveloppe est très digne de remarque. Elle forme un fuseau composé d'un feuillet unique en papier ligneux ; ce papier est admirablement ridé transversalement, en quelque sorte tuyauté, ce qui lui donne une apparence tout à fait artistique qui rappelle presque la dentelle. Le fuseau d'enveloppe s'appuie d'une part autour de la branche qui forme l'axe, comme on peut le voir fig. 2, qui représente le côté postérieur du nid, et, d'autre part, il prend encore divers points d'appui sur quelques ramuscules; mais il n'est nulle part en continuité de tissu avec les rayons. La position entièrement latérale de ces derniers par rapport à l'axe fait que celui-ci ne doit pas nécessairement occuper le centre du fuseau. C'est pour cela qu'il se trouve placé sur le côté, non pas dans le fuseau, mais en dehors sur sa surface.

Au sommet le manteau se resserre autour de l'axe et se ferme entièrement en s'accollant au bois (fig. 3). Au bas il se rétrécit de même, mais il ne se ferme pas complétement; les guêpes ont ménagé un orifice assez large (fig. 1 *a* et 4 *a*) qui sert d'entrée.

On ne saurait assez admirer cette habile et gracieuse construction. L'enveloppe en particulier est faite avec un art qui rappelle les tissus les plus délicats. Les guêpes conduisant leurs fils avec une adresse surprenante, toutes les zones sont réguliè-

(1) Le guêpier est ouvert artificiellement par un côté que l'on a excisé afin d'en laisser voir l'intérieur.

(2) Voyez l'explication de la planche.

rement unies et viennent converger sur une ligne qu'on pourrait nommer raphé et qui est ici parfaitement nette (voyez le *lambeau*, fig. 1 *b*.)

Le guêpier n'est pas moins distingué sous le rapport des couleurs. Il est bigarré de bandes longitudinales, les unes d'un roux pâle, les autres d'un beau rouge d'acajou. Ces bandes sont naturellement très irrégulières; elles ne tiennent qu'à la nature des matériaux employés à leur construction, de même que les zones sont longitudinales, ce qui s'explique parfaitement par le fait que le nid a dû être construit en partant de la branche qui lui sert d'appui, pour finir par se clore sur la face opposée, par le raphé médian, en sorte qu'il a crû par zones longitudinales successives. Habitués que nous sommes à voir les guêpiers se commencer par le sommet et s'achever par le bas, nous sommes instinctivement portés à croire qu'il en est de même pour nos fuseaux, d'autant plus que les rides horizontales et parallèles semblent indiquer des zones d'accroissement. Toutefois il n'en est absolument rien : la base du nid est toujours sur son appui et son accroissement est toujours indiqué par des zones colorées.

On ne saurait assez admirer l'excellence de la demeure qui vient d'être décrite, l'intérieur de l'habitation est spacieux, bien clos et parfaitement à l'abri. Il y règne enfin, par suite de la translucidité de l'enveloppe, un demi-jour qui est loin d'exister dans les autres guêpiers enveloppés.

Il existe encore au Muséum de Paris un guêpier du même genre que celui-ci, mais qui a la forme d'un fuseau excessivement allongé (pl. XIX *bis*, fig. 4). Il n'est remarquable que par son extrême longueur et par sa très petite largeur. Ces rayons sont pédicellés comme chez le dernier qui vient d'être décrit, mais il est fait d'un papier gris qui rappelle parfaitement celui du guêpier du *Chartergus apicalis*, aussi ne serais-je pas étonné qu'il appartînt à cette espèce. Dans ce cas, l'existence de rayons pédicellés ne devrait plus être considéré comme un caractère spécifique du nid, cette forme ne serait qu'une variété de la précédente ; on pourrait presque dire : le jeune âge des rayons. En effet, dans ces guêpiers des *Chartergus apicalis*, les rayons extrêmes sont souvent pédicellés, comme je l'ai montré plus haut, et, en s'agrandissant, ils deviennent *enveloppants*, de façon à être traversés par l'axe. Lorsque le guêpier a une forme très étroite et allongée, les rayons, ne pouvant acquérir de grandes dimensions, restent petits et pédicellés. Il en est de même chez les Polistes qui font indifféremment leurs guêpiers nettement latéraux on seulement excentriques.

Le curieux nid dont il est question a été rapporté du Brésil.

Architecture du genre NECTARINIA (1).

Pl. XXX et XXX *bis*.

PHRAGMOCYTTARES *sphériques*.

Les Nectarinies ont une architecture toute particulière, et peut-être la plus admirable de celles des guêpes américaines. Elles s'éloignent dans leurs constructions de tous les travaux qu'exécutent les autres phragmocyttares, et il faut une certaine force d'abstraction pour saisir, malgré cette diversité, les rapports d'analogie qui les y rattachent.

A l'extérieur, les guêpiers des Nectarinies ressemblent en tout à ceux des Vespa. C'est le même papier gris, plus fin encore, la même configuration irrégulière approchant d'une boule. Aussi ai-je vu, non sans surprise, des nids de ce genre être, dans les musées, attribués à tort à ces insectes. Il existe cependant bien des moyens de reconnaître par la simple inspection de l'extérieur du nid qu'il n'est pas l'ouvrage des Vespa. En effet, les Nectarinies bâtissent entre les ramuscules

(1) Ce nom étant employé en ornithologie, Shuckard a proposé pour le remplacer celui de *Melissaia* ; mais je ne vois pas la nécessité de le changer.

·des buissons, c'est-à-dire à l'air libre, et l'irrégularité des formes de leur nid ne permet de le comparer qu'à ceux des Vespa qui bâtissent sous terre. Ils n'ont pas, comme les nids des Vespa aériennes, une forme ovoïde et un grand orifice inférieur. Mais lorsqu'on vient à lever l'enveloppe, la différence est bien plus frappante, car cette enveloppe ne forme pas un épais manteau de cellules papyracées ou de feuillets concentriques : elle n'est qu'une simple feuille de papier souvent irrégulière et non point une couverture multiple (pl. xxx *bis*).

Quant à l'intérieur, il ne s'y trouve rien d'analogue aux guêpiers des Vespa. J'en ai expliqué l'arrangement dans le chapitre précédent et me bornerai ici à rappeler que les gâteaux, au lieu d'être des plans parallèles, sont des sphères concentriques. Il ne faut pas toutefois prendre ce mot au pied de la lettre : un côté se développe plus que l'autre, et en réalité les sphères sont incomplètes vers le sommet du nid.

Ces guêpiers, qui viennent de contrées lointaines, sont des objets rares et précieux qu'on n'aime pas laisser couper en morceaux, vu leur extrême fragilité, aussi n'aurais-je pu donner une description détaillée de leur arrangement intérieur si je ne les avais trouvés au Mexique d'où j'en ai rapporté divers échantillons.

Comme on l'a vu dans le chapitre précédent, la muraille devrait être réduite à un simple cylindre intérieur, mais, en général, la nature vivante n'aime pas les formes mathématiques, et à cette colonne de carton elle substitue des lames de papier contournées qui forment ensemble de grandes vacuoles et se soudent entre elles de diverses manières, de façon à former un parenchyme lâche auquel se fixent les différents rayons dans leur ordre d'emboîtement (pl. xxx *bis*).

Chaque rayon est une sphère irrégulière (1) emboîtée et emboîtante, à part la première qui n'est qu'emboîtée (pl. xxx *bis*).

---

(1) Je demande de pouvoir me servir de ce terme qui rend mieux qu'aucun autre l'idée que je veux exprimer ici. Quoiqu'un non-sens, il est compris de chacun.

La coupe intérieure du nid laisse donc voir les rayons comme une série de cercles concentriques dont le dernier est formé par le feuillet d'enveloppe. La régularité de cet arrangement n'est cependant pas complète, et elle ne peut l'être, attendu que si les rayons n'étaient unis que par leur sommet, ils ne seraient pas bien fixés dans leur position relative ; ils se rapprocheraient ou s'écarteraient sous la moindre pression, et comme ce guêpier n'est pas un stélocyttare, il ne saurait exister de piliers d'union entre les étages pour empêcher les déformations. La nature y a suppléé par un admirable artifice qui sert à double fin : c'est une véritable rampe en spirale qui part du centre et s'étend jusqu'à la surface inférieure du guêpier, rampe qui sert de lien commun à tous les gâteaux et d'escalier aux insectes.

Dans les autres phragmocyttares la circulation se fait par de simples trous dont les étages sont percés. On voit aussi un grand nombre de ces trous dans les rayons de nos guêpiers. En effet, ceux-ci sont si larges, que le nombre des portes de communication ne saurait être trop grand, autrement les guêpes auraient à faire de longs détours pour trouver des issues, et l'affluence des habitants occasionnerait des encombrements perpétuels. Mais les Nectarinies ne se contentent pas de ces sorties grossières. On dirait que, recherchant le comfort dans leurs habitations, elles veulent une rampe par laquelle elles puissent monter sans se fatiguer autant (1). Voici comment cette rampe est établie : chaque rayon est percé d'un grand trou ; l'un des bords de cet orifice se prolonge obliquement en bas pour atteindre le plancher du rayon immédiatement inférieur ; celui-ci est arrangé de la même façon, son trou est situé au-dessous de celui du rayon supérieur ; il en est de même des autres jusqu'au dernier. En suivant le bord de ces rampes d'union et des trous par lesquels elles descendent, on passe, en spirale, du centre au pourtour du nid, et, comme pour opérer cette descente on peut suivre l'un ou l'autre bord des lames, la rampe offre un double chemin selon deux spirales qui tournent en sens inverse. Enfin l'enve-

(1) Pl. XXX *bis*, fig. 1, z.

loppe elle-même est percée du trou par lequel la lame oblique
fait saillie à sa surface externe et sert de sortie par une assez
large fente (pl. xxx *bis*, fig. 1, *e*).

Mais ces faits ne peuvent être compris et appréciés que sur
la nature même, et encore faut-il une grande attention pour
saisir la complication de cet arrangement. Lorsque le plan
par lequel on divise le guêpier tombe de façon à partager les
lames de communication, on peut facilement être induit en
erreur et croire que les rayons sont bâtis en spirales (fig. 1, *z*,
voyez l'explication de la planche) ou qu'ils prennent naissance
les uns sur les autres (*o*). Ces irrégularités ne sont qu'ap-
parentes et tiennent aux différents aspects que produisent les
diverses coupes géométriques selon lesquelles on peut partager
la rampe ; elles ne sauraient être parfaitement comprises que par
ceux qui possèdent quelques notions de géométrie descriptive.
Dans le guêpier qui me sert à établir ces faits, je compte cinq
rampes, mais toutes ne traversent pas la totalité des étages ; rien
n'empêche que leur nombre ne soit plus grand, mais celui des
sorties ne dépasse pas le chiffre 2. Les lames qui communiquent
ainsi entre les rayons équivalent à des piliers et servent de liens
entre eux ; et comme aucune place n'est gaspillée par nos indus-
trieux insectes, ces lames sont elles-mêmes tapissées en dessous
d'alvéoles et servent aussi bien de planchers que d'escaliers et de
piliers.

Enfin, les nombreuses branches qui toujours supportent et
traversent le nid dans tous les sens sont des appuis naturels
plus solides que tous les autres, et qui suffiraient à eux seuls à
fixer les rayons ; mais l'insecte a l'habitude de ne jamais compter
que sur sa propre industrie, et lors même que la nature lui en
fournit la facilité, il ne s'affranchit pas de ses règles de construction.

Il me reste maintenant à dire comment les Nectarinies étendent les limites de leurs demeures. En principe, on peut croire
qu'elles ajoutent autour du guêpier une nouvelle sphère en
papier, et qu'elles tapissent d'alvéoles l'ancienne enveloppe
ainsi enfermée. Mais une aussi grande sphère de papier n'est

pas facile à établir tant que les points d'appui manquent encore; aussi procèdent-elles par morceaux successifs en fixant chacun d'eux à mesure qu'il est construit. Elles établissent autour d'une portion du guêpier une de ces grandes cellules papyracées, déjà décrites à propos des nids des *Chartergus apicalis*, en ayant soin de l'aplatir et de lui faire suivre la courbe de la surface du guêpier (fig. 2, *a c b*). (La portion de cette surface qui est ainsi recouverte peut déjà se tapisser d'alvéoles.) Puis elles bâtissent à côté une nouvelle chambre plate (*c o b*), détruisent la cloison qui la sépare de la première (*c b*), et ainsi de suite, jusqu'à ce que la nouvelle enveloppe soit complète et forme une sphère qui enferme le guêpier tout entier. Mais lorsque celui-ci commence à acquérir un grand volume, il est rare que les rayons nouveaux deviennent des sphères complètes; les insectes bâtissent de préférence en dessous, probablement parce que le sommet risque d'être gâté par la pluie et c'est sans doute pour cette raison aussi que c dernier est rempli de grandes vacuoles dépourvues d'alvéoles. Il en résulte que les derniers étages sont des calottes hémisphériques plutôt que des sphères complètes.

Les demeures des Nectarinies sont très vastes par rapport à leur taille. Le nid figuré ici — qui est réduit des deux tiers — peut en donner une juste idée, si l'on compare la petitesse des alvéoles à la grandeur du tout. Ici les rapports de grandeur entre le guêpier et les cellules sont parfaitement traduits, grâce au procédé photographique auquel on en doit la représentation.

Si toute la surface du guêpier était couverte d'alvéoles, il pourrait en contenir plusieurs milliers, et comme l'intérieur est rempli de surfaces semblables, on ose à peine se prononcer sur le chiffre effrayant des habitants d'une cité en apparence aussi peu spacieuse. C'est de tous les genres de guêpiers celui qui pour sa forme et son arrangement doit en contenir le plus.

En vertu de sa sphéricité, c'est aussi celui qui exige le moins de matériaux pour donner le plus de place aux alvéoles; aussi ces nids, quoique remarquablement grands, par rapport à la taille de leurs artisans, ne sont-ils pas les plus étendus (1), mais ils sont certainement les plus populeux.

Je ne sais pas au juste à quelle Nectarinie l'on doit attribuer le guêpier figuré pl. xx. C'est probablement à la *N. lechiguana* sur laquelle A. de Saint-Hilaire a donné de si intéressants détails. La photographie a reproduit non seulement le nid mais aussi ses défauts, ses déchirures, etc. Il faut faire abstraction par la pensée d'une bonne partie de ces défauts. Certaines plaques d'alvéoles ne se voient que par suite de déchirures ; néanmoins il est constant que de grandes plaques de ce genre sont ébauchées *sur l'enveloppe*, fait très exceptionnel que je n'ai remarqué chez aucune autre guêpe. On voit distinctement que le nid s'augmente par une série de plaques de ce genre : dès que l'une d'elles est achevée, elle se recouvre d'un feuillet papyracé, et, lorsque toutes les parties de la surface ont subi la même transformation, un nouvel étage concentrique ou plutôt une nouvelle sphère d'alvéoles se trouve ajoutée et recouverte d'une enveloppe de papier. Ce travail se fait avec irrégularité, mais finit par amener à l'intérieur une disposition très régulière.

L'architecture des Nectarinies est restée inconnue jusqu'à ce jour ; je crois cependant que le petit guêpier que Latreille a figuré (pl. xxi, f. 4, de la *Zoologie du Voyage de Humbolt*) est un nid rudimentaire de ces insectes dont l'enveloppe avait été arrachée.

—

A la suite de la description des guêpiers, je crois devoir citer un nid dont M. Westwood a parlé (2). Ce nid, originaire de Ceylan, avait deux mètres de longueur et était établi sous une feuille de palmier. Il est bien à regretter qu'on ne connaisse pas avec plus de détails un ouvrage aussi remarquable.

(1) J'ai vu un nid de *Polybia rejecta* qui avait plus d'un mètre de longueur, et cette espèce n'est pas beaucoup plus grande que le *Lechiguana*. Les plus grands nids de Nectarinies atteignent un diamètre de deux pieds.

(2) *Introd. to Modern Classif. of Ins.* II.

Azara (1) parle aussi de divers nids qu'il décrit d'une ma -
nière trop incomplète pour qu'il soit possible de les reconnaître.
Il dit seulement que la *chiguana* et le *camuaty* font des nids dont
les rayons ont jusqu'à un pied de diamètre, et que la première
suspend aux branches des arbres. Ces rayons contiennent du
miel et n'offrent pas de cire, ce qui prouve bien qu'il s'agit de
guêpiers et non de ruches sauvages. Les noms de *chiguana* et
lechiguana servent du reste à désigner diverses guêpes dans
le midi du Brésil et ne s'appliquent pas aux abeilles.

CHAPITRE VII.

COUP D'ŒIL GÉNÉRAL SUR LA NIDIFICATION.

Dans le chapitre V, j'ai montré que les diverses espèces de
guêpiers se groupaient autour de deux types, et que chacune
d'elles résultait d'une modification théorique de celui des deux
types auquel elle appartient. Je ne pouvais encore parler d'une
manière parfaitement générale; pour être compris, il fallait
d'abord faire connaître les nombreuses espèces de guêpiers qui
viennent d'être décrits; mais quelques mots suffiront maintenant pour compléter ce qui restait à dire. Je voudrais montrer
qu'il n'est pas même nécessaire d'admettre deux types premiers
dans l'explication des diverses espèces de nids, mais que les
phragmocyttares ne sont eux-mêmes qu'une modification des
stélocyttares.

Le guêpier le plus rudimentaire, avons·nous vu, est un simple
gâteau d'alvéoles, circulaire de forme et fixé par un pétiole
central : c'est le gymnodome par excellence. Le nombre des
rayons peut s'accroître; ils sont alors unis entre eux par des

(1) *Voyages,* I, 171.

piliers et reçoivent une enveloppe; c'est ainsi que naissent les calyptodomes.

Si le rayon primitif est un disque circulaire complet, le guêpier auquel il sert de base est rectinide; s'il est incomplet, il est latérinide; mais ceci importe peu pour les déductions que nous voulons en tirer.

Supposons maintenant un stélocyttare calyptodome, comme par exemple un nid de *Vespa crabro*, ou mieux, de *Chartergus apicalis* (1). Le bord des rayons est soudé par places à l'enveloppe. Supposons que les soudures envahissent tout le pourtour des rayons, ne laissant plus qu'une petite solution de continuité en forme de trou sur un point de ce pourtour; nous aurons ainsi un véritable trou de communication comme chez un phragmocyttare. Ce trou pourrait du reste devenir plus ou moins central. Ce serait le premier pas vers la transformation en phragmocyttare (2). Grâce encore à ces soudures, les rayons auraient un appui suffisant dans l'enveloppe, et si les piliers devenus inutiles venaient à manquer, le second pas serait fait. Le guêpier stélocyttare qui nous sert de point de départ augmente de volume, avons-nous vu, par une constante addition de grandes vacuoles à sa surface, surtout vers le bas; l'intérieur s'agrandit et surtout la partie inférieure s'allonge par ce procédé et par la destruction subséquente des parties de l'enveloppe ainsi enfermées et devenues inutiles. Par ce moyen, un nouveau rayon trouve aujourd'hui place au-dessous du plus inférieur de la veille. Ce rayon est établi sur les restes de l'extrémité inférieure de l'ancienne enveloppe (le goulot) devenue interne (ces restes de l'ancien goulot forment alors les piliers de support du rayon). La substance de cette enveloppe est rongée et ses matériaux sont remaniés pour être refondus en un nouveau plancher horizontal (pl. xxx *bis*, fig. 2).

(1) Pl. XIX *bis*.

(2) Un guêpier réalisant ces conditions serait parfaitement intermédiaire entre les stélocyttares et les phragmocyttares; ce type ne s'est pas encore trouvé, mais celui qui s'en rapproche le plus se voit dans les nids du *Chartergus apicalis* où les soudures sont très étendues, quoiqu'il soit bien stélocyttare.

Lorsque maintenant, dans le nid, chaque étage sera, non plus un gâteau libre dans ses bords, mais une cloison adhérente à l'enveloppe, les insectes comprendront qu'il est inutile de détruire le bas de l'ancien nid pour avoir ensuite à construire un plancher, et qu'il y aurait moins de peine à se servir de la surface déjà existante à titre de plancher ou, en d'autres termes, à tapisser d'alvéoles l'extrémité enfermée 'de l'ancienne enveloppe (fig. 3, *a o q*), ce qui donnerait un rayon tout fait. Mais il faut que les rayons soient parallèles, et l'insecte arrivera à comprendre que la face inférieure du nid, devant un jour servir de plancher, doit être parallèle au rayon inférieur (fig. 4; *a b, c d*). Dès lors, on aura obtenu un nid phragmocyttare et parfait. L'accroissement se faisant ainsi très facilement par le bas, il cessera d'avoir lieu par les côtés, et le guêpier prendra une forme très différente, par le fait que les rayons inférieurs n'auront pas besoin d'être moins grands que ceux du milieu, ce qui conduira à la forme cylindrique ou conique.

Le phragmocyttare n'est donc pas un style spécial, mais seulement un stélocyttare *perfectionné*. Je ne veux cependant pas dire par là qu'il soit matériellement né comme je le fais naître ci-dessus; seulement il m'a fallu me servir, ici comme dans plusieurs autres endroits, d'un langage figuré pour me faire comprendre. Cette transformation réside dans la pensée de la Création, et il ne se manifeste matériellement que les types tout transformés. En d'autres termes, le *principe* de construction des phragmocyttares est une *déduction* de celui des stélocyttares. Mais on ne peut dire que chaque espèce de phragmocyttare en particulier soit née d'un stélocyttare correspondant. Le principe une fois *trouvé*, si je puis m'exprimer ainsi, il se réalise sous diverses formes arbitraires qui échappent aux rapports de liaison existant entre les deux modes de construction. Ainsi nous avons passé matériellement du stélocyttare composé au phragmocyttare à étages multiples. Ce dernier naît par *répétition* et *développement* du phragmocyttare à chambre unique. Pour avoir une série de transformations régulières, on devrait passer du stélocyttare composé au phragmocyttare à loge unique. Il n'en est rien : le principe phragmocyttare une fois trouvé, il se réalise du simple au composé d'une manière entièrement indépendante, et donne naissance à cette série de guêpiers si variés que j'ai décrits plus haut.

Je demande pardon d'insister sur ces considérations théoriques, que quelques esprits étroits nommeront peut-être de creuses spéculations ; mais il me semble qu'il est toujours intéressant de remonter à l'unité de plan des productions de la nature, et qu'il l'est surtout dans ce cas où il ne s'agit plus des organismes, mais des travaux que ceux-ci servent à exécuter et des manifestations de l'instinct des êtres. Cette étude d'unité de plan dans les ouvrages des animaux n'avait jamais encore été tentée, et la nouveauté de l'observation servira d'excuse à la témérité des déductions.

CHAPITRE VIII.

DE LA NOURRITURE DES GUÊPES ET DE LEURS DÉGATS.

On remarque souvent chez les Hyménoptères, entre les instincts des larves et ceux des insectes parfaits, des divergences frappantes. Il est telle larve au régime entièrement animal qui, transformée en insecte parfait, ne s'attaquera plus qu'aux fleurs de la campagne ; il est aussi des larves phytophages qui donnent naissance à des insectes carnassiers. Aussi voit-on en général dans la bouche de ces insectes des particularités très dignes de remarque. Souvent les organes buccaux de l'animal parfait sont taillés moins en vue de sa propre nourriture qu'en vue de celle de sa progéniture.

Les guêpes ne sont pas de tous les Hyménoptères les moins curieuses sous ce rapport. Elles ont même un genre de vie probablement plus varié que celui d'aucune autre famille.

Nous savons que les Euméniens se rapprochent par leurs mœurs des Hyménoptères fouisseurs ; les larves des Masariens, comme je l'ai montré (1), vivent en parasites aux dépens d'autres insectes, ou se nourrissent à la manière des Euméniens ; tandis que parvenues à l'état parfait, ces guêpes, munies d'une longue langue extensible, vont probablement puiser le nectar au fond du calice des fleurs. Les Vespiens réunissent en eux tous les instincts les plus éloignés, et méritent à juste titre le nom d'omnivores.

ART. I. *Nourriture des insectes parfaits.*

Les guêpes sont des insectes de rapine et de pillage. Elles attaquent les objets dont nous faisons notre nourriture, ce qui leur vaut d'être plus mal réputées que d'autres insectes beaucoup plus nuisibles. Leur voisinage même est gênant par la terreur qu'inspire leur aiguillon, mais malgré tous les moyens mis en œuvre pour en extirper la race, l'homme ne parvient même pas à en diminuer les innombrables légions.

On dirait que la nature a doué ces insectes d'un goût universel pour toute espèce de substances alimentaires afin de leur faciliter la vie en toute saison. Depuis les premiers jours du printemps jusque dans l'arrière-automne on rencontre soit les Polistes soit les Vespa sur les plantes de la campagne, léchant le nectar des fleurs. Il est bien facile de les observer occupés à rassembler les matières sucrées que fournissent les Ombellifères ou d'autres végétaux ; les uns et les autres sont obligés de choisir les fleurs les plus petites et les moins profondes, parce qu'avec les courts lobules de leur langue ils ne sauraient atteindre à la profondeur où les Mellifères vont puiser les mêmes substances. Au printemps, ils profitent des fleurs

_____

(1) Tome III de cet ouvrage, page 56.

précoces des arbres fruitiers et y trouvent presque la seule nourriture que leur offre la nature en ce moment. Mais en automne, ils tombent sur les fruits avec une voracité qui figure au premier rang parmi les fléaux des jardins, des vignes et des vergers.

Quoique voraces, les guêpes ont une grande délicatesse de goût. Elles ne s'attaquent qu'aux fruits les plus mûrs et les plus succulents, aux pêches, aux fraises de bonne qualité, aux figues, aux raisins, etc., et causent souvent des ravages considérables. On a vu des propriétaires hâter le moment de la vendange, moins en vue des dégats dus aux oiseaux qu'en vue de ceux qu'occasionnaient les guêpes.

C'est donc en automne que ces insectes trouvent à meilleur compte la nourriture la plus abondante; aussi leur nombre prend-il à cette époque un accroissement extraordinaire. Les nouvelles pontes éclosent, jettent dans les campagnes des légions de guêpes d'autant plus nombreuses que les guêpiers sont alors très volumineux et que le nombre de leurs alvéoles est immense. Dans les années chaudes, où les pontes réussies sont plus nombreuses que dans d'autres, on a vu les guêpes devenir une véritable plaie; non contentes de dévaster les jardins, elles pénétraient dans les maisons, inondaient les plats et tenaient les gens dans une agitation perpétuelle par la crainte que leurs aiguillons inspirent. « Elles s'introduisent dans nos salles à manger, dit Réaumur, et viennent hardiment goûter de tous les mets qu'on sert sur nos tables. »

Les espèces du genre Vespa sont très friandes de viande crue; elles la mangent après en avoir découpé des morceaux au moyen de leurs fortes mandibules, et elles opèrent ce travail avec une telle voracité qu'on peut alors les toucher sans crainte d'être piqué. Lorsqu'elles se sont rassasiées, elles ne partent jamais sans avoir préalablement excisé quelque morceau qu'elles emportent comme provision (1); elles le font d'ordinaire si gros que son poids les entraîne et les fait tomber à terre. Elles préfèrent

(1) Réaumur, *Mém. Ins.* VI, 165.

toutefois aux muscles les parties plus molles, telles que le foie et les glandes en général, qui, moins filandreuses, se laissent mieux entamer par leurs mandibules. Toutefois les bouchers ne doivent pas les craindre ; leurs dégats sont en somme minimes, et elles les rachètent par de vrais avantages qui leur font pardonner leurs larcins. Témoin ce boucher philanthrope de Charenton, dont parle Réaumur (1), qui avait fait avec ses guêpes un contrat fort bien entendu, par lequel il leur donnait chaque jour un foie de veau à dévorer, en revanche de quoi elles laissaient intacte l'autre viande, et débarassaient la boucherie des mouches bleues.

Les guêpes ont un faible pour les douceurs : elles aiment le sucre et recherchent le miel avec avidité. Il est facile de l'observer sur nos tables où elles viennent se prendre à nos tartines gluantes. Lorsqu'on a nettoyé des ruches et qu'on a jeté la paille un peu enduite de miel qui a servi à les essuyer, on voit les guêpes tomber par centaines sur ce régal, et longtemps après l'avoir léchée et dépouillée de tout son miel elles voltigent encore aux alentours de cette paille. On les voit souvent aussi à l'affût près des ruches, soit pour tomber sur les abeilles, soit pour s'y introduire et s'y rassasier de miel. En Allemagne, on redoute beaucoup leur voisinage, et, en Amérique, on les a vues, dans des moments de grande disette, empêcher la multiplication des abeilles, tant elles s'acharnaient à les détruire (2).

Mais ce qui, au milieu de tout cela, paraît le plus singulier, c'est l'audace avec laquelle les guêpes attaquent et dévorent d'autres insectes. Postées dans les environs des ruches, elles tombent comme des éperviers sur les abeilles, les saisissent au moment où elles arrivent chargées de miel, les entraînent à terre et les tuent en leur séparant du thorax l'abdomen, qu'elles emportent ou qu'elles dévorent sur place. Pourquoi est-ce toujours l'abdomen qu'elles dévorent ? Réaumur l'attribue

(1) *Loc. cit.*, 166.
(2) Brandt und Ratzeburg, *Medizinische zoologie*, 198.

à ce que cette partie est plus tendre et plus succulente que le thorax; Saint-Fargeau pense qu'elles ne le font que pour en extraire le miel. Les deux raisons peuvent être plausibles, car si les guêpes aiment beaucoup le miel, elles mangent aussi très volontiers les insectes dont les téguments sont tendres. Elles attaquent, en effet, les mouches sur les feuilles des buissons, en fondant subitement sur elles; en moins d'un clin d'œil, elles leur ont coupé ailes, pattes et tête, après quoi elles dévorent ou emportent le tronc. M. Westwood (1) en a observé qui saisissaient au vol des mouches bleues sur les ordures mêmes, en ayant soin de ne faire que les effleurer afin de ne point se salir, et certes. dans ce cas, ce n'était pas pour y trouver du miel.

Dans ces attaques contre d'autres insectes, nos bestioles ne se servent pas de leur aiguillon à la manière des fouisseurs, elles se bornent à mettre en pièces leur proie avec leurs mandibules; mais si l'insecte est petit, comme la *Musca domestica*, elles le mâchent tout entier et en font une boule qu'elles emportent (2). Saint-Fargeau pense que les guêpes n'attaquent les mouches ou les autres insectes que lorsque la sécheresse des plantes occasionne pour elles une disette. Il vit, dans des cas de détresse, des guêpes couper en morceaux des Locustes piquées sur une planche de liége et les dévorer vivantes. En effet, j'ai souvent observé durant des heures entières des guêpes occupées, côte à côte avec des mouches, à manger des raisins ou d'autres fruits, sans que jamais aucune mouche n'ait été attaquée tant que l'appétit des guêpes trouvait à se satisfaire sur les fruits.

Peut être pourrait-on exploiter cet instinct carnassier des guêpes pour faire la guerre aux mouches, à l'instar du boucher de Charenton; mais le remède serait pire que le mal. Il paraît cependant certain qu'en Amérique on pend, dans ce but, des guêpiers dans les chambres (3).

(1) *Introd. to Mod. Classif.*, II, 246.

(2) Lepel. Saint-Fargeau, *Hyménopt.*, I, 481.

(3) Sir John's *letter to an American Farmer*, et Westwood, *Introd. to Mod. Classif.*, II, 246.

Une observation piquante dans le genre de celles qui précèdent a été faite par Davis (1) : — « J'étais fort ennuyé, dit-il, par des bandes de guêpes qui entraient dans la maison, venant d'un nid établi dans le voisinage. Je mettais sur une tablette de cheminée les papillons nocturnes que je capturais tous les soirs. Un beau jour, je vis une guêpe entrer par la fenêtre, se diriger sans tâtonnements vers ma cheminée, s'y arrêter et séparer avec ses mandibules le corps d'un papillon fraîchement étalé. Bientôt je m'aperçus que tous les autres papillons avaient subi le même sort : il ne me restait d'eux que les épingles et les ailes qui, retenues par les liens, étaient restées en place, en sorte que le larcin n'avait pas été remarqué quoiqu'ayant continué pendant plusieurs jours ! » M. Davis a également vu les guêpes prendre des mouches, les mutiler et les emporter dans leur nid. « J'ai aussi observé, dit-il encore, une guêpe qui, se tenant suspendue à une feuille par les crochets d'un des tarses postérieurs, avait l'air d'être très occupée de ses autres pattes. En examinant de plus près, je la vis tenant une mouche qu'elle était en devoir de mutiler et, cette opération faite, elle s'envola avec le tronc. Une autre fois une guêpe saisit devant mes yeux une mouche bien plus grande (l'*Eristalis nemorum*); à l'instant même elle se suspendit et lui coupa, avec ses mandibules, ailes, pattes et tête. » Depuis, M. Newport est venu confirmer tous ces faits par une autre observation de même genre (2). Il écrit que par le grand soleil de midi, moment où les guêpes sont le plus actives , ces insectes volent de fleur en fleur, de chardon en chardon, cherchant une proie. Souvent elles attaquent les papillons de diverses espèces; il en vit fondre sur la *Pontia rapæ*, ce commun papillon blanc de nos campagnes, lui couper les ailes et les pattes et s'envoler en emportant le tronc. Elles s'arrêtent sur la première plante qui leur paraît favorable, se pendent par les pattes de derrière et achèvent de mâcher le corps de leur

(1) *Entomological Magazine*, I, p. 90. — *V. vulgaris?*
(2) *Trans. Ent. Soc. of Lond.*, I, série I, 228.

victime, qui, façonné en un maillot, est emporté entre les jambes de la guêpe.

Les guêpes fondent sur les papillons comme les éperviers sur les oiseaux, mais les papillons les craignent et les évitent en se laissant choir de côté. Cette manœuvre réussit quelquefois, et alors, la guêpe qui a manqué son coup ne revient pas à la charge mais continue son chemin, de même qu'un lion qui, ayant sauté à faux et manqué sa proie, reste honteux et ne bondit pas une seconde fois.

M. Darwin avait cru voir l'objet d'un raisonnement dans le fait que les guêpes mutilent leur proie : la guêpe allégerait ainsi son fardeau (1). Comme le montre M. Newport, la raison est bien pauvre ; ce procédé est simplement dicté par un instinct aveugle ; c'est une autre forme de celui qu'ont tous les insectes carnassiers, comme, par exemple, les Philanthes et autres, qui percent de leur aiguillon les abeilles qu'elles capturent, afin de les étourdir et de les emporter plus facilement.

Enfin, après avoir pendant tout l'été vécu de rapines et de brigandages, les guêpes se trouvent subitement au dépourvu lorsque viennent les froids de l'automne. Manquant d'insectes et de fruits, chassées par les vents du nord, engourdies par le froid, elles abandonnent le guêpier, se dispersent et cherchent avec peine à pourvoir à leur chétive subsistance jusqu'au moment où elles périssent de misère. J'ai vu dans ces moments des *Vespa crabro* s'accrocher aux branches des arbustes des jardins, les ronger par place pour pénétrer jusqu'au bois et sucer les restes de sève qui circulaient encore sous l'écorce. Le 1ᵉʳ octobre 1852, par un temps sombre et pluvieux et par un vent du nord assez froid, j'ai observé plusieurs frêlons fixés contre un arbuste dans une attitude presque immobile. Ils étaient si bien à leur affaire et si engourdis par le froid, qu'ils ne semblaient pas se préoccuper le moins du monde de ma présence,

(1) Je ne connais pas cette note citée par M. Newport. Ce dernier dit seulement : M. Darwin a fait *quelque part* une assertion... etc. »

PARTIE SPÉCIALE.

Dans la *Monographie des Guêpes solitaires* j'ai dit ce qui différenciait ces dernières des sociales, j'ai énuméré les faits qui servent à reconnaître l'une et l'autre de ces tribus, j'ai mis en évidence les caractères qui permettent de les distinguer ou qui les rattachent l'une à l'autre, je n'ai donc pas à revenir sur ce chapitre. J'en dirai autant de ce qui concerne la séparation bien plus nette des Vespiens et des Masariens; je m'abstiendrai donc également d'en parler ici, pour ne pas tomber dans des répétitions inutiles, et je me bornerai à donner les caractères zoologiques de la tribu.

TRIBU DES VESPIENS.

VESPII.

Car. *Ailes* pliées longitudinalement; cellules cubitales au nombre de quatre; la deuxième recevant les deux nervures récurrentes.

Lèvre courte, quadrilobée, rarement quadrifide, portant au bout de ses divisions quatre points cornés (sauf exception (1)).

Palpes labiaux de trois ou quatre articles (2).

Mâchoires courtes, palpes labiaux de six, rarement de cinq articles (3).

Mandibules en général courtes, et armées de dents terminales (4).

Antennes brisées ou arquées, en massue allongée, ou filiformes, de douze articles chez les femelles, de treize chez les mâles, tous distincts.

Chaperon en général terminé angulairement en une dent (5).

Yeux échancrés, ne couvrant pas entièrement les côtés de la tête, n'atteignant pas toujours les mandibules.

Corselet variable, souvent rétréci en avant; le métathorax toujours plus ou moins convexe, arrondi, sans côtes tranchantes.

Abdomen très variable.

---

(1) Le genre *Ischnogaster* fait seul exception à cette règle.
(2) Le genre *Raphigaster* semble n'en offrir que trois.
(3) Le genre *Raphigaster* offre seul ce caractère.
(4) Les genres *Ischnogaster* et *Tatua* les ont cependant longues.
(5) Sauf dans les genres *Vespa*, *Ischnogaster* et *Myschocytharus*. Ce caractère appartient exclusivement aux Vespiens.

Pattes grêles, armées comme dans les Euméniens, si ce n'est que la patte moyenne offre deux épines styliformes (1) ; hanches postérieures souvent longues, prolongées en arrière du corselet ; *crochets des tarses simples,* sans dents (2).

Ailes : quatre cellules cubitales.

Insectes vivant en sociétés composées de mâles, de femelles et de neutres, et construisant avec des matières terreuses ou papyracées des nids à cellules hexagonales, qu'ils remplissent de miel pour en nourrir leur progéniture.

(1) Dans les Euméniens les deux premières paires de pattes portent au bout du tibia un seul appendice styloïde, la dernière en offre deux. Cette différence doit être ajoutée à celles que j'ai signalées dans la Monographie des Guêpes solitaires, et qui servent à distinguer les Euméniens des Vespiens.

(2) Dans le genre *Ischnogaster* ils sont cependant dentés comme dans les Euméniens. Ce genre est, par tous ses caractères, entièrement intermédiaire entre les deux tribus. Ses mœurs seules obligent à le classer dans les Guêpes sociales.

Division de la tribu des VESPIENS en onze genres (1).

Abdomen sessile ou sub-sessile (2).
- Ecusson recouvrant entièrement le post-écusson. . . . . *Nectarina.*
- Ecusson ne recouvrant pas le post-écusson.
  - Chaperon terminé par une dent.
    - Abdomen ovale, sessile, son premier segment en cupule. . . . . *Chartergus.*
    - Abdomen fusiforme, le premier segment en entonnoir allongé. . *Polistes.*
  - Chaperon tronqué droit ou échancré, non terminé par une dent. . . . . , *Vespa.*

Abdomen pédicellé, le 1er segment tout entier formant le pédicelle.
- Deuxième cellule cubitale carrée, point rétrécie vers la radiale. . . . . *Ischnogaster.*
- 2e cellule cubitale rétrécie vers la radiale.
  - Palpes maxillaires de cinq articles; deuxième segment de l'abdomen en entonnoir, longuement pédicellé. . . . . *Raphigaster.*
  - Palpes maxillaires de six articles; 2e segment sessile ou sub-sessile (3).
    - Chaperon terminé par deux petites dents. . . . . *Mischocyttarus.*
    - Chaperon terminé angulairement par une dent.
      - Abdomen comprimé, entièrement conique. . . . . *Synœca.*
      - Abdomen déprimé, ovale, ou ovoïde.
        - Mandibules terminées par quatre dents, non crochues, abdomen ovalaire. . . . . *Icaria. Polybia.*
        - Mandibules longues, crochues au bout, abdomen en forme de grelot. . . . . *Tatua.*

(1) Les VESPIENS offrent des formes moins trompeuses que les Euméniens, ils se groupent assez naturellement autour d'un certain nombre de types, et offrent en majorité une complète uniformité de figure dans les mêmes genres : ainsi les *Vespa* et les *Polistes* ont tous presque exactement la même forme; les genres sont donc mieux limités que dans les EUMÉNIENS, quoique le système appendiculaire ne fournisse presque aucun caractère distinctif entre eux, et qu'il faille pour les trouver recourir aux formes extérieures des insectes. En effet, il n'existe pas en général d'un type à l'autre, ces mille et une transitions qui embarrassent dans les EUMÉNIENS. De plus, les cercles géographiques circonscrivent les genres d'une manière très nette, ce qui au contraire manque entièrement dans les EUMÉNIENS. Nous remarquons cependant entre plusieurs des genres, dont le caractère est d'avoir l'abdomen pédicellé, que certaines transitions existent, et qu'il est aussi difficile de les séparer, qu'il le serait de les réunir. Par la suite, on jugera peut-être à propos de fondre les genres *Polybia, Myschocytharus,* et *Icaria?* en un seul.

(2) Au premier abord on est tenté de révoquer en doute la valeur de ce caractère fondamental, qui du reste est si petite dans les EUMÉNIENS. mais dans les VESPIENS il en est autrement, et les différences dans la forme de l'abdomen se lient à des différences nombreuses de toutes les parties du corps, différences qu'un tableau succinct ne saurait mettre en évidence.

(3) La séparation de ces cinq derniers genres est trop spécieuse pour qu'un tableau synoptique puisse en être l'interprète; j'engage donc le lecteur à apporter le plus grand soin à consulter avec attention les diagnoses détaillées qui sont placées en tête de chaque genre.

SECTION I.

STELOCYTTARES.

Insectes construisant des nids de un ou plusieurs gâteaux séparés et soutenus par des supports établis dans ce but.

SOUS-SECTION I.

GYMNODOMES.

Insectes formant des nids composés de rayons nus, c'est-à-dire n'étant pas recouverts d'une enveloppe générale.

1. Groupe des RECTINIDES.

Insectes construisant des nids réguliers, composés de un ou plusieurs rayons, et portés au bout d'un pédicelle qui s'insère en leur milieu. (Pl. II, fig. 1 *f*. Pl. III, fig. 9.)

Genre ISCHNOGASTER (1).

Syn. *Stenogaster, Ischnogaster*. Guérin-Méneville.

Pl. II, fig. 1 *a* — 1 *f*.

Car. *Lèvre* longue et plumeuse, partagée en quatre filets longs et plumeux, sans points cornés au bout.

Mâchoires allongées, l'appendice court, terminé en pointe; palpe maxillaire plus long que la mâchoire, de six articles.

(1) Ce genre offre tous les caractères des Euméniens : crochets des tarses dentés, lèvre longue, mandibules aiguës, etc. ; mais sa nidification que j'ai fait connaître Ann. Soc. ent. Fr. 1852, t. X, p. 26, nous oblige à le classer parmi les Guêpes sociales, quoique M. Guérin l'ait d'abord placé dans les solitaires. Voyez ce que j'en dis loc. cit. p. 21. La forme du chaperon n'est pas exactement celle qui carac_ térise les G. *Polybia* et voisins ; il ne se termine pas par une espèce de dent, mais par un prolongement arrondi qui ressemble beaucoup à ce qu'on voit dans l'*Eumenes Amedei.* Il faut de plus ajouter que les yeux renflés et convexes des *Ischnogaster* sont encore une analogie qui les rattache aux Euméniens. L'armure

Mandibules triangulaires, sans dents, et presque entièrement couvertes par le chaperon.

Antennes renflées à l'extrémité, écartées à leurs points d'insertion; le treizième article des mâles formant un très petit crochet; le premier article court.

Tête aplatie en devant; chaperon prolongé en avant, de façon à couvrir le labre.

Thorax très court, globuleux.

Abdomen pédicellé, le pédicelle très long (égalant deux fois la longueur du thorax), cylindrique, renflé à son extrémité; le deuxième segment ayant la forme d'un entonnoir, non d'une cloche.

Ailes : cellule radiale atteignant presque le bout de l'aile, large; les cubitales carrées, la deuxième nullement rétrécie vers la radiale. Les ailes de ces insectes ont un éclat métallique très remarquable et reflètent des couleurs les plus brillantes.

1. I. Fulgipennis, Guér.

1. Cellulis cubitalibus tertia, quartaque magnitudine æqualibus.

Syn. Guérin. *Stenogaster fulgipennis.* Voy. de la Coq. Ins. pl.
   ix. fig. 9. — *Ischnogaster fulgipennis*, id. p. 269.
   Sauss. *Ischnogaster fulgipennis.* Ann. Soc. Ent. Fr. 2e sér.
   x. p. 23.

Long. 17 mill. ; env. 24 mill.

Fem. ou Ouvrière. Antennes filiformes, insérées presque au sommet de la tête. Palpes maxillaires grêles, ayant les trois premiers articles longs, les suivants petits. Lèvre composée de

des pattes offre des formes tout à fait intermédiaires entre celles que présente cette armure dans l'une et dans l'autre de ces deux tribus. Effectivement les tibias antérieurs portent, comme toujours cela a lieu, une seule épine terminale, les postérieurs deux épines; les moyens en présentent deux comme tous les Vespiens, mais l'une de ces épines est rudimentaire, et à première vue on n'en remarque qu'une, comme dans les Euméniens. Tout ceci me confirme de plus en plus dans l'idée que les Vespiens ne sont pas séparés des Euméniens par une limite bien appréciable.

quatre longues lanières linéaires. Mandibules aiguës, arquées. Chaperon quatre ou cinq fois aussi long que large, se prolongeant en haut jusque entre les antennes, et en bas aussi loin que le bout des mandibules, partout également large. Yeux à échancrure très petite, presque nulle. Ocelles très rapprochées, en triangle régulier. Pétiole une fois et demie aussi long que la tête et le corselet réunis, droit, assez gros, renflé au bout.

Tête noire; antennes noires, avec les deux derniers articles d'un jaune obscur; chaperon brun. Corselet ferrugineux en dessous et sur les côtés, avec quelques taches brunes sur le prothorax. Tout le dessus du mésothorax, les écailles des ailes, le milieu de l'écusson et la base du métathorax, noirs; ce dernier portant pour tout sillon une simple ligne enfoncée. Abdomen d'un brun noirâtre très luisant; les segments ayant leurs bords un peu ferrugineux. Pattes : les quatre antérieures jaunes, avec les tarses bruns; les postérieures d'un brun noirâtre. Ailes transparentes, avec l'extrémité légèrement enfumée, la côte et la cellule radiale, brunes; deuxième cubitale presque double de la troisième. Les ailes sont comme enduites d'un vernis luisant qui brille avec un éclat remarquable des plus belles couleurs, surtout de pourpre et de vert.

Habite : La Nouvelle-Guinée. (Collection de M. Guérin-Méneville.)

2. I. Micans, Sauss.

I. Tertia cellula cubitali quartœ duplo majori, secunda nervo recurrentoque anguloso.

Syn. Sauss. *Ischnogaster micans.* Ann. Soc. Ent. Fr. 2ᵉ sér. x. 24.

Long. 16 mill.; env. 31 mill.

Tête plate, à vertex très étroit. Ocelles en triangle allongé, les deux postérieures se touchant presque, la troisième plus en avant. Chaperon très allongé, terminé par une dent saillante, de couleur jaune, avec une marque irrégulière longitudinale, noire. Le reste de la tête noir, avec un point jaune dans les sinus des yeux, un autre en dedans de l'insertion des antennes, et un troisième à l'angle supérieur des yeux. Antennes noires et ferrugineuses en dessous. Thorax noir, petit, étroit en arrière, comprimé, plus haut que large. Métathorax sans aucun sillon, mais plutôt bombé. Prothorax portant une ligne jaune qui entoure le mésothorax ; un point sous l'aile, et sous ce dernier un C qui s'étend jusqu'à la deuxième hanche, jaunes. Ecusson plus large en avant qu'en arrière, noir, avec les deux angles antérieurs et le post-écusson jaunes. Métathorax portant également une ligne courbe, jaune, de chaque côté. Pétiole linéaire, une fois et demie aussi long que le corselet, ou plus, ferrugineux et noirâtre en dessus. Abdomen noir, pyriforme ; le deuxième segment en entonnoir ; vu de profil, son bord inférieur s'étend plus loin que son bord supérieur ; à sa base, il porte une marque jaune, et, en outre, un point de chaque côté, et deux lignes en dessous, de la même couleur. Troisième segment noir, avec sa base jaune, laquelle figure comme une bordure du deuxième segment. Les autres noirs. Ailes transparentes ; quatrième cellule cubitale très petite ; la deuxième nervure récurrente, formant une ligne brisée. Pattes jaunes, avec les cuisses brunes en dessus. La troisième paire armée de deux épines, dont l'une très longue.

Habite : Java. (Musée de Leyde.)

3. I. Mellyi, Sauss.

1. Petiolo thorace plus quam duplo longiore ; nervis recurrentibus rectis quarta cellula cubitali, tertia minore.

San. Sauss. *Ischnogaster Mellyi.* Ann. Soc. Ent. Fr. 2ᵉ sér. x. 25. Pl, 2. fig. 1 (1).

Long. 16 mill.; env. 31 mill.

Tête très large ; chaperon large, pyriforme, terminé par une dent insensible. Langue peu allongée, assez large. Palpes maxillaires gros, tous les articles d'égale longueur, sauf le dernier qui

(1) Dans la figure on pourrait supposer que le pétiole est articulé au milieu ; c'est une faute du graveur.

est plus long. Yeux renflés, distinctement échancrés. Antennes en massue allongée. Pétiole tout à fait linéaire, avec un renflement ovale qui en occupe le tiers postérieur. Deuxième segment un peu pédicellé, de façon à continuer le pétiole, et ensuite en entonnoir, comme dans l'espèce précédente.

Tête brune; mandibules jaunes; antennes noires, avec le premier article jaune en dessus; un point saillant paraît entre leurs insertions. Ocelles en triangle régulier. Corselet brun, avec un cordon qui entoure le mésothorax et trois points sur les flancs, jaunes, ainsi que deux taches longitudinales sur la partie antérieure du mésothorax, les deux angles de l'écusson, le post-écusson et deux taches échancrées sur le métathorax. Ce dernier a pour tout sillon une ligne longitudinale. Abdomen brun, segment portant à sa base une ligne, et plus loin un point de chaque côté, jaunes, et en dessous deux taches allongées de la même couleur. Troisième et quatrième segments, jaunes à leur base, de façon à figurer une bordure pour les anneaux qui les précèdent. En dessous, chaque segment offre deux points jaunes. Pattes brunes et jaunes. Ailes transparentes, sans tache dans la cellule radiale, et brillant de quelques faibles reflets métalliques.

Habite : Java. (Musée de Genève.) Construit un nid à trois étages, composé de cellules papyracées, et supporté par un long pédicelle central. (Pl. II, fig. 1 *f.*)

4. I. NITIDIPENNIS (1), n. sp.

Brunneus, flavo pallido variegatus, petiolo longissimo, apice ovate clavato; alis hyalinis, nervo recurrente secundo sinuato, secunda cellula cubitali maxima, quarta minima.

♂, Long. 12 mill.; env. 20 1/2 mill.

MALE. Très voisin de l'*I. micans*, mais paraissant cependant en différer spécifiquement :

Ocelles en triangle régulier; pétiole très long, linéaire, renflé à l'extrémité en un ellipsoïde. Le reste de l'abdomen comprimé.

(1) Voyez la planche supplémentaire.

Le reste des formes comme dans l'*I. micans*. Aile large , arrondie au bout; radiale atteignant presque le bout de l'aile ; deuxième cubitale un peu plus grande que la première, en carré large, un peu élargie vers la radiale ; la troisième égale à la moitié de la seconde, un peu rétrécie vers la radiale ; la quatrième de moitié plus petite que la troisième ; les nervures de séparation de ces cellules, droites ; deuxième nervure récurrente un peu sinuée en S; chacune des deux récurrentes s'insérant très près des angles de la deuxième cubitale.

Insecte d'un brun ferrugineux. Tête jaunâtre ; chaperon jaune, terminé par une dent très aiguë; mandibules ferrugineuses; front, et milieu du vertex, bruns; un point jaune au-dessus de l'insertion de chaque antenne. Antennes jaunesferrugineuses, noires au milieu en dessus, fauves-pâles au bout. Corselet brun ; mésothorax circulaire ; une ligne ferrugineuse au milieu ; prothorax bordé de jaune pâle le long de son bord postérieur. Ecussons saillants; angles antérieurs de l'écusson et post-écusson, jaune pâle ; flancs variés de brun et de jaune pâle, avec un C jaunâtre au bas ; métathorax fauve clair, son sommet brun; pétiole jaunâtre, brun en dessous, sauf au milieu ; abdomen brun; base du deuxième segment portant de chaque côté un point jaunâtre, et au-dessous de ces derniers un autre de chaque côté; en dessous deux taches longitudinales jaunâtres; à la base de chacun des trois segments suivants une bande jaunâtre, interrompue au milieu ; anus jaunâtre en dessous. Pattes jaunâtres, variées de ferrugineux. Ailes hyalines, brillant des couleurs de l'arc-en-ciel; nervures brunes; point jaune-ferrugineux.

Ne pas confondre cette espèce avec l'*I. Mellyi*; la forme du renflement du pétiole est bien différente ; ce dernier est bombé dans cette espèce, déprimé dans l'*I. Mellyi*; la taille est plus grande, la nervation des ailes différente aussi.

Habite....? Selon l'étiquette, Cayenne! ?? mais il est évident à mes yeux que cet insecte ne peut venir que de Java, de la Nouvelle-Guinée, ou de la Polynésie.

Genre RAPHIGASTER (Mihi).

(Pl. II.)

Syn. *Zethus* (1), Fabr.

Car. *Lèvre* un peu allongée. Palpes labiaux de trois articles, poilus. (On aperçoit souvent un quatrième article très petit, indistinct.)

Mâchoires : galéa très petit; palpes maxillaires aussi longs que la partie basilaire, de *cinq* articles, courts; le cinquième grêle et long.

Mandibules tronquées obliquement à l'extrémité, armées de quatre dents.

Antennes assez grosses, filiformes, insérées au-dessus du milieu de la tête; enroulées en spirale à l'extrémité dans les mâles (fig. 2, *d*).

Tête plate; ocelles en triangle long, les deux postérieures très rapprochées, l'antérieure un peu plus écartée. Yeux allongés, réniformes, échancrés, n'atteignant pas la base des mandibules, mais laissant entre leur extrémité inférieure et ces dernières un espace assez considérable (1 1/2 mill.). Chaperon terminé angulairement en une dent pointue.

Corselet comprimé, plus haut que large; allongé, rétréci en avant et en arrière; métathorax oblique, allongé, convexe et sans sillon. Ecusson convexe, saillant.

Abdomen longuement pédicellé; le premier segment filiforme, cylindrique, aussi long que le corselet et la tête réunis, et armé au milieu de deux tubercules spiniformes. Deuxième segment de l'abdomen longuement pédicellé à sa base, et continuant le pétiole, puis évasé en entonnoir; le troisième un peu plus large que le deuxième. La partie renflée de l'abdomen ayant presque la forme d'un fuseau renflé, fort peu déprimée.

---

(1) Voyez genre *Zethus* dans la Monogr. des Guêpes solitaires; voyez aussi dans l'Introd. du même ouvrage, p. vii et viii.

Pattes très longues, les postérieures dépassant un peu l'extrémité de l'abdomen. Tarses beaucoup plus longs que les tibias, le premier article seul aussi long que les quatre suivants.

Ailes : cellule radiale allongée, n'atteignant pas le bout de l'aile. Envergure un peu moindre que le double de la longueur de l'insecte, depuis le front jusqu'au bout du deuxième segment de l'abdomen.

Genre africain et asiatique. — Nidification inconnue.

Ce genre est bien reconnaissable à ses formes élégantes et singulières; on le confond volontiers avec les *Eumenes*, mais son pétiole cylindrique, non déprimé, et la forme du deuxième segment de l'abdomen permettent de distinguer les deux genres à première vue; dans les *Eumenes*, ce segment est en cloche, emboîtant les autres, il est sessile ou subsessile; dans les *Raphigaster*, au contraire, il est toujours pédicellé, et en entonnoir; la dent terminale du chaperon, enfin la brièveté des mandibules sont autant de caractères qui n'admettent la possibilité d'aucune confusion.

Les espèces sont au contraire très difficiles à différencier entre elles, car elles présentent toutes une couleur fausse et variable; heureusement que l'hyalinité ou l'opacité des ailes, ainsi que leur nervation offrent des différences appréciables et assez tranchées pour permettre de les définir. Quant aux taches de l'abdomen, elles sont très sujettes à manquer.

Tableau pour faciliter la détermination des espèces.

1	Ailes brunes.		2.
	Ailes transparentes, jaunâtres.		3.
2	Insecte noirâtre.	*junceus.*	1.
	Insecte jaunâtre.	*indicus.*	6.
3	Corps ferrugineux-noirâtre.		4.
	Corps jaunâtre.		7.
4	4ᵉ cubitale plus de deux fois aussi grande que la 3ᵉ.	*filiventris..*	4.
	4ᵉ cubitale à peine deux fois aussi grande que la 3ᵉ.		5.
5	3ᵉ cubitale plus large que longue.	*madecassus.*	3.
	3ᵉ cubitale plus longue que large.		6.
6	taille moyenne.	*rufipennis..*	2.
	taille grande.	*Guerini.*	5.
7	3ᵉ cubitale plus large que longue.	*madecassus.*	3.
	3ᵉ cubitale plus longue que large.		8.
8	Ailes jaunâtres.	*filiformis*	7.
	Ailes brunâtres.	*indicus.*	6

1. R. Junceus.

(Pl. II, fig. 2.)

Niger aut fusco-ferrugineus; petiolo basique secundi segmenti ferrugineis, illo sæpe albo bimaculato; alis obscuris, cœruleo nitentibus.

Syn. Oliv. *Vespa juncea.* Enc. Méth. Ins. vi. 673.
Fabr. *Vespa guineensis.* Ent. Syst. ii. 277. 85. — *Zethus guineensis.* Syst. Piez. 283. 2. — *V. cinerea* (1). Ent. Syst. ii. 279. 92. — *Zethus cinereus.* Syst. Piez. 283. 3.

♀. Long. 24 mill. ; env. 46 mill.
♂. Long. 23 mill. ; env. 44 mill.

Fem. Insecte d'un ferrugineux noirâtre. Tête ferrugineuse, obscure sur le vertex. Corselet noir, avec la partie antérieure du prothorax, l'écusson et le post-écusson ferrugineux. Pétiole et base du deuxième segment de l'abdomen, ferrugineux ; le reste noir. Deuxième segment portant de chaque côté une petite tache d'un jaune blanchâtre. Pattes ferrugineuses. Ailes noires, avec des reflets violets.

Var. A. Pas de taches sur le deuxième segment de l'abdomen.

Var. B. Insecte entièrement noir, avec quelques teintes ferrugineuses. Pattes d'un ferrugineux obscur.

Var. C. Insecte ferrugineux.

Male. Comme la femelle, et offrant les mêmes variétés ; deux bandes d'un jaune blanchâtre et satinées bordant le côté interne des yeux et les bords du chaperon.

Var. ? Corselet noir, avec le prothorax tout entier, l'écusson et le post-écusson ferrugineux. Le premier segment de l'abdomen presqu'en entier, et les trois derniers ferrugineux, ainsi que les pattes. Ailes peu foncées.

Rapp. et diff. Distinct par ses ailes brunes.

Habite : L'Afrique équinoxiale. Le Congo, le Sénégal, l'Abyssinie. (Musée de Paris.)

(1) Variété sans taches blanches à l'abdomen.

2. R. RUFIPENNIS.

(Pl. II, fig. 6.)

Obscure ferrugineus; thorace abdomineque nigrescentibus, secundo segmento albo bimaculato; alis ferrugineis, apice griseis.

SYN. De Geer. *Sphex rufipennis.* Mém. Ins. VII. 611. pl. 45. fig. 10.

Fabr. *Vespa grisea.* Syst. Ent. 372. — Spec. Ins. I. 468. — Mant. Ins. I. 293. — Ent. Syst. II. 279. 91. — *Eumenes grisea.* Syst. Piez. 286. 6. — *Vespa macilenta.* Spec. Ins. I. 468. 61. — Mant. Ins. I. 293. 74. — Ent. Syst. II. 280. 93. — *Zethus macilentus.* Syst. Piez. 283. 4.

Christ. *Sphex grisea.* Hymen. 313. — ? *Sphex dimidiata.* Id. 313. pl. 31. fig. 4.

Oliv. *Vespa grisea.* Encycl. Meth. Ins. VI. 672. — *V. macilenta.* Id. 673. 15.

♀. Long. 25 mill.; env. 48 mill.

FEM. Tête d'un roux ferrugineux; premier article des antennes brunâtre en dessus; une tache noire couvrant le vertex entre les yeux et le front. Corselet noir, un peu satiné; écaille noire; écusson et post-écusson roux. Pétiole et premier segment de l'abdomen d'un roux ferrugineux; ce dernier un peu noirâtre le long de son bord postérieur, et portant de chaque côté une tache d'un jaune blanchâtre; le reste de l'abdomen noirâtre; l'anus roussâtre en dessus. Pattes noires, le cinquième article des tarses de la première paire, d'un roux obscur. Ailes transparentes, un peu jaunâtres; ferrugineuses le long de la côte, grises au bout; deuxième cellule cubitale moins rétrécie vers la radiale que dans le *R. junceus.*

Var. Antennes un peu obscures en dessus. — Tout l'insecte d'un brun ferrugineux, avec un duvet gris. Pas de taches blanches à l'abdomen; pas de nuage gris aux ailes.

Rapp. et diff. Cette espèce est très voisine du *R. filiventris,* auquel elle ressemble par ses ailes assez transparentes; elle en diffère par le pétiole du deuxième segment de l'abdomen qui est

moins grêle, et par la quatrième cubitale qui est à peine deux
fois aussi grande que la troisième, tandis que dans le *R. fili-*
ventris elle l'est près de trois fois. Voyez aussi les descriptions
des *R. madecassus* et *Guerini.*

Habite : Le Sénégal. (Musée de Paris.)

3. R. Madecassus, n. sp.
(Pl. II, fig. 7.)

Capite thoraceque ferrugineo flavescentibus; abdomine obscuro, segmentorum marginibus mox
.llidis mox ferrugineis; alis flavescentibus.

♀ Long. 16 mill.; env. 35 mill.

Ouvr. Chaperon allongé, portant une dent terminale;
deuxième segment de l'abdomen longuement pédicellé, le
pédicelle occupant la moitié de la longueur du segment. Tête
et corselet d'un jaune ferrugineux. Antennes et mésothorax
parfois un peu gris en dessus. Abdomen brun, les segments
jaunâtres vers leur bord postérieur. Pattes jaunâtres. Ailes
transparentes, un peu ferrugineuses, jaunes le long de la côte;
troisième cubitale *plus large que longue,* très peu élargie vers le
limbe, en parallélogramme, sa nervure externe presque droite,
à peine sinuée en S; la quatrième cubitale à peine égale au
double de la troisième.

Rapp. et diff. Il a la même taille, les mêmes formes et les
mêmes couleurs que le *R. filiventris,* mais il s'en distingue à sa
troisième cellule cubitale, dont le bord radial est plus long que
le bord interne, la quatrième cubitale n'étant pas deux fois
aussi large que la troisième.

Voyez la description des *R. filiventris, rufipennis* et *Guerini.*

Habite : Madagascar. (Collect. de M. Guérin-Méneville.)

4. R. Filiventris, n. sp.
(Pl. II, fig. 5.)

Obscure ferrugineus vel nigrescens; alis griseo-flavescentibus.

♀. Long. 17 mill.; env. 33 mill.

Ouvr. ou Fem. Très voisin du *R. rufipennis,* un peu plus brun,

l'abdomen noirâtre. Les ailes lavées d'une teinte unique d'un
gris jaunâtre, et non comme ce dernier, jaunes le long de la
côte, grises au bout; la troisième cubitale petite, la quatrième
trois fois aussi grande qu'elle, plus de deux fois aussi longue
que large. L'abdomen plus grêle, le pétiole du deuxième segment très grêle, long.

Habite : Le Sénégal? (Musée de Paris.)

5. R. GUERINI, n. sp.
(Pl. II, fig. 3).

Obscurus, alis flavescentibus.

♀ ou ☿. Long. 30 mili. ; env. 64 mill.

FEM. ou OUVR. Insecte très grand. Métathorax presque vertical. Tête et corselet d'un brun qui tire sur la couleur lie de
vin. Chaperon brun. Le reste brun. Pattes brunes. Antennes
noirâtres, ferrugineuses en dessous vers le bout. Ailes d'un
jaune d'ambre, nullement grises au bout. Deuxième cubitale un
peu plus longue que large, oblique, fortement élargie vers le
limbe, sa nervure externe sinuée en S.

Rapp. et diff. Distinct par sa très grande taille, mais très
voisin pour les formes et les couleurs des *R. filiformis, filiventris,
madecasse.* Il diffère des deux derniers par sa troisième cubitale
moins large que longue, dont la nervure externe est fortement
sinuée en S ; et du premier par sa deuxième cubitale moins large
aussi, par son corps brun, etc.

Habite : Madagascar. (Collect. de M. Guérin-Méneville.)

6. R. INDICUS, n. sp.

Ferrugineus ; secundo abdominis segmento margine maculisque duabus flavis vel pallidis ; se-
quentibus obscuris ; alis obscuris.

♀. Long. 24 mill. ; env. 49 mill.

FEM. Insecte ferrugineux ; deuxième segment de l'abdomen

portant une bordure d'un jaune pâle, en dessus élargie sur les côtés et interrompue au milieu ; en dessous, entière, assez régulière ; deuxième et troisième segments noirs, bordés de ferrugineux ; les suivants ferrugineux, ainsi que les pattes. Ailes brunes, mais d'un brun peu foncé ; offrant des reflets dorés, à peine violacés.

Cette espèce varie probablement comme suit :

Abdomen, sauf sa base, brun ; corselet brun.

Rapp. et diff. Très voisin du *R. filiformis.* (Voir les affinités de cette espèce.) Par la couleur de ses ailes il se rapproche du *R. junceus*, mais la couleur jaunâtre de son corps l'en distingue. On remarque aussi une petite différence dans la nervation des ailes.

Habite : Les Indes Orientales. Bombay. (Musée de Paris.)

7. R. Filiformis, n. sp.

(Pl. II, fig. 4.)

Flavo-ferrugineus ; secundi segmenti margine pallide maculata ; alis ferrugineis, apice griseis.

♀. Long. 25 mill. ; env. 44 mill.

Fem. Insecte d'un jaune ferrugineux. Antennes noirâtres à la base du flagellum. Une tache jaune marginale de chaque côté du premier segment de l'abdomen, tant en dessus qu'en dessous. Epines des tibias et tarses de la première et de la deuxième paires de pattes, noirâtres. Ailes transparentes, jaunâtres le long de la côte, un peu grises au bout.

Var. Antennes entièrement ferrugineuses ; taches jaunes de l'abdomen formant presque une bordure entière au premier segment ; les suivants un peu noirâtres. Tarses à peine noirâtres.

Rapp. et diff. Cette espèce est presque semblable au *R. indicus* pour la coloration ; elle s'en distingue cependant nettement par ses ailes transparentes.

Habite : Djidda en Arabie. (Musée de Paris.)

Genre MISCHOCYTTARUS (Mihi).

(Pl. III.)

Syn. *Zethus* (1), Fabr.

Car. *Lèvre* courte, quadrifide. Palpes labiaux de quatre articles; le premier, le plus long, renflé au bout.

Mâchoires : galéa très court. Palpe maxillaire aussi long que la partie basilaire, de six articles courts; le dernier le plus long.

Mandibules assez longues, en trapèze, tronquées obliquement à l'extrémité, à bord triturant terminal, armé de quatre fortes dents; se repliant derrière le chaperon.

Antennes filiformes, simples dans les mâles, arquées à l'extrémité.

Tête comme dans le genre *Raphigaster*, mais les yeux atteignant la base des mandibules. Chaperon un peu prolongé angulairement, finement bidenté.

Corselet très fortement comprimé, sensiblement plus haut que large, étroit, rétréci en avant; métathorax très oblique, presque horizontal et fortement prolongé en arrière, portant un sillon longitudinal qui n'atteint pas jusqu'au post-écusson.

Abdomen longuement pédicellé, le premier segment ayant la forme d'un pétiole cylindrique et linéaire, aussi long que le corselet, et armé au milieu de deux tubercules. Le reste de l'abdomen en ovale allongé, comprimé. Le deuxième segment en entonnoir, n'étant pas pédicellé.

Pattes très longues, les postérieures dépassant de beaucoup le bout de l'abdomen; cuisses atteignant plus loin que le pétiole; hanches très grosses, les postérieures dirigées en arrière.

Ailes grandes; cellule radiale allongée, atteignant presque le bout de l'aile; sa nervure postérieure convexe en avant; deuxième cubitale aussi large que longue, peu rétrécie vers la

(1) Voyez le genre *Zethus* dans la Monogr. des Guêpes solitaires; et dans l'Introduction du même ouvrage, p. VIII.

radiale; quatrième cubitale plus de deux fois aussi grande que la troisième.

Nota. Pour la forme du corps, ce genre ressemble beaucoup à plusieurs espèces du genre Polybie (*P. Mexicana*, etc.). Il s'en distingue surtout à son corps comprimé, et à l'articulation du pétiole avec le deuxième segment de l'abdomen, qui est placée plus près de la face dorsale que de la ventrale, voyez la fig. On ne confondra pas les Mischocyttares avec les *Raphigaster* qui ont l'abdomen régulier, le deuxième segment en entonnoir pédi-cellé, et cinq articles seulement aux palpes labiaux. Vu de profil, le bord supérieur de l'abdomen continue la ligne du pétiole, tandis que son bord inférieur s'en écarte et s'infléchit en bas. Le pétiole a l'air de s'attacher à la partie supérieure du deuxième segment.

Genre Américain. — Pour sa nidification, voyez l'Intro-duction.

1. M. LABIATUS.

(Pl. III.)

Obscure ferrugineus ; alis obscuris.

SYN. Fabr. *Zethus labiatus*. Syst. Piez. 254.

♀. Long. 18 mill.; env. 41 mill.
♂. Long. 17mill. ; env. 38 mill.

FEM. et OUVR. Chaperon insensiblement bidenté. Insecte brun, tête et corselet satinés, chatoyants. Métathorax noirâtre ; bord postérieur du prothorax liseré de ferrugineux. Pattes, sur-tout les tarses, souvent noirâtres. Ailes brunes sans reflets violets, un peu jaunâtres le long de la côte.

Var. Pétiole ferrugineux. Ailes plus ou moins transparentes.

MALE. Dessous des antennes et le premier article entièrement, ferrugineux.

Var.? Long. 12 1/2 mill.; env. 14 mill. Pattes ferrugineuses. Ailes presque transparentes, ou, au contraire, d'un brun foncé.

Habite : Cayenne, le Brésil. Construit un nid fort élégant, composé d'un faisceau de cellules supportées par un long pédicelle. (Musée de Paris.)

2. M. SMITHII, n. sp.

Niger, cinerascens ; alis nigro-violaceis.

♂. Long. 17 mill. ; env. 40 mill.

♀ et ☿ inconnues.

MALE. Formes et grandeur du *M. labiatus.* Corselet un peu plus allongé. Ventre très renflé en dessous. Insecte entièrement noir ; couvert d'un duvet gris. Devant de la tête (♂) argenté. Pattes, surtout les tarses, revêtus de poils dorés. Ailes d'un brun foncé, à reflets violets.

Habite : Les Amazones. (Collection de M. Smith.)

2. Groupe des **LATÉRONIDES**.

Insectes construisant des nids irréguliers, supportés par un pédicelle en général excentrique et court, parfois nul.

Genre ICARIA (Mihi).
(Pl. IV, V.)

Syn. *Polistes*, Fabr. *Epipona* (1), Lepel.

Car. *Lèvre* courte. Palpes labiaux de quatre articles, courts.

Mâchoires : galéa court. Palpe maxillaire aussi long que la partie basilaire, de six articles courts, renflés au bout, sauf le dernier qui est long.

Mandibules trapèzoïdales, tronquées presque droit à l'extrémité, portant quatre dents aiguës terminales, la première petite et aiguë. Mandibules se repliant l'une sur l'autre derrière le chaperon.

Tête plate ; chaperon pentagone, terminé par un angle obtus ; yeux n'atteignant pas tout à fait la base des mandibules.

. *Corselet* assez bombé, large et carré en avant.

Abdomen pédicellé ; le pétiole formé du premier segment tout entier, assez court, linéaire à sa base, renflé en une petite massue sphérique à son extrémité postérieure ; deuxième segment en cloche très régulière, allongée (plus longue que large), dépassant et recouvrant le segment suivant, en sorte que l'anus et le pénultième anneau seuls la dépassent, ou que du moins il existe après le deuxième segment une forte diminution dans la largeur de l'abdomen, comme si le troisième avait été refoulé dans le deuxième.

Pattes moyennes.

Ailes moyennes ; troisième cubitale souvent élargie vers le limbe, la quatrième n'étant pas plus du double de la troisième, ou à peine.

(1) Voyez la note du genre *Tatua*.

Antennes des mâles simples, fortement arquées au bout.

Insectes africains, asiatiques et australasiens.

Ce genre se confond dans ses limites avec le G. *Polybia ;* on pourrait peut-être le confondre avec ce dernier, quoique son architecture soit bien différente. Ce sont les espèces de la première section qui établissent la transition entre les deux groupes.

I. *Espèces de l'Archipel pacifique. Le deuxième segment assez court, ne recouvrant pas le troisième. Pétiole très court, campanulé, bombé et arrondi, presque en forme de cupule au bout. Métathorax concave* (1).

Cette division forme la transition au genre *Polybia*; la forme de l'abdomen s'en rapprochant beaucoup.

1. I. Maculiventris.

Fusca, rugosa ; metathorace bispinoso ; clypeo lateribus, mandibulis basi, fronte ante oculos flavo-maculatis; abdomine flavo; segmentis primo et secundo macula magna, insequentibus basi, nigris ; alis hyalinis, subinfuscatis, antice costa obscuriori.

Syn. Guer. *Rhopalidia maculiventris.* Voy. de la Coq. (Zool. ii. 2ᵉ part.). Ins. 267. pl. 9. fig. 8.

Long. 20 mill. ; env. 43 mill.

Fem. ou Ouvr. Chaperon arrondi, plus large que long. Prothorax rebordé ; métathorax concave au milieu et portant deux longues épines dirigées en arrière. Le premier segment de l'abdomen court, fortement campanulé, plus large que dans la *Polybia liliacea*, presque en entonnoir, sa partie renflée convexe, parfaitement arrondie, le deuxième segment en cloche, le troisième sensiblement plus étroit que le deuxième. Corselet velouté, lisse dans le sillon du métathorax; l'abdomen très soyeux. Tête et corselet noirs, une tache sur chaque mandibule, un point de

(1) Voyez la Vᵉ division.

chaque côté du chaperon, et un trait au bas de chaque orbite, au-dessus du chaperon, jaunes; dessous du flagellum des antennes, ferrugineux; premier segment de l'abdomen noir; de chaque côté une marque jaune; le deuxième noir en dessus, roux sur les côtés, son bord postérieur portant une large bande jaune qui couvre la moitié postérieure du segment, et qui est échancrée au milieu; les autres noirs, largement bordés de jaune; anus jaune au bout. Pattes noires. Ailes enfumées, d'un brun ferrugineux le long de la côte; deuxième et troisième cubitales très petites, la deuxième en trapèze, la troisième nullement rétrécie vers la radiale.

Habite : La Nouvelle-Guinée. Dory. Nid inconnu. (Collect. de M. Guérin-Méneville.)

2. I. AUSTRALIS (1), n. sp.

Nigra; mandibulis linea, abdominisque segmentis margine flavis; metathorace subspinoso.

☿ ou ♀. Long. 11 1/2 mill. ; env. 22 mill.

OUVR. ou FEM. Chaperon pentagone, un peu plus large que long, terminé par un angle obtus. Corselet large en avant, un peu rebordé : post-écusson un peu tronqué postérieurement; métathorax concave au milieu et offrant de chaque côté un fort tubercule spiniforme, dirigé en arrière. Pétiole court, linéaire à sa base, assez élargi en arrière, très faiblement bituberculé. Insecte noir; base et extrémité des antennes ferrugineuses; mandibules bordées de jaune du côté antérieur; deux points fauves très indistincts sur le chaperon. Tous les segments de l'abdomen ornés d'une étroite bordure jaune; celle du pétiole presque interrompue au milieu. Pattes noires. Ailes transparentes; nervures brunes.

Rapp. et diff. Cette espèce se reconnaît très aisément à son pétiole en forme de cuilleron, fortement campanulé, terminé par une espèce de cupule, et très bombé en dessus.

(1) Voyez la planche supplémentaire.

Elle a les formes si voisines de celles de certaines Polybies, qu'on pourrait aussi bien la ranger dans ce genre à côté de la *Polybia liliacea.*

Habite : Dorey. Nouvelle-Guinée. (Musée de Paris.)

II. *Espèces australiennes , ou de l'Archipel indien. Pétiole en général assez long, renflé depuis le milieu ; le deuxième segment recouvrant plus distinctement le troisième. Métathorax convexe* (1).

3. I. Variegata.

(Pl. IV, fig. 3.)

Nigra, flavo rufoque variegata; prothorace rubro flavo mixto ; scutellis, metathoracisque medio flavis; abdominis petiolo elongato, rubro; abdominisque segmento secundo flavo limbato et duobus ejusdem coloris maculis ornato.

Syn. Smith. *Epipona variegata.* Trans. Ent. Soc. Lond. New. ser. 1852. p. 48.

Long. 10 mill. ; env. 21 mill.

Ouvr. Chaperon pentagone, terminé par une petite dent. Corselet assez globuleux. Pétiole en massue, offrant un renflement allongé ovale, non sphérique. Deuxième segment de l'abdomen en cloche régulière, tronqué verticalement à son bord postérieur, et ayant en dessus la forme de toit, surtout à son bord postérieur. Tout le corps finement villeux; tête et corselet ponctués; abdomen couvert de points qui émettent chacun un poil couché. Tête noire : front, sinus des yeux, et la tête en arrière de ces derniers roux; chaperon jaune, avec une tache noire allongée au milieu; antennes ferrugineuses en dessous, noires en dessus, avec le devant du premier article, jaune; un point noir à l'insertion de chaque antenne; mandibules jaunes. Corselet noir; prothorax roux, bordé de jaune, le roux se prolongeant un peu sur les flancs; un ou deux points roux sur les flancs; écusson, post-écusson, et une tache longitudinale, formée par la réunion de deux lignes sur le métathorax, jaunes.

(1) Voyez la section V°.

Pétiole roux, incomplètement liseré de jaune ; sa base noire, ornée d'une ligne jaune de chaque côté. Abdomen d'un noir brunâtre ; le deuxième segment régulièrement bordé de jaune, et orné à sa base de deux taches jaunes irrégulières ; les autres segments ferrugineux à leur bord postérieur ; anus jaunâtre. Pattes noires ; hanches, genoux et épines, jaunes. Ailes transparentes, à peine enfumées, brunes le long de la côte et dans la radiale, avec le point jaune.

Var. Les parties noires souvent rousses ; post-écusson avec deux points jaunes.

Rapp. et diff. Cette espèce, qui ressemble beaucoup à celles de l'Australie, s'en distingue par son pétiole allongé, beaucoup moins élargi en arrière, et roux, etc.

Habite : Java ; construit un nid oblique, composé de deux rangées de cellules alternes, et fixé à une de ses extrémités par un pétiole court. Fig. 3 *a.* (Musée de Genève, collection de M. Spinola.)

4. I. Cabeti, n. sp.

(Pl. 5, fig. 2.)

Parvula : capite thoraceque flavis ; mesothorace nigro, flavo bilineato ; vertice nigro ; abdomine fusco, segmentis margine flavo ; alis hyalinis.

Long. 8 mill. ; env. 15 mill.

Fem. et Ouvr. Comme l'*I. socialistica,* mais le sillon du métathorax ne formant qu'une ligne enfoncée ; le pétiole plus petit, presque linéaire ; deuxième segment plus long que large. Chaperon un peu plus large, terminé par un angle obtus ; yeux n'atteignant pas tout à fait les mandibules. Tête jaune, vertex noir ; mandibules jaunes. Antennes orangées en dessus. Corselet jaune, avec deux taches noires en dessous, placées entre la première et la deuxième paires de pattes ; mésothorax noir, avec deux lignes jaunes longitudinales ; écusson partagé par une ligne noire, de même que le métathorax. Pétiole noir dans ses deux tiers antérieurs, jaune dans son tiers postérieur ; deuxième segment de l'abdomen, noir, avec une tache rousse de chaque côté de sa base, et orné d'une bordure jaune régulière portant seulement au milieu une espèce de T brun, le reste jaune. Pattes jaunes ou un peu orangées. Ailes un peu ferrugineuses, à peine enfumées; deuxième cubitale petite, plus longue que large, la quatrième plus de trois fois aussi grande que la deuxième.

Var. Base du deuxième segment de l'abdomen, brune.

Rapp. et diff. Ne pas confondre cette espèce avec la suivante, qui a le pétiole très court, et qui est plus grande.

Habite : La Tasmanie; très commune. Nidification inconnue. (Musée de Paris, ma collection et celle de M. Spinola.)

5. I. SOCIALISTICA, n. sp.

(Pl. IV, fig. 6.)

Media, nigra : antennis subtus ferrugineis; capite thoraceque flavo maculatis; metathorace flavo bimaculato; scutellis quadrimaculatis; abdominisque segmentis flavo limbatis; alis hyalinis.

Long. 10 mill. ; env. 19 mill.

FEM. ET OUVR. Abdomen fort peu déprimé; le deuxième segment chevauche un peu sur le suivant, c'est-à-dire qu'en arrière de ce segment, l'abdomen est subitement rétréci. Chaperon pentagone, anguleux, un peu plus large que long, terminé par une petite dent; ocelles en triangle allongé, les deux postérieures rapprochées l'une de l'autre. Corselet large et carré en avant; métathorax presque vertical, portant un sillon prononcé. Pétiole court, peu déprimé, renflé en massue; le reste de l'abdomen conique, court; deuxième segment aussi long que large, offrant à son bord postérieur un dédoublement des téguments. Insecte noir, finement ponctué, couvert de poils très courts : mandibules jaunes avec le bout noir; une tache jaune de chaque côté du chaperon; un point en arrière du sommet de l'œil, un autre au-dessus de l'insertion des mandibules, deux autres très petits à l'insertion des antennes, et bordure interne des orbites, jaunes. Antennes noires, avec le premier article jaune en devant, et un point ferrugineux en dessus; bord antérieur du prothorax, écaille, un point sous l'aile, deux taches sur l'écusson, deux sur le post-écusson, deux taches rondes sur le métathorax, jaunes. Pétiole jaune, avec une grande tache noire en dessus. Anus, et bordure de tous les segments de l'abdomen, jaunes; celle du deuxième, large, un peu festonnée, échancrée au milieu, remontant de chaque côté le long du bord latéral du segment jusque près de sa base, et se terminant par un point rond. Pattes jaunes, un peu ferrugineuses; côté externe des tibias portant un peu de gris; cuisses noires, hanches noires, avec un point jaune. Ailes légèrement enfumées; deuxième cubitale très petite, en trapèze, beaucoup plus longue que large; la quatrième moins de trois fois aussi grande que la troisième.

Var. La bordure latérale du deuxième segment remontant jusqu'à sa base.

Habite: La Tasmanie, rapportée par M. Verreaux. (Musée de Paris, ma collection.)

6. I. Reactionalis, n. sp.

Ferruginea : capite, prothorace, metathorace, abdominis segmentorumque margine flavis ; alis subinfuscatis, tertia cubitalis cellula quarta plusquam ter minor.

♀. Long. 8 mill.; env. 17 mill.

Ouvr. Prothorax finement rebordé, un peu convexe en avant. Pétiole un peu élargi en arrière, ayant la forme du pétiole d'une *Polybia*, et n'offrant pas de renflement sphérique à son extrémité postérieure; deuxième segment de l'abdomen aussi large que long, sans dédoublement, son bord postérieur simple. Insecte d'un jaune ferrugineux; tête jaune, avec un peu de noir autour des ocelles, et un peu de ferrugineux sur le front; mandibules et une tache au milieu du chaperon, ferrugineuses. Antennes ferrugineuses, le flagellum noir en dessus. Corselet jaune; métathorax ferrugineux, avec deux lignes jaunes longitudinales; écusson ferrugineux, avec deux points jaunes. Abdomen d'un jaune ferrugineux; tous les segments ornés d'une bordure jaune régulière et étroite, celle du pétiole la plus large; anus portant un point jaune au bout. Pattes de la couleur de l'abdomen, avec les hanches jaunes. Les parties jaunes sont d'un jaune clair. Ailes enfumées, brillantes ; deuxième cubitale presque carrée, son bord postérieur n'étant pas deux fois aussi long que son bord radial ; la troisième carrée, plus longue que large, son bord externe droit ; *la quatrième près de quatre fois aussi grande que la troisième.*

Rapp. et diff. Cette espèce, qu'on pourrait confondre avec l'*I. ferruginea*, s'en distingue facilement par la nervation de ses ailes et par la forme de son pétiole.

Habite : La Nouvelle-Guinée. (Collection de M. Guérin-Méneville.)

7. I. Revolutionalis (1).

(Pl. V, fig. 7.)

Rufa ; abdominis secundo segmento obscuro ; alis hyalinis, apice macula obscura.

♀. Long. 9 mill. ; env. 17 1/2 mill.

Ouvr. Formes de l'*I. ferruginea*. Pétiole comme dans l'*I. Cabeti*, mais plus renflé au bout. Corselet large en avant ; le deuxième segment de l'abdomen plus long que large, comme dans l'*I. ferruginea*. Vu de profil, son bord postérieur est tronqué verticalement. Corps chagriné ; abdomen couvert de poils couchés. Insecte d'un roux assez sombre ; antennes rousses, un peu obscures en dessus ; vertex portant un V noir. Du noir sur les flancs, en dessous du corselet, et un peu de chaque côté du métathorax. Abdomen roux, couvert d'un duvet soyeux. Base du pétiole, noire ; deuxième segment brun, indistinctement bordé de roux, et portant de chaque côté, à sa base, une tache rousse indistincte et irrégulière. Bout de l'abdomen ferrugineux. Pattes d'un roux obscur comme le corps, hanches et base des cuisses, noires. Ailes transparentes, radius et point, jaunes ; une petite tache brun-jaunâtre dans la radiale ; deuxième cubitale fort peu élargie vers la radiale, presque carrée ; la quatrième n'étant pas deux fois aussi grande que la troisième.

(1) Cette espèce a les formes de celles de la IV⁰ section.

Rapp. et diff. Ressemblant beaucoup à l'*I. guttatipennis,* mais distincte par sa couleur d'un roux obscur ; par sa troisième cubitale aussi large que longue, fort peu élargie vers la radiale ; par le deuxième segment de l'abdomen tronqué droit, etc.

Nota. Le Muséum de Paris possède un individu incomplet d'une autre espèce très voisine, qu'il ne faut pas confondre avec celle-ci : bord antérieur du corselet, écusson, post-écusson, et deux taches sur le métathorax, jaunes ; pétiole en massue, comme dans l'espèce précédente. Ailes enfumées de gris noirâtre, une tache dans la radiale ; deuxième cubitale fortement dilatée vers le disque, plus longue que large. Tête et pattes comme dans l'espèce, abdomen incomplet.

Habite : La Nouvelle-Hollande ou la Tasmanie. (Musée de Paris.)

III. *Espèces de l'île de Madagascar. Pétiole très court, en forme de nœud, ou représentant un petit entonnoir, très court et rétréci en arrière, quelquefois un peu plus long. Deuxième segment en cloche, grand, recouvrant le troisième segment, et souvent même les suivants. (Deuxième cubitale en trapèze, la troisième un peu élargie vers le limbe.)*

8. I. Constitutionalis, n. sp.

(Pl. IV, fig. 4.)

I. nigro-virescens, viride ornata, petiolo breve, basi tenue, medio subcampanulato.

Long. 10 mill. ; env. 20 mill.

Ouvr. Chaperon unidenté, le pétiole, quoique court, ayant une forme différente des espèces suivantes : linéaire à sa base, subitement et fortement renflé à son extrémité postérieure, surtout en dessus, et portant un sillon circulaire près de son bord postérieur. Le deuxième segment, vu de profil, est comme tronqué de haut en bas et d'avant en arrière à son bord postérieur (c'est le contraire de l'*I. pomicolor*) ; en sorte que, vu de profil, son contour inférieur est plus long que le supérieur (fig. 4 *a*); le métathorax est aussi un peu moins oblique que dans l'espèce citée. Tête et corselet ponctués; abdomen plus finement et moins densément ponctué, et un peu soyeux. Insecte d'un vert noirâtre; mandibules vert clair, avec le bout ferrugineux; le reste de la tête vert-de-pomme, avec une marque au milieu du chaperon, une teinte sur le vertex, et le dessus des antennes noirâtres; dessous des antennes ferrugineux au bout; prothorax bordé le long de son bord antérieur et de son bord postérieur de vert clair; écaille, écusson, post-écusson et deux points sur le bas du métathorax, vert-de-pomme. Pétiole vert-de-pomme, noirâtre en dessus presque jusqu'au haut du renflement; une ligne étroite et de la même couleur le long du bord postérieur du deuxième segment; en dessus et en dessous cette bordure offre de chaque côté une petite échancrure, et à côté de cette échancrure une petite ligne très courte, vert clair, perpendiculaire à la bordure. Les autres anneaux, tous bordés de vert-de-pomme; anus de la même couleur; le bout de l'abdomen un peu ferrugineux en dessous. Ailes transparentes, à peine enfumées le long de la côte et dans la radiale. Pattes comme le corps; hanches tachées de vert clair; pattes vert clair du côté externe.

Rapp. et diff. Cette espèce ressemble extraordinairement à l'*I. inconstitutionalis*, mais, outre la différence de coloration qui l'en différencie, la forme du pétiole, la troncature inverse du deuxième segment de l'abdomen, et la sculpture différente du corps en font une espèce distincte; en effet, dans l'*I. pomicolor* le corselet est lisse, et l'abdomen est ponctué et garni de poils un peu laineux; dans l'*I. constitutionalis*, au contraire, le corselet est plus fortement ponctué que l'abdomen, et ce dernier est satiné; enfin, les tarses ne sont pas ferrugineux, mais noirâtres.

Habite : Madagascar. (Musée de Paris.)

9. I. POMICOLOR, n. sp.

(Pl. v, fig. 3.)

Viridis ; petiolo brevissimo ; secundo abdominis segmento dorso obscure maculato ; antennis obscuris, subtus ferrugineis ; alis hyalinis ; clypeo unidentato.

Long. 12 1/2 mill. ; env. 25 mill.

Ouvr. Chaperon terminé par une dent. Corselet très large et finement rebordé en avant ; métathorax assez court. Pétiole très court, à moitié aussi long que le deuxième segment de l'abdomen, sa base n'étant pas linéaire, il porte près de son bord postérieur un petit sillon circulaire ; deuxième segment en cloche, un peu plus long que large, et offrant à son bord postérieur un dédoublement des téguments ; vu de profil, il est comme tronqué obliquement de haut en bas et d'arrière en avant, en sorte que son contour supérieur est plus long que son bord inférieur. Tête et corselet presque lisses ; abdomen un peu ponctué et couvert de poils couchés. Insecte d'un beau vert-de-pomme ; mandibules un peu ferrugineuses au bout ; premier article des antennes vert ; le flagellum noirâtre en dessus, ferrugineux en dessous. Un peu de ferrugineux à l'angle antérieur du mésothorax, et sous l'aile. Une ligne dans le sillon du métathorax et une petite à la base du pétiole, noires ; deuxième segment portant en dessus une tache d'un vert foncé de laquelle rayonnent des lignes indistinctes et irrégulières, dont l'une, droite, se rend au pétiole ; de chaque côté un point vert-foncé ; quelques nuances jaunâtres le long de son bord postérieur ; dessous du segment vert foncé à sa base ; les autres segments vert-clair, rentrés dans le deuxième et peu visibles ; anus un peu ferrugineux. Pattes vert-de-pomme, avec les tarses, l'armure des tibias, le côté externe des hanches du milieu, et le dessus de la cuisse correspondante, ferrugineux. Ailes transparentes, un peu ferrugineuses le long de la côte ; les deux nervures récurrentes s'insérant presque au même point sur la deuxième cubitale.

Rapp. et diff. Cette charmante espèce ne peut être confondue avec aucune autre à cause de sa couleur singulière ; si ce n'est avec l'*I. constitutionalis.* Voyez les affinités de cette espèce, ainsi que celles de l'*I. dubia.*

Habite : Madagascar. (Musée de Paris.)

10. I. Dubia, n. sp.

Præcedenti similis, sed fulva ; clypeo tenuissime bidentato, petiolo longiore, basi tenue.

☿ ou ♀. Long. 11 1/2 mill. ; env. 23 1/2 mill.

Un peu moindre que la précédente, mais exactement semblable pour la forme, si ce n'est que le pétiole est un peu plus long (deux tiers de la longueur du deuxième segment), et linéaire à sa base ; et que le chaperon est finement, mais assez longuement bidenté. La couleur est un jaune d'ocre, un peu verdâtre sur l'abdomen, les pattes et le devant de la tête. Le deuxième segment de l'abdomen porte également une tache d'un vert noirâtre, d'où partent trois lignes, l'une se rendant au pétiole, les deux autres sur les côtés. Le reste comme dans l'*I. pomicolor.*

Rapp. et diff. Cette espèce est si voisine de la précédente, que je ne pourrais m'empêcher de la considérer comme une variété ou comme un autre sexe de cette dernière, si la forme différente du pétiole et les deux dents du chaperon ne me jetaient dans le plus grand doute à cet égard.

Habite : Madagascar. (Musée de Paris.)

11. I. Democratica, n. sp.

I. petiolo infundibuliforme, abdomineque punctato, nigro-virescente, alis subinfuscatis.

Long. 14 mill. ; env. 20 mill.

Fem.? Chaperon pentagone, prolongé en une petite dent, lisse à sa partie supérieure, rugueux vers le bas, et ponctué, ainsi que les mandibules. Prothorax large, carré, et finement rebordé ; son bord antérieur droit, non un peu convexe en avant ; pétiole en entonnoir ; deuxième segment grand ; tronqué droit à son bord postérieur, ce dernier n'offrant pas un double tégument, mais étant seulement un peu cannelé le long de sa marge. Corps velouté; deuxième segment de l'abdomen chagriné. Insecte d'un noir un peu verdâtre; offrant quelques teintes verdâtres sur les flancs, et une ligne transversale d'un vert clair sur la partie postérieure du pétiole. Pattes d'un noir verdâtre. Ailes brunâtres.

☿ de la même? Long. 12 1/2 mill.; env. 21 mill.

D'un gris olivâtre, bout des antennes ferrugineux en dessous.

Formes de la femelle, mais plus grêle, le pétiole moins large. Corps soyeux; abdomen couvert d'enfoncements, d'où sortent des poils couchés. Insecte d'un gris-olivâtre; tête presque ferrugineuse, bout des antennes ferrugineux en dessous; flancs et pattes verdâtres. Ailes ferrugineuses le long de la côte, grises vers le bout.

Habite : Madagascar. (Collect. de M. Guérin-Méneville.)

12. I. Anarchica, n. sp.

(Pl. V, fig. 4.)

Obscure olivacea, ore ferrugineo, prothorace flavo, alis costa ferruginea.

☿. Long. 9 1/2 mill.; env. 16 mill.

Ouvr. Elle ressemble pour la forme à l'*I. democratica*. Chaperon presque cordiforme; prothorax tronqué droit; pétiole en entonnoir; offrant près de son bord postérieur une crête transversale, et entre cette dernière et le bord postérieur, un canal transversal. Écusson et post-écusson saillants; deuxième segment de l'abdomen tronqué presque droit postérieurement, et couvert de points enfoncés, d'où partent des poils couchés; Insecte d'un olive obscur; chaperon, mandibules, l'espace situé au-dessus, et un prolongement le long de l'orbite, à partir du chaperon, roux; dessus du prothorax, sauf ses angles postérieurs, jaune; les segments de l'abdomen, à partir du troisième, roux. Pattes comme le corps. Ailes transparentes, ferrugineuses le long de la côte, grises au bout.

Habite : Madagascar. (Collect. de M. Guérin-Méneville.)

13. I.´ PHALANSTERICA , n. sp.

(Pl. IV, fig. 5, Pl. V, fig. 1.)

Parvula, nigro-virescens, viride maculata, secundo abdominis segmento viride bimaculato.

♀. Long. 7 mill. ; env. 14 mill.

OUVR. Chaperon un peu plus large que long, arrondi au bout. Pétiole en poire allongée, point campanulé, assez long, comme l'*I. variegata*. Deuxième segment en cloche arrondie, aussi long que large, vu de profil, son bord postérieur est tronqué de haut en bas et d'arrière en avant, ce bord est dédoublé. Tout le corps également chagriné. Insecte d'un vert-noirâtre : mandibules, chaperon, et bas des orbites, un peu ferrugineux ; front et haut des orbites vert-de-pomme ; antennes noirâtres en dessus : en dessous, vert-de-pomme, avec le bout ferrugineux ; prothorax, écusson, deux taches sur le méta-thorax, et une sous l'aile, vert-de-pomme ; bord antérieur du prothorax, et souvent la tache sous l'aile, jaunâtre. Bord postérieur du pétiole et du deuxième segment de l'abdomen vert-de-pomme, de chaque côté de la base de ce segment une tache de la même couleur, le bout de l'abdomen tirant un peu au ferrugineux. Pattes vert-de-pomme, hanches un peu jaunâtres. Ailes transparentes, nervures brunes, un peu ferrugineuses le long de la côte ; deuxième cubitale très large, la quatrième très grande.

Var. Les parties vert-clair, surtout le chaperon, tirant sur le blanchâtre ou le ferrugineux.

Rapp. et diff. Cette charmante espèce ressemble beaucoup pour la coloration à l'*I. constitutionalis* ; mais elle s'en distingue par trop de caractères pour que la confusion soit possible : l'abdomen est plus fortement chagriné, le deuxième segment offre une troncature inverse, le pétiole n'est pas fortement campanulé, mais allongé, le chaperon ne porte pas de dent saillante. Par contre, l'*I. phalansterica* offre à la base du deuxième segment deux taches vert-tendre, et deux grandes sur le méta-thorax, que l'espèce citée ne présente pas ; enfin, la deuxième cubitale est à peine rétrécie vers la radiale, tandis que dans l'*I. constitutionalis* elle l'est très fortement.

Habite : Madagascar. (Musée de Paris.)

14. I. Galimatia (1), n. sp.

Obscure ferruginea, maculis quatuor scutellis, prothorace et abdominis secundo segmento marginibus flavis, alis hyalinis.

☿. Long. 8 1/2 mill. ; env. 18 mill.

Ouvr. Angle du chaperon obtus ; corselet comprimé ; prothorax convexe en avant ; métathorax peu oblique ; pétiole assez allongé, linéaire, et renflé en une petite massue à son extrémité postérieure ; son bord canaliculé transversalement ; deuxième segment aussi large que long, tronqué d'avant en arrière ; ponctué, couvert de poils couchés. Insecte d'un ferrugineux obscur ; prothorax orné d'une bordure étroite, jaune, écusson et post-écusson portant chacun deux taches jaunes ; pétiole et deuxième segment de l'abdomen liserés de jaune, le reste de l'abdomen d'un ferrugineux plus clair. Pattes ferrugineuses. Ailes un peu enfumées le long de la côte, transparentes ; troisième cubitale presque carrée, sa nervure externe seulement un peu oblique ; la quatrième deux fois aussi grande que la troisième.

Male. Antennes obscures en dessus.

Rapp. et diff. Très voisine de l'*I. ferruginea* ; mais, vu de profil, le renflement du pétiole est moins arrondi et forme plutôt un angle. Le chaperon et le métathorax sont sans jaune, et la bordure du deuxième segment est beaucoup plus étroite.

Habite : Madagascar. (Collect. de M. Guérin-Méneville.)

IV. *Insectes asiatiques ou africains. Pétiole aussi long que le deuxième segment, ou presque ; très grêle et linéaire à sa base, puis renflé en une petite massue sphérique. Le reste comme dans la section précédente, mais la troisième cubitale fortement élargie vers le limbe.* (Pl. V, fig. 5) (2 .

(1) Cette espèce offre déjà en partie les caractères de la IVe section.
(2) Ces caractères ne sont pas sans offrir d'exceptions.
Voyez en outre la section Ve.

15. Aristocratica, n. sp.

Nigra, mandibulis, clypeo, prothorace, abdominisque segmentis 1-2 flavo limbatis, scutello flavo, alis hyalinis, apice nigro maculatis.

☿. Long. 8 mill. ; env. 18 mill.

Ouvr. Petite ; chaperon pentagone, terminé par une dent assez forte ; prothorax large, rebordé ; pétiole court, médiocrement renflé. Insecte soyeux, luisant, noir. Bord antérieur des mandibules, du chaperon et des yeux, à peine jusqu'au sinus, d'un jaune-blanchâtre ; antennes ferrugineuses en dessous au bout. Une fine ligne jaune le long du bord antérieur du prothorax et postérieur du deuxième segment de l'abdomen, ainsi qu'une autre très courte sous l'aile ; post-écusson jaune ; pétiole noir, liseré de jaune, roux au milieu ; et orné de deux points jaunes imperceptibles sur le noir de la partie renflée. Pattes noires, épines rousses ; hanches antérieures jaunes en devant. Ailes transparentes ; la radiale tout entière, noire ; quatrième cubitale quatre fois aussi grande que la troisième.

Habite : Les Indes-Orientales. Pulo-Pinang. (Collect. de M. Spinola.)

16. I. Formosa (1), n. sp.

Maxima, nigra, grisescens, alis subfuscescentibus, nervis rufis.

♀. Long. 19 mill ; env. 35 1/2 mill.

Fem. Très grande. Métathorax portant un large sillon vertical, avec une ligne saillante de chaque côté du sillon. Pétiole court, en entonnoir allongé ; deuxième segment assez allongé, postérieurement tronqué de haut en bas, et un peu d'arrière en avant ; son bord postérieur offrant un sillon transversal. Tout l'insecte finement chagriné, entièrement noir, couvert d'un duvet grisâtre. Ailes enfumées, rousses le long de la côte.

Rapp. et diff. Distincte par sa grande taille.

Habite : Les Indes Orientales. (Collect. de M Smith, qui a bien voulu me la communiquer.)

(1) Cette espèce a les formes de l'*I. inconstitutionalis.*

17. I. Ferruginea.
(Pl. V, fig. 6.)

Ferruginea, clypeo, abdominisque segmentis 1-2 margine flavo, alis ferrugineis, apice fusco maculatis.

Syn. Fabr. *Vespa ferruginea.* Ent. Syst. ii. 280. — *Polistes ferruginea.* Syst. Piez. 277.

Lep. St.-Farg. *Epipona marginata.* Hymen. i. 541.

♀. Long. 14 mill.; env. 25 mill.

☿. Long. 12 mill.; env. 22 mill.

Fem. Chaperon pentagone, terminé par un angle obtus. Bord antérieur du corselet assez fortement rebordé; ce dernier allongé; écusson fortement bombé; métathorax oblique; strié transversalement, et offrant à sa partie supérieure deux carènes longitudinales qui partent des angles du post-écusson; pétiole allongé, mais moins long que le deuxième segment de l'abdomen; ce dernier sensiblement plus long que large, en cloche régulière; et tronqué postérieurement de haut en bas et d'arrière en avant, en sorte que vu de profil son bord supérieur est plus long que son bord inférieur; dédoublement des téguments indistinct. Corselet à peine chagriné; abdomen finement ponctué, un peu velu, ainsi que le métathorax. Insecte ferrugineux; bord inférieur du chaperon portant une ligne jaune; un peu de jaune sur le post-écusson et sur le bas du métathorax; pétiole bordé de jaune; deuxième segment de l'abdomen portant une large bande jaune qui occupe toute sa moitié postérieure; et qui est concave du côté antérieur. Pattes ferrugineuses, tarses jaunâtres. Ailes ferrugineuses, avec une tache brune au bout de la cellule radiale.

Ouvr. Plus petite. Prothorax bordé de jaune. Abdomen d'un ferrugineux obscur; bordure jaune du deuxième segment étroit, précédée d'une teinte brune.

Var. A. Tous les segments abdominaux bruns, bordés de jaune, ou entièrement ferrugineux; métathorax avec ou sans lignes jaunes.

Var. B. Une tache jaune de chaque côté du deuxième segment de l'abdomen. Ecussons ferrugineux ou tachés de jaune.

Habite : Les Indes-Orientales. (Musée de Paris, collect. de M. Guérin-Méneville.)

18. I. Cincta (1).

(Pl. V, fig. 9.)

Fusca, prothorace, abdominisque secundo segmento, flavo marginalis.

Syn. Lep. St-Farg. *Epipona cincta.* Hymen. I. 541.

♀, Long. 10 mill. ; env. 20 mill.
♂. Long. 10 1/2 mill. ; env. 19 mill.

Ouvr. Chaperon terminé par une dent ; prothorax coupé presque droit ; pétiole médiocrement long ; écusson portant un petit tubercule saillant. Abdomen velu, couvert de points d'où sortent des poils couchés. Insecte brun. Antennes et chaperon roux ; chaperon liseré de jaune à son bord inférieur ; sur chaque mandibule un point jaune. Prothorax orné d'une bordure jaune, élargie sur les épaulettes et descendant le long des flancs. Pétiole liseré de jaune ; deuxième segment de l'abdomen portant une bordure jaune festonnée, échancrée au milieu. Pattes brunes ; hanches de devant tachées de jaune. Ailes transparentes, avec une tache brune dans la radiale.

Var. A. Insecte d'un brun plus ou moins foncé, ou presque ferrugineux. Prothorax jaune.

Var. B. Bordure du prothorax et du deuxième segment de l'abdomen ne formant qu'une étroite ligne jaune, bordure du pétiole, nulle.

Var. C. Insecte d'un brun foncé, bout de l'anus roux.

Var. D. Insecte entièrement roux.

Male. Antennes jaunes en dessous, noirâtres en dessus vers le bout. Chaperon à peine denté, jaune, ainsi que les mandibules ; le devant des hanches, et le dessous des cuisses des deux dernières paires, jaunes, ainsi que le corselet à l'insertion des pattes.

Var. Les variétés correspondantes à celles de l'ouvrière.

Habite : Le Sénégal, Cazamanca. (Collect. de M. Guérin-Méneville.)

(1) La figure représente un individu de la var. D, attaqué de la guêpe végétante et hérissé de cryptogames. La bordure de l'abdomen est presque nulle.

19. I. Guttatipennis.

(Pl. V, fig. 8.)

Fusca ; petiolo breve, basi crasso ; clypeo apice flavescente ; alis hyalinis apice fusco maculatis.

☿ ou ♀. Long. 11 1/2 mill. ; env. 21 mill.

Chaperon pentagone, terminé par un angle obtus. Corselet peu comprimé, sa largeur égale à plus de la moitié de sa longueur. Prothorax à peine rebordé. Pétiole médiocrement long, pas tout à fait linéaire à sa base; deuxième segment tronqué de haut en bas et d'arrière en avant, en sorte que son bord supérieur est plus long que l'inférieur. Métathorax offrant à sa partie supérieure deux petites carènes qui partent des angles du post-écusson. Tête et corselet finement rugueux, portant des poils argentés; abdomen soyeux, très finement chagriné. Corps, antennes et pattes, d'un brun uniforme, assez foncé; flagellum des antennes ferrugineux; une ligne sur les mandibules, et le bout inférieur du chaperon, orangés. Ailes transparentes, avec une tache brune dans la cellule radiale; troisième cellule cubi-tale moins large à son bord radial qu'à son bord postérieur.

Rapp. et diff. Infiniment voisine de l'*I. clavata*. Voyez la des-cription de cette espèce.

Habite : Le Sénégal. (Musée de Paris.)

20. I. Clavata, n. sp.

Obscura, antennis ferrugineis, alis hyalinis, subflavescentibus.

☿ ou ♀. Long. 12 mill. ; env. 22 mill.

Cette espèce est entièrement semblable à l'*I. cincta*, et n'en diffère que par les caractères suivants :

Corps plus fortement comprimé, corselet deux fois aussi long que large, ou plus; mésothorax et métathorax étroits; carènes du métathorax peu sensibles. Pétiole plus long, linéaire à sa base; son extrémité plus renflée en boule. Corps entièrement d'un brun chocolat, plus foncé; chaperon sans jaune; deuxième segment abdominal portant une bordure très indistincte, d'un brun plus clair. Pattes plus foncées. Ailes transparentes, un peu ferrugineuses, presque sans tache dans la radiale.

Habite : Le Cap de Bonne-Espérance. (Musée de Paris.)

V. *Espèce que je n'ai pas vue, mais que je crois pouvoir rapporter à ce genre.*

I.? ROMANDI, Le Guillou.

Sulphurea, antennis fulvis ; duabus lamellis fulvis supra verticem ; oculis nigris, maximis ; pedibus fulvo-rubris.

SYN. Le Guillou. *Polistes Romandi.* Ann. Soc. Ent. Fr. 1ʳᵉ Sér. x. 322.

♀. Long. 10 mill.

Le fond de la couleur est jaune soufre. Les antennes sont fauves, et deux petites plaques fauves couvrent le vertex entre les yeux, qui sont noirs, très grands et échancrés. Une ligne circulaire jaune soufre forme le haut du corselet. Une bande longitudinale d'un fauve rougeâtre descend jusqu'à l'écusson. De chaque côté de cette bande sont deux autres bandes couleur jaune soufre, partagées par une bande noire. L'écusson est couvert de quatre petites plaques jaune soufre partagées en croix. Le métathorax est une plaque jaune soufre, avec un enfoncement longitudinal au milieu d'un fauve rougeâtre. Abdomen pédiculé par son premier anneau, qui est d'un fauve rougeâtre, bordé d'une bande jaune soufre. Les autres anneaux sont jaune soufre, bordés de noir. Les pattes sont d'un fauve rougeâtre.

Habite : L'Australie septentrionale.

SPECIES DUBIÆ.

1. 1.? BENGALENSIS (*Polistes Bengalensis*, Fabr. Syst. Piez. 277. 38). Je ne connais, sur l'ancien continent, de Vespiens à

abdomen pédicellé que ceux qui appartiennent aux genres *Raphigaster* et *Icaria*. L'espèce présente, pas plus que les suivantes, ne sauraient être des *Raphigaster*, c'est ce qui me conduit à les considérer comme des *Icaria*. Il ne serait cependant pas impossible que ces espèces, ou quelques-unes d'entre elles, appartinssent aux *Euméniens*.

2. I.? Tabida (*Polistes tabida*, Fabr. Syst. Piez. 278. 40). Je ne connais aucune espèce ayant la base du deuxième segment de l'abdomen jaune, et son bord noir.

3. I.? Pubescens (*Polistes pubescens*, Fabr. Syst. Piez. 279. 49).

4. I.? Atrophica' (*Polistes atrophica*, Fabr. Syst. Piez. 280. 52).

5. I.? Bioculata (*Polistes bioculata*, Fabr. Syst. Piez. 278. 41). Cette espèce me semble bien voisine de l'*I. variegata*, peut-être est-ce la même.

Genre **POLISTES** (1), Fabr.

(Pl. VI, fig. 1 à 13.)

Syn. *Vespa*, Linn. *Polistes*, Fabr. Latr. Lepel.

Car. *Lèvre* moyenne, quadrilobée. Palpes labiaux de quatre articles.

Mâchoires : galéa plus court que la pièce basilaire. Palpe aussi long qu'elle, de six articles, le troisième en général plus long que les autres.

(1) Dans les Polistes les espèces exotiques sont singulièrement variables et donnent lieu à des doutes désespérants. Les espèces en particulier qui sont peintes de roux, de noir et de jaune sont bien embarrassantes, car le roux résulte presque de l'absence de teinte, c'est la couleur naturelle des téguments et celle qui se montre toutes les fois que le noir ou le jaune n'a pas paru par suite d'un développement imparfait, fréquemment dû à des influences atmosphériques. Le noir et le jaune passent donc facilement au roux, et l'on sait du reste par l'étude des Hyménoptères de l'Europe combien le jaune et le noir se remplacent souvent, avec quelle facilité les taches apparaissent ou disparaissent, en sorte qu'il n'est pas d'espèce jaune et noire qui ne compte de nombreuses variétés. On comprend d'après cela qu'un assemblage de trois couleurs aussi variables doive donner lieu à des difficultés innombrables, et grâce à cela je crains que les types de Fabricius ne puissent jamais être retrouvés avec certitude.

L'inspection d'un très grand nombre d'individus m'a convaincu que souvent les variétés extrêmes de deux espèces se confondent, et ne sauraient être reconnues, même par l'œil le plus exercé, si l'on venait à les mêler ; or, de pareilles variétés, capables d'affecter mille apparences diverses, ne peuvent se reconnaître que par analogie, et par la comparaison avec les insectes mêmes des collections ; il serait présomptueux de prétendre qu'on puisse par la voie des descriptions arriver à les rattacher avec certitude à l'espèce typique dont ils sont les dérivés. Comment, après ces considérations, se refuserait-on à admettre les innombrables chances d'erreurs auxquelles nous sommes exposés en consultant les descriptions presque *individuelles* non *spécifiques* qui forment le fond des ouvrages entomologiques ? Dans les Polistides, ce ne sont plus de simples déterminations qui suffisent pour la bonne entomologie, ce qu'il faut c'est une longue et laborieuse étude déterminatrice faite presque indistinctement en vue de chaque espèce.

J'ai moi-même probablement décrit comme nouvelles quelques espèces de Fabricius, quoique je n'aie épargné aucun effort pour rétablir les synonymies, et que l'amour du *mihi* ne m'ait jamais conduit à envelopper un type fabricien ou autre du voile fallacieux de la nouveauté, et j'invite tous les entomologistes à bien vouloir relever les erreurs de ce genre que je pourrais avoir commises.

Le *P. minor* (*Poyet*, Lep.) en particulier est si commun que je n'ose croire qu'il ait échappé à Fabricius.

Mandibules courtes, presque carrées, armées de quatre dents terminales, dont les trois externes aiguës, l'interne obtuse, souvent écartée des autres.

Chaperon terminé angulairement.

Yeux n'atteignant pas les mandibules.

Antennes des mâles arquées à l'extrémité.

Corselet allongé; métathorax oblique, plat, sans sillon profond, offrant au point de l'articulation de l'abdomen deux valves saillantes. (Pl. VII, fig. 7.)

Abdomen fusiforme, le premier segment en entonnoir, jamais pédicellé, le second continuant la courbe commencée par le premier; pas d'étranglement entre les deux premiers segments; l'extrémité anale toujours terminée en pointe. (Pl. XII, fig. 8 à 10.)

Insectes construisant en matières papyracées un nid libre, sans enveloppe, composé d'alvéoles hexagones, disposées en un disque en général irrégulier, attaché aux buissons, et soutenu la plupart du temps par un pédicelle grossier, souvent excentrique, ou émanant du milieu en rayons.

Les *Polistes* forment un genre parfaitement net et si bien délimité, qu'aucune confusion avec les genres voisins n'est possible. Leurs formes, parfaitement semblables dans toutes les espèces, ne permettent presque pas de former des coupes autres que celles qui se basent sur les couleurs (1). On reconnaît de suite le genre *Polistes* à l'abdomen fusiforme, conique aux deux extrémités, dont le premier segment, en entonnoir, tient le milieu entre la forme pétiolaire qui caractérise celui des *Polybia* et celle d'une coupe entièrement sessile, et tronquée en devant comme l'offrent les insectes du genre *Vespa*. Ensuite, les valves articulaires du métathorax, qui emboîtent la base de l'abdomen, fournissent un caractère très appréciable et qui n'avait pas échappé à Christ.

(1) M. le marquis Spinola a proposé la division d'après la présence ou l'absence de stries au métathorax, mais ces stries se retrouvent dans presque toutes les espèces, et dans celles où le métathorax est en apparence lisse, il serait cependant difficile de nier entièrement leur existence.

Presque tous les *Polistes* présentent un corps lisse, couvert d'un très fin duvet soyeux, à reflets glauques ; en ceci ils se rapprochent beaucoup des *Polybia*, avec lesquels ils ont les rapports les plus intimes ; mais ce qu'il y a de plus singulier, c'est qu'on peut constater entre ces deux genres une série d'affinités très étonnantes tenant au facies des Polybies, lesquelles sont toutes américaines, et de ceux des Polistes, qui tirent leur origine du même continent. En faisant le choix d'une série d'espèces les mieux caractérisées dans l'un des deux genres, on trouve dans l'autre la série des espèces correspondantes offrant une distribution identique des couleurs. On pourra s'en convaincre en jetant un coup d'œil sur les planches qui accompagnent cet ouvrage, et en comparant les espèces suivantes : *Polistes liliaciosus, Polybia liliacea. — Polistes analis, Polybia testacea. — Polistes carnifex, Polybia cayennensis. — Polistes subsericeus, Polybia sericea*, etc.

Le genre des *Polistes* est répandu sur toute la surface du globe, et telle est son homogénéité que l'inspection des espèces ne laisse rien présumer sur leur patrie. La nidification ne paraît pas très variée, et pour ce qui la concerne, je renvoie à la partie de l'introduction qui en parle.

Nota. J'avais d'abord mis en tête de ce genre des tableaux pour faciliter la détermination des espèces, mais j'ai reconnu depuis leur inutilité, due à l'excessive variabilité des couleurs.

PREMIÈRE DIVISION.

Abdomen régulièrement fusiforme, le premier segment aussi large que long, n'ayant point la forme pétiolaire ; le deuxième n'étant pas subitement renflé à sa base.

Nota. A la rigueur cette division pourrait être partagée comme suit (1) :

(1) Il faudra, avant de pouvoir établir cette division, avoir pris connaissance des mâles de toutes les espèces ; cette connaissance nous manquant, nous y renonçons. Nous pouvons cependant dire que presque toutes les espèces exotiques offrent dans les mâles des antennes enroulées au bout.

1. Antennes des mâles assez épaisses, enroulées à l'extrémité en une spirale serrée.

P. biglumis. — P. gallicus. — P. marginalis. . . . . .
. . . .

2. Antennes des mâles grêles, arquées à l'extrémité.

Les autres espèces.

I. Espèces européennes (1).

1. P. Biglumis (2).

Niger, flavo multipictus; clypeo flavo, transversim nigro signato ; *antennis supra nigris*, abdominis segmentis 1.-2 flavo bimaculatis (variat maculis illis nullis); mesothoracisque discho nigro.

Syn. Linn. *Vespa biglumis*. Syst. Nat. 951. 17. — Faun. Suec. 1680. — *Vespa rupestris*. Syst. Nat. Ed. 10. p. 573. 8.

Muller. *Vespa biglumis*. Linn. Natur. Syst. Ins. ii. 884. 17.

Fabr. *V. biglumis* Syst. Ent. 373. 48. — Spec. Ins. i. 469. 67. — Mant. Ins. 294. 81. — Ent. Syst. II. 271. 64. — Syst. Piez. 264. 63.

Scopol. *Vespa parietum*. var. 2. 3. Ent. Carn. N° 827.

Vill. *Vespa biglumis*. Ent. iii. 271. 13.

Christ. *V biglumis*. Hymen. 245.

Oliv. *V. biglumis*. Encycl. Meth. vi. 692. 115.

Jurine. *V. biglumis*. Meth. Hymen. 169.

Réaumur. Mém. Ins. vi. pl. 25. fig. 3. 4. pl. 17. fig. 7. 8. (3).

(1) Ces mêmes espèces s'étendent dans leur distribution géographique sur tout le nord de l'Afrique et l'ouest de l'Asie.

(2) Ce Poliste est bien la *Vespa biglumis* de Linné. C'est à tort qu'on a voulu faire un Odynère de la *V. biglumis*, Müller en donne une preuve parfaitement claire en nous apprenant qu'en donnant ce nom à son insecte, Linné avait en vue les écailles articulaires du métathorax qu'il compare à des épillets. ,

(3) Je ne comprends pas ces deux figures, où l'on voit des *P. biglumis* travaillant à un nid de Vespa.

Geoffr. Ins. ii. 374. 5.

Panz. *V. biglumis.* Faun. Germ. 53. tab. 7.

Spin. *Odynerus biglumis.* Ins. Lig. ii. 187.

Latr. *Vespa diadema.* Ann. Muséum. I. p. 292. pl. 21.
fig. 4-6. — *Polist. diadema.* Hist. des Crust. et Ins.
xiii. 349.

Herr.-Schæff. *Polistes gallica.* Faun. Germ. 179. p. 40.

St.-Farg. et Serv. *Polistes diadema.* Encycl. x. p. 173.
7. — *P. Geoffroyi.* 173. 8. (1).

Lep. St.-Farg. *Polistes diadema.* Hymen. i. 528. — *P.
Geoffroyi.* Id. 527.

Long. 12 mill. ; env. 25 mill.

Pour la description de l'espèce, voir Lepeletier de Saint-Fargeau, locis citatis.

Les bandes de l'abdomen sont un peu blanchâtres, et les taches du deuxième segment souvent rousses.

Var. A. Point de taches sur le premier segment de l'abdomen (*P. Geoffroyi,* Lep. et Serv.).

Var. B. Point de taches jaunes sur le métathorax ; celles du deuxième segment de l'abdomen très petites, mandibules noires (*V. biglumis,* Fabr.).

Var. C. Aucune tache ni sur le métathorax, ni sur le premier, ni sur le deuxième segment de l'abdomen, bordures des segments étroites et régulières ; mandibules noires, avec un point jaune ; pas de bordure supérieure des épaulettes. (An Species ?)

Rapp. et diff. Cette espèce se distingue du *P. gallica* par sa taille moindre, par son chaperon jaune traversé par une bande

---

(1) Le *P. Geoffroyi* n'est évidemment qu'une variété du *P. biglumis* (ma var. A), qui ne diffère de l'espèce que par l'absence de taches sur le premier segment de l'abdomen. Il ne faut pas non plus confondre le Poliste décrit par Geoffroy avec le *P. gallica,* comme le fait Latr., Ann. Mus. I, 292. Effectivement, Geoffroy dit que les antennes sont noires en dessus, et ne parle d'aucune tache jaune au mésothorax, car lorsqu'il dit : « et une autre tache à côté et plus en devant, » il veut désigner les taches sous les ailes. Ce ne sont pas, comme on le voit, les caractères du *P. gallica,* mais entièrement ceux du *P. biglumis.*

noire transversale ; par *ses antennes noires en dessus jusqu'au bout*, le quatrième article étant parfois ferrugineux ; par son méta-thorax en général sans taches noires ; par ses bandes abdominales plus étroites, et par les taches des deux premiers segments de l'abdomen qui sont en général petites, et les bordures plus étroites.

Habite : L'Europe, très commun.

2. P. GALLICA.

(Pl. VIII, fig. 1, 2.)

Niger, flavo multipictus; antennarum flavarum scapo supra nigro; mesothoracis discho nigro maculis duabus ornato, abdominisque segmentis duobus primis flavo bimaculatis.

Syn. Linn. *Vespa gallica.* Syst. Nat. 949. 7.

Mull. *Vespa gallica.* Edit. Lin. Ins. ii. 884. 7.

Fabr. *Vespa gallica.* Spec. Ins. i. 460. 10. — Mant. Ins. i. 287. 11. — Ent. Syst, ii. 257. 13. — *Polistes gallica.* Syst. Piez. 271. 8.

Réaumur. Mém. Ins. vi. pl. 25. fig. 6.

Roes. Ins. ii. Bombyl. et Vesp. tab. vii. fig. 8.

Scop. *Vespa parietum.* var. 1. Ent. Carn. N° 827.

Poda. *Vespa parietum.* Mus. Graec. 108.

Schrank. *Vespa gallica.* Eumen. Ins. Austr. N° 789.

Vill. *Vespa gallica* Ent. iii. 266. 5.

Fourc. *Vespa bimaculata.* Ent. Par. ii. 433. 5.

Christ. *Vespa gallica.* Hymen. 233. — *V. dominula.* Id. 229. tab. 21. fig. 1. — *V. nimpha.* Id. 232. tab. 1. fig. 2.

Oliv. *Vespa gallica.* Encycl. Meth. vi. 680. 50.

Rossi. *Vespa gallica.* Faun. Etr. ii. 83. 862.

Walken. *Vespa gallica.* Faun. Paris. ii. 91.

Latr. *Vespa gallica.* Ann. Muséum. i. p. 291. — *Polistes gallicus.* Hist. Crust. et Ins. viii. 348.

Panz. *Polistes gallica.* Faun. Germ. 49. tab. 22,

Savign. Descr. de l'Egypte. Hymen. pl. 8. fig. 2.

Serv. et St.-Farg. *Polistes gallica.* Encycl. Meth x.
172. 6.

Spinol. *Vespa gallica.* Ins. Lig. 1 82. — II. 183.

Disdieri. *Vespa gallica.* Vesp. Gallic. Historia. p. 2.

Lep. St.-Farg. *Polistes gallica.* Hymen. I. 527. pl. 9.
fig. 4-6.

Guérin. *Polistes Lefebvrii.* Icon. Règn. An. Ins. p. 447.
pl. 72. fig. 6.

Blanch. *Polistes gallica.* Règn. An. Illustr. Ins. pl. 124.
fig. 6. — *Id.* Hist. des Ins. I. p. 66. pl. 2. fig. 6. 7.

Herr.-Schæff. *Polistes pectoralis.* Faun. Germ. 179. tab.
6. p. 39. — *P. italica.* Id. p. 39.

Long. 13 mill., env. 30 mill.

Pour la description de l'espèce, voir Lepeletier de Saint-
Fargeau, loc. cit.

Var. A. Bordure supérieure des épaulettes, nulle.

Var. B. Abdomen très ovale, peu fusiforme. Le jaune très
dominant. Antennes presque entièrement jaunes; prothorax
entièrement jaune; sur le métathorax deux lignes jaunes arquées; métathorax jaune; abdomen jaune en dessus, avec du
noir à la base du premier segment; sur le milieu du deuxième
segment une tache noire en forme de sablier, sur la base du
troisième une tache noire carrée; deux points noirs près du bord
du deuxième segment. (La Perse, Amadan.)

Rapp. et diff. Cette espèce ne peut être confondue qu'avec le
P. biglumis. Elle est distincte par ses antennes jaunes ou un peu
orangées, avec les trois premiers articles noirs en dessus, et le
premier jaune en devant. Elle possède aussi deux taches jaunes
sur la partie antérieure du disque du mésothorax. Les bandes
de l'abdomen sont aussi plus larges; les deux premiers segments
ont chacun deux taches jaunes libres ou fondues avec la bordure;
et les taches du métathorax sont assez larges, et non de simples
lignes. Les taches du deuxième segment de l'abdomen du mâle
sont grandes et portent au milieu un point noir. Les bordures

4

de l'abdomen sont tri-échancrées dans les deux sexes. Les parties jaunes sont d'un jaune vif.

Habite : L'Europe, s'étend en Barbarie, en Egypte, en Asie jusqu'en Perse, mais je ne sache pas qu'il se trouve dans l'Amérique du Nord. Construit un nid découvert, attaché aux herbes ou aux buissons par un pédicelle court.

II. Espèces de l'Ancien continent l'Europe exceptée et de la Nouvelle-Hollande (1).

A. *Abdomen unicolore, ou noir et brun.*

3. P. Schach, Fabr.

Magnus; obscure fusco-ferrugineus; antennis nigris; alis fuscis; metathorace profunde transversim striato.

Syn. Fabr. *Vespa Schach.* Spec. Ins. i. 461. 18. — Mant. Ins.
i. 288. 21. — Ent. Syst. ii. 260. 25. — *Polistes Schach.*
Syst. Piez. 270. 2.
Oliv. *Vespa Schach.* Encycl. Meth. vi. 682. 60.
Lep. St.-Farg. *Polistes orientalis.* Hymen. i. 519.

♀. Long. 27 mill. ; env. 65 mill.
♂ et ☿. Long. 21 mill. ; env. 60 mill.

Pour la description de l'espèce, voir Lepeletier de Saint-Fargeau, loc. cit.

Var. Le deuxième segment de l'abdomen plus clair que le reste.

Habite : Les Indes-Orientales. (Ma collection. Musée de Paris.)

4. P. Rubidus, Lep.

Fusco-ferrugineus; antennarum medio nigro; alis fusco-nigricantibus.

Syn. Lep. St.-Farg. *Polistes rubida.* Hymen. i. 523.

(1) Voyez l'appendice au genre Polistes.

Entièrement d'un brun ferrugineux uniforme, l'abdomen seul un peu luisant, soyeux; milieu des antennes noir. Ailes d'un noirâtre foncé.

Rapp. et diff. Je ne puis trouver aucune différence entre les individus qui représentent cette espèce, et la var. brune du *P. canadensis.*

Habite : L'Afrique tropicale, le cap de Bonne-Espérance. (Musée de Paris.)

5. P. Tenebricosus, Lep.

Fuscus, abdominis segmentis 3-6 sæpe nigris.

Syn. Lep. St.-Farg. *Polistes tenebricosa.* Hymen. i. 529.

Voyez la description qu'en donne cet auteur.

Var. Abdomen brun-ferrugineux jusqu'au bout. Mésothorax brun, avec deux lignes ferrugineuses.

Rapp. et diff. Très voisin du *P. Schach*, mais moins grand, moins fortement strié, les granulations du prothorax n'imitant pas des stries.

Habite : L'île de Java. (Collection de M. Spinola.) Ne serait-ce pas une variété du *P. rubidus?*

6. P. Madecassus, n. sp.

Niger; ore ferrugineo, alis nigris, apice albis.

Long. 19 mill.; env. 43 mill.

Fem. Tête très petite; prothorax fortement rebordé; métathorax fortement strié. Insecte noir, ou un peu ferrugineux, surtout les mandibules et le chaperon; ailes noires, avec le bout blanchâtre.

Var. Dessous du premier article des antennes et corselet, rougeâtres, à reflets opalins. Ailes peu obscures.

Nota. Cette espèce a la même coloration que l'*Eumenes regina.*

Il faut se garder de la confondre avec les *P. Schach, rubidus,* etc.,
le bout blanc de ses ailes l'en distingue, mais on la reconnaît
surtout à sa très petite tête.

Habite : Madagascar. (Collect. de M. Guérin-Méneville.)

7. P. FLAVIPENNIS, n. sp.

Fusco-ferrugineus; antennis medio nigris; alis flavescentibus.

♀. Long. 17 mill. ; env. 40 mill.

OUVR. Corselet très fortement rebordé, ses angles saillants ;
métathorax strié. Insecte d'un brun ferrugineux. Antennes à
partir du quatrième article noires en dessus, le bout ferrugineux. Tarses ferrugineux. Ailes d'un jaune ferrugineux, nervures
ferrugineuses.

Rapp. et diff. Cette espèce ressemble entièrement aux *Polistes
rubidus, canadensis* et *metricus.* Elle s'en écarte par ses ailes jaunes.

Habite : Le cap de Bonne-Espérance. (Musée de Paris.)

8. P. HUMILIS.

Validus, ruber; vertice, abdominisque primo segmento basi nigris.

SYN. Fabr. *Vespa humilis.* Spec. Ins. I. 461. 20. — Mant.
          Ins. I. 288. 23. — Ent. Syst. II. 261. 28. — *Polistes
          humilis.* Syst. Piez. 270. 5.
     Oliv. *Vespa humilis.* Encycl. VI. 682. 62.

Long. 17 mill; env. 40 mill.

OUVR. Grandeur du *P. hebræus,* ou presque. Tête lisse, ponctuée.
Corselet ponctué, velouté ; prothorax rebordé ; métathorax assez
fortement strié transversalement. Abdomen couvert de poils
couchés. Insecte entièrement d'un roux orangé : devant de la
tête et mandibules, jaunes ; vertex noir ; base du premier segment de l'abdomen et une ligne transversale sur le milieu de ce

segment, noires. Ailes ferrugineuses, surtout le long de la côte.

Var. A. Prothorax jaune en dessus.

Var. B. Le premier segment de l'abdomen noir, bordé de jaune, le deuxième noir à sa base.

Rapp. et diff. Très voisin du *P. rubidus,* mais d'une couleur beaucoup plus jaune; voisin aussi du *tepidus,* mais distinct par son corselet sans noir, et par ses stries plus fortes au métathorax. — Voyez les affinités du *P. hebræus.*

Habite : La Tasmanie. Rapporté par M. Verreaux. (Musée de Paris.)

9. P. Facilis, n. sp.

Niger; clypeo, mandibulis, antennis, prothoracis margine posteriore, tibiis, tarsisque, flavis.

Long. 18 mill.; env. 40 mill.

Taille et forme du *P. tepidus.*

Prothorax un peu rebordé; métathorax strié. Insecte noir; chaperon, mandibules, une ligne horizontale au-dessus des antennes, orangés; un peu de jaune entre le haut du chaperon et les yeux; antennes orangées. Bord postérieur du prothorax mal terminé en bas, jaune. Genoux, tibias et tarses, jaunes; tibias postérieurs noirs, avec le genou jaune. Ailes ferrugineuses, un peu grises au bout.

Habite : La Nouvelle-Hollande. (Collect. de M. Spinola.)

B. *Abdomen jaune et noir, ou roux-noir et jaune.*

10. P. Hebræus, Fabr.
(Pl. VII, fig. 1.)

Fulvus; metathorace lineis tribus, abdominis segmentis medio lineis undatis nigris vel fuscis. Variat abdomine flavo.

Syn. Fabr. *Vespa hebræa.* Mant. Ins. i. 292. 58. — Ent. Syst. ii. 274. 75. — *Polistes hebræa.* Syst. Piez. 273. 21. —

Vespa macaensis. Ent. Syst. ii. 259. 22. — *Polistes macaensis.* Syst. Piez. 272. 12.

Oliv. *Vespa hebræa.* Encycl. Meth. vi. 690 105. — *V. undata.* Id. 684. 72. (Var. voisine du *P. macaensis.*)

Westw. *P. macaensis.* Ins. of Ind. 91. pl. 57. fig. 4.

Lep. St.-Farg. *Polistes hebræa.* Hymen. i. 525.

♂ et ♀. Long. 17 mill.; env. 40 mill.
♀. Long. 16 mill. ; env. 38 mill.

Pour la description de l'espèce, voir Lepeletier de Saint-Fargeau, loc. cit.

Nota. Les bandes ou lignes de l'abdomen sont effectivement brunes ou noires dans certains individus. Le post-écusson et le métathorax portent souvent du jaune. Les ailes sont transparentes, ferrugineuses.

Var. A. Cette variété devrait servir de type à l'espèce, car c'est elle qui offre les couleurs le plus complètement développées, mais comme elle n'est pas le cas le plus fréquent, il est préférable de la laisser subsister à titre de variété.

Tête jaune, vertex noir. Prothorax jaune; mésothorax noir, avec deux bandes jaunes, et deux autres taches à côté des écailles; écussons jaunes, flancs et métathorax noirs; des taches, jaunes sur les flancs; métathorax portant deux taches ou bandes jaunes séparées par une ligne noire, et latéralement deux autres taches ou bandes entre l'aile et la hanche postérieure; premier segment de l'abdomen noir, avec son bord et deux points, jaunes, lignes sinuées des segments, noires, assez larges, et émettant chacune une pointe noire dirigée en arrière. Hanches et base des cuisses, noires; tibias postérieurs bruns.

C'est alors le *P. macaensis,* Fabr.

Var. B. Couleur foncière rousse; premier segment de l'abdomen, noir, bordé de jaune, avec deux points jaunes. Les lignes ondulées noires des autres segments, larges, et en avant des sinus latéraux de ces dernières part une tache jaune. (Cette var. ressemble au *P. chinensis.*)

Var. C. Corselet ferrugineux, sans marques brunes; bandes

de l'abdomen ferrugineuses ; un point ferrugineux au bord postérieur de chaque segment. (Perse.)

Var. D. Entièrement d'un jaune ferrugineux.

Var. E. Entièrement couleur feuille-morte, plus de bandes noires à l'abdomen, mais de petits sillons ayant les mêmes sinuosités. (Très rare.)

MALE. Devant de la tête jaune ; antennes noires au bout en dessus. — Les variétés correspondant à celles de la femelle.

Rapp. et diff. La ligne noire bisinuée qui partage tous les anneaux de l'abdomen ne permet de confondre cette espèce avec aucune autre (voyez cependant le *P. olivaceus*). Les variétés jaunes ressemblent singulièrement au *P. humilis*, cependant on voit toujours, même sur les variétés les plus jaunes, des traces des lignes noires de l'abdomen, qui font le caractère essentiel du *P. hebræus*, tandis que le *P. humilis* n'offre rien de semblable.

Habite : L'Asie, la Perse, les Indes, la Chine, l'Ile de France, etc. Très commun.

11. P. HOPLITUS, n. sp.

Niger; metathorace rugosissimo; abdominis secundo segmento flavo, basi nigro; alis nigris.

♀. Long. 23 mill. ; env. 54 mill.

FEM. Grand. Chaperon fortement ponctué ; tête et corselet rugueusement ponctués ; métathorax très rugueusement sculpté ; des grosses stries se dessinant sur les côtés, et étant elles-mêmes très rugueuses ; écusson saillant, rugueux. Prothorax fortement rebordé. Abdomen également sculpté en stries longitudinales, d'où partent des poils couchés. Insecte noir : mandibules rousses, noires à la base ; haut du chaperon, tête en arrière des yeux, bordure interne de ces derniers à côté des fossettes antennaires, et dessous des deux premiers articles des antennes, d'un roux chaud. Le deuxième segment de l'abdomen d'un jaune brûlé, avec sa base noire, et son bord portant parfois une teinte noire ; les deux derniers segments ferrugineux. Pattes noires. Ailes noires avec des reflets violets.

Rapp. et diff. Ne pas confondre cette belle espèce avec le *P. sagittarius,* dont le corselet n'est pas rugueux.

Habite : Les Indes-Orientales. (Musée de Genève.)

12. P. SAGITTARIUS , n. sp.

Niger; prothorace, scutellisque ferrugineis; abdominis segmentis 1-2 flavis; alis fuscis, apice ferrugineis.

♀. Long. 16 mill. ; env. 40 mill.

FEM. Cette espèce est, dans les Polistes, la correspondante de la *Vespa affinis.* La coloration est identiquement la même. Chaperon luisant, ponctué; corselet assez finement chagriné; les rugosités imitant sur le prothorax des stries indistinctes; métathorax fortement strié au haut et sur les côtés, finement au milieu. Insecte noir : dent du chaperon, tête en arrière des yeux, prothorax au milieu, et écusson, roux. Antennes ferrugineuses en dessous, le premier article tirant au ferrugineux. Les deux premiers segments de l'abdomen, jaunes; le reste noir, ainsi que la base du premier segment. Pattes noires, genoux et tibias antérieurs roux. Ailes brunes, avec le bout ferrugineux.

Var. A. Corselet noir, le premier segment de l'abdomen brun.

Var. B. Couleur foncière ferrugineuse.

Rapp. et diff. Il ne faut pas confondre cette espèce avec le *P. hoplitus,* dont le métathorax est entièrement rugueux, et qui a les ailes et le premier segment de l'abdomen, noirs, etc. On pourrait aussi la confondre avec le *P. analis* si son corselet n'était pas noir au lieu de jaune. Si l'on ne tient pas compte des formes de l'abdomen, on la confondra avec la *Vespa cincta.*

Habite : Les Indes-Orientales, la Chine. (Collect. Jurine, Musée de Genève; Musée de Londres.)

13. P. CHINENSIS.

(Pl. VII, fig. 2.)

Flavo, rubroque varius : antennis flavis; mesothoracis discho flavo bilineato, abdominisque segmentis nigris aut fuscis, flavo limbatis, secundo maculis duabus flavis.

SYN. Fabr. *Vespa chinensis.* Ent. Syst. II. 261. 29. — *Polistes
chinensis.* Syst. Piez. 270. 6.
? Oliv. *Vespa bimaculata.* Encycl. VI. 678. 46. (var.
noire.)

OUVR. Chaperon terminé par une dent très obtuse. Métathorax
finement strié. Tête jaune; antennes un peu orangées, du noir à
l'insertion des antennes; vertex, et face postérieure de la tête,
noirs; une petite ligne jaune à la partie postérieure du vertex.
Corselet jaune; de chaque côté du prothorax une bande irrégulière ferrugineuse; sous l'aile une bande noire presque verticale;
écusson roux, portant deux grandes taches jaunes; post-écusson
presque entièrement jaune, métathorax orné d'une ligne noire
dans son sillon, et de chaque côté d'une ligne rousse; du roux
sur les flancs, partageant le jaune en taches; mésothorax noir
en dessus, avec deux lignes jaunes. Abdomen : les deux premiers segments roux, un peu noirs à la base, ornés, le premier
d'une bordure jaune fortement échancrée sur les côtés; le
second d'une bordure biéchancrée, un peu élargie sur les côtés,
et en outre de deux taches jaunes libres. Les autres segments
noirs ou bruns à la base, avec une large bordure jaune biéchancrée; anus jaune. Pattes jaunes, base des cuisses rousse.
Ailes transparentes, nervures ferrugineuses.

Var. Les parties rousses passant au noir. Corselet noir, prothorax roux, nullement bordé de jaune; deux petites taches
seulement au mésothorax; deux taches jaunes sous l'aile; métathorax avec quatre bandes jaunes; premier segment de l'abdomen noir, bordé de jaune en arrière et sur les côtés.

Rapp. et diff. Les caractères les plus distinctifs sont : antennes
jaunes, mésothorax noir avec deux lignes jaunes, deux taches
jaunes libres sur le deuxième segment. Il ressemble beaucoup
au *P. maculipennis,* et à la var. B du *P. hebrœus.*

Habite : La Chine. (Musée de Genève, collect. Jurine; ma
collection.)

14. P. Philippinensis, n. sp.

Niger, rugosus; metathorace perstriato ; mandibulis scutelloque rubris ; abdominis segmentis fulvo marginatis; alis flavescentibus.

♀. Long. 17 mill. ; env. 45 mill.; long. tot. 22 mill.

Fem. Corselet large et rebordé en avant, chagriné ainsi que la tête. Ecussons un peu saillants. Métathorax très profondément strié, large, concave au milieu. Insecte noir ; chaperon couvert de points distants ; son bord antérieur, les mandibules et leur articulation, rouges. Dessous des antennes rougeâtre. Les deux bords du prothorax, écusson, bord antérieur du post-écusson, d'un rouge sombre; écailles brunes. Le bord de tous les segments de l'abdomen d'un ocre sombre. Pattes noires ; genoux, tibias et tarses roux. Ailes jaunâtres.

Male. Chaperon noir.

Variété probable. Tout l'insecte plus ou moins rougeâtre.

Habite : Les Philippines. (Musée de Londres.)

15. Mandarinus, n. sp.

Niger; metathorace latissimo , tenue striato ; corpore nigro, rufo variegato, flavo ornato ; abdominis segmentis marginibus maculisque duabus flavis.

Long. 13 mill. ; env. 29 mill. ; long. tot. 19 mill.

Fem. Insecte trapu , large; prothorax large, rebordé ; métathorax très large, finement strié. Corselet finement ponctué. Abdomen soyeux. Insecte noir. Tête variée de roux ; mandibules, chaperon , antennes , roux. Prothorax , écaille , des taches sur les flancs, écussons, roux. Les deux bords du prothorax liserés de jaune. Une tache jaune à l'articulation de l'aile ; deux taches jaunes sur les angles de l'écusson et deux sur ceux du post-écusson; au haut du métathorax deux lignes ou taches irrégulières d'un jaune soufre ; ces taches écartées l'une de l'autre, parfois nulles. Ecailles articulaires jaune-soufre. Tous les segments de l'abdomen largement bordés de roux ; anus roux ;

chacun des anneaux portant sur le roux du bord une autre bordure jaune-soufre interrompue au milieu et raccourcie sur les côtés, n'apparaissant souvent que sous la forme de deux taches marginales jaunes, et presque toujours nulle sur les derniers anneaux. Pattes brunes, parfois variées de jaune. Ailes lavées de jaune.

Var. Le premier segment de l'abdomen seul orné de jaune; métathorax noir.

Habite : Le nord de la Chine. (Musée de Londres.)

16. P. SULCATUS, Smith. !

Niger; prothorace et mesothorace maculis duabus, scutellis, pedibusque ferrugineis; abdominis segmentis obscure ferrugineo limbatis, secundo obscure bimaculato; alis subflavescentibus.

SYN. Smith. *Polistes sulcatus.* Trans. Ent. Soc. Lond. New. Ser. II 38.

Longueur totale, 12 lignes.

FEM. Noir; tête au-dessus de l'insertion des antennes, jusqu'au vertex, ferrugineuse; mandibules et premier article des antennes, roux; prothorax, deux taches sur le disque du mésothorax, écusson et post-écusson, et pattes, ferrugineux; métathorax strié transversalement. Abdomen noir, les segments, sauf le premier, obscurément bordés de ferrugineux; le deuxième portant deux taches indistinctes et le dernier partagé par une ligne obscure. Ailes hyalines, lavées de ferrugineux, surtout à leur bord antérieur.

MALE. Chaperon et orbite interne des yeux, jaunes, couverts de poils argentés; une large ligne ferrugineuse verticale sur le chaperon : dessous du premier article des antennes et des articulations des autres, ferrugineux. Bord des écussons ferrugineux.

Rapp. et diff. Cette espèce se rapproche beaucoup du *P. Schach,* mais elle s'en écarte par son prothorax, dont les granulations n'imitent pas des stries, par son front qui n'a pas entre les antennes une carène aussi saillante, par la deuxième cubitale qui, dans le *P. Schach*, a sa nervure interne presque perpendiculaire à la nervure postérieure et l'externe oblique et sinuée, tandis que dans l'autre espèce les deux nervures sont inclinées l'une vers l'autre. Elle diffère de plus par la troisième cubitale, qui dans le *P. Schach* est plus longue que large, tandis que dans le *P. sulcatus* elle forme un parallélogramme régulier aussi large que long. Les stries du métathorax sont plus prononcées que dans le *P. Schach*, les ailes sont moins obscures, etc.

Habite : La Chine ; Ning-Po-Foo. (Collect. de M. Smith.) .

17. P. Smithii, n. sp.

(Pl. VII, fig. 3.)

Griseo-fuscus; abdominis primo segmento flavo marginato.

Long. 12 mill. ; env. 25 mill.

Fem. Prothorax finement rebordé ; métathorax fortement strié, ses strics rugueuses. Tout l'insecte d'un brun cendré, couvert d'un duvet de poils cendrés. Bas du chaperon, mandibules, dessous des antennes, ferrugineux ; deux traits rudimentaires sur le métathorax, valves articulaires, bord postérieur du premier segment de l'abdomen, et ses côtés, d'un jaune pâle. Parfois le post-écusson bordé de jaune à son bord supérieur. Pattes de la couleur du corps. Ailes transparentes, grisâtres, un peu brunes le long de la côte ; la troisième cubitale élargie vers le limbe.

Var. Souvent le deuxième segment de l'abdomen aussi bordé de jaune. La couleur foncière rougeâtre, ou presque noire ; les écussons souvent roux, et parfois deux lignes jaunes au métathorax.

Habite : La Sénégambie. (Collect. de M. Smith.)

18. P. Fastidiosus, n. sp.

Rubro-ferrugineus; prothoracis marginibus duobus flavis; scutello et metathorace lineis duabus, abdominisque segmentorum marginibus flavis ; alis ferrugineis, apice brunneis.

♂. Long. 16 mill. ; env. 40 mill.

Male. Cette espèce sera très difficile à reconnaître, et varie sans doute à l'infini.

Corselet fort peu rebordé; métathorax très large, strié en travers. Tout l'insecte d'un roux ferrugineux : devant de la tête (♂) jaune; les deux bords du prothorax ornés d'une bande jaune; bord antérieur du post-écusson, deux bandes verticales au métathorax, et le bord de tous les segments de l'abdomen orné d'une bande d'un beau jaune; ces bordures un peu bi-échancrées. Pattes ferrugineuses. Ailes ferrugineuses, jaunâtres, avec une grande tache brune au bout.

Habite : La Sénégambie. (Collect. de M. Smith.)

19. P. Maculipennis, n. sp.

(Pl. VI, fig. 4.)

Niger; metathorace lineis duabus; abdominisque segmentis margine flavis, prothorace rufo, flavo marginato; alis apice nigro maculatis.

Long. 16 mill. ; env. 38 mill.

Ouvr. Prothorax finement rebordé. Métathorax lisse, ou presque lisse. Tête et corselet noirs; mandibules rousses, ainsi que la tête autour des yeux; chaperon jaune, antennes ferrugineuses, le premier article noir en dessus. Ocelles en triangle équilatéral. Prothorax et écusson roux en dessus; les deux bords du premier liserés de jaune, le deuxième bordé de jaune antérieurement; post-écusson jaune, ainsi que deux lignes au métathorax, la valve articulaire et une ou deux taches sous les ailes; écaille rousse ou jaune. Abdomen noir ou brunâtre, soyeux; tous les segments ornés d'une bordure jaune bi-échancrée, dont la première élargie sur les côtés; les deux derniers segments seulement bruns au bout. Pattes ferrugineuses, hanches et dessous des cuisses, noirs. Ailes transparentes, nervures brunes, une tache ronde brune au bout de la radiale.

Var. L'insecte roux, avec les mêmes ornements jaunes.

Rapp. et diff. Voyez les affinités du *P. marginalis.* — Ce Polistes n'est peut-être qu'une variété du *P. stigma* (1).

Habite : Selon les étiquettes des collections : Java, et l'Afrique méridionale.

20. P. Marginalis, Fabr.

(Pl. VI, fig. 2.)

Ruber; thorace, abdominisque segmentis 1-3 nigris, illo prothorace et scutellis rufis, metathorace lineis duabus, segmentisque 1-3 margine albis.

Syn. Fabr. *Vespa marginalis.* Syst. Ent. 367. 24. — Spec. Ins. I. 463. 29. — Mant. Ins. I. 289. 34. — Ent. Syst. II. 264. 42. — *Polistes marginalis.* Syst. Piez 272. 17.
Christ. *Vespa marginalis.* Hymen. p. 240.
Oliv. *Vespa marginalis.* Enc. Meth. Ins. VI. 685. 79.
Paliss. de Beauv. *Polistes africana.* Ins. d'Afr. et d'Amer. p. 207. pl. VIII. fig. 4.
Lep. St.-Farg. *Polistes ornata* (2). Hymen. I. 531.

♀. Long. 11 1/2 mill. ; env. 25 mill.

Ouvr. Chaperon ovoïde. Métathorax strié transversalement. Tête rousse; vertex et haut du front, noirs. (Les antennes manquent). Corselet noir; prothorax, écaille et écussons, roux; deux lignes verticales sur le métathorax d'un jaune blanchâtre. Abdomen roux, les premier et troisième segments, noirs; les trois premiers bordés de jaune-blanchâtre; le cinquième souvent

(1) Les *P. maculipennis, marginalis, stigma* et *synæcus* pourraient presque être considérés comme des variétés locales d'une même espèce, dans lesquelles certains segments restent noirs ou passent au roux. Le *P. maculipennis* serait la variété noire, tout le corps ayant cette couleur foncière, dans le *P. marginalis* tout aurait passé au roux, sauf le métathorax, les premier et troisième segments de l'abdomen, et les ornements auraient passé au blanc, les deux autres espèces seraient des variétés rousses ?

(2) La note qui suit la description de l'espèce dans l'ouvrage de St-Fargeau ne doit pas être prise en considération, le type de Fabricius n'en est qu'une variété, ce que l'auteur aurait parfaitement reconnu, s'il avait pu confronter beaucoup d'individus appartenant à cette espèce.

un peu noirâtre. Pattes et hanches rousses. Ailes un peu enfumées, rousses le long de la côte.

Nota. L'individu décrit par Fabricius avait le troisième
segment entièrement roux.

Var. A. Pas de bordure blanche au troisième segment de
l'abdomen, ce dernier ferrugineux, ainsi que le métathorax.

Var. B. Ecussons bordés de blanchâtre.

Var. C. Couleur foncière de l'insecte, rousse.

Var. D. Les deux premiers segments de l'abdomen seuls
bordés de jaune.

Var. E. Prothorax jaune, le reste roux.

Var. F. Rousse, tous les segments bordés de jaune, ces bordures disparaissent parfois.

Male. Chaperon arrondi au bout, subtriangulaire. Tête, sauf
le vertex, jaune; antennes jaunes-ferrugineuses; terminées par
une spirale serrée; noires en dessus jusqu'à la spirale. Flancs
noirs, cuisses jaunes en dessus. — Très variable aussi pour les
couleurs.

Anomalie : Dans un mâle de la collection de M. Smith la troisième cellule cubitale est très petite, rétrécie vers la radiale à
l'aile gauche, non rétrécie à l'aile droite. Dans les deux il existe
une nervure transversale qui les partage chacune en deux
autres; dans la cellule de gauche cette nervure anomale est très
près de la radiale, dans celle de droite elle est médiane, et les
deux cellules qui en résultent sont de grandeur égale.

Rapp. et diff. Cette espèce est distincte lorsque ses couleurs
sont bien développées, mais le noir des premier et troisième
segments manque souvent, ainsi que les bordures blanches, alors
l'espèce ressemble entièrement au *P. stigma*, qui n'en est probablement qu'une variété. Le *P. maculipennis* pourrait même se
rattacher à cette espèce; ce serait une variété à abdomen noir,
cependant les différences qui les séparent sont assez tranchées.

Habite : L'Afrique méridionale. Construit un nid circulaire.
(Musée de Paris.)

21. P. STIGMA, Fabr.

(Pl. VI, fig. 3.)

Ferrugineus ; metathorace lineis duabus, segmentorumque 1, 3, 4 margine, flavis, alis apice fusco maculatis.

SYN. Fabr. *Vespa stigma*. Ent. Syst. II. 275. 78. — *Vespa tamula*. Ent. Syst. Suppl. 263. 78. — *Polistes stigma*. Syst. Piez. 261. 41. — *P. tamula*. Id. 274. 27.

Long. 11 1/2 mill. ; env. 26 mill..

FEM. Chaperon terminé par une dent obtuse. Métathorax finement strié. Insecte d'un ferrugineux obscur. Chaperon jaune, ainsi que la bordure des yeux. Antennes ferrugineuses en dessus, le premier article souvent obscur. Prothorax liseré de jaune en avant et en arrière ; écaille et un point sous l'aile, jaunes ; post-écusson liseré de jaune à son bord antérieur ; deux larges bandes jaunes presque verticales sur le métathorax. Abdomen d'un roux brun ; le premier segment jaune, avec un ovale roux en dessus, s'étendant jusqu'à sa base ; le deuxième noirâtre à sa base ; le troisième brun, orné d'une bordure jaune régulière, le quatrième jaune, avec sa base un peu ferrugineuse ; le reste ferrugineux. Pattes ferrugineuses, tarses et devant des hanches, surtout des premières, jaunâtres. Ailes transparentes, avec une tache ronde, brune, au bout ; nervures ferrugineuses.

Var. Métathorax noir entre les lignes jaunes. Le deuxième segment abdominal bordé de jaune.

Rapp. et diff. Surtout reconnaissable à la tache de l'aile, puis souvent à son abdomen dont le deuxième segment est roux ou brun, sans bordure jaune, et le troisième bordé de jaune. Ce caractère le rapproche du *P. marginalis* dont il n'est peut-être qu'une variété.

Habite : Les Indes Orientales. (Musées de Paris, de Genève, etc.)

22. P. Synœcus, n. sp.

(Pl. VI, fig. 5.)

Niger, flavo ferrugineoque variegatus; metathorace nigro flavoque vario; alis hyalinis, costa ferrugineis.

Long. 11 1/2 mill. ; env. 28 mill.

Fem. Chaperon terminé par un angle très obtus; corselet ponctué, métathorax strié, abdomen soyeux. Tête noire, mandibules et chaperon, orbites, et espace en arrière des yeux, jaunes. Antennes ferrugineuses ou orangées. Prothorax rebordé, roux, doublement liseré de jaune; écussons roux, bordés de jaune antérieurement; écaille jaune ou rousse; le reste du corselet noir, avec un point sous l'aile et deux taches allongées sur le métathorax, jaunes, ainsi que les valves articulaires. Abdomen roux, soyeux, à reflet glauque. Le premier segment noir à la base, bordé de jaune des trois côtés, le deuxième noir à la base, le noir souvent presque nul, souvent assez étendu, le bord postérieur parfois liseré de jaune; le troisième bordé de jaune; les autres roux ou jaunes, parfois noirs à la base. Pattes rousses, hanches noires, devant des premières jaunes; genoux tachés de jaune; cuisses noires en dessous. Ailes transparentes, rousses le long de la côte, un peu grises vers le bout.

Var. Pas de jaune à l'écusson.

Male. Front et devant du premier article des antennes, jaunes; ces dernières noires en dessus. Prothorax noir, bordé d'un cordon jaune en avant et en arrière. Ecusson noir. Abdomen ne portant pas de roux sur le deuxième segment, les autres noirs, bordés de jaune.

Rapp. et diff. Très voisin du *P. tasmaniensis*. Il se rapproche aussi beaucoup du *P. stigma* dont il n'est peut-être qu'une variété à mésothorax et à métathorax noirs.

Habite : La Nouvelle-Hollande. (Musée de Paris, ma collection.)

5

23. P. Tasmaniensis.

(Pl. VI, fig. 6.)

Rufus; nigro, flavoque varius ; metathorace nigro, scutellis rufis; alis costa rufis.

Long. 13 mill. ; env. 28 mill.

Fem. Chaperon plus large que long, terminé par un angle très obtus. Prothorax rebordé, corselet ponctué, métathorax strié, abdomen soyeux, luisant d'un reflet glauque; tête d'un roux sombre, vertex noirâtre; chaperon jaune; antennes ferrugineuses. Corselet noir, prothorax roux, doublement liseré de jaune; une longue tache rousse sur le mésothorax; écusson roux, post-écusson noir, bordé de jaune; écaille rousse. Abdomen : premier segment noir, portant une bordure jaune étroite et régulière; les autres segments roux, noirs à la base, le roux du deuxième segment échancré de noir au milieu; le bout de l'abdomen roux. Pattes noires; genoux, tibias et tarses, roux. Ailes transparentes, légèrement enfumées, la radiale plus foncée, la côte d'un ferrugineux clair.

Male. Mandibules et front, jaunes; antennes noires en dessus, leur premier article jaune en devant; souvent le troisième orné d'un cordon jaune marginal.

Var. A. Mésothorax et post-écusson noirs.

Var. B. Mésothorax noir, post-écusson roux.

Rapp. et diff. Très voisin du *P. synœcus,* mais s'en distinguant facilement à son métathorax noir, et à son écusson roux sans marques jaunes, à la bordure régulière du premier segment de l'abdomen, etc.

Habite : La Nouvelle-Hollande. (Musée de Paris, ma collection, etc.)

24. P. Variabilis Fabr. ! (1).

Niger, flavo variegatus; antennis supra nigris, apice ferrugineis; thorace ferrugineo variegato, metathorace flavo bilineato ; abdomine fusco, segmentis 1, 3, 4 flavo marginatis ; alis hyalinis, costa ferruginea.

(1) Cette espèce a été décrite sur le type de Fabricius dans la collection de Banks.

Syn. Fabr. *Vespa variabilis*, Ent. syst. ii. 274. 74. — *Polistes variabilis*, Syst. Piez. 273. 20.

Oliv. *Vespa variabilis*. Encycl. méth. vi. 690. 104.

Male. Taille du *P. biglumis*. Prothorax assez anguleux. Tête noire ; mandibules, chaperon, fossette d'insertion des antennes, jaunes ; antennes ferrugineuses, noires en dessus presque jusqu'au bout. Corselet noir : les deux bords du prothorax, celui de l'écaille et l'écusson, roux ; post-écusson noir, entièrement bordé de jaune. Sur le métathorax deux larges lignes jaunes. Abdomen brun ; le premier segment jaune, avec, au milieu, une partie noire qui part de la base ; le jaune varié de roux. Bord du troisième segment et le quatrième, jaunes ; les autres ferrugineux ou bruns ; anus jaune ; pattes ferrugineuses. Ailes transparentes, nervures brunes, la côte un peu ferrugineuse.

Habite : La Nouvelle-Hollande. (Collect. de Banks, conservée à la Société Linnéenne de Londres.)

25. P. Tricolor, n. sp.

Niger ; antennis, prothorace pedibusque rufis ; abdominis segmentis primo et tertio sulphureo marginatis, secundo punctis duobus rufis ; ultimis segmentis rufis.

♀. Long. 20 mill. ; env. 30 mill.

Fem. Taille un peu supérieure à celle du *P. gallicus*. Tête et corselet velus ; métathorax distinctement strié. Insecte noir. Derrière des yeux, mandibules, antennes, roux ; chaperon jaune, une ligne jaune le long du bord interne des yeux. Ecaille et prothorax, roux ; ce dernier parfois liseré de jaune. Le premier et le troisième segments de l'abdomen portent une bordure régulière de jaune-soufre, le deuxième liseré de roux et orné de deux taches rousses sur les côtés ; les segments 4-6 roux. Pattes noires, genoux, tibias et tarses roux. Ailes transparentes, les nervures ferrugineuses vers la base, grises au bout de l'aile.

Habite : La Nouvelle-Hollande. (Musée de Londres.)

26. P. Diabolicus, n. sp.

(Pl. VI, fig. 7.)

Fulvus; mesothoracis discho flavo bimaculato; abdominis segmentis duobus anterioribus, basi nigris, alisque ferrugineis. Variat thorace toto flavo.

♀. Long. 16 mill.; env. 40 mill.

Fem. Corselet peu rebordé; métathorax strié en travers. Insecte jaune d'ocre : un peu de noir au vertex; dessous du corselet noir; mésothorax noir, avec deux lignes ou taches jaunes, et deux autres à côté de l'écaille; souvent le noir à peine visible, souvent envahissant presque tout l'espace occupé par le jaune. Lignes entre les écussons et sillon du métathorax, noirs. Base des deux premiers segments, noire; le premier souvent jaune; le noir du deuxième se terminant en angle aigu. Pattes jaunes; hanches noires tachées de jaune; base des cuisses, tibias des jambes postérieures, ainsi que le premier article du tarse, noirs. Ailes ferrugineuses.

Var. Corselet entièrement jaune, un peu orangé; le deuxième segment presqu'entièrement jaune.

Var.? Du noir sur le premier article des antennes; base et bord postérieur du troisième segment de l'abdomen, noirs, une tache noire sur le jaune des suivants. Pattes postérieures jaunes en dessous (Timor).

Rapp. et diff. Voisin du *P. carnifex*, mais en différant par son mésothorax noir avec deux taches ou lignes jaunes; par la base noire, et surtout la forme angulaire de cette couleur sur le deuxième segment, etc.

Habite : Les Iles de Java, de Timor, etc. (Collection de M. le marquis Spinola, Musée de Paris.)

27. P. Tepidus, Fabr.

(Pl. VIII, fig. 1.)

Niger; clypeo, antennis, prothorace, abdominis segmentis 2-6, tibiis, tarsis, alisque flavis.

Syn. Fabr. *Vespa tepida.* Syst. Ent. 366. 17. — Spec. Ins. I.

462. 21. — Mant. Ins. 1. 289. 25. — Ent. Syst. 11. 262. 31. — *Polistes tepida.* Syst. Piez. 271. 7. Oliv. *Vespa tepida.* Encycl. Meth. vi. 682. 64. Christ. *Vespa tepida.* Hymen. p. 242.

Long. 18 mill. ; env. 40 mill.

Fem. Chaperon ponctué, terminé en angle aigu, corselet ponctué, métathorax strié. Tête noire, chaperon, mandibules, front, espace derrière les yeux, jaunes ; du noir autour de l'insertion des antennes. Antennes jaunes ; prothorax jaune, le reste du corselet noir ; abdomen jaune ; le premier segment entièrement noir, les autres noirs, largement bordés de jaune. Anus jaune. En dessous, les trois premiers segments noirs, les autres roux ou jaunes. Pattes noires, genoux, jambes et tarses, jaunes, crochets des tarses noirs. Ailes fortement ferrugineuses, les nervures toutes rousses.

Var. Front noir, ainsi que le milieu de l'orbite postérieure. Base du deuxième segment de l'abdomen noire, ses deux tiers postérieurs jaunes. Tibias postérieurs, noirs. Ailes un peu grises au bout.

Rapp. et diff. Voyez la description du *P. Picteti.*

Habite : La Nouvelle-Hollande. (Ma collection, Musée de Paris.)

28. P. Picteti, n. sp.

(Pl. VI, fig. 8.)

Niger ; clypeo, antennis, prothorace, mesothoracis discho maculis duabus, scutellis, metathorace lineis duabus, abdominisque segmentorum margine, flavis.

Long. 21 mill. ; env. 48 mill.

Fem. Comme le *P. tepidus*, mais plus grand ; sur le mésothorax deux taches pyriformes jaunes ; écussons et deux taches au métathorax jaunes ; le premier segment largement bordé de jaune, la bordure élargie sur les côtés.

Habite : La Nouvelle-Hollande. (Musée de Paris, ma collection.)

29. P. Bernardii, Le Guillou.

Capite fulvo-rubro; clypeo sulphureo; mandibulis pallide luteis; antennis pedibusque fulvo-rubris; abdomine lœve, alis translucidis; stigmate aurantiaco; post stigma, lamella circulare, nigra.

Syn. Le Guillou. *Polistes Bernardii,* Ann. Soc. Ent. Fr. 1re Sér. x. 321.

♀. Long. 14 mill.

Tête d'un fauve rougeâtre, chaperon d'un jaune soufre. Mandibules jaunes pâles. Yeux noirs, échancrés. Antennes d'un fauve rougeâtre. Corselet d'un fauve rougeâtre. Une bande circulaire d'un jaune soufre sur la partie supérieure, deux bandes transversales vers le milieu sur le post-écusson ; deux lignes longitudinales d'un jaune soufre sur le métathorax, bordées chacune d'une bande noire, et au milieu desquelles est un ovale de couleur noire. Abdomen lisse. Le premier anneau de l'abdomen d'un brun rougeâtre, entouré d'une bande d'un jaune soufre. Le deuxième rougeâtre, bordé de noir supérieurement, et inférieurement d'une bande fauve. Le troisième brun, avec une bande d'un jaune soufre. Les autres, bruns, bordés de fauve rougeâtre ; les pattes sont fauve-rougeâtre. L'aile est vitreuse, le stigma orangé ; immédiatement après le stigma, est une plaque ronde noirâtre.

Habite : L'Australie septentrionale.

Cette espèce, que je n'ai pas vue, semble se rapprocher singulièrement du *P. synœcus.*

30. P. Manillensis, n. sp.

Nigro-fuscus; prothorace rufo, metathorace lineis duabus flavis; segmentis 1 et 3 margine flavo; alis apice macula obscura.

♂. Long. 8 mill. ; env. 19 mill.

Male. Insecte noir. Chaperon carré, jaune pâle. Bord antérieur des mandibules, orbites, dessous des antennes, brun-ferrugineux. Prothorax et écussons, écailles, une tache sous l'aile,

brun-roux. Bord antérieur des écussons, deux lignes au métathorax, jaunes; les bords du prothorax insensiblement liserés
de jaune. Abdomen brun-noir; segments 1 et 3 bordés de jaune
pâle; le deuxième portant deux grandes taches indistinctes
d'un brun plus roux, et insensiblement liseré de jaune sur les
côtés; bout de l'anus plus roux. Pattes brunes. Ailes à peine
enfumées, avec une tache grise au bout de la radiale.

C'est le plus petit *Polistes* connu.

Habite : Les Philippines. (Musée de Londres.)

31. P. Callimorpha, n. sp.

(Pl. X, fig. 1.)

Parvulus, multicolor; rufo, nigro, flavoque varius; alis apice macula fusca rotunda; abdominis
primo segmento elongato, secundo brevissimo, basi dilatato, supra fascia magna rufa.

Long. 9 mill.; env. 22 mill.

Fem. et Ouvr. Corselet à peine rebordé; métathorax plat,
large, sans stries; abdomen allongé, le premier segment très
petit, très allongé, un peu pédicellé; le deuxième élargi à sa
base, très court, presque deux fois plus large que long.

Tête rousse : bouche, bas de la tête, chaperon, une tache à
côté des yeux, jaunes; flagellum des antennes orangé. Corselet
roux; ses deux bords finement liserés de jaune; mésothorax
roux, ou noir, ou noir avec deux bandes rousses, ou roux avec
trois taches noires; écussons souvent bordés de jaune antérieurement; deux bandes jaunes au métathorax; flancs et métathorax souvent noirs foncièrement. Abdomen brun, ou noirâtre;
le premier segment jaune, avec son dessus brun, bordé de
jaune; sur le milieu du deuxième, une large bande rouge ou
ferrugineuse en couvrant la plus grande partie. Ce segment
parfois liseré de jaune; le troisième segment bordé de jaune;
le bout de l'abdomen ferrugineux. Pattes rousses; hanches
jaunes en devant. Ailes subferrugineuses, avec une tache ronde
brune au bout de la radiale.

Male. Tête d'un roux foncé, avec le vertex noir. Milieu du

flagellum des antennes obscur en dessus. Mésothorax et prothorax variés de noir.

Rapp. et diff. Cette petite et élégante espèce est bien reconnaissable aux formes de son abdomen. Pour les couleurs, elle ressemble extrêmement à une variété du *P. instabilis.*

Habite : L'île de Timor. (Musée de Paris.)

II. Espèces américaines.

A. *Abdomen unicolore, ou noir et brun.*

32. P. Canadensis.
(Pl. IX, fig. 1.)

Fuscus; abdomine nigrescente; antennis ferrugineis, medio nigris; alis fusco-nigris.

Syn. Linn. *Vespa canadensis.!* Syst. Nat. ii. 952. 25. — Mus. Lud. Ulr. 411. — *Vespa marribous.* Syst. Nat. i.

De Geer. Mém. Ins. iii. 580. 3. pl. 29. fig. 7. — *Vespa nigripennis.* iii. 582. pl. 29. fig. 10.

Sulz. Hist. Ins. tab. 19. fig. *a.*

Réaum. Mém. Ins. vi. p. 169. pl. 17. fig. 4.

Fabr. *Vespa lanio.* Syst. Ent. 365. 15. — Spec. Ins. i. 461. 17. — Mant. Ins. i. 288. 20. — Ent. Syst. ii. 260. 24. — *Polistes lanio.* Syst. Piez. 269. 1.

Christ. *Vespa canadensis.* Hymen. 225. — *V. lanio.* Id. 238. — *V. marribous.* Id. 217.

Oliv. *Vespa canadensis.* Encycl. Méth. vi. 684. 74. — *V. lanio.* Id. 681. 59. — *V. nigripennis.* Id. 684.

Latr. *Polistes erythrocephala.* Voy. Humb. et Bompl. Ins. ii. p. 96. N° 132. pl. 38. fig. 3. ♀.

Lep. St.-Farg. *Polistes unicolor.* Hymen. i. 520. — *P. infuscata.* Id. 520.

Smith. *Polistes lanio.* Trans. Ent. Soc. Lond. N. Ser. i. p. 176. pl. 16. fig. 1.

Long. 18 mill.; env. 45 mill.

Tête et corselet d'un brun ferrugineux ; métathorax à stries transversales fines. Antennes ferrugineuses à leur base, noires au milieu, presque orangées au bout ; un peu de noir sur les côtés du thorax et dans le sillon du métathorax. Abdomen brun ou noirâtre. Pattes : hanches et cuisses noires ; tarses, genoux, et tibias de la première paire, ferrugineux, les deux tiers inférieurs des tibias des deux autres paires, noirs. Ailes d'un brun foncé, à reflets bruns.

Var. A. Cuisses ferrugineuses, noires en dessous ; tibias du milieu ferrugineux.

Var. B. Corps et pattes entièrement ferrugineux.

Var. C. Bord postérieur du premier segment de l'abdomen, ferrugineux.

Var. D (?). Entièrement d'un beau roux. Ailes rousses.

Rapp. et diff. Il ne faut pas confondre ce Poliste avec le *P. Schach*, qui a les antennes entièrement noires, le métathorax moins allongé, très rugueusement strié, etc.

Nota. J'ai longtemps pris le *P. annularis* pour une variété de cette espèce, et je ne suis pas encore convaincu du contraire ; il existe cependant entre la forme des nids de ces deux espèces une certaine différence.

Habite : A ce qu'il paraît, les deux Amériques, dans toute leur étendue. Très commun.

33. P. ATERRIMUS, n. sp.

Niger ; ore apice rufo ; abdomine compresso, acuto ; alis nigerrimis.

Long. 24 mill. ; env. 42 mill.

OUVR. Prothorax rebordé, mais non épineux ; abdomen comprimé, très conique aux deux bouts. Insecte noir, lisse, le métathorax à peine strié. Bout du chaperon et des mandibules, roux. Antennes noires portant un peu de ferrugineux en dessous de leur extrémité. Ailes noires, très opaques, avec des reflets violets.

Var. Le noir passant au brun.

Rap. et diff. Cette espèce a la même couleur que le *P. mela-nosoma*, mais elle n'a pas comme lui les ailes transparentes. On pourrait surtout la confondre avec le *P. canadensis*, qui a aussi les ailes brunes, mais le *P. aterrimus* les a bien plus noires, et surtout également foncées dans toute leur étendue, tandis que le *P. canadensis* les a toujours plus claires au bout. La couleur de son corps est du reste bien plus noire aussi.

Habite : Les Amazones. (Collect. de M. Baly de Londres.)

34. P. Rubiginosus, Lepel.

Rufescens; antennarum flagellis supra nigris; alis cœruleis.

Syn. Lep. St.-Farg. *Polistes rubiginosus.* Hymen. i. p. 524.

Long. 18 mill. ; env. 43 mill.

Grand. Métathorax strié en travers. Insecte tout entier d'un jaune-roux clair. Un peu de noir autour des ocelles, et le corselet portant un duvet doré. Antennes noirâtres en dessus à partir du quatrième article. Ailes brunes, avec des reflets violets et dorés.

Var. Trois lignes noires au mésothorax, une au métathorax.

Rapp. et diff. Cette belle espèce ressemble, pour la description, à plusieurs autres, mais elle est cependant bien distincte à l'œil.

Elle se distingue du *P. lanio* par sa couleur d'un roux blond, plus clair encore que celui de l'abdomen du *P. bicolor.* Elle ressemble un peu au *P. pallipes*, mais sa grande taille, sa teinte plus claire, ses ailes en général plus brunes l'en distinguent bien.

Habite : Philadelphie. (Musée de Turin.) Communiqué par M. Ghiliani.

35. P. METRICUS, Say.
(Pl. VII, fig. 4.)

Niger; capite et thorace obscure ferrugineis, hoc metathorace nigro; alis obscuris.

SYN. Say. *Polistes metrica.* Boston Journ. of Nat. Hist. I. 388. 1. (var.).

Long. 17 mill.; env. 42 mill.

MALE. Tête d'un roux ferrugineux; tout le devant de la tête jaune; vertex noir. Antennes ferrugineuses, noires en dessus. Prothorax et flancs roux; mésothorax noir, avec deux taches rousses pyriformes, laissant entre elles une ligne noire, et de chaque côté un trait roux entre ces taches et les écailles, qui sont ferrugineuses, en sorte qu'il ne reste sur le mésothorax que peu de noir. Écusson et post-écusson, roux : deux points noirs sur le premier. Partie postérieure des flancs depuis les ailes, et métathorax, noirs; ce dernier finement strié, portant sur sa plaque postérieure deux lignes, et de chaque côté un point ou trait, roux. Abdomen d'un brun noirâtre satiné; le deuxième segment renflé en dessus en un gros tubercule arrondi. Pattes de même couleur que l'abdomen ; genoux et tarses jaunes; côté antérieur des tibias et des hanches des deux premières paires, jaune ou roux. Ailes brunes.

Var. Antennes noires au milieu seulement, en dessus et en dessous. Petit bord des segments de l'abdomen, roux.

Var. typique de Say. mésothorax avec trois lignes noires, la médiane n'atteignant pas l'écusson; corselet brun rougeâtre. Abdomen noir, à reflets glauques; bord et côtés du premier segment, ainsi qu'une tache arquée de chaque côté du deuxième à sa base, d'un brun rougeâtre. (Collect. de M. Guérin-Méneville.)

Rapp. et diff. Ce Poliste est très facile à confondre avec le *P. canadensis.* Il se reconnaît à ses couleurs, qui sont moins sales, moins ferrugineuses, plus rougeâtres; et surtout à son abdomen plutôt déprimé que comprimé, surtout au bout, lequel est bien comprimé dans le *P. canadensis,* et bien plus aigu.

Le *P. metricus* a, au contraire, une forme d'abdomen plus ovale.
Le post-écusson offre une petite crête tranchante.

Habite : L'Amérique du Nord. (Musées de Genève et de
Paris.)

36. P. MELANOSOMA, n. sp.

Elongatus, niger; segmento primo bidentato; antennis rufis, articulis 1-3 nigris; alis hyalinis
nervis ferrugineis.

♂. Long. 14 mill.; env. 33 mill.

MALE. Corps allongé, grêle ; prothorax rebordé ; métathorax
très oblique, allongé, étroit, lisse, sans stries, mais couvert d'un
duvet soyeux. Abdomen allongé ; le premier segment beaucoup
plus long que large, bituberculé sur les côtés. Insecte entièrement noir, couvert d'un duvet soyeux; antennes rousses, avec
les deux premiers articles et la base du troisième, noirs. Ailes
transparentes, nervures ferrugineuses.

Nota. Cette espèce, par ses formes allongées, forme la transition à la deuxième division du genre *Polistes* ; elle est très
distincte par sa coloration.

Habite : Le Brésil. Goyaz. (Musée de Paris.)

37. P. BICOLOR, Lepel.

Niger; abdomine ferrugineo; alis hyalinis, costa nigra.

SYN. Lep. St.-Farg. *Polistes bicolor*. Hymen. I. 521.

♀. Long. 19 mill.; env. 44 mill.

OUVR. Prothorax très large, finement rebordé. *Métathorax
lisse* en dessus, sans stries transversales; tout l'insecte couvert
d'un duvet grisâtre, à reflet glauque. Tête, corselet et pattes,
d'un noir profond ; armure des pattes, rousse. Abdomen roux
noisette. Ailes transparentes, un peu enfumées, nervures
noires.

Var. Ailes lavées de brun, la côte noire. Bas du chaperon
roux ou jaune.

Rapp. et diff. Il ne faut pas confondre cette espèce avec certaines variétés du **P.** *canadensis.* Ici la tête et le corselet sont franchement noirs, l'abdomen franchement roux noisette, les ailes sont transparentes, avec des nervures noires.

Habite : Cayenne, Surinam, etc. (Musée de Paris. Collect. de M. Spinola.)

38. P. Rufidens, n. sp.

Niger; mandibulis, tibiis, tarsisque rufis; alis obscuris.

Long. 14 mill. ; env. 36 mill.

Fem. Prothorax très fortement rebordé, ses angles épineux ; métathorax un peu froncé, strié. Insecte noir, un peu luisant de reflets gris. Mandibules, tibias et tarses, roux ; tibias postérieurs noirs, avec le haut roux ; pelottes des tarses, noires. Ailes brunes, la côte ferrugineuse.

Var.? Tête et corselet roux ferrugineux.

Rapp. et diff. Distinct par ses couleurs ; voisin du **P.** *pallipes.* (Voyez la description de cette espèce.)

Habite : Venezuela. (Collect. de M. Spinola.)

39. P. Ferreri, n. sp.

Capite thoraceque rufis, metathorace abdomineque nigris, alis ferrugineo-fuscis.

♀. Long. 17 mill. ; env. 40 mill.

Ouvr. Chaperon terminé en angle obtus. Métathorax strié en travers. Abdomen comprimé au bout. Tête d'un roux ferrugineux ; antennes noires au milieu en dessus et en dessous. Corselet noir : prothorax, écaille, mésothorax en dessus et écussons, de la couleur de la tête. Abdomen noirâtre, petit bord des segments brunâtre, se fondant avec le noirâtre. Pattes d'un brun noirâtre, tarses, articulations et tibias antérieurs, jaunâtres ; crochets des tarses noirs. Ailes d'un brun foncé, plus claires vers le bout.

Var. A. Abdomen noir ; prothorax indistinctement liseré de jaunâtre le long de ses deux bords.

Var. B. Abdomen brun, passant au ferrugineux.

Rapp. et diff. Il ressemble assez au *P. canadensis*, mais il s'en distingue par les couleurs parfaitement tranchées du corselet, et par ses ailes bien moins brunes. Il a les ailes colorées comme dans les *P. cavapyta*, et voisins. Il faut pour le distinguer, surtout lorsque ses couleurs ne sont pas parfaitement nettes, un œil exercé.

Habite : L'Amérique du Sud, depuis l'Urugay jusqu'aux Missions. (Musées de Genève et de Paris.)

B. *Espèce dont l'abdomen est de deux ou trois couleurs, principalement orné de noir, de jaune et de roux.*

40. P. Aurifer, n. sp.

Niger, sulphureo ornatus ; antennis orantiacis ; abdomine sulphureo, segmentis basi nigris; alis auratis.

♀. Long. 15 mill. ; env. 32 mill. ; long. totale 20 mill.

Fem. Taille un peu supérieure à celle du *P. gallicus* ; mêmes formes, même sculpture, mêmes couleurs. Insecte noir. Antennes orangées. Mandibules, chaperon, orbites, un V très ouvert sur le front, jaunes. Les deux bords du prothorax liserés de jaune ; une tache sous l'aile, écaille, bord antérieur des deux écussons, deux lignes au métathorax, jaunes. Abdomen jaune ; base des deux premiers segments, noire ; le noir échancrant le jaune au milieu, et quelquefois y formant un dessin ; le troisième parfois noir à sa base au milieu. Pattes noires ; genoux, tarses, tibias, jaunes. (Le jaune est brillant comme dans le *P. gallicus*.) Ailes ayant une teinte générale dorée, ou d'un gris ferrugineux.

Var. Bout des tibias postérieurs noir.

Rapp. et diff. Distinct par sa couleur franchement noire et jaune-soufre comme le *P. gallicus.*

Habite : La Californie. (Musée de Londres.)

41. P. Annularis, Linn.
(Pl. VIII, fig. 4, 4 a.)

Fuscus; genubus, antennarum apicibus, margineque primi segmenti, flavis.

Syn. Lin. *Vespa annularis.* Syst. Nat. 950. 9. — Amœn.
   Acad. vi. 413. 93.
   Muell. *Vespa annularis.* Edit. Lin. Ins. ii. 882. 9.
   Fabr. *Vespa annularis.* Syst. Ent. 366. 16. — Spec. Ins.
   i. 461. 19.— Mant. Ins. i. 288. 22.— Ent. Syst. ii.
   950. 9.— *Polistes annularis.* Syst. Piez. 270. 3.
   De Geer. Mém. Ins. iii. 583. 7. pl. 29. fig. 11.
   Oliv. *Vespa annularis.* Encycl. Méth. vi. 682. 61. ·
   Illig. *Vespa annularis.* Centur. Ins. 30. N° 93.
   Lep. St.-Farg. *Polistes annularis.* Hymen. i. 522. —
   P. cincta. Id. 522.

Long. 18 mill. ; env. 45 mill.

Cette espèce est très répandue, et par cela même très variable.

Voici, ce me semble, le type de l'espèce :

Noir ; tête ferrugineuse, une ligne en dessus du chaperon et vertex , noirs. Prothorax rebordé, roux, ainsi que l'écaille, un point sous l'aile, deux taches au milieu du mésothorax, deux points sur l'écusson, et deux sur le métathorax. Post-écusson d'un jaune ferrugineux. Abdomen noir, le premier segment bordé de jaune. Ailes noires. Antennes ferrugineuses, noires au milieu, orangées au bout. Pattes brunes, avec les articulations jaunes.

Var. A. Thorax ferrugineux, varié de noir.

Var. B. Tout l'insecte d'un ferrugineux clair.

Var. C. Insecte brun, se confondant presque pour la couleur avec le *P. canadensis.*

Var. D. Corselet et deux taches sur les côtés du deuxième segment, rougeâtres.

Habite : Les deux Amériques Très commun.

42. P. Analis, Fabr.

Flavo-ferrugineus; secundo abdominis segmento medio fusco, segmentis 3-6 nigris.

Syn. Fabr. *Vespa analis.* Ent. Syst. Suppl. 261. 40. — *Polistes analis.* Syst. Piez. 272. 15.

Long. 16 mill.; env. 38 mill.

Prothorax carré, fortement rebordé, anguleux; métathorax velouté, sans stries. Insecte d'un jaune ferrugineux; mésothorax souvent brun, avec deux taches ou lignes arquées, ferrugineuses; premier segment de l'abdomen ayant un bord plus clair; le deuxième brun au milieu; les autres d'un brun noirâtre ou noirs. Ailes ferrugineuses. Pattes d'un jaune ferrugineux.

Var. A. Métathorax avec deux lignes jaunes; sur les côtés du troisième segment, un peu de ferrugineux.

Var. B. Abdomen presque ferrugineux.

Rapp. et diff. Ce Poliste a exactement les mêmes couleurs que la *Polybia testacea.*

Habite : Cayenne, le Brésil. (Musées de Paris et de Genève, collect. de M. Spinola.)

43. P. Spinolæ, n. sp.

Niger, fulvo et citrino varius; prothorace, scutellis, abdominisque secundo segmento, flavis.

♀. Long. 14 mill.; env. 31 mill.

Ouvr. Métathorax offrant des stries très indistinctes. Tête orangée, tour des yeux, et angles du chaperon, jaunes; vertex noir; antennes rousses, la moitié externe noire en dessus.

Corselet noir; prothorax orangé en dessus; ses deux bords liserés de jaune citron, le liseré antérieur descendant le long des flancs; une tache sous l'aile, deux larges lignes sur le métathorax, valves articulaires, et bord antérieur du post-écusson, jaunes; écusson orangé, son bord antérieur jaune. Abdomen : le premier segment jaune, avec un ovale noir en dessus; le deuxième orangé, avec une grande échancrure noire qui part de la base, et son bord postérieur jaune citron; les autres segments bruns ou orangés à la base, avec le bord jaune citron; bout de l'abdomen jaunâtre. Pattes noires; genoux, tibias et tarses, jaunes, le bout des tibias souvent noirâtre. Ailes grises au bout, ferrugineuses le long de la côte.

Rapp. et diff. Surtout reconnaissable à la couleur orangée du prothorax, de l'écusson et du deuxième segment de l'abdomen.

Habite : Le Brésil. Province des mines. (Collection de M. Spinola.)

44. P. VERSICOLOR, Fabr.

(Pl. VIII, fig. 6, 6 *a*. Pl. VII, fig. 5.)

Mox fuscus, mox ferrugineus, nigro pictus, maculis duabus metathorace, duabus primo, duabusque secundo segmentis, flavis; alis fuscis.

SYN. Oliv. *Vespa versicolor.* Encycl. Meth. VI. 692. 114.
    Fabr. *Vespa myops.* Ent. Syst. Suppl. 261. 40. —
        Polistes myops. Syst. Piez. 272. 16.

♀. Long. 13 mill. ; env. 30 mill.

FEM. Chaperon terminé par une dent obtuse ; métathorax très finement strié. Abdomen élancé, fusiforme. Insecte d'un ferrugineux brunâtre. Bordures postérieures des yeux et du vertex, jaunes. Antennes noires au milieu en dessus, presque orangées au bout. Bord antérieur du corselet rebordé, liseré de jaune; dessous du corselet, flancs, métathorax, noirs; une tache sous l'aile, angles antérieurs de l'écusson, post-écusson, deux grandes taches pyriformes au métathorax, et valves articulaires, jaunes. Abdomen noir jusqu'au milieu du deuxième segment ; le premier jaune en dessus et sur les côtés, le jaune très fortement échancré de noir ou de brun. Le deuxième segment orné de deux grandes taches jaunes plus ou moins carrées, irrégulières, qui séparent le noir de la base du ferrugineux du bord ; les deux suivants portant chacun deux taches jaunes à leur base. Pattes noires, genoux et tarses jaunes ; les quatre tibias antérieurs ferrugineux. Ailes d'un brun clair uniforme.

Var. A. Ecussons roux, troisième et quatrième segments sans taches jaunes ; corselet et abdomen souvent sans noir ; prothorax et tête sans jaune.

Var. B. On pourrait facilement la prendre pour une espèce distincte : tous les segments de l'abdomen, sauf le premier, fauves, portant sur le milieu une ligne longitudinale noire, coupée par une ligne transversale bisinuée, en avant de laquelle sont placées les deux taches jaunes, lesquelles sont séparées par la ligne médiane. Les derniers segments souvent bruns. (Pl. 7, fig. 5.)

Var. C. Insecte presque entièrement ferrugineux.

Var. D. Abdomen roux orangé, varié de noir, le premier et le deuxième segments ayant chacun deux taches d'un beau jaune. (Pl. 8, fig. 6)

Nota. Fabricius ne parle ni des taches des écussons, ni de celles des troisième et quatrième segments ; il décrit la var. A.

Habite : Cayenne, les Amazones, le Brésil. (Ma collection, Musée de Paris ; très commun.)

45. P. Pallipes, Lepel.
(Pl. XII, fig. 1-4.)

Niger ; prothoracis margine posteriore, segmentorumque 1-2, genubus, tarsisque, flavis ; abdominis secundo segmento rufo bimaculato; alis macula apicali.

Syn. Lep. St.-Farg. *Polistes pallipes.* Hymen. i. 530.

Long. 15 mill. ; env. 34 mill.

Pour la description de l'espèce, voyez Lepeletier de Saint-Fargeau, loc. cit.

Le corselet est rebordé ; le chaperon brun, avec le haut roux ; les cuisses sont brunes, et les tarses jaunâtres.

Mâle. Devant de la tête, mandibules, derrière des yeux, et dessous des antennes, jaune-clair ; bord antérieur du prothorax et un point sous l'aile, jaune clair. De chaque côté des deux premiers segments une grande tache rousse, presque orangée ; bout de l'abdomen brun. Pattes jaunâtres, dessous des cuisses noir. Ailes ferrugineuses.

Var. ♀. Deux lignes jaunes au métathorax. (Cayenne ?)

Var. A. Bordure des épaulettes indistincte ; premier article des antennes roux ; post-écusson orné de deux points jaunes.

Var. B. Abdomen noir, bordure du deuxième segment nulle, les taches rousses petites, rouges.

Var. C. Prothorax, chaperon et bord du troisième segment de l'abdomen, roux.

Var. D. Une tache sous l'aile, deux points au post-écusson, jaunes ; métathorax avec deux lignes jaunes.

Var. E. Taches de l'abdomen grandes, se fondant avec les bordures, qui sont rousses. (Para.)

Var. F. Tous les segments de l'abdomen portant de chaque côté une tache rousse. (Martinique.)

Var. G. Tous les segments roux, leur base noire, leurs bords plus ou moins liserés de jaune blanchâtre. (Martinique)

Var. H. Métathorax et abdomen roux, pas de jaune à l'insecte ; base du deuxième segment noire. (Amérique septentrionale.)

Var. J. Métathorax roux, avec deux lignes jaunes ; écussons tachés de jaune ; abdomen roux.

Var. K. Abdomen marron, le premier segment liseré de jaune, deux points jaunes au métathorax. (Ressemble au *P. cavapyta.*)

Var. L Taches du deuxième segment de l'abdomen blanches.

Var. M. Grand ; abdomen ferrugineux, avec quatre bordures jaunes assez larges ; métathorax avec deux bandes jaunes ; antennes à peine grises en dessus. (Nouvelle-Orléans.)

Rapp. et diff. Cette espèce se distingue, malgré ses mille variétés très différentes entre elles, à ce que les ailes sont d'un brun clair avec des reflets violets; le point est ferrugineux, ainsi que *la base de l'aile.* Ceci se voit surtout lorsque l'aile est repliée ; on remarque alors bien, que le violet ne se prolonge pas tout à fait jusqu'à la base de l'aile, mais qu'il est remplacé par du ferrugineux. On la reconnaît aussi à ses ailes d'un brun gris clair, le reflet violet étant peu sensible ; cette teinte grise est très caractéristique et en même temps très différente du brun ferrugineux qui se trouve chez plusieurs espèces voisines, en particulier chez le *P. carapyta.* L'aile du *P. pallipes*, quoique fortement enfumée, est cependant encore transparente.

Habite : Les deux Amériques. (Musée de Paris)

46. P. Pacificus, Fabr.

Niger; capite thoraceque nigris; mandibulis rufis; clypei apice, lineis duabus metathorace abdomineque ferrugineo-fuscis; alis flavescentibus, apice nigro maculatis.

Syn. Fabr. *Polistes pacifica.* Syst. Piez. 274. 28.

♀. Long. 12 mill. ; env. 25 mill.

Tête et corselet noirs. Prothorax rebordé ; métathorax lisse ou à peu près. Mandibules, chaperon, bas de la tête, d'un brun roux ; bout du chaperon et orbites internes des yeux, jaunes. Les deux bords du prothorax liserés de jaune ou de roux ; bord antérieur du post-écusson, et deux lignes sur le métathorax, jaunes ; valve rousse et jaune, écaille rousse. Abdomen d'un châtain ferrugineux, le premier segment souvent un peu noirâtre, et liseré de jaune. Pattes noires ou d'un brun noirâtre. Ailes lavées de ferrugineux, fortement rouillées le long des nervures, et portant une tache brune dans la radiale.

Rapp. et diff. Très voisin par ses couleurs et par la forme de son corselet des *P. ruficornis*, *variabilis* et *pallipes*. Voyez les affinités du premier ; distinct du deuxième par son abdomen roux et sa tache au bout de l'aile, et du troisième par ses ailes qui ne sont pas brunes, à reflets violets. Voisin, mais distinct du *P. bicolor.*

Habite : Le Para. (Musée de Paris.)

47. P. EXILIS, n. sp.

(Pl. XII, fig. 5.)

Niger; alis ferrugineis; prothoracis abdominisque segmentorum margine flavo, secundo rubro bimaculato; coxis flavo maculatis.

Long. 13 mill. ; env. 30 mill.

MALE. Prothorax large, rebordé ; métathorax lisse, mais sa concavité médiane pleine de stries. Tête et corselet noirs. Face d'un jaune blanchâtre ; orbites postérieures, et l'espace entre les yeux, de la même couleur ; mandibules jaune - soufre avec un point noir à leur base. Antennes noires, ferrugineuses en dessous, sauf le bout. Les deux bords du prothorax liserés de jaune-soufre ou de ferrugineux ; bord antérieur du post-écusson et deux lignes sur le métathorax, jaune soufre, ainsi que la valve articulaire. Abdomen noir ; tous les segments bordés de jaune-soufre, le deuxième portant de chaque côté un point rond de couleur rousse, et le premier souvent deux points jaunes en avant des angles de la bordure de ce segment. Bout de l'abdomen souvent ferrugineux. Pattes ferrugineuses, dessous ou côté postérieur des cuisses, noir ; jambes postérieures un peu brunes ; devant des hanches jaune, le jaune se prolongeant sur le devant des segments thoraciques placés en dessus des hanches. Ailes transparentes, lavées de jaune ; écailles rousses.

Var. Métathorax et prothorax noirs, le premier segment de l'abdomen seul liseré de jaune.

Rapp. et diff. Très voisin des *P. pallipes* et *metathoracicus*, mais distinct par ses ailes transparentes, ses petites taches rousses au deuxième segment de l'abdomen, son métathorax presque noir et la coloration de ses pattes.

Habite : L'Amérique du Nord. (Musée de Paris.)

48. P. RUFICORNIS, n. sp.

(Pl. X, fig. 3.)

Capite thoraceque nigris ; antennis et abdomine ferruginels, segmentis flavo maculatis ; alis flavescentibus.

Long. 13 mill. ; env. 31 mill.

FEM. Prothorax rebordé; métathorax finement strié au milieu, couvert d'un duvet argenté. Tête et corselet noirs; chaperon, mandibules, bordures postérieures des orbites, et antennes, ferrugineux. Parfois le chaperon, les orbites et le devant du premier article des antennes, jaunes. Bord postérieur du prothorax un peu liseré de jaune; valve articulaire ferrugineuse; écaille noire. Abdomen d'un marron ferrugineux à reflets soyeux; le premier segment et la base du deuxième noirs; bord de tous les segments jaune. Pattes noires, tarses, jambes et bout des cuisses ferrugineux. Ailes transparentes, lavées de jaune.

Var. A. Les bordures jaunes indistinctes; les hanches et les cuisses tachées de roux.

Var. B. Bordures des orbites, bord postérieur du prothorax, antérieur des écussons, deux lignes au mésothorax, d'un jaune pâle. Pattes ferrugineuses.

Rapp. et diff. Très voisin du *P. nigricornis*, mais s'en éloignant par ses antennes rousses, et ses ailes sans taches dans la radiale. Facile à confondre aussi avec les *P. variabilis* et *pallipes*. Il diffère du premier par son abdomen brun ou roux, par ses antennes entièrement rousses, etc.; du deuxième par ses ailes transparentes-jaunâtres, et non brunes, par son prothorax noir, etc.

Habite : L'Amérique du Sud. Montevideo. (Musée de Paris.)

49. P. BIGUTTATUS, Halid. !

Niger ; clypeo, mandibulis, antennarum apice, prothorace abdomineque, rufis; segmentis ~ 1, 2 basi nigris, primo punctis duobus albis; alis infuscescentibus.

SYN. Haliday. *Polistes biguttatus.* Trans. Linn. Soc. of Lond. XVII. 323. 30.

FEM. Taille du *Polistes gallicus.* Abdomen comprimé ; prothorax finement rebordé, nullement épineux. Tête d'un roux obscur; vertex, front, sinus des yeux, noirs. Antennes noires avec le bout ferrugineux. Corselet noir: prothorax et écaille, d'un roux sombre. Abdomen d'un roux sombre ; la base du deuxième segment noire ; le premier non bordé de roux et orné de deux points blancs. Pattes noires, genoux, tibias antérieurs et bout des tarses, roux. Ailes lavées de roux-brun ; la côte rousse.

Habite : L'Amérique du Sud. (Collect. de la Société Linnéenne de Londres.)

50. P. BINOTATUS, n. sp.
(Pl. VII, fig. 6.)

Niger ; prothorace, ore, clypeo, antennis, tibiis et tarsis apice, ferrugineis ; abdominisque secundo segmento albo bimaculato ; alis subferrugineis.

♀. Long. 15 mill. ; env. 33 mill.

Insecte grêle ; abdomen étroit, très fusiforme ; prothorax rebordé ; métathorax très finement strié. Insecte noir : tête ferrugineuse, avec le vertex et le haut du front noirs ; antennes noires, avec le bout, surtout en dessous, ferrugineux ; le dessous du premier article brun. Prothorax, et écailles des ailes, roux. L'abdomen brunâtre au bout ; le deuxième segment orné de deux taches blanchâtres assez grandes. L'écusson orné au milieu d'une marque rousse ; bout des cuisses, jaune ou ferrugineux, ainsi que les deux derniers articles des tarses postérieurs, les trois derniers des moyens, et les quatre derniers des antérieurs ; tibias antérieurs roux. Ailes transparentes, un peu lavées de ferrugineux le long des grandes nervures ; quatrième cubitale deux fois aussi grande que la troisième.

Habite : Le Brésil. (Collection de M. Guérin-Méneville.)

51. P. CAVAPYTA, n. sp.
(Pl. XI, fig. 8.)

Ferrugineus ; capite flavo, antennis medio nigris ; abdominis segmentis 2-6 margine pallida ; alis obscuris. Variat corpore fusco, lateribus nigris.

Long. 20 mill. ; env. 44 mill.

FEM. Assez grand. Métathorax finement strié. Insecte un peu velouté, ferrugineux. Tête jaune clair ; vertex et antennes ferrugineux ; ces dernières noires au milieu. Les deux bords du prothorax souvent liserés de jaune clair ; flancs un peu variés de noir ; écaille jaunâtre Abdomen soyeux, son premier segment entièrement ferrugineux, les autres assez irrégulièrement bordés de jaune clair, la première bordure la plus étroite ; anus jaune clair ; les bordures presque interrompues au milieu par un trait brun. Pattes ferrugineuses, genoux et tarses jaunes. Ailes brunes, à peu près de la couleur du corps, sans reflet violet distinct.

Var. A. Ecusson et le premier segment de l'abdomen bordés de jaune pâle.

Var. B. Abdomen ferrugineux.

Var. C. Métathorax brun.

Var. D. Entièrement ferrugineux, ou brunâtre ; taille assez variable.

MALE. Devant de la tête argenté.

Rapp. et diff. Cette espèce est très difficile à différencier par une description, mais elle est bien distincte. On la reconnaît parfois au premier segment de l'abdomen, qui est sans bordure jaune, et à sa tête jaune ; mais ses couleurs, si peu constantes, peuvent induire en erreur ; elle est fréquemment entièrement ferrugineuse, alors il sera impossible d'arriver avec certitude à sa détermination.

Cette espèce a l'abdomen conique, fusiforme, comprimé, surtout au bout, et se distingue par là de certaines variétés du *P. pallipes*, qui l'a au contraire déprimé ; il est de l'Amérique du Sud, de l'Urugay et du Brésil ; le *pallipes* est, au contraire, de l'Amérique du Nord. Il a de plus les ailes d'un brun roux, sensiblement moins foncées que celles du *P canadensis*, presque sans reflet violet, et plus foncées à la base qu'au bout ; le *pallipes* a des ailes enfumées de gris et moins colorées que dans le *cavapyta*, mais d'une teinte plus obscure, quoique moins intense, c'est-à-dire moins rousse. Les ailes du *P. Ferreri* ont exactement la même couleur que celle du *P. cavapyta*. Quoique d'une couleur différente, ce dernier en est peut-être une variété. ??

Si l'on méconnaît le caractère tiré de la forme des mandibules et des organes de la bouche en général, on le confondra avec la *Montezumia ferruginea* (voyez la Monographie des Guêpes solitaires, p. 91).

Habite : La République Argentine, Corrientes, etc. Selon M. d'Orbigny, il est très familier, niche soit sous les toits, soit aux fenêtres, et les habitants ne s'en inquiètent point. Je lui conserve le nom que lui donnent les Guarranis. (Musée de Paris; rapporté par M. Alc. d'Orbigny.)

52. P. OPALINUS, n. sp.

(Pl. XII, fig. 6.)

Capite et thorace rufis; metathorace antennisque medio nigris; abdomine nigro, opalino nitente, segmentis margine flavescente, secundo punctis duobus rufis submarginalibus, ultimis margine piceo; pedibus nigris, genubus tarsisque flavis; alis obscure brunneis.

♀. Long. 18 mill.; env. 44 mill.

FEM. Chaperon portant quelques petites ponctuations distinctes. Prothorax rebordé; métathorax finement strié. Abdomen lisse, en fuseau régulier, presque en losange allongé, comprimé au bout.

Tête d'un roux ferrugineux; antennes noires en dessus et en dessous, depuis le troisième jusqu'au bout du huitième article. Corselet roux; flancs et métathorax noirs; bord postérieur du prothorax, écaille et bord antérieur de l'écusson, très indistinctement jaunâtres; ces teintes souvent nulles, souvent plus distinctes. Abdomen lisse, luisant, d'un noir bleuâtre, avec un reflet glauque, bleuâtre, une teinte lactée. Bord du premier segment liseré de jaunâtre; celui du deuxième orné d'une bordure jaune-pâle, fondue avec la couleur foncière, bi-échancrée sur les côtés, et offrant de chaque côté, en avant des échancrures, un point rouge ou jaune. Les autres segments bordés de brun. Pattes noires, genoux et tarses jaunes. Ailes d'un brun ferrugineux très intense, avec un faible reflet violet.

Var. probable. Les points du deuxième segment fondus avec la bordure.

Rapp. et diff. Très distinct par la couleur de son abdomen et par ses reflets opalins. Le corselet et les ailes sont exactement comme dans le *P. Ferreri*.

Habite : Le Brésil. Rapporté par M. Auguste de Saint-Hilaire. (Musée de Paris.)

53. P. CARNIFEX, Fabr.

(Pl. X, fig. 5.)

Flavus; antennarum medio, mesothorace, abdominisque segmentorum basi, ferrugineis, sub-fuscis; pedibus ferrugineis, tarsis flavis; alis ferrugineis.

Syn. Fabr. *Vespa carnifex.* Syst. Ent. 365. 4. — Spec. Ins. i. 461. 16. — Mant. Ins. i. 288. 19. — Ent. Syst. ii. 260. 23. — *Polistes carnifex.* Syst. Piez 272. 13.
Christ. *Vespa carnifex.* Hymen. p. 239.
Oliv. *Vespa carnifex.* Encycl. Meth. vi. 681. 58.
Latr. *Polistes rufipennis.* Voy. Humb. et Bompl. Ins. ii. p. 97. N° 133. pl. 38. fig. 4.
Paliss. Beauv. *Polistes major.* Ins. d'Afr. et d'Amer. p. 206. pl. viii. fig. 1.
Lep. St.-Farg. *Polistes chlorostoma.* Hymen. i. 521. — *Polistes onerata.* Id. 524.
Say. *Polistes valida.* North. Amer. Hymenopt. 389. 3.
Spinola. *Polistes transversosignatus.* Voy. Entom. de Ghiliani p. 62 (1).

♀. Long. 23 mill.; env. 55 mill.
☿. Long. 19 mill.; env. 48 mill.

Fem. Chaperon terminé par une dent; métathorax très finement strié. Tête et corselet d'un jaune obscur; vertex, mésothorax et dessous du corselet, bruns ou noirs. Antennes ferrugineuses, brunes en dessus, le bout entièrement ferrugineux; haut du métathorax et son sillon, bruns. Abdomen brun, tous les segments largement bordés de jaune, le deuxième surtout,

---

(1) Je ne cite pas les noms du musée de Berlin que M. le marquis Spinola mentionne, parce que ces noms étant inédits, et même à ce qu'il m'a paru en visitant sa collection, très provisoires, ils ne peuvent faire qu'augmenter le travail synonymique d'une manière regrettable.

dont la bordure n'est pas tout à fait régulière. Anus jaune. Pattes brunes ; tarses, genoux, et dessous des tibias antérieurs, jaunes. (Les parties jaunes sont d'un jaune d'ocre.) Ailes d'un ferrugineux brunâtre, sutout vers la base. *(P. ornerata, Lep.)*

Var. Premier segment de l'abdomen jaune, sa base seule brune.

Ouvr. Chaperon et front ferrugineux ; antennes noires au milieu seulement, les parties brunes du reste du corps, ferrugineuses ; bordures de l'abdomen un peu festonnées.

Var. α. Les parties brunes ferrugineuses, ou se distinguant à peine des parties jaunes. *(P. chlorostoma, Lep.)*

Var. β. Entièrement d'un roux ferrugineux ; ses bordures à peine marquées.

Rapp. et diff. Il avoisine de très près le *P. Picteti* ; sa couleur foncière n'est pas noire ; il a, comme le *P. hebraea*, une teinte jaune générale, et les teintes jaunes et ferrugineuses dont il est peint se fondent ensemble ; c'est dans cette absence de limites de ses couleurs que réside son caractère le plus distinctif.

Habite : L'Amérique du Sud, les Antilles, etc. Construit un nid assez régulier, porté sur un pédicelle central. Très commun.

54. P. Instabilis, n. sp.

(Pl. XI, fig. 1, Pl. X, fig. 2.)

Rufescens; antennis medio nigris; pectore nigro ; dorso sulphureo variegato; segmentis 1-3 margine sulphureo; alis griseis.

☿. Long. 14 mill. ; env, 36 mill.

Ouvr. Métathorax lisse ou presque lisse. Prothorax rebordé, ses angles sans épines. Insecte d'un rouge lie-de-vin un peu rosé. Antennes noires au milieu ; bas du chaperon jaune. Vertex noir autour des ocelles. Dessous de l'abdomen, dessous du corselet, flancs du mésothorax et métathorax, entièrement noirs. Orbites souvent jaunâtres ; les deux bords du prothorax, une grande tache sous l'aile, angles antérieurs de l'écusson, postecusson, ou seulement son bord antérieur, ainsi que deux lignes ou taches en demi-poire sur le métathorax, jaune soufre; de chaque côté du métathorax, sur les flancs, une tache jaune, souvent fondue avec la tache de la plaque postérieure; écaille souvent jaunâtre. Base des deux premiers segments de l'abdomen souvent noire; leur bord portant une bande jaune-soufre, celle du deuxième remontant le long des bords latéraux de l'arceau supérieur, et d'un jaune un peu verdâtre; le troisième liseré de la même couleur. Pattes noires; genoux, tibias et tarses, jaunes ou roux, tibias postérieurs noirs, avec les deux bouts jaunes. Ailes d'une teinte grise uniforme, le point, ferrugineux.

Var. A. Mésothorax noir, avec deux taches rousses; métathorax roux foncièrement.

Var. B. Couleur foncière du corselet noire. Segments abdominaux : le premier roux-noir, bordé de jaune; le deuxième rouge, sa base noire, son bord jaune glauque, jaune sur les côtés; un peu de noir avant la bordure; les autres noirs; les troisième et quatrième liserés de jaune-glauque, avec de chaque côté une tache rouge marginale irrégulière; anus rougeâtre; pattes variées de roux et de jaune. (Pl. X, fig. 2.)

Cette variété a l'air, au premier aspect, d'une espèce entièrement tranchée, et semble se rapprocher beaucoup du *P. callimorphus*, qui est, lui, de l'île de Timor.

Rapp. et diff. Cette espèce, grâce à ses bariolures de roux, de jaune et de noir, ne ressemble guère qu'aux *P. minor, americanus* et *lineatus*, mais elle s'en distingue nettement. Le *P. minor* a une forme d'abdomen très différente, il est ovale et déprimé, tandis que dans les trois autres espèces il est plus fusiforme, conique et comprimé. Cette espèce diffère encore du *P. instabilis* par le dessous du corps qui n'est pas noir, par sa coloration différente, par ses ailes ferrugineuses, par ses antennes noires presque jusqu'au bout en dessus, par son roux, qui est plutôt ferrugineux, non rosé, un peu lie-de-vin, par ses ornements jaunes qui ne sont pas couleur de soufre, etc.

Le *P. instabilis* diffère du *P. americanus* par plusieurs des mêmes caractères que du précédent, par ses deux bandes jaunes au métathorax, par ses ailes grises et non rousses, par ses ornements jaune soufre et non jaune orangé.

Il s'écarte du *P. lineatus* par les mêmes caractères, sauf celui de la couleur du métathorax, par le premier article des antennes qui est roux, non noir en dessus, etc.

Habite : Le Mexique. (Musée de Turin.)

55. P. Americanus (1), Fabr.

(Pl. XI, fig. 4. 5.)

Mox niger, mox rufus; prothorace, scutellis, abdominisque segmentorum margine flavo ; antennis flavis, medio nigris ; alis flavescentibus.

Syn. Felton. *Vespa crinita.* Philos. Trans. 1773. liv. p. 53. tab. 6.

Fabr. *Vespa Americana.* Syst. Ent. 370. 38. — Spec. Ins. i. 467. 52. — Mant. Ins. i. 292. 64. — Ent. Syst. ii. 276. 81. — *Vespa tricolor.* Syst. Ent. 369. 32. — Spec. Ins. 465. 43. – Mant Ins. i. 291. 52. — Ent. Syst. ii. 271. 67. — Syst. Piez. 266. 70. — *Polistes Billardieri.* Syst. Piez. 274. 26. (var.) — *P. americana,* Id. 275. 29.

Christ. *Vespa Americana.* Hymen. p. 243. — *V. tricolor.* Id. p. 238. — *V. crinita* (2). Id. 225.

(1) Quoique le nom de *Vespa crinita* soit le plus ancien, je n'ose pas le faire prévaloir sur le nom fabricien, parce qu'il a été établi par erreur. En effet, l'insecte décrit par Felton était attaqué de la maladie désignée sous le nom de *Guêpe végétante,* et couvert de végétaux cryptogames ressemblant à de longs poils. Felton, victime d'une erreur bien naturelle à l'époque reculée de la science où il écrivait, considéra son insecte comme une espèce d'oiseau de paradis orné de longues plumes, et le nomma, en raison de cette circonstance : *Crinita* (hérissé de poils). C'est donc un individu anomal que, sans le savoir, l'auteur a surtout eu en vue dans son mémoire, non une espèce. Comme cependant, d'un autre côté, la description qu'il en donne est assez complète pour permettre de reconnaître l'espèce, on ne pourrait trouver mauvais que des auteurs subséquents le préférassent au nom fabricien en raison de son antériorité.

J'ai été assez heureux pour rencontrer un second individu affecté de la même maladie que décrit Felton, et je l'ai fait figurer pl. XI, fig. 5.

(2) Christ, qui n'a fait que copier Felton, assigne à tort à ce Poliste l'Angleterre pour patrie. Albion n'a jamais produit de volatile de ce genre.

Oliv. *Vespa Americana.* Encycl. Meth. VI. 691. 111. — *V. tricolor.* Id. 689. 58. — *V. multicolor.* Id. 691· 113. (var.).

Paliss. Beauv. *Polistes media.* Ins. d'Afr. et d'Amer. p. 207. pl. VIII. fig. 2.

♀ et ⚥. Long. 12 mill. ; env. 29 mill.

Fem. Chaperon bombé, arrondi en bas. Tête jaune ; front et vertex ferrugineux. Antennes : le premier article ferrugineux, le reste jaune, avec une ligne noire en dessus au milieu. Corselet noir ; prothorax rebordé, anguleux, jaune ; écusson et post-écusson jaunes, séparés par une ligne noire ; écaille et une ligne ou tache sous l'aile, rejoignant les angles du prothorax, jaunes ; métathorax lisse, ayant un sillon assez prononcé. Valves articulaires jaunes. Abdomen noir ; tous les segments régulièrement et largement bordés de jaune ; les bordures deuxième et troisième assez étroites et précédées d'une bande rousse ; les deux dernières d'un jaune ferrugineux. Pattes noires, genoux, jambes et tarses, jaunes ; tibias de la troisième paire, noirs dans leur seconde moitié. Ailes ferrugineuses, lavées de brun. *(P. Americana.)* Les parties jaunes sont un peu orangées.

Var. A. Corps brun ou d'un beau roux, au lieu d'être noir : bordures de l'abdomen se fondant un peu avec le brun ou le noir. Antennes ferrugineuses, avec du noir au milieu.

Var. B. Parties postérieures de la tête, jaunes. Orbites et bout du chaperon, jaunes. Corselet roux ; prothorax liseré de jaune à ses deux bords, écussons bordés de jaune. Métathorax noir, avec deux lignes jaunes, le premier segment jaune des trois côtés, noir au milieu, le reste roux, étroitement bordé de jaune. Ailes brunâtres, la radiale plus foncée. (C'est alors le *P. Billardieri.*)

Var. C. Mésothorax noir, avec deux petites lignes jaunes ; métathorax avec deux lignes jaunes.

Var. D. Deux lignes jaunes sur la plaque postérieure du métathorax, et deux sur ses côtés. *(Postice lineolis quatuor flavis,* Fabr.)

Var. E? Grand. Long. 17 mill.; env. 37 mill. Angles du pro-thorax noirs; écusson jaune, post-écusson noir, ainsi que le métathorax. Bordures des segments abdominaux toutes très larges; la deuxième tri-échancrée au milieu, étroite sur les côtés, irrégulière. Couleur foncière noire, antennes orangées, sans noir.

Rapp. et diff. Très voisin du *P. lineatus* mais s'en distinguant par son mésothorax sans grandes lignes jaunes, et son méta-thorax sans grandes taches bilobées en haut ; par son vertex et le premier article des antennes qui sont roux dans bien des cas, etc. — Voyez aussi les affinités du *P. minor*.

Habite : Les Antilles, Cayenne, etc. (Musée de Paris et toutes les collections.)

56. P. Lineatus, Fabr.

(Pl. XI, fig. 6.)

Mox rufus, mox niger, flavo variegatus; abdomine rufo, segmentis flavo-limbatis ; antenna-rum articulo primo medioque supra nigris ; mesothorace lineis duabus, metathorace maculis duabus supra bilobatis, flavis.

Syn. Fabr. *Vespa lineata.* Spec. Ins. i. 461. 15. — Mant. Ins.
  i. 288. 17. — Ent. Syst. ii. 259. 20. — *Polistes lineata.* Syst. Piez. 271. 9.
  Oliv. *Vespa lineata.* Encycl. Meth. vi. 581. 56.
  Lep. St.-Farg. *Polistes cubensis.* Hymen. i. 526.

♀. Long. 16 mill. ; env. 38 mill.

Pour la description de l'espèce, voir Lepeletier de Saint-Fargeau, loc. cit.

Dans mon individu, le prothorax tout entier est jaune, les parties brunes du corselet sont noires, et les parties jaunes sont d'un jaune assez vif.

Rapp. et diff. Distinct par ses deux grandes lignes jaunes sur le disque du mésothorax, et son métathorax jaune, le jaune se terminant de chaque côté par deux pointes dirigées en haut.

Cette espèce est très voisine du *P. minor*, elle s'en distingue par ses grandes taches métathoraciques qui s'étendent aussi sur les flancs, par ses lignes jaunes sur le mésothorax ; par le noir du premier article des antennes, par la deuxième cubitale qui est moins rétrécie vers la radiale, etc. Dans le *P. lineatus*, la troisième cubitale est plus longue que large. Voyez la description du *P. carnifex*.

Habite : Les Antilles, l'Amérique du Sud, etc. Très commun et très variable. (Musées de Paris, de Genève, etc.)

57. P. Minor, Pal. Beauv.

(Pl. XI. fig. 3.)

Ferrugineus ; clypeo, oculorum orbitis, prothoracis, abdominis segmentorumque marginibus, flavis; scutello, metathoracisque lateribus, flavis.

Syn. Paliss. Beauv. *Polistes minor*. Ins. d'Afr. et d'Amer. p. 207. pl. viii. fig. 3.
Lep. St.-Farg. *Polistes Poyei*. Hymen. i. 532.

♀. Long. 12 mill.; env. 25 mill.

Ouvr. Tête grosse. Prothorax à peine rebordé ; métathorax lisse ; abdomen court, ovale, déprimé. Insecte ferrugineux : chaperon jaune, avec une tache ferrugineuse ; mandibules jaunâtres ; orbites largement bordées de jaune ; antennes noires en dessus au milieu, presque jusqu'au bout ; bords antérieur et postérieur du prothorax portant chacun un cordon jaune ; écaille et un point sous l'aile, jaunes, ainsi que le post-écusson, le bord antérieur de l'écusson et deux grandes taches qui couvrent la plaque postérieure du métathorax. Le premier segment largement bordé de jaune, cette bordure portant une grande échancrure carrée ou tricuspide ; les trois suivants ornés de bordures un peu festonnées ; le reste ferrugineux. Pattes ferrugineuses, genoux, tibias et tarses, jaunes ; les tibias postérieurs ferrugineux au bout. Ailes ferrugineuses, brunes dans la radiale ; troisième cubitale en losange régulier.

Male. Antennes à peine un peu obscures en dessus ; bordures des orbites et le jaune du chaperon formant un V jaune sur le devant de la face.

Je présume que cette espèce doit varier comme suit : Base des segments noire, ainsi que le mésothorax, les flancs, le vertex, la base des cuisses et le bout des tibias postérieurs.

Rapp. et diff. Cette espèce ressemble singulièrement à tous les Polistes ferrugineux et jaunes, particulièrement au *P. lineatus*, qui a aussi de grandes taches métathoraciques, mais il en diffère par ses formes moins allongées; par l'absence de taches jaunes sur le mésothorax; par sa troisième cubitale qui forme un parallélogramme régulier; par ses ailes plus transparentes, un peu enfumées, non brunes; par sa taille plus petite, les derniers segments entièrement roux, sans bordures, etc.

La couleur foncière de cette espèce est en général d'un ferrugineux pâle, ses ornements sont aussi d'un jaune pâle, souvent blanchâtre. La forme de son abdomen est *ovale-déprimée*, non fusiforme et comprimée; ce caractère est un des meilleurs qu'on puisse invoquer pour sa distinction.

Habite : Cuba. (Musées de Genève et de Paris.)

58. P. Liliaciosus, n. sp.
(Pl. XI, fig. 7.)

Nigro-liliaceus; prothoracis margine posteriore, mesothorace lineis duabus, scutellis, metathorace lineis duabus, et segmentorum marginibus, flavis, aut albescentibus; alis hyalinis, nervis fuscis, costa paulo flavescente.

Long. 12 mill., env. 30 mill.

Fem. Coloration exactement semblable à celle de la *Polybia liliacea* (voyez la description de cette espèce); bas du chaperon et bordure des orbites, jaunes.

Outre ses formes différentes, voici les caractères qui servent encore à distinguer cette espèce de la *Polybia liliacea :* prothorax anguleux, bi-épineux; post-écusson sans tubercule en dessus. Deuxième cubitale en trapèze, son bord radial large, tandis que dans la *Polybia liliacea* elle est beaucoup plus large que longue, le bord radial presque nul. Troisième cubitale en parallélogramme, à peine élargie vers le disque ; dans la *P. liliacea*, elle est beaucoup plus longue que large.

Habite : L'Amérique. (Musée de Turin ; collection de M. le marquis Spinola ; Musée de Paris.)

59. P. LILIACEUSCULUS.

Liliacioso affinissimus, ejus minor, brunneus, prothorace rufo, pedibus ferrugineis; alarum nervis haud nigris.

♀. Long. 11 1/2 mill. ; env. 23 mill.

FEM. Exactement semblable au *P. liliaciosus*, mais plus petit ; couleur foncière d'un brun ferrugineux. Orbites bordées de jaune ; antennes ferrugineuses, brunes en dessus ; mandibules ferrugineuses. Lignes du mésothorax étroites ; écusson brun, bordé de jaune ; prothorax, flancs et métathorax, roux, ainsi que le premier segment de l'abdomen ; de chaque côté de ce dernier une tache jaune. Pattes ferrugineuses, côtés externes des hanches, jaunes. Ailes lavées de gris ; les nervures nullement noires comme dans le *P. liliaciosus*, et ne tranchant pas sur la couleur de l'aile.

Habite : Le Para. (Collect. de M. Spinola.)

60. P. ACTEON. ! Halid.

(Pl. XI, fig. 2.)

Niger; clypeo maculisque duabus metathorace, flavis; alis costa flavescentibus, apice nigro maculatis.

SYN. Haliday. *Polistes Acteon*. Trans. Lin. Soc. of Lond. XVII. 323. 32.

♀. Long. 11 1/2 mill. ; env. 24 mill.

Petite taille du *P. biglumis*. Prothorax rebordé ; métathorax en apparence sans stries. Insecte noir. Chaperon, bordure des orbites, bordure postérieure du prothorax et antérieure du post-écusson, ainsi que deux grandes taches sur le métathorax, orangés ou jaunes; (souvent le bas seul du chaperon est jaune, et les bordures des orbites et du prothorax nulles); mandibules brunes; pattes brunes ou noires, et une ligne sur les hanches postérieures, jaune. Ailes transparentes, un peu enfumées, la côte jaune, la cellule radiale noire.

Var. A. Chaperon et prothorax noirs, mandibules noires, métathorax ne portant que deux lignes jaunes; le deuxième segment liseré de jaune.

Var. B. Ecussons jaunes; segments abdominaux liserés de jaune.

Rapp. et diff. Cette espèce a les mêmes couleurs que certains *Polybia.* Il faut avoir garde aussi de la confondre avec la *Montezumia pelagica.* (Voyez la Monographie des Guêpes solitaires, p. 93, pl. XII, fig. 10.)

Habite : Cayenne, la Colombie, etc. (Musée de Paris et collection de M. Spinola.)

61. P. CINERASCENS, n. sp.

(Pl. X, fig. 4.)

Niger, cinerascens ; clypeo abdominisque segmentorum marginibus flavis; antennis nigris; alis subferrugineis.

♀. Long. 13 mill.; env. 29 mill.

FEM. Corselet anguleux et rebordé en avant; métathorax presque lisse; abdomen un peu déprimé. Insecte noir, couvert d'un duvet soyeux gris, comme celui qui couvre le corps des *Nectarina*, des *Odynerus nasidens*, etc. Mandibules, chaperon et bordure des orbites, jaunes. Les deux bords du prothorax finement liserés de jaune; deux très fines lignes sur le métathorax, et une à peine visible entre les écussons, jaunes; tous les segments de l'abdomen ornés d'une bordure jaune; anus noir; tarses et genoux un peu ferrugineux. Ailes transparentes, lavées de ferrugineux, surtout le long de la côte; écaille brune ou rousse.

Var. A. Les bordures des segments de l'abdomen comme déchirées, montrant une petite tache noire sur les côtés.

Var. B. Bordures abdominales étroites; corselet noir, sauf l'écaille; chaperon noir, son bord inférieur jaune.

Var. C. Abdomen brunâtre, sans bordures; tête, mandibules, et prothorax, roux, chaperon jaune; antennes noires.

Rapp. et diff. Ressemble au *P. Acteon* par sa forme et sa couleur noire grisâtre, mais en diffère bien par plusieurs caractères.

Habite : Le Brésil. Province des Mines. (Musée de Paris.)

SECONDE DIVISION.

Abdomen n'étant pas parfaitement fusiforme : le premier segment petit, beaucoup plus long que large, figurant presque un pétiole. Le deuxième un peu élargi à sa base. Chaperon ovoïde. Abdomen déprimé, arrondi au bout.

Cette division forme la transition aux *Polybia.*

62. P. Subsericeus, n. sp.

(Pl. XII, fig. 7.)

Elongatus ; clypeo ovoido; ano in apicem acutam non excurrente; abdominis primo segmento longissimo, subpetioliformi ; capite abdomineque fuscis, thorace, primoque segmento pallide ferrugineis; alis costa fuscescentibus.

♂. Long. 12 mill. ; env. 26 mill.

MALE. Insecte très allongé, ayant à peine le facies d'un *Polistes,* se rapprochant beaucoup des *Polybia,* et en particulier de la *P. sericea.*

Tête plate, plus large que le thorax; chaperon non terminé par une dent comme dans les autres Polistes, mais ovoïde, arrondi au bout. Yeux très courts, laissant entre eux et les mandibules un long espace. Corselet très allongé, métathorax presque horizontal, portant au milieu un petit sillon ; prothorax finement rebordé. Abdomen fortement déprimé ; le premier segment figurant un entonnoir très allongé ; le reste de l'abdomen ovoïde ; anus arrondi, non pointu comme dans les autres Polistes.

Tout l'insecte couvert d'un duvet soyeux ; métathorax ayant des reflets dorés.

Tête noirâtre ; antennes un peu ferrugineuses en dessous ; leur sphère articulaire rousse ; mandibules brunes ; une très fine ligne bordant l'œil en dedans. Corselet et premier segment de l'abdomen d'un brun clair, café au lait ; prothorax et flancs teints d'un nuage gris. Bord du premier segment de l'abdomen pâle, et portant en avant de la ligne pâle une teinte grise. Le reste de l'abdomen brun, mais moins foncé que la tête. Pattes de la couleur du corselet ; tarses gris en dessus. Ailes enfumées le long de la côte.

Rapp. et diff. Très facile à confondre avec la *Polybia sericea* dont il a les couleurs, et presque les formes. Cependant bien distinct par son chaperon ovoïde, et par son abdomen encore fusiforme ; le premier segment ne formant pas un véritable pétiole, linéaire dans ses deux tiers antérieurs, puis subitement élargi, mais s'élargissant depuis sa base, sans renflement subit.

Habite : Le Brésil, Rio Janeiro. Rapporté par M. Auguste de Saint-Hilaire. (Musée de Paris.)

Species dubiæ.

1. P. Variegatus, Lep.

Syn. Lep. St.-Farg. *Polistes variegata.* Hymen. i. 523.

Pour la description de l'espèce, voyez Loc. cit.

Habite : Cayenne.

Nota. Cette espèce rentre probablement dans une de celles qui ont été décrites plus haut, mais je n'ai pu la reconnaître.

2. P. CAROLINUS (1).

Magnitudo crabronis (2). Frons flava. Thorax ferrugineus lineis 3 nigris longitudinalibus. Abdomen sessile, ferrugineum, segmento 2 longiore. Pedes subferruginei. Alæ superiores nigricantes, inferiores hyalinæ.

SYN. Linn. *Vespa carolina.* ! Syst. nat. 948. 1. (Id. 1767.)

Poliste plus ou moins voisin du *P. bicolor*, mais avec deux lignes jaunes sur le corselet, et les antennes brunes.

3. P. OLIVACEUS.

Comme le *P. hebraeus.*

SYN. De Geer. *Vespa olivacea.* Mém. Ins. III. 582. 5. pl. 29. fig. 9.
    Oliv. *Vespa olivacea.* Encycl VI. 684. 71.

Cette espèce doit probablement se rapporter au *P. hebraea*, et je suppose que c'est par erreur que De Geer la fait venir d'A-

(1) Malheureusement, cet insecte est dans un si triste état de conservation, que je n'ai pas osé le nettoyer pour en prendre une description exacte. Avant d'avoir jeté les yeux sur ce type de Linné conservé à la Société Linnéenne de Londres, j'étais tombé dans l'erreur commune à tous les auteurs qui ont parlé de la *Vespa carolina*; j'avais pris cette dernière pour la *V. carolina* Fabr., qui est une véritable VESPA ; j'étais même tellement convaincu de l'identité de ces deux espèces, que je crus d'abord à une faute ou à une transposition d'étiquette dans la collection de Linné, mais je fus persuadé du contraire lorsque j'eus trouvé dans l'exemplaire même de Linné du *Systema Naturæ*, la note suivante écrite de sa main à côté de la description de la *V. carolina* : «Drury. tab. 44, fig. 4. Sed abdomen fere sessile.»

D'après cette note, il est bien clair que son type de la *V. maculata* n'avait pas l'abdomen « *sessile*, » et que par conséquent c'était bien un *Polistes*. Ce dernier semble avoir entièrement les mêmes couleurs que la *Vespa carolina*, Fabr., tellement que Linné lui-même s'y méprit en rapportant à son Poliste la figure que Drury donne de sa *Vespa.*

Cette confusion est un exemple frappant des fautes auxquelles on peut être sujet si, laissant de côté l'étude des formes, les diagnoses des genres et des *sections de genre*, on ne s'attache pour reconnaître l'espèce qu'au signalement de leurs couleurs, et cela dans une famille où rien n'est plus constant que l'identité des couleurs dans des espèces appartenant à des coupes génériques différentes.

(2) C'est-à-dire : *longitudo crabronis.*

mérique. Cependant, comme j'ai sous les yeux un individu étiqueté, à tort ou à raison, de l'Amérique du Sud, je la conserve provisoirement (1).

L'individu en question a les deux tiers antérieurs des deux premiers segments de l'abdomen d'un jaune gris. Pour tout le reste, il est identique avec le *P. hebraea.*

Habite : La Bolivie? (Musée de Paris.)

4. *Polistes fuscata.* Fabr. Syst. Piez. 270. 4.

5. *Polistes striata.* Fabr. Syst. Piez. 271. 11. — Oliv. Encycl: Meth. 681. 57.

6. *Polistes Nestor.* Syst. Piez. 272. 18.

7. *Polistes dorsalis.* Syst. Piez. 273. 19.

8. *Polistes lateralis.* Syst. Piez. 273. 22.

9. *Vespa (Polistes) dominica.* Vallot. Concord. Systemat. — Réaumur. Mém. Ins. vi. pl. 14. fig. 9. 10. Non reconnaissable; peut-être le *P. annularis?* Il n'y a du reste aucun inconvénient à couvrir du voile de l'oubli cette espèce et les deux suivantes.

10. *Vespa (Polistes) dominicensis.* Vallot. Conc. Syst. — Réaum. Mém. Ins. vi. pl. 14. fig. 8. (Non *V. fulvo-fasciata* Geerii, quæ *Polybia cayennense* assimilari potest.) An *Polistes americanus?*

Ces deux dernières espèces devront être rayées des listes entomologiques, elles ne sont pas reconnaissables.

11. *Vespa undata.* Oliv. Encycl. Meth. vi. 684. 72.?

SPECIES EXPELLENDA.

Espèce décrite à tort sous le nom de *Polistes*, n'appartenant pas à la tribu des *Vespiens.*

Polistes interrupta. Brullé. Exp. Scient. de Morée. Ins. Voyez *Pterochilus interruptus,* dans la Monographie des Guêpes solitaires, p. 231, et la note au bas de cette page.

(1) S'Il y avait bien erreur d'étiquette, comme je le présume, on devrait substituer le nom de *P. olivacea* à celui de *P. hebraca* qui est plus récent.

APPENDICE AU GENRE POLISTES [1].

Division GYROSTOMA.

1. *Antennes du mâle n'étant pas très allongées, mais amincies au bout et arquées; le treizième article grand, comprimé et recourbé. Mandibules du mâle très fortes, longues et arquées, terminées par deux dents; leur base très épaisse, armée d'une très forte dent dirigée en dedans. Tête très renflée.*

Genre GYROSTOMA, Kirby (2).

Syn. *Cyclostoma* (3), *Gyrostoma* (4) Kirby.

P. Gyrostoma, n. sp.

Maximus, fuscus ; antennis nigris ; alis fuscis.

Syn. Kirby. *Gyrostoma orientalis.*

♂. Long. 37 mill. ; env. 90 mill. ; long. totale 47 mill.

C'est le plus grand Poliste connu, il est même plus grand que la *Vespa mandarinia*. Tête très grosse, très renflée en arrière des yeux, comme dans les grandes espèces du genre *Vespa*. Ocelles logées dans des dépressions. Yeux petits, l'espace qui les sépare des mandibules aussi long que les yeux eux-mêmes. Mandibules ciliées. Chaperon comme dans les Polistes.

Male. Tête lisse, luisante, couverte de petits points écartés ; devenant rugueuse vers l'insertion des mandibules. Entre les

(1) Les feuilles précédentes étaient déjà imprimées lorsque, dans un voyage que je fis à Londres, je fus mis à même d'étudier l'insecte qui suit, et qui jusque alors avait échappé à mes recherches, autrement j'aurais placé cette section en tête du genre.

(2) L'insecte qui constitue cette section est trop peu différent des autres *Polistes* pour former un genre ; la femelle est un vrai Poliste dans toute l'étendue du terme, le mâle n'offre de différence que dans la forme du dernier article des antennes, forme qui pour nous n'est point un caractère générique.

(3) Introd. Entomol. vol. III, p. 633.

(4) Id. vol. III, p. 631 (5e édition.) Kirby a cru devoir changer le nom de ce genre, parce que celui de *Cyclostoma* est employé pour un genre de poissons. Il n'a pas décrit l'insecte.

antennes un fort tubercule spiniforme comprimé. Mésothorax lisse, luisant, portant de petites ponctuations. Post-écusson bombé. Métathorax bombé, fortement strié. Abdomen lisse, Tout l'insecte d'un brun-marron rougeâtre. La base des segments abdominaux foncée; mandibules et antennes noires; ces dernières ferrugineuses en dessous vers le bout. Ailes d'un brun d'ambre transparent.

FEM. Comme la femelle du *P. Schach.*

Nota. Tous les individus n'atteignent pas une très grande taille; les mâles se distinguent toujours à la forme de leurs mandibules et de leurs antennes, mais les femelles sont alors presque semblables à celles de l'espèce mentionnée.

Habite : Les Indes Orientales. (Musée de Londres et collection de M. Smith.)

Genre APOICA, Lepel.
(Pl. XVIII.)

S YN . *Polistes*, Fabr.; *Apoïca*, Lepel.

C AR . *Mâchoires :* galéa assez court; palpe maxillaire plus long que la partie basilaire, de six articles courts, le dernier grêle et long.

Mandibules assez allongées, tronquées obliquement à l'extrémité, armées de quatre dents, dont la première indistincte.

Tête plate; chaperon allongé, pentagone, terminé par un angle très obtus, ne cachant pas les mandibules. Yeux grands, atteignant la base des mandibules.

Corselet comprimé, allongé; écusson bombé; métathorax étroit, oblique, traversé par un sillon longitudinal.

Abdomen pédicellé; le premier segment entier, rétréci en un pétiole moins long que le corselet, linéaire, seulement un peu renflé au bout et portant à son extrémité postérieure un petit trait enfoncé; le reste de l'abdomen formant un ovale très allongé; les anneaux grands, ne rentrant pas en général les uns dans les autres (1); le deuxième en cloche, plus long que large.

Pattes très longues, dépassant le bout de l'abdomen; ailes grandes, quatrième cubitale n'étant pas plus du double de la troisième.

Insectes construisant, comme les *Polistes*, un nid composé d'un seul plan d'alvéoles, entièrement à découvert, sans aucune enveloppe, mais dont la base épaissie renferme une grande abondance de tissu cellulaire.

Ce genre pourrait être réuni aux Polybies, si sa nidification n'était pas entièrement différente, car les formes des *Apoica* ne diffèrent pas essentiellement de celles des *Polybia*, et les organes buccaux n'offrent pas non plus de grandes différences.

(1) Parce que le troisième est aussi grand que le deuxième.

I. *Corselet fortement comprimé; pattes postérieures très longues; ailes très grandes; deuxième cubitale en trapèze; quatrième cubitale à peine plus grande que la troisième.*

1. A. Pallida.

(Pl. XVIII, fig. 1.)

Pallida; capite et thorace ferrugineo variis; alis hyalinis, costa ferrugineis.

Long. 16 mill. ; env. 38 mill.

Syn. Oliv. *Vespa pallida.* Encycl, Meth. Ins. vi. 675. 26.
Fabr. *Polistes pallens.* Syst. Piez. 276.
Lep. St.-Farg. *Apoica pallida.* Hymen. i. 538.

Ouvr. Grand; chaperon terminé par un angle très obtus; corselet carré en avant, quoiqu'un peu rétréci au prothorax; allongé, comprimé; écussons saillants, arrondis; métathorax étroit. Pétiole long (presque aussi long que le corselet), linéaire, un peu élargi au bout. Deuxième segment de l'abdomen plus long que large. Insecte lisse, couvert de poils fins; de couleur jaune-pâle. Antennes ferrugineuses, brunes en dessus au milieu, le bout clair. Mésothorax, quelques teintes sur les flancs, pattes et base du pétiole, ferrugineux. Ailes transparentes, espace entre le radius et le cubitus, ferrugineux.

Var. Corselet ferrugineux.

Rapp. et diff. Cette espèce est bien distincte de l'*A. cubitalis* par sa couleur ferrugineuse, ou d'un blanc-jaunâtre, ainsi que par la deuxième cellule cubitale qui est en trapèze, son bord radial étant égal à la moitié de la longueur du bord cubital.

Elle se distingue moins nettement de l'*A. virginea.* Voyez la description de cette espèce.

Habite : L'Amérique du Sud, depuis Cayenne jusqu'à Buenos-Ayres. (Musée de Paris).

2. A. Virginea, n. sp.

(Pl. XVIII, fig. 2.)

Fusca; antennis apice ferrugineis: post-scutello pallido; alis hyalinis, costa ferrugineis.

SYN. Fabr. *Polistes virginea.* Syst. Piez. 277. 37.
Lep. St.-Farg. A*poïca bilineolata.* Hymen i. 537.

Long. 10 mill. ; env. 38 mill.

Cette espèce n'est peut-être qu'une variété de la précédente. Elle en diffère surtout par ces caractères :

Corps ferrugineux avec un point sur les épaules, un autre sous l'aile, deux sur l'écusson, le post-écusson, deux lignes sur le mésothorax, deux points sur le métathorax, et l'anus, d'un jaune pâle.

Habite : L'Amérique du Sud. (Musée de Paris.)

II. *Corselet peu ou pas comprimé. Ailes moyennes.*

3. A. ARBOREA, n. sp.
(Pl. XXVI, fig. 1.)

Ferruginea; antennis obscuris, apice ferrugineis; prothorace supra scutellisque, flavis; mesothorace nigro ; abdomine fasciis flavis.

Long. 11 mill. ; env. 28 mill. ; long. tot. 16 mill.

FEM. Corselet arrondi en avant, moins large que la tête; post-écusson saillant, mais sans crête. Pétiole plus grêle à sa base, et plus élargi en arrière que dans les autres espèces. Insecte lisse ; le métathorax et l'abdomen luisants. Tête ferrugineuse : mandibules et chaperon de cette couleur ; vertex et front noirs; espace derrière les yeux jaune ; antennes brunes, moins obscures en dessous; leurs six derniers articles ferrugineux. Corselét ferrugineux, prothorax jaune en dessus; disque du mésothorax noir ; une tache sous l'aile et écussons, jaunes. Abdomen ferrugineux, brunâtre du côté dorsal : tous les segments bordés de jaune; anus jaune. Pattes ferrugineuses. Ailes transparentes, à peine enfumées, la côte jusqu'au point assez ferrugineuse ; deuxième cubitale en trapèze ; la troisième presque carrée ; la quatrième de même grandeur que la troisième.

Habite : L'Amérique du Sud. (Collection de M. Baly de Londres.)

4. A. Cubitalis, n. sp.

(Pl. XVIII, fig. 3.)

Fusca, capite abdomineque, nigrescentibus, petiolo fusco; alis fuscis, apice subhyalinis.

Long. 13 mill.; env. 29 mill.

Ouvr. Chaperon aussi large que long. Corselet moins comprimé, et pétiole un peu plus court que dans l'*A. pallens.* Tête et abdomen d'un brun noirâtre; antennes noirâtres. Corselet et pétiole d'un brun ferrugineux; prothorax noirâtre, bordé de ferrugineux le long de son bord postérieur; pétiole portant une tache noirâtre en dessus. Corselet velouté, couvert de poils chatoyants dorés. Pattes ferrugineuses. Ailes brunes, noires le long de la côte, presque transparentes au bout; deuxième cubitale plus longue que large, subtriangulaire, son bord radial presque nul; la quatrième deux fois aussi grande que la troisième.

Habite : Bahia. (Musée de Paris.)

SOUS-SECTION II.

CALYPTODOMES.

Insectes construisant des nids dont les rayons sont protégés par une enveloppe générale.

Genre VESPA.
(Pl. XIV.)

SYN. *Vespa*. Linn. Fabr. Latr. Lepel.

CAR. *Lèvre* très courte, quadrilobée; palpes labiaux de quatre articles grands.

Mâchoires courtes; palpes maxillaires de six articles.

Mandibules très courtes, aussi larges que longues, carrées, fortement quadridentées.

Tête concave en arrière, souvent très renflée dans la région du vertex et à ses angles postérieurs. *Chaperon non terminé par une dent, mais plus ou moins carré, son bord antérieur droit ou concave* (1); yeux variables, s'étendant souvent jusqu'à la base des mandibules, d'autres fois ne l'atteignant pas.

Antennes longues, et simples dans les mâles.

Corselet cubique ou globuleux; métathorax parfaitement vertical, entièrement arrondi, lisse.

Abdomen sessile (2), cylindrique ou déprimé; le premier segment presque toujours aussi large que le deuxième, très court.

Le genre *Vespa* est de tous le plus distinct, et l'homogénéité de ses formes est si parfaite qu'il devient presque impossible de le partager par des coupes. La *Vespa anomala* seule forme en quelque sorte exception à cette uniformité de plan.

(1) Ce caractère donnerait à lui seul une diagnose suffisante du genre, car il est très évident, et ne se rencontre que dans le genre *Vespa*. Dans tous les autres Vespiens le chaperon est terminé par une dent ou par un angle.

(2) C'est le genre où l'abdomen est le plus parfaitement sessile.

Les seules différences que l'on puisse observer dans les formes des insectes qui en font partie sont d'une si minime importance, qu'il est presque inutile de les mentionner (1). Elles ne portent presque que sur le premier segment de l'abdomen, qui peut être plus ou moins allongé, plus ou moins arrondi en avant, ou offrir, au contraire, un tranchant à la séparation de ses deux faces; dans ce dernier cas l'antérieure est souvent un peu concave. (*V. rufa.*)

Les yeux n'atteignent pas toujours la base des mandibules, souvent il existe un espace libre entre l'extrémité inférieure des premiers et la base des secondes (2).

Dans ce genre, les espèces sont d'une taille relativement très grande; on n'en remarque aucune dont les dimensions soient au-dessous de la taille moyenne; les grandes espèces abondent au contraire, et dans leurs rangs on voit figurer les insectes les plus volumineux de la famille des Vespides, sinon de l'ordre des Hyménoptères.

Les *Vespa* sont répandues sur tout l'ancien continent, et dans l'Amérique du Nord; je ne sache pas qu'il en ait été trouvé ni dans l'Amérique du Sud, ni dans la Nouvelle-Hollande, mais il est probable que des recherches attentives nous en révéleront l'existence dans ce dernier pays.

Leur nidification est en général assez irrégulière, elle consiste à former des gâteaux parallèles, séparés par des colonnettes et recouverts d'une enveloppe celluleuse.

Iʳᵉ DIVISION.

Corselet rétréci en arrière; métathorax un peu oblique; abdomen allongé, déprimé, le premier segment moins large que le deuxième, très brièvement pédicellé, arrondi et convexe en avant, nullement tronqué comme dans les Vespa proprement dites, ne plaquant point contre le métathorax. (Cet abdomen a exactement la forme de celui de l'*Apoïca pallida* sans son pétiole.)

(1) La *Vespa anomala* exceptée.

(2) Ce caractère permettrait peut-être d'établir une coupe; il n'est cependant pas sans offrir de transition.

1. V. Anomala, n. sp.

(Pl. XIV, fig. 2, 2 *a*.)

Villosissima, flavo-ferruginea; capite obscuro.

♀. Long. 11 1/2 mill. ; env. 33 mill. ; long. tot. 16 mill.

Fem. Mandibules comme dans les *Vespa* proprement dites. Antennes longues. Abdomen très allongé, fortement déprimé, subpétiolé, le premier segment plus étroit que le deuxième, en cloche ; le deuxième aussi long ou plus long que large. Chaperon en carré long, insensiblement bilobé au bout; tête et corselet lisses, très velus, les poils longs et fauves; abdomen également couvert de poils fauves couchés, très visibles à l'œil nu.

Insecte d'un jaune ferrugineux; tête tirant sur le noir; abdomen, surtout au bout, un peu obscur; le bord des segments plus clair. Ailes ferrugineuses, blanches au bout, deuxième cubitale en trapèze, plus longue que large, ses bords droits; la troisième en parallélogramme régulier, plus longue que large, ses bords droits.

Rapp. et diff. Distincte de toutes les *Vespa* par la forme de son abdomen. On pourrait être tenté de la ranger dans les *Polistes,* si ses mandibules très courtes et très grosses et son chaperon polygonal n'en faisaient une *Vespa.*

Habite : L'île de Java. (Collection de M. le marquis Spinola, Musée de Londres, etc.)

IIᵉ DIVISION.

Abdomen cylindrique, parfaitement sessile ; son premier segment tronqué verticalement au bord antérieur; offrant deux faces : l'une antérieure, l'autre supérieure, beaucoup plus large que longue.

I. ESPÈCES APPARTENANT A LA FAUNE EUROPÉENNE[1]

Ces espèces peuvent se distinguer comme suit :

(1) Ces espèces s'étendent aussi en Asie, en Barbarie et dans l'Amérique du Nord. Il est bien probable que les espèces de l'Amérique boréale se trouvent aussi dans les régions septentrionales de l'Europe.

<table>
<tr><td rowspan="2">1</td><td>Thorax franchement noir et jaune, sans roux. . . . .</td><td colspan="2">2.</td></tr>
<tr><td>Thorax noir, jaune et roux. . . . .</td><td colspan="2">5.</td></tr>
<tr><td rowspan="2">2</td><td>Abdomen orné de roux. . . . .</td><td colspan="2">4.</td></tr>
<tr><td>Pas de roux. . . . .</td><td colspan="2">3.</td></tr>
</table>

3	Yeux atteignant la base des mandibules.	*arborea.* .	5.
		germanica.	3.
		vulgaris.	2.
	Un espace distinct entre les yeux et les mandibules.	*saxonica.*	7.
		sylvestris.	6.
4	Deux points roux au deuxième segment de l'abdomen. . . .	*norwegica.*	8.
	Segments 1 et 2 roux au milieu.	*rufa.* . . .	4.
5	Deuxième segment de l'abdomen roux.	*orientalis.*	11.
	Deuxième segment de l'abdomen largement bordé de jaune.	*crabro.* .	10.
		media. .	9.
	Abdomen noir.	*Jurinei.* .	12.

A. *Yeux atteignant jusqu'à la base des mandibules* (1).

α. ♀ ♀̈. Antennes entièrement noires.
   ♂. Le premier article jaune en devant.

2. V. Vulgaris, Linn.! (2).

(Pl. XIV, fig. 3, 3 *a* - 3 *e*.)

Nigra, flavo variegata : antennis ♀ nigris, articulo primo ♂ antice flavo ; clypeo linea verticali securiformi nigra ; abdomine cingulis marginalibus flavis.

Syn. Aristot. Hist. An. i. ix. c. 41.

   Plin. Hist. Nat. i. xi. c. 21.

   Aldrow. Ins. 198.

   Schwenkf. *Vespa major.* Theriotr. Siles. 561.

   Swammerd. Bibl. Nat. tab. 26. fig, 8.

   Mouff. Theat. Insect. 52. fig. 1. 2.

   Ray, *V. sylvestris, alis longis,* etc, Insect. 252.

   Linn. *Vespa vulgaris.* Syst. Nat. 949. 4. — Faun.
      Suec. 1671.

   Fabr. *V. vulgaris.* Syst. Ent. 364. 9. — Spec. Ins. i.
      460. 9. — Mant. Ins. i. 287. 10. — Ent. Syst. ii.
      256. 10. — Syst. Piez. 255. 9. — Faun. Fridr.
      N° 635.

   Geoff. Ins. ii. 369. 2.

(1) Voyez la section C.

(2) Cette espèce est bien moins commune que la *V. germanica,* avec laquelle
on l'avait primitivement confondue. Plusieurs de ses synonymes appartiennent
probablement à cette dernière, mais il n'est guère possible de dire lesquels.

Réaum. Mém. Ins. vi. pl. 14. fig. 4. 5.

Deg. Mém. Ins. ii. part. 2. 766. pl. 26. fig. 1-15.

Merret. *V. flava major.* Pinax. Rer. Nat. Brit. 196.

Harris. *V. vulgaris.* Expos. of Brit. Ins. p. 128. tab. 37.
fig. 5.

Frisch. *V. vulgaris.* Ins. Pars. ix. tab. xii. fig. 2.

Scopol. *V. vulgaris.* Ent. Car. N° 825.

Amor. *V. vulgaris.* Ins. venim. 254 tab. ii. fig. 13.

Schrank. *V. vulgaris.* Enum. Ins. Aust. N° 787.

Schæff. *V. vulgaris.* Elem. Ins. tab. 130. — Icon. Ins.
tab. 35. fig. 4.

Viller, *V. vulgaris.* Entom. iii. 263. 2.

Fourc. *V. vulgaris.* Ent. Par. ii. 430. 2.

Christ. *V. vulgaris.* Hymen. 236. tob. 22. fig. 2.

Oliv. *V. vulgaris.* Encycl. Math. vi. 679. 49.

Rossi. *V. vulgaris.* Faun. Etrusc. ii. 83. 861.

Panz. *V. vulgaris.* Faun. Germ. 49. tab. 19.

Cederh. *V. vulgaris.* Faun. Ingriæ. 521.

Donov. *V. vulgaris.* Brit. Ins. vii. tab. 266.

Berk. *V. vulgaris.* Syn. i. 158.

Shaw. *V. vulgaris.* General Zool. vi. 285. tab. 95.

Latr. *V. vulgaris.* Ann. Muséum. i. p. 288. — Hist.
Crust. et Ins. xiii. 351. 14.

Bingl. *V. vulgaris.* Anim. Biog. iii. 341.

Walck. *V. vulgaris.* Faun. Par. ii. 91. 4.

Zetterst. *V. vulgaris.* 2ᵉ édit. p. 453.

Stew. *V. vulgaris.* Elem. ii. 238.

Lamarck. *V. vulgaris.* Anim. sans vert. iv. 88. 2.

Ramdh. *V. vulgaris.* Verdauungs Org. d. Ins. 132. 1.
tab. 12.

Sam. *V. vulgaris.* Compend. 280. 2.

Kirb. and Spenc. *V. vulgaris.* Intr. to Ent. ii. 106.

Steph. *V. vulgaris.* Cat. i. 374. 5029. 2.

Kirby. *V. vulgaris.* Faun. Bor. Amer. 263.

Brullé. *V. vulgaris.* ! Hist. Nat. Iles Canaries. tom. ii.
2ᵉ part. Entomol. p. 89.

Lep. St.-Farg. *V. vulgaris* (1). Hymen. i. 516. pl. 10.

Herr.-Schæff. *V. vulgaris*. Faun. Germ. 179. 3. a. p. 36.

Smith. *V. vulgaris*. Zoologist. i. 162. 2. fig. *a-f*. — Cat. Brit. Ins. p. 48. — Zoologist. ix.

Blanch. *V. vulgaris*. Hist. des Ins. i. p. 62 pl. 3. fig. 3.

Cloquet. *Guêpe commune*. Faune des Médec. v. 302. 304. 305.

♀. Long. 14 mill. ; env. 36 mill.
☿. Long. 10 mill. ; env. 24 mill.
♂. Long. 13 mill. ; env. 33 mill.

Fem. Insecte noir. Chaperon jaune, portant sur son milieu une ligne noire verticale, se terminant dans une tache noire arquée, transversale ; orbites postérieures, jaunes ; une ligne jaune depuis le chaperon jusqu'au fond du sinus des yeux ; au-dessus des antennes une tache jaune, élargie en haut ; mandibules jaunes. Une tache sous l'aile, et une ligne jaune de chaque côté, bordant les épaulettes en dedans ; deux taches sur l'écusson, souvent deux sur le post-écusson, jaunes. Abdomen : tous les segments noirs à la base, jaunes à leur bord ; le premier seulement bordé de jaune en dessus, la bordure jaune échancrée au milieu ; il en est de même de celle de tous les autres ; les bordures 2-5 portant, en outre, de chaque côté un point noir. Pattes noires : bout des cuisses, jambes et tarses, jaunes ; les tibias, noirs au côté postérieur.

Var. 1. Bandes jaunes de l'abdomen plus étroites, leurs taches noires n'existant qu'à l'état d'échancrures.

Var. 2. La bordure postérieure des orbites interrompue.

Ouvr. De chaque côté du métathorax une grande tache jaune. Le premier segment de l'abdomen jaune en dessus, avec une échancrure noire triangulaire.

Male. Antennes portant une ligne jaune en devant du premier article. Chaperon jaune, avec une tache noire, ou entièrement jaune. Bordures jaunes des segments de l'abdomen

(1) La note de cet auteur, p. 517. est fautive, selon nous. Voyez *V. saxonica*

étroites , triéchancrées , ou presque régulières. Métathorax noir.

Var. 3. Sur le centre du jaune du premier segment, un losange noir, et de chaque côté un petit point noir. Les autres portant de chaque côté un point noir. (Cette variété est identique pour la coloration au mâle de la *V. germanica* (1).

Rapp. et diff. Voir à cet égard les affinités des *V. germanica, rufa, media, saxonica* et *sylvestris.*

Habite : L'Europe, le nord de l'Amérique, les îles Canaries; commune. On ne l'a pas trouvée encore en Barbarie. (Collection de Linné , etc.)

3. V. Germanica, Fabr.

(Pl. XIV, fig. 4, 4 *a* - 4 *c*.)

Nigra, flavo variegata ; antennis ♀ nigris, articulo primo ♂ antice flavo ; abdomine fasciis flavis, punctis nigris; clypeo flavo aut nigro punctato.

Syn. Muell. *V. vulgaris.* Ed. Linn. Ins. ii. 880. 4. tab. 27. fig. 3.
    ? Scopol. *V. maculata.* Ent. Carn. 831.
    Christ. *V. maculata.* Hymen. 240.
    Panz. *V. germanica.* Faun. Germ. 49. tab. 20. ♀.
    Fabr. *V. germanica.* Ent. Syst. ii. 256. 12. ♂. — Syst. Piez. 256. 10.
    ? *Vespa vulgaris* auctorum multorum.
    Lep. St.-Farg. *V. germanica.* Hymen. i. 515.
    Herr.-Schæff. *V. germanica.* 179. 2. p. 35.
    Blanch. *V. vulgaris.* Règne Anim. pl. 124. fig. 5.
    Smith. *V. vulgaris. var.* Zoologist. N° i. 162. — *V. germanica.* Catal. Brit. Ins. 48. — Zoologist. N° ix. — Zool. N° cvii. p. clxxvii.

Pour la description de l'espèce, voir Lepeletier de Saint-Fargeau, loc. cit.

Fem. Très voisine de la *V. vulgaris.* Chaperon portant un

(1) Extrait de la note de M. Smith. Cet auteur réunit la *V. saxonica* à la *V. vulgaris.*

petit point noir central, et surtout deux autres plus bas. Abdomen noir, avec tous les segments largement bordés de jaune; le premier jaune en dessus, avec un losange noir au milieu, et de chaque côté un point noir; les autres portant tous une grande échancrure médiane très régulière, en forme de dé-à-coudre, et de chaque côté une tache noire. Le reste comme dans la *V. vulgaris*.

Var. 1. Chaperon portant une ligne noire verticale, qui descend jusqu'au milieu de sa hauteur.

Ouvr. Chaperon portant en général la ligne noire comme dans la var. 1.

Male. Comme la var. 1 de la *V. vulgaris*. Le chaperon porte ou une tache centrale, ou une ligne qui descend jusqu'au milieu, ou une ligne avec un point plus bas, et souvent deux points latéraux vers ses angles antérieurs, noirs.

Var. de l'Amérique du Nord.

♀. Long. 8 mill.; env. 20 mill.

Ouvr. Petite. Tête, corselet et premier segment de l'abdomen, couverts d'un duvet de longs poils ferrugineux; le reste de l'abdomen moins velu. Insecte noir. Mandibules, chaperon, orbites, sinus des yeux, et front, jaunes; une ligne sur le chaperon, noire; antennes noires; écaille, un point sous l'aile, une large bordure aux épaulettes, deux taches sur l'écusson, une bande interrompue sur le post-écusson, et deux taches au bas du métathorax, jaunes. Les segments de l'abdomen tous ornés d'une bande jaune, portant chacune trois petites échancrures, et un peu élargie sur les côtés; le premier segment en dessus entièrement jaune, avec un triangle très large, ou une ligne transversale noire sur son milieu. Pattes jaunes, un peu de noir à la base des cuisses, hanches jaunes, ou noires et jaunes. Ailes transparentes, nervures d'un brun ferrugineux.

Rapp. et diff. Les caractères de section distinguent cette espèce des *V. saxonica, sylvestris* et *media*. On ne peut la confondre avec la *V. rufa*, dont elle s'écarte par son abdomen franchement noir et jaune, sans roux.

Par contre, rien n'est plus difficile que de la différencier de la *V. vulgaris*.

D'une manière générale. on peut dire que la *V. vulgaris* ♂ et ♀ se reconnaît à son chaperon jaune, avec une marque noire en forme d'ancre, ou de hache, ou de boutcille, et la *V. germanica* à son chaperon jaune, avec un ou trois points noirs, ou entièrement jaune, ou jaune avec une petite ligne noire qui descend jusqu'au milieu

Les deux espèces semblent se confondre dans certaines variétés, et même s'entrecroiser, c'est-à-dire que les variétés de l'une représentent l'état normal de l'autre (1). Les mâles surtout sont souvent des plus embarrassants sous ce rapport.

Malgré ces ressemblances extrêmes, la *V. germanica* et la *V. vulgaris* sont bien deux espèces distinctes, comme on s'en convaincra toujours après un examen scrupuleux des individus pris dans un même nid, comparés à ceux pris dans un nid de l'autre espèce.

Voici quelques autres indications qui servent à confirmer la séparation des espèces :

1. *Fem.* La bordure des épaulettes de la *V. germanica* est plus irrégulière, l'abdomen offre des dessins plus francs et plus réguliers, le premier segment est entièrement jaune en dessus, avec une échancrure quadrangulaire noire, rétrécie à la base, tandis que dans la *V. vulgaris* ce segment est noir, bordé de jaune, l'échancrure ne forme qu'un angle obtus. Les autres segments portent aussi dans la *V. germanica* une très large bordure jaune parfaitement régulière, avec une échancrure en forme de mitre ; les points noirs placés sur ces bandes sont aussi mieux dessinés ; l'échancrure noire des deux premières bandes atteint, ou presque, le bord postérieur des segments ; dans la *V. vulgaris*, au contraire, il n'y a qu'une petite échancrure noire triangulaire qui n'atteint pas le bord des segments.

____

(1) La 3 var. de la *V. vulgaris* ressemble entièrement au mâle de la *V. germanica.*

2. *Ouvrières.* Elles se distinguent par les mêmes caractères que la femelle, mais la distribution des couleurs du premier segment semble être la même dans les deux espèces.

3. *Mâle.* Mêmes différences que pour la femelle, mais moins distinctes.

M. Smith, à qui l'on doit un mémoire consciencieux sur la distinction des *V. vulgaris* et *germanica*, donne encore les caractères distinctifs suivants, qui peuvent être observés par la comparaison d'individus déjà déterminés, et par conséquent viennent confirmer la séparation des deux espèces, mais qui sont trop spécieux et trop relatifs pour pouvoir servir à la détermination avec quelque chance de certitude :

La *V. germanica* ♀ atteint une taille tant soit peu plus grande que la *V. vulgaris*, et les antennes du mâle sont un peu plus longues et plus épaisses.

Dans les trois sexes de la *V. vulgaris* le duvet pubescent est un peu plus épais que dans l'autre espèce (1).

La tache jaune du front a, selon M. Smith, des formes constantes dans les deux espèces ; malheureusement ces formes sont multiples et bien voisines entre elles. Si on les étudiait avec soin sur les variétés continentales, on les trouverait peut-être assez différentes (2). Quoi qu'il en soit, nous avons fait figurer pl. XIV les formes que M. Smith a indiquées.

Les caractères plus constants et plus nets qui servent, non plus à confirmer la séparation des espèces, mais aussi à les reconnaître, sont :

Pour les femelles, la tache en forme de hallebarde qui se voit sur le chaperon de la *V. vulgaris*. Ce signe, sans être d'une valeur irréprochable, est cependant d'un grand secours à cause de sa généralité (3).

Pour les mâles, la conformation des organes génitaux est un

____

(1) Mais les poils s'usant, finissent par disparaître avec l'âge.

(2) Je n'ai jamais attaché aucune importance aux taches frontales, que j'ai toujours trouvées infiniment variables.

(3) Sur 700 individus, de la *Vespa vulgaris*, examinés par M. Smith, 28 seulement étaient privés de ce caractère.

caractère moins évident, mais en revanche parfaitement net, et qui n'admet pas d'exception. Voyez pl.

Habite : Dans toute l'Europe, en Algérie, en Syrie, aux Indes Orientales, et dans l'Amérique du Nord ; très commune.

4. V. RUFA, Linn.
(Pl. XIV, fig. 5, 5 *a.*)

Nigra, flavo (rufoque), variegata; thorace nigro, utrinque linea humerali, scutelloque punctis duobus flavis; abdominis segmentis flavo marginatis, duobus primis medio rufis, aut flavis; clypeo ♀ fascia nigra.

SYN. Ray. *V. sylvestris, vulgari similis,* etc. Ins. 252.
      Lin. *Vespa rufa.* Syst. Nat. 949. 5. — Faun. Suec. N° 1672.
      Muell. *V. rufa.* Edit. Lin. Ins. ii. 881. 5.
      Fabr. *V. rufa.* Syst. Ent. 364. 10. — Spec. Ins. i. 460. 11. — Mant. Ins. i. 388. 12. — Ent. Syst. ii. 258. 15. — Syst. Piez. 256. 13. — Faun. Fridr. N° 636.
      Schrank. *V. rufa.* Enum. Ins. Austr. N° 788.
      Viller. *V. rufa.* Entom. iii. 264. 3.
      Oliv. *V. rufa.* Encycl. Méth. vi. 680. 51.
      Christ. *V. rufa.* Hymen. 236. pl. 22. fig. 3.
      Latr. *V. rufa.* Hist. Crust. et Ins. xiii. 352.
      Zetterst. *V. rufa.* Fauna Lappon. p. 454. 4.
      Herr.-Schæff. *V. rufa.* Faun. Germ. 179. 5. p. 37. — *V. austriaca.* 179. 3. b. p. 35. (var.).
      Lep. St.-Farg. *V. rufa.* Hymen. i. 517.
      Curtis. *V. rufa.* Brit. Entomol. xvi. tab. 760.
      Smith. *V. rufa.* Zoologist. i. 167. 34. fig. *g. h. i.*
      Blanch. *V. rufa.* Hist. des Ins. 62. pl. 3. fig. 1.

♀. Long. 15 mill. ; env. 34 mill.
♂ et ♀. Long. 12 mill. ; env. 26 mill.

Pour la description de l'espèce, voir Lepeletier de Saint-Fargeau, loc. cit.

Var. A. ♀. Une petite ligne jaune sur le devant du premier article des antennes.

Var. B. ♀. Deux points jaunes sur le post-écusson. Abdomen sans roux ; le premier segment offrant deux bandes jaunes, l'une marginale, l'autre antérieure, interrompue ; le deuxième noir, avec une large bordure jaune qui forme avec le noir un grand dessin sinueux.

Var. ♀. Deuxième segment roux, bordé de jaune ; deux petits points jaunes sur l'écusson.

MALE. Antennes noires, le devant du premier article, jaune. Souvent une tache noire sur la partie dorsale du premier segment de l'abdomen. Bordures jaunes des segments 3-6 assez régulières, peu larges, et sans points noirs, mais souvent bi-échancrées. Le reste comme dans la femelle.

Rapp. et diff. Cette espèce est facile à reconnaître par plusieurs caractères que nous allons énumérer :

L'abdomen n'est pas franchement jaune et noir comme dans les autres espèces européennes, mais les deux premiers segments portent du roux entre la base noire et le bord jaune ; quelquefois ces segments tout entiers deviennent roux ; dans la femelle ce caractère n'est pas toujours très marqué, mais toujours la base du dos du premier segment est roux ou jaune, jamais noir, si ce n'est parfois au milieu, où il est échancré de cette couleur. Le corselet est noir, velu, il n'a jamais de taches métathoraciques, et presque jamais de tache sur le post-écusson.

La *var. B* ne porte pas de roux, mais on la reconnaît toujours à la seconde bande jaune du premier segment de l'abdomen qui subsiste.

La *V. rufa* diffère de la *V. crabro* par ses épaules et son écusson noirs et jaunes, et non roux, par sa tête et ses antennes noires, etc.

Habite : L'Europe, où elle est commune. M. Dours l'a rapportée d'Algérie.

β. ♀ ☿ ♂. Antennes noires, le premier article jaune en devant.

5. V. Arborea, Smith.!

(Pl. XIV, fig. 8, 8 *a*.)

Nigra, flavo picta ; clypeo ♀ flavo, nigro tripunctato ; antennis ♀ nigris, articulo primo antice flavo ; abdomine flavo, nigro picto, *V. rufæ* simillimo.

Syn. Smith. *Vespa borealis* (1)! Zoologist. i. 176. 6. — *V. arborea !* Id. vii. Supp. 60.

♀. Long. 15 mill. ; env. 34 mill. :

On n'en connaît encore que la femelle : Très voisine de la *V. rufa* (var. noire), même taille, mêmes formes, mêmes couleurs; en diffère par la couleur de son chaperon et le devant du premier article des antennes, qui est jaune dans la femelle.

Insecte noir. velu. Mandibules, une tache bilobée sur le front, bordure interne du sinus des yeux, une grande tache en arrière de leur sommet, une petite au bas de leur orbite postérieure, jaunes. Antennes noires en dessus et en dessous; le premier article jaune en devant. Chaperon jaune, avec trois petits points noirs. Corselet comme dans la *V. rufa* ; écailles rousses et jaunes. Abdomen : premier segment jaune en dessus, avec, au milieu, une échancrure noire en T renversé, et de chaque côté une tache noire, large; les autres segments jaunes, avec la base noire; le jaune un peu échancré au milieu, et orné de chaque côté d'une tache noire libre ou tenant à l'échancrure noire par un pédicelle de cette couleur. Pattes jaunes ; hanches et cuisses, sauf le bout, noires Ailes lavées de ferrugineux, nervures ferrugineuses, non brunes comme dans la *V. rufa.*

Obs. Si les taches noires du premier segment se fondaient avec l'échancrure, on aurait alors un bord jaune, et à son bord antérieur une bande jaune interrompue; le reste de l'abdomen est comme dans la *V. rufa.*

(1) Nec Kirbyi, nec Zetterstetti. Ce nom étant déjà employé, il a été changé en *arborea.*

Habite : L'Ecosse. Niche dans les arbres (1). Découverte dans ces dernières années par M. Smith, de Londres. Elle a aussi été rencontrée à Genève. (Ma collection.)

B. *Un espace libre distinct entre l'extrémité inférieure des yeux et la base des mandibules.*

A. *Insectes franchement noirs et jaunes, sans roux.*

♀ ☿ ♂. Antennes noires, ferrugineuses en dessous, le premier article jaune en devant.

6. V. Sylvestris (2), Scopol.

(Pl. XIV; fig. 6.)

Nigra, flavo variegata ; mandibulis ab oculis remotis; clypeo ♀ flavo; post-scutello nigro; abdominis fasciis paulo triemarginatis ; antennarum articulo primo subtus flavo, flagello subtus ferrugineo.

Syn. Scopol. *Vespa sylvestris.* Ent. Carn. 826.
    Harris. *V. parietum.* Exposit. p. 128. tab. 37. fig. 4. ♂.
    Réaum. Pl. 19. fig. 1, 2. (le nid).
    Villers (3) *V. sylvestris.* ii. 274. 18.
    Christ. *V. sylvestris.* Hymen. 235. tab. xxii. fig. 1. *a. b.*
    Oliv. *V. sylvestris.* Enc. Meth. vi.
    Fabr. *V. holsatica.* Ent. Syst. ii. 257. 14. — Syst. Piez. 256. 12.
    Latr. *V. holsatica* (4). Ann. Mus. i. 288. pl. 21. fig. 1-3.

(1) Ce mode de nidification la distingue essentiellement de la *V. rufa,* qui construit sa demeure sous terre.

(2) Latreille (Ann. Mus. loc. cit.) prétend que cette espèce est différente de la *V. holsatica,* parce que son nid a un rayon de plus. Cette raison est loin d'être suffisante, vu qu'un nid jeune compte toujours moins de rayons qu'un nid plus avancé.

(3) Confondue à tort avec la *V. rufa.*

(4) Les caractères que donne Latreille pourraient s'appliquer à plusieurs espèces, ou du moins à leurs variétés, mais la forme du nid est bien distincte, et ne laisse pas de doute sur l'espèce. On pourrait être induit en erreur par la phrase de Fabricius : « *Duplo minor V. vulgaris.* » Cette phrase est sans importance, puisque Fabricius peut avoir comparé des neutres aux femelles, et qu'il dit aussi à tort, à propos de la *V. germanica* : « *minor V. vulgari.* »

— *V. frontalis* (1). Id. i. 290. pl. 21. fig. 7. — *V. holsatica*. Hist. Crust. et Ins. xiii. p. 552.

Leach. *V. britannica*. Zool. Miscel. i, 112. tab. 50.

Herr.-Schæff. *V. crassa*. Faun. Germ. 179. 4. p. 34.

Smith. *V. holsatica.!* Zoologist. r. 168. 4. fig. *k. l. m.*— *V. sylvestris.!* Catal. Brit. Ins. 49.

Blanch. *V. arbustorum*. Hist. Ins. i. p. 62. pl. 3. fig. 2.

♀. Long. 13 mill ; env. 32 mill.

☿. Long. 10 mill. ; env. 24 mill.

♂. Long. 12 mill. ; env. 30 mill.

Fem. Corps très velu, couvert de poils ferrugineux. Presque aussi grande que la *V. vulgaris*.

Tête allongée comme dans la *V. saxonica*. Chaperon à peine plus long que large, tronqué droit à son bord antérieur, fortement velu. Tout le corps fortement velu, comme dans la *V. saxonica*, mais les poils de l'abdomen un peu moins denses. Yeux n'atteignant, comme dans cette espèce, pas près des mandibules. Insecte noir. Chaperon, front, mandibules, devant du premier article des antennes, bordure des orbites jusqu'au fond du sinus et derrière le sommet des yeux, jaunes. Epaulettes assez largement bordées de jaune; deux grandes taches sur l'écusson, et une petite sous l'aile, jaunes. Tous les segments de l'abdomen bordés de jaune; les bordures assez régulières, point élargies sur les côtés; la première échancrée, à angles très obtus, les deux suivantes portant trois petites échancrures, la quatrième et la cinquième un peu échancrées au milieu. Anus jaune. Les bordures quatrième et cinquième larges, le noir de la base souvent peu visible, sur leurs côtés deux points noirs. Pattes jaunes ; cuisses, sauf le bout, noires. Ailes un peu ferrugineuses.

(1) Cette espèce ne semble pas être différente de la *V. holsatica.* Voici la description qu'en donne Latreille : « Noire, front jaune, avec une ligne » noire, deux taches jaunes à l'écusson, bord postérieur des anneaux de l'ab- » domen de la même couleur, et celui des derniers sinué. » Cette description est trop succincte pour permettre de saisir les différences spécieuses qui séparent nos *Vespa*; il en ressort cependant : 1° que le post-écusson est noir ; 2° que les bordures des premiers segments de l'abdomen sont étroites et régulières, sans points noirs ni échancrures, ce qui se rencontre souvent dans la *V. sylvestris*.

Ouvr. Plus petite. Les bordures 2-4 triéchancrées. Anus noir à la base. Abdomen fort peu velu.

Mâle. Chaperon pour le moins aussi long que large, n'étant pas tronqué droit, ni échancré, mais arrondi au bout, offrant cependant souvent une dépression noirâtre qui pourrait faire croire à une échancrure; corselet, tête et chaperon couverts de poils noirs ou gris. Palpes ferrugineux; chaperon jaune, avec une ligne perpendiculaire sur sa base, noire. Antennes noires, devant du premier article jaune. Mandibules jaunes en devant, noires sur les côtés. Bordure des orbites jusque dans le sinus des yeux, jaune; une tache en arrière du haut des yeux, et souvent un point à mi-hauteur de l'orbite postérieure, jaunes. Front jaune. Ecaille brune. Tous les segments bordés de jaune, les bordures étroites et régulières; la première un peu rétrécie au milieu, les autres à peine biéchancrées, les dernières un peu sinuées; anus jaune. Pattes noires; genoux, jambes et tarses, jaunes. Ailes un peu ferrugineuses. Le reste comme dans la femelle.

Var. Pas de point jaune sous l'aile.

Rapp. et diff. La *V. holsatica* ressemble surtout aux *V. vulgaris, germanica, rufa, norwegica* et *saxonica*.

Elle se distingue des trois premières par ses yeux qui n'atteignent pas les mandibules, par ses antennes ferrugineuses en dessous, et dont le premier article, dans la ♀, est jaune en devant; de la quatrième par l'absence de taches rousses sur le deuxième segment de l'abdomen; mais elle est aussi voisine de la *V. saxonica* que la *V. germanica* de la *V. vulgaris*. Le chaperon est un peu moins échancré, jaune, avec un point noir, ou une petite ligne qui descend jusqu'au milieu, parfois entièrement jaune, tandis que la *V. saxonica* porte une bande noire verticale.

Habite : L'Europe. Construit un nid plus ou moins sphérique, suspendu aux toits des maisons ou aux branches des arbres, composé d'une triple enveloppe, au fond de laquelle est un noyau de cellules. Ce nid a été figuré par Latreille et par Réaumur. (Toutes les collections.)

7. V. Saxonica (1), Fabr.

Nigra, villosissima; flavo variegata, oculis a mandibulis remotis; antennarum articulo primo
♂ ♀ ☿ antice flavo, flagello subtus ferrugineo; clypeo ♀ flavo fascia magna verticali nigra.

Syn. Fabr. *Vespa saxonica.* Ent. Syst. ii. 256. 12. — Syst.
Piez. 256. 11.

Panz. *V. saxonica.* Faun. Germ. 49. tab. 24. — *V.
sexcincta.* 63. 1.

Herr.-Schæff. *V. saxonica.* Faun. Germ. 179. p. 37. —
V. sexcincta. 149. p. 36.

Smith. *V. norwegica.!* Zool. vii.

♀. Long. 13 mill.; env. 30 mill.
☿. Long. 10 mill.; env. 24 mill.

Fem. Tête étroite, sensiblement moins large que le corselet;
plus haute que large; le bas des yeux étant loin d'atteindre les
mandibules; le bas de la tête avancé, les mandibules assez
longues, formant un bec plus aigu que dans les autres espèces.
Chaperon *plus long que large*, échancré, terminé par deux petites
dents un peu relevées. Corselet et abdomen finement ponctués,
ce dernier moins lisse que dans la *V. vulgaris*, et tout le corps,
même l'abdomen, *fortement velu*, hérissé de longs poils ferrugineux, très serrés.

Insecte noir. Mandibules jaunes, leur bord interne noir;

---

(1) M. Smith considère cette espèce comme une variété sans taches rousses de
la *V. norwegica*. Elle me semble cependant en être distincte. Le même auteur
pense que Fabricius a décrit sous le nom de *V. saxonica* un mâle de la *V. vulgaris*. Je ne puis me ranger à cette opinion, puisque ce dernier décrit le chaperon
comme portant une bande noire verticale, ce qui est bien le caractère de la *V.
saxonica*, non du mâle de la *V. vulgaris*, et que, du reste, il cite la planche de
Panzer. Or, dans cette planche on voit distinctement que les yeux de l'insecte
n'atteignent pas la base des mandibules, comme cela devrait être si la figure se
rapportait à la *V. vulgaris*, mais qu'au contraire ils en sont écartés, comme cela
a lieu dans les *V. holsatica, norwegica*, et dans celle que je nomme *saxonica*.
Je base de plus mon opinion sur l'observation de la collection Jurine, contempo-
rain du professeur de Kiel, dont la collection est parfaitement déterminée, et
surtout basée sur la tradition de l'époque plus ancienne de l'entomologie.
J'en dirai autant de la *V. sexcincta*, qui, pour les mêmes raisons, n'est pour
moi qu'une variété de la *V. saxonica*.

chaperon jaune, avec une croix ou une bande longidudinale noire ; front jaune, espace entre les antennes noir ; bordure des orbites jusqu'au fond du sinus des yeux, une tache en arrière du sommet, et une autre en arrière du bas de chaque œil, jaunes. Antennes noires, le premier article jaune en devant. Corselet noir ; épaulettes bordées de jaune par une ligne régulière ; écusson noir ou orné d'une ligne transversale interrompue au milieu ; post-écusson portant de chaque côté une tache jaune ; un point jaune sous l'aile ; écaille ferrugineuse. Abdomen ayant tous ses segments bordés de jaune ; le premier par une ligne régulière ; les trois suivants par une ligne régulière au milieu, subitement élargie sur les côtés, et un peu échancrée avant l'élargissement du jaune ; bande jaune du cinquième large, un peu irrégulière, portant de chaque côté un point noir. Anus jaune, sa base noire. Pattes jaunes, base des cuisses, et une tache sur les tibias des deux premières paires, noires. Ailes transparentes, un peu jaunâtres le long de la côte.

Var. 1. Post-écusson noir, bordures des segments tri-échancrées.

Var. 2. Bordures assez larges, les dernières ornées, de chaque côté, d'un point noir.

Ouvr. Comme la femelle.

Male. En général, deux taches jaunes à l'écusson.

Rapp. et diff. Cette *Vespa* est très voisine des mêmes espèces que la *V. sylvestris*, et elle en diffère par les mêmes caractères, mais elle est bien plus difficile à distinguer de la *V. sylvestris*. Elle se reconnaît surtout à son chaperon qui a une large bande noire verticale.

La *V. rufa* a, il est vrai, aussi une tête moins large que le corselet, mais ses yeux atteignent presque jusqu'aux mandibules, et c'est d'ailleurs une espèce qui n'est pas méconnaissable.

Obs. Je ne sais si la note de Lepeletier (page 517) se rapporte bien à la *V. saxonica*.

Habite : L'Europe. (Collect. Jurine, Musée de Genève.)

B. *Abdomen ou corselet variés de roux* (1).

♀ ☿ ♂. Antennes ferrugineuses ou obscures en dessus.

8. V. NORWEGICA (2), Fabr.

(Pl. XIV, fig. 7.)

Nigra, flavo variegata, villosa ; antennis ♀ nigris; abdominis segmentis flavo marginatis, primo rufo vario, secundo maculis duabus rufis.

SYN. *Vespa norwegica.* Spec. Ins. I. 460. 11. — Mant. Ins. I.
     288. 13. — Ent. Syst. II. 258. 16. — Syst. Piez.
     256. 14.
    Gmel. *V. norwegica.* Edit. Linn. I. 2751. 41.
    Oliv. *V. norwegica.* Encycl. Meth. VI. 680. 52.
    Viller. *V. norwegica.* Ent. Carn. III. 275. 20.
    Panz. *V. norwegica* Faun. Germ. 81. 16.
    ? Bigg. *V. vulgaris.* Obs. Nat. Hist. Wasps.
    Zetterst. *V. norwegica.* Ins. Lapp. 454. 5.
    Herr.-Schæff. *V. norwegica.* Faun. Germ. p. 37.
    Smith. *V. norwegica.* Zoologist. IX.

♀. Long. 14 mill. ; env. 30 mill.

Taille de la *V. media.* Chaperon hexagonal , tronqué droit. Tout le corps très velu. Insecte noir. Mandibules, bordure interne des orbites , un point derrière leur sommet , une tache entre les antennes , et chaperon , jaunes ; une ligne noire perpendiculaire sur ce dernier ; bordure supérieure des épaulettes , écaille , un point sous l'aile, une ligne interrompue sur le bord antérieur de l'écusson , jaunes. Le premier segment de l'abdomen très court, portant une bordure irrégulière de roux obscur, laquelle est à son tour bordée d'une ligne jaune étroite; les autres ornés d'une bordure jaune régu-

(1) L'abdomen parfois sans roux.

(2) La *V. britannica* Leach, n'appartient pas à cette espèce, comme l'indique le catal. des Hymén. du Musée de Londres. La figure donnée par Leach est excellente, et on reconnaît à première vue la *V. holsatica,* dont *même le nid est figuré;* on ne voit aucune tache rousse sur le deuxième segment de l'abdomen.

lière, la première remontant un peu sur les flancs, les autres un peu biéchancrées; la partie entre les échancrures plus étroite que le reste; le deuxième segment portant en outre deux taches rousses transversales; anus jaune, échancré de noir à sa base. Pattes noires; bout des cuisses, jambes et tarses, jaunes. Antennes noires. Ailes transparentes, nervures jaunes.

Ouvr. Les taches rousses du deuxième segment fondues avec la bordure.

Var. A. Deux lignes rousses sur le mésothorax.

Var. B. Écusson roux, avec des teintes jaunes; le premier segment de l'abdomen roux ou orangé en dessus, bordé de jaune; les autres segments jaunes; le deuxième avec une grande échancrure noire, carrée en dessus; les deux suivants portant un peu de noir à la base, les autres jaunes; la partie antérieure du jaune des segments, rousse ou orangée; segments 2-8 portant sur le jaune chacun deux points bruns. Pattes entièrement fauves. (Turin.)

Rapp. et diff. Par son premier segment de l'abdomen noir, roux et jaune, elle ressemble à la *V. rufa*, mais les autres parties de l'abdomen sont totalement différentes; elle se distingue de nos autres Guêpes européennes par les deux taches rousses du deuxième segment.

Habite : Le nord de l'Europe, la Suède, l'Angleterre, etc. (Collection de M. Spinola.)

9. V. Media, De Geer.

(Pl. XIV, fig. 9.)

Villosissima, nigra, flavo ornata; antennis subtus flavescentibus; thorace ferrugineo vario.

Syn. De Geer. *Vespa media.* Mém. ins. II. part. 2ᵉ. 790. tab. 27. fig. 2-7.
    Villers. *Vespa crabro medius.* Ent. Carn. iii. 273. 17.
    Retz. *V. crabro medius.* p. 63. 230.
    Oliv. *V. media.* Encycl. Meth. vi. 679. 48.
    Latr. *V. media.* Hist. Crust. et Ins. xiii. 354.

Herr.-Schæff. *V. austriaca.* Faun. Germ. p. 36. tab. 3.
a. (var.).

Lep. St.-Farg. *V. Geerii* (1). Hymen. i. 510.

♀. Long. 15 mill. ; env. 36 mill.
☿. Long. 13 mill. ; env. 32 mill.
♂. Long. 13 mill. ; env. 32 mill.

Pour la description de l'espèce, voir Lepeletier de Saint-Fargeau, loc. cit. — Les mâles que je possède ont tous le dessous des antennes ferrugineux.

Rapp. et diff. Cette espèce ressemble aux *V. saxonica, holsatica,* etc., par son chaperon un peu bituberculé au bout, plus long que large, par ses yeux qui n'atteignent pas près des mandibules, par son corps velu, par les bandes assez régulières de l'abdomen. Ces caractères la distinguent des *V. vulgaris, germanica* et *rufa.* Elle diffère des autres par ses antennes qui sont jaunes en dessous, et par les sinus des yeux qui sont jaunes.

Outre ces caractères généraux, en voici de spéciaux :

Elle se distingue de la *Vespa crabro* par sa plus petite taille, par le premier article des antennes qui est noir et jaune, et non roux, par le premier segment de l'abdomen, lequel est noir, bordé de jaune, et non roux, avec une ligne jaune, etc. Des *V. vulgaris, germanica* et *saxonica,* par le dessus du prothorax qui est entièrement roux, par le premier article des antennes qui est jaune en devant, tandis que le troisième est presque entièrement jaune, et par le dessous des antennes qui est jaune ou ferrugineux ; par le deuxième segment de l'abdomen qui n'a pas de tache noire sur sa bordure jaune.

Habite : Le nord de l'Europe. Assez rare. (Ma collection, Musée de Paris.)

10. V. CRABRO, Linn.

Magna; capite rufo ; clypeo flavo ; thorace nigro, rufo vario ; abdomine fusco, segmentis late flavo marginatis.

(1) Il n'y a aucune nécessité à changer le nom de cette espèce, le plus ancien doit être conservé.

Syn. Aldrow. Ins. 225.

Swammerd. Bibl. Nat. tab. 26. fig. 9.

Ray. *Crabro vulgaris*. Ins. 250. — *Crabronis congener.* Id. 249.

Geoffr. Ins. II. 368. 1.

Linn. *Vespa crabro*. Syst. Nat. 948. 3. — Faun. Suec. N° 1670.

Réaum. Mém. Ins. VI. 215. tab. 18. fig. 1. 4-10. IV. pl. 10. fig. 9.

Mueller. *V. crabro*. Edit. Lin. Ins. II. 880. 3.

Gmel. *V. crabro*. Edit. Linn. I. 2750. 3.

Fabr. *V. crabro*. Syst. Ent. 364. 8. — Spec. Ins. I. 459. 8. — Mant. Ins. I. 287. 9. — Ent. Syst. II. 255. 9. — Syst. Piez 255. 8. — Faun. Fridr. 634.

Mouff. *Crabro*. Theat. Ins. 50. fig. 1. 2.

Meret. *Crabro*. Pinax. 196.

Frisch. *Crabro*. Ins. pars. IX. pag. 21. tab. XII.

Scopol. *V. crabro*. Ent. Carn. N° 824.

Schrank. *V. crabro*. Enum. Ins. Austr. 786.

Fourc. *V. crabro*. Ent. Par. II. 430. 1.

Schæff. Icon. Ins. Ratisb. tab. 53. fig. 5. tab. 136. fig. 3.

Poda. *V. crabro*. Mus. Græ. 108.

Viller. *V. crabro*. Ent. Carn. III. 262. 1.

Rossi. *V. crabro*. Faun. Etr. II. 83. 860.

Harris. *V. crabro*. Exp. of Engl. Ins. tab. XXXVII. fig. 1. ♀. — *V. vexator*. Id. fig. 23. ♀.

Christ. *V. crabro germana*. Hymen. 215. pl. 18. fig. 3.

Oliv. *V. crabro*. Encycl. Meth. VI. 678. 47.

Walcken. *V. crabro*. Faun. Paris. II. 90.

Latr. *V. crabro*. Hist. Crust. Ins. XIII. p. 350.

Imhof. *V. crabro*. Ins. der. Schwelz. I. III. 1. fig.

Zetterst. *V. crabro*. Ins. Lapp. 453.

Herr.-Schæff. *V. crabro*. Faun. Germ. 179. 1. p. 34. ♀.

Lep. St.-Farg. *V. crabro*. Hymen. I. 509. pl. 9. fig. 1-3.

Cloquet. *La Guépe frelon*. Faun. des Médec. v. p. 304.-I. pl. III. fig. 5.

♀. Long. 22 mill. ; env. 55 mill.
♂ et ♀̧. Long. 18-20 mill.; env. 48 mill.

Pour la description de l'espèce, voir Lepeletier de Saint-Fargeau, loc. cit.

Rapp. et diff. Très distincte de toutes les espèces européennes par sa grande taille, par sa tête, son prothorax et son écusson, roux, ainsi que ses antennes et deux lignes ou taches sur le disque du mésothorax.

Elle ressemble assez à la *V. orientalis*, mais elle s'en distingue par le second segment de l'abdomen qui est brun, largement bordé de jaune, non roux. Voyez encore la *V. crabroniformis*.

Habite : L'Europe. Très commune ; établit son nid dans des creux d'arbres ou dans les trous des murs.

11. V. Orientalis, Fabr.

Ferruginea ; segmentis 4, 5, flavis, basi ferrugineis; primo fascia marginali flava interrupta; alis ferrugineis.

Syn. Linn. *V. orientalis.* Syst. Nat. Mant. p. 540.
Réaum. Mém. Ins. vi. pl. 18. fig. 2. 3.
Fabr. *Vespa orientalis.* Syst. Ent. 363. 3. — Spec. Ins. i. 458. 3. — Mant. Ins. i. 287. 4. — Ent. Syst. ii. 253. 4. Syst. Piez. 254. 4.
Drury. *V. turcica.* Ill. of. Ins. ii. tab. 39. fig. 1.
Gmel. *V. orientalis.* Edit. Linn. i. 2748. 31.
Oliv. *V. orientalis.* Encycl. Meth. vi. 677. 41.
Christ. *V. fusca.* Hymen. 216. — *V. orientalis.* Id. 237.
Vallot. *V. ægyptiaca.* Tabl. de Réaum. p. 170. — *V. nilotica.* Id. p. 170.
Savigny. Descr. de l'Egypt. Hymén. pl. viii. fig. 1.
Lep. St.-Farg. *V. orientalis.* Hymen i. p. 507.

♀̧. Long. 22 mill. ; env. 51 mill.

Pour la description de l'espèce, voir Lepeletier de Saint-Fargeau, loc. cit.

Var. Le quatrième segment brun, avec deux taches jaunes latérales. (Egypte.)

Rapp. et diff. Très voisine de la *V. crabro*, mais bien distincte par le deuxième segment de l'abdomen, qui est entièrement ferrugineux, ou seulement bordé d'une petite ligne jaune interrompue au milieu, et raccourcie sur les côtés.

Habite : L'Europe orientale, la Grèce, l'Orient, l'Egypte, etc. (Musée de Paris.)

12. V. Jurinei, n. sp.

Rufa ; abdomine atro ; alis flavis ; apice cellæ quartæ cubitalis, fuscis.

Long. 25 mill. ; env. 56 mill.

Chaperon ayant ses angles avancés en deux lobes pointus, ciliés. Insecte presque lisse, velu. Tête et corselet roux ; vertex un peu noirâtre ; mandibules d'un beau roux. Antennes orangées ; leur premier article jaune en devant ; chaperon et un grand triangle sur le front, jaunes ou roux. Ces parties couvertes de poils fauves. Abdomen noir, couvert de poils bruns ou fauves. (Dans cet individu il est brunâtre.) Pattes rousses. Ailes d'un jaune clair avec le cubitus noir et le radius roux ; le bout de la quatrième cubitale, brun.

Habite : L'Albanie. (Musée de Londres.)

C. *Espèce que je n'ai pas vue, et dont je ne connais pas la section.*

13. V. Borealis (1), Zetterst.

Villosa, nigra; clypei lateribus inæqualiter, antennarum scapo subtus, macula inter antennas didyma, orbita oculorum subverticali et infra emarginaturam breviter, linea ante alari, maculis scutelli subbinis, abdominisque segmentorum margine inæqualiter, flavis; genubus, tibiis, tarsisque luteis. ♀.

Syn. Zetterst. *Vespa borealis.* Ius. Laponic. 454.

Fem. Magnitudo et summa *V. vulgaris* similitudo, at differt : macula clypei nigra, adhuc paulo latiori ad apicem usque

____

(1) Si cette espèce est adoptée, le nom devra en être changé, vu qu'il a déjà été employé antérieurement par Kirby pour une espèce bien différente.

extensa; antennarum scapo subtus flavo; macula faciali didyma, antice posticeque scilicet profunde emarginata, orbita oculorum tantum infra emarginaturam juxta oculos tenuissimo, et verticali seu occipitali breviter, flava; puncto sub alis nullo, maculisque scutelli tantum 2, aut omnino nullis (et quod non cohabitant.)? *Vespa saxonica* Fabr. etiam huic similis, sed illa differt a nostra *V. boreali* : clypei linea media valde abrupta, vix nisi in macula media difformi perspicua; macula thoracis triangulari sub alis utrinque evidenti, maculisque 4 scutelli plerumque distinctoribus, flavis. Affinis denique *V. holsaticæ* feminæ; sed ea clypeum totum flavum, puncto tantum minutissimo centrali nigro, maculam facialem majorem, lineas orbitales oculorum latiores, maculas scutelli semper 2 distinctas tibiasque totas flavo-luteas immaculatas, has latere interiori tantum nigro-lineatas, habet.

Habit. In Lapponia, sat frequens; procedit usque in summo alpium Tornensium jugo.

2. ESPÈCES AMÉRICAINES [1].

*. *Insectes noirs, tous les segments de l'abdomen bordés de jaune ou de blanc.*

α. *Yeux atteignant la base des mandibules* (2).

14. V. arenaria, Fabr.

Nigra, pubescens ; ore, frontis maculis, antennis scapo subtus, thoracis linea utrinque ante alas, scutelli punctis duobus obscuris, abdominisque segmentorum margine, albidis ; pedibus rufescentibus basi nigris.

Syn. Fabr. *Vespa arenaria.* Syst. Ent. 365. 12. — Spec. Ins. i. 461. 14. — Mant. Ins. i. 288. 16. — Ent. Syst. ii. 258. 19. — Syst. Piez. 258. 20.
Oliv. *V. arenaria.* Encycl. Meth. vi 681. 55.

(1) Un certain nombre des espèces de la section 1ʳᵉ se trouvent aussi en Amérique.
(2) Voyez la section χ.

Gmel. *V. arenaria.* Edit. Linn. 2749. 34.

Kirby. *V. marginata* (1). Faun. Bor. Amer. 256. pl. vi. fig. 2.

Longueur totale, 7 1/2 lignes.

Ouvr. Yeux atteignant presque les mandibules. Corps noir, ponctué, couvert de poils noirs et gris ; mandibules blanches, bordées de noir ; palpes roux ; chaperon blanc, avec une tache noire longitudinale ; sur le front une tache blanche bilobée ; entre celle-ci et les yeux deux lignes blanches ; au-dessus de ces dernières, deux autres plus externes. Antennes noires, avec le premier article blanc en devant, et parfois un point ferrugineux sous les quatre ou cinq derniers articles. Bord externe du prothorax devant les ailes, et deux points triangulaires sur l'écusson, blancs. Ailes rembrunies par les nervures, mais la côte et les écailles ferrugineuses. Pattes ferrugineuses, noires à la base. Abdomen noir ; bords de tous les segments, blancs ; anus noir, avec deux points blancs ; les bordures triéchancrées, l'échancrure médiane angulaire, les autres arrondies.

Nota. Les individus que j'ai examinés avaient la bordure des segments très étroite, peu ou pas biéchancrée sur les côtés, et presque interrompue au milieu, les deux premières l'étant même positivement, celles-ci étaient très étroites, les dernières les plus larges. Un individu avait deux points jaunes sur le post-écusson. Long. 11 mill.; env. 26 mill.

Habite : L'Amérique du Nord. (Collection de M. le marquis Spinola.)

15. V. Cuneata, Fabr.

Nigra, flavo variegata ; clypeo truncato ; mesothorace lineis duabus longitudinalibus ; post-scutello flavo ; abdominis segmentis flavo marginatis, primo linea transversali anteriori flava, secundo medio fascia interrupta, flava.

(1) Kirby donne comme caractère : « Antennes courtes, à peine plus longues que la tête. » Mais dans toutes les *Vespa* ces organes ont une longueur relativement semblable ; l'auteur avait sous les yeux une ouvrière, où les antennes sont toujours plus courtes que dans la femelle, et surtout que dans le mâle.

Syn. Fabr. *V. cuneata.* Syst. Piez. 258. 21.
    Lep. St.-Farg. *V. cuneata.* Hymen. i. 513.

       ♀. Long. 11 mill.; env. 24 mill.

Pour la description de l'espèce, voir Lepeletier de Saint-Fargeau, loc. cit.

Var. Antennes jaunes, avec une ligne noire sur les trois premiers articles seulement. La tache sous l'aile antérieure formant une ligne oblique.

Male. Antennes jaunes en dessous; chaperon jaune; la bande interrompue sur le milieu du deuxième segment de l'abdomen, large sur les côtés, figurant deux taches cunéiformes.

Rapp. et diff. Cette espèce a l'aspect de nos Guêpes européennes, avec lesquelles on ne saurait cependant la confondre, car elle en diffère :

1° Par son chaperon plus large, nullement bidenté ;
2° Par les deux lignes jaunes de son mésothorax ;
3° Par les deux premiers segments de l'abdomen qui portent chacun deux bandes jaunes, une marginale et une médiane, celle du deuxième étant interrompue. La *V. rufa* présente, il est vrai, quelquefois ce caractère, mais elle n'a ni les lignes du mésothorax, ni les taches jaunes du métathorax.

Habite : Le Mexique, les Etats-Unis. (Musées de Genève, de Paris, etc.)

16. V. Vidua, n. sp.

V. cuneatæ affinissima. Nigra, flavo variegata ; clypeo flavo, nigro tripunctato; mesothorace, metathorace postscutelloque nigris ; abdominis segmentis flavo limbatis, primo fascia in margine anteriore; antennis nigris, articulo primo subtus flavo.

Comme la *V. cuneata.* Même taille; s'en distinguant comme suit :

Ouvr. Chaperon n'ayant pas une ligne noire verticale, mais trois points noirs disposés en trèfle. Antennes noires en dessous; orbites étroitement bordées de jaune; l'espace en arrière des yeux, roux, avec un peu de noir; vertex sans jaune ; sous l'aile

une petite tache jaune; mésothorax, post-écusson et métathorax, noirs; bande jaune antérieure du premier segment n'atteignant pas les côtés, et étroite, parfois interrompue au milieu ;
deuxième segment sans bande jaune médiane. Cuisses noires en
dessus.

Var. La bande jaune antérieure du premier segment raccourcie sur les côtés, la bordure étroite, régulière, ainsi que
celle du deuxième segment.

Rapp. et diff. Distincte par ses deux bandes jaunes au premier segment de l'abdomen, lesquelles interceptent une bande
noire. Voyez les affinités de la *V. borealis* et de la *V. infernalis.*

Habite : La Caroline. (Musée de Paris, collect. de MM. Guérin-
Méneville et Spinola.)

17. V. SULPHUREA, n. sp.

Sulphureo et nigro variegata; abdomine sulphureo, maculis nigris; mesothorace nigro lineis
duabus flavis.

Long. 16 mill. ; env. 36 mill.

FEM Chaperon plus large que long, son bord antérieur presque droit, ses angles formant deux dents. Yeux atteignant les
mandibules. Premier segment de l'abdomen plat en devant. Tête
jaune : vertex et front noirs; sur le front un grand triangle
jaune, et en arrière de son milieu un trait jaune qui atteint
l'ocelle antérieure. Les yeux entièrement entourés de jaune.
Chaperon avec un point noir au milieu. Antennes noires, devant du premier article, jaune. Corselet noir : bords du prothorax irrégulièrement peints de jaune. Des taches jaunes sur
les flancs; deux lignes jaunes sur le mésothorax en occupant
toute la longueur, et deux autres à côté des écailles qui sont
jaunes elles-mêmes. Écusson orné de deux grandes taches jaunes qui se rejoignent presque au milieu ; post-écusson largement
bordé de jaune antérieurement. Abdomen noir, avec les mêmes
ornements jaunes que la *V. rufa*, mais si développés qu'ils ne
laissent presque plus de place au noir. Cette couleur forme sur
le jaune les dessins suivants : deux points sur la face antérieure

du premier segment et une tache irrégulière transversale sur sa face supérieure, une tache trilobée sur le milieu du deuxième, deux taches latérales sur chacun des suivants, et une ligne longitudinale sur le dernier ; la base du deuxième segment est aussi noire. Pattes jaunes ; hanches et cuisses variées de noir. Ailes à peine enfumées, lavées de ferrugineux, avec le cubitus noir ; au bout de l'aile un nuage gris qui la borde sans passer sur son extrême pointe ; deuxième cubitale très rétrécie vers la radiale, son bord radial égal à un quart du postérieur, et ce dernier deux fois aussi large que celui de la troisième cubitale.

Rapp. et diff. Pour le dessin cette espèce ressemble beaucoup à la *V. carolina*, mais elle est d'une couleur bien plus vive, jaune-soufre non jaune-roux ; la nervation des ailes est assez différente, car la *V. carolina* a le bord postérieur de la deuxième cubitale égal à celui de la troisième, etc. Ses ailes ne sont pas brunes, etc.

Habite : La Californie. (Musée de Londres.)

β. Un espace libre entre le bas des yeux et les mandibules.

18. V. Diabolica (1), n. sp.

Nigra, flavo variegata ; antennis subtus flavis, prothoracis marginibus anteriore posterioreque flavis ; mesothorace lineis duabus flavis ornato ; abdominis segmentis flavo marginatis, margine primo interrupto.

♀. Long. 12 1/2 mill. ; env. 30 mill.
☿. Long. 10 mill. ; env. 23 mill.

Ouvr. Grandeur de la *V. vulgaris* ; très voisine de cette espèce, ainsi que de la *V. arenaria.*

Chaperon un peu bilobé au bout. Un espace assez considérable entre les yeux et les mandibules. Insecte noir, couvert de poils gris. Mandibules, chaperon, une grande tache sur le front, sinus des yeux, tout l'espace en arrière des yeux, jaunes, avec un peu de roux ; une ligne noire sur le chaperon. Antennes noires, jaunes en dessous. Une ligne jaune non interrompue bordant tout le bord postérieur du prothorax, et deux autres

(1) Peut-être est-ce une variété de la *V. borealis* ?

courtes partant de cette dernière et en bordant le bord antérieur. Une tache sous l'aile, écaille, deux taches sur chaque
écusson, et deux lignes sur le mésothorax en avant de l'écusson,
jaunes. Abdomen comme dans la *V. arenaria*, mais les bordures
plus larges, fortement triéchancrées; la première interrompue.
Pattes jaunes; bas des cuisses noires; bout des hanches jaune.
Ailes transparentes, nervures d'un brun ferrugineux.

♀. Sur les segments 3-5 les échancrures latérales se séparent
du noir et forment des points libres au milieu de la bordure.

Rapp. et diff. Très voisine de la *V. arenaria*, mais l'espace
entre les yeux et les mandibules beaucoup plus grand; en différant encore par les deux bordures du prothorax, qui ne sont
pas interrompues au milieu, par les deux lignes du mésothorax, etc. Ces caractères servent à la différencier des autres
espèces américaines qui lui ressemblent, telles que les *V. vidua,
infernalis, borealis?* etc.

Habite : L'Amérique du Nord, Philadelphie. (Collection de
M. le marquis Spinola.)

19. V. Infernalis, n. sp.

Nigra, flavo variegata; antennis nigris, articulo primo antice flavo; abdominis segmentis
flavo marginatis, primo maculis duabus flavis, ultimorum marginibus punctis duobus nigris.

♀. Long. 14 mill.; env. 36 mill.

Taille de la *V. media.* Formes et couleurs de la **V. diabolica**,
dont elle diffère par les caractères suivants :

Chaperon aussi large que long; antennes noires; le premier
article seul jaune en dessous; bordure antérieure du prothorax
nulle, et la postérieure longuement interrompue au milieu;
taches du post-écusson nulles ou très petites. Premier segment
de l'abdomen portant sur son bord antérieur deux grandes taches
jaunes transversales, les autres segments jaunes, avec la base et
deux points noirs; les deuxième et troisième offrant une échancrure noire, étroite en avant, fortement élargie en arrière, où
elle envoie deux projections qui, en se séparant, forment les
taches noires des suivants, tandis que dans la *V. diabolica* ce

sont des échancrures du bord antérieur du jaune, indépendantes de l'échancure médiane, qui se séparent du noir pour former ces points. Ailes ferrugineuses.

Var. Le deuxième segment noir, avec un bord jaune régulier, insensiblement élargi au milieu.

Rapp. et diff. Les deux taches sur le bord antérieur du premier segment, ne permettent de la confondre qu'avec les *V. cuneata* et *vidua*, lesquelles sont bien plus petites et n'ont pas de points noirs libres sur les bordures de l'abdomen.

Habite : L'Amérique du Nord. Philadelphie. (Collection de M. le marquis Spinola.)

γ. Espèces que je n'ai pas vues et dont je ne connais pas la section.

20. V. Borealis, Kirby.

Nigra; antennis subtus luteis, capite flavo, trunco albido, maculatis; femoribus apice, tibiis, tarsisque flavis ; abdomine subcordato, flavo, segmentis basi nigris, omnibus, primo excepto, puncto libero nigro.

Syn. Kirby. *Vespa borealis*. Faun. Bor. Amer. 264.

Longueur totale, 7 1/5 lignes.

Corps noir ; la tête et le corselet couverts de poils gris. Chaperon jaune, avec un point noir discoïdal et dentelé ; son bord antérieur triéchancré ; front portant au-dessus de l'insertion des antennes un trapèze jaune ; antennes noires, jaunes en dessous ; orbite extérieure des yeux et mandibules, jaunes. Bordure des épaulettes, un petit point triangulaire sous chaque aile, deux taches transversales sur l'écusson, pointues du côté interne, et deux sur le métathorax, blanches ; écaille blanche, avec un point brun. Pattes jaunes, base des cuisses noire ; ailes ferrugineuses. Abdomen cordiforme ; base des segments, noire, leur bord jaune, chaque bordure, sauf la première, échancrée et portant deux taches noires.

Habite : L'Amérique du Nord (65° lat. N.).

21. V. Consobrina.

Nigra, albido variegata; *antennis nigris,* clypeo albido fascia verticali atra, scutello albo bimaculato.

☿. Long. 10 1/2 mill.; env. 21 mill.

Ouvr. Taille de la *V. vulgaris.* Yeux n'atteignant pas entièrement les mandibules ; premier segment de l'abdomen tronqué franchement, très court, sa crête dorsale tranchante. Insecte noir, villeux, couvert d'un duvet de poils noirs. *Antennes entièrement noires* ; mandibules, une tache carrée entre les antennes, et une en arrière des yeux, blanchâtres; chaperon blanchâtre, avec une ancre noire; bordures des épaulettes et deux taches sur l'écusson, blanchâtres; les segments de l'abdomen tous étroitement bordés de blanchâtre ; le premier ne portant qu'un étroit cordon, les autres bordures un peu élargies sur les côtés, et biéchancrées; tibias et tarses blanchâtres; ailes transparentes, nervures brunes-ferrugineuses; troisième cubitale petite, plus longue que large; écaille ferrugineuse.

Rapp. et diff. Très voisine des espèces boréales ornées de blanc, mais distincte par ses antennes noires.

Habite : L'île de Terre-Neuve. (Musée de Paris.)

*****. *Insectes noirs ou jaunes: n'ayant pas l'abdomen noir, avec tous les segments ornés d'une bordure jaune.*

22. V. Maculata, Linn.

Præcedentibus major, nigra : clypeo, mandibulis, oculorum sinu, linea angulari ante alam maculaque sub illa, maculis duabus scutello, duabusque post-scutello, albis; segmentis 4, 5 margine sinuato albo, ano albo maculato.

Syn. Linn. *Vespa maculata.* Syst. Nat. 948. 2. — Amoen. Acad. vi. 412. 91.

Muller. *V. maculata* Edit. Linn. Ins. ii. 880. 2.

Gmelin. *V. maculata.* Edit. Linn. i. 2749. 2.

Fabr. *V. maculata.* Syst. Ent. 364. 11. — Spec. Ins. i. 460. 13. — Mant. Ins. i. 288. 15. — Ent. Syst. ii. 258. — Syst. Piez. 257. 17.

De Geer. Mém. iii 584. 9. pl. 29. fig. 13.

Christ. *V. maculata americana.* Hymen. 239. — *V. ma-
culata.* Id. 217.
Oliv. *V. maculata.* Encycl. Meth. vi. 681. 54.
Illig. *V. maculata.* Centur. Ins. Car. p. 29. N° 91.
Kirby. *V. maculata.* Faun. Bor. Amer. 266.
Lep. St.-Farg. *V. maculata.* Hymen. i. 512.

Pour la description de l'espèce, voir Lepeletier de Saint-Fargeau, loc. cit.

Var. Prothorax blanc.

Rapp. et diff. Très distincte. Les yeux n'atteignant pas les mandibules.

Habite : L'Amérique du Nord. (Musée de Paris.)

23. V. Carolina (1), Drury.

Flavo-rufescens; vertice, mesothorace, linea in medio scutelli, fascia transversali basi secundi segmenti, omnibusque segmentis punctis duobus, nigris; mesothorace fulvo bilineato; alis ferrugineis.

Syn. Drury. *Vespa carolina.* Illustr. of Ins. Tab. 44, fig. 4.
Gmel. *V. carolina.* Edit. Linn i. 2749. 1.
Fabr. *V. carolina.* Syst. Ent. 363. 6. — Spec. Ins. i.
459. 6. — Mant. Ins. i. 287. 7. — Ent. Syst. ii.
255. 9. — Syst. Piez. 225. 7.
Mueller. *V. carolina.* Edit. Linn. ii. 879. 1.
Christ. *V. carolina.* Hymen. 217.
Oliv. *V. carolina.* Encycl. Meth. vi. 678. 44.
Lep. St.-Farg. *V. carolina.* Hymen. i. 513.

♀. Long. 16 mill.; env. 18 mill.

Pour la description de l'espèce, voir Lepeletier de Saint-Fargeau, loc. cit.

Rapp. et diff. Cette espèce est très distincte. Les yeux atteignant presque jusqu'à la base des mandibules.

Habite : L'Amérique septentrionale. (Musée de Paris; ma collection, etc.)

(1) Ne confondez pas avec la *V. carolina*, Linn. Voyez *Polistes carolinus*, p. 102.

3. ESPÈCES ASIATIQUES ET AFRICAINES.

1. Les yeux s'étendant jusqu'a la base des mandibules.

24. V. luctuosa, n. sp.

Carbonaria; fronte, postscutello abdominisque segmentorum marginibus, albis ; alis grisco-ferrugineis.

Long. 20 mill. ; env. 45 mill.

Male. Taille de la *V. crabro*. Insecte noir, très finement ponctué, couvert d'un duvet gris. Abdomen très cylindrique, le deuxième segment très court. Mandibules, chaperon, une tache sur le front, orbites dans leur moitié inférieure, d'un jaune pâle. Antennes noires, avec le dessous blanchâtre. Ecaille brune. Post-écusson blanc. Les segments de l'abdomen régulièrement liserés de blanc ; le cinquième incomplètement bordé; l'anus et le sixième segment, noirs. Pattes brunes, hanches et cuisses noires. Ailes lavées de ferrugineux, le cubitus noir.

Cette espèce est la seule asiatique dans laquelle les yeux atteignent les mandibules.

Rapp. et diff. Les couleurs de cette *Vespa* la rapprocheraient des espèces noires et jaunes de l'Europe et de l'Amérique, si sa taille ne l'en distinguait parfaitement.

Habite : Les Philippines. (Musée de Londres.)

2. Un espace libre entre la base des mandibules
et le bas des yeux.

A. *Ailes ferrugineuses ou enfumées.*

a. *Abdomen entièrement jaune.*

25. V. bicolor, Fabr.

Flava; vertice mesothoracisque discho, nigris.

Syn. Fabr. *Vespa bicolor.* Mant. Ins. i. 288. 14. — Ent. Syst. ii. 258. 17. — Syst. Piez. 257. 15.

Gmel. *V. bicolor*. Edit. Linn. i. 2750. 40.
Oliv. *V. bicolor*. Encycl. Meth. vi. 680. 53.
Lep. St.-Farg. *V. bicolor*. Hymen. i. 512.

♀. Long. 16 mill. ; env. 34 mill.

FEM. Chaperon à peine échancré. Insecte jaune clair : bord interne des mandibules, dessus des antennes, disque du méso-thorax, et souvent la base du deuxième segment de l'abdomen, noirs. (Selon Fabricius, certains individus auraient aussi l'anus de couleur noire.) Ailes un peu ferrugineuses.

Habite : La Chine et les Indes Orientales. (Musée de Paris, etc.)

b. *Abdomen noir ou brun, tous les segments bordés de jaune.*

26. V. VELUTINA, Lepel.

Nigra velutina; clypeo flavo; abdominis segmentis flavo limbatis, ultimis flavis ; pedibus nigris, tarsis flavis; alis fuscescentibus, aureo nitentibus.

SYN. Lep. St-Farg. *Vespa velutina*. Hymen. i. 507. 4.

♀. Long. 18 mill.; env. 42 mill.

FEM. Chaperon coupé presque droit. Insecte noir, velouté et velu; front, chaperon, mandibules et côtés de la tête, orangés; bord interne des mandibules, noir. Antennes ferrugineuses, noires en dessus. Ecaille brune. Premier segment de l'abdomen bordé d'un cordon de jaune vif; le second et le troisième d'un cordon de jaune ferrugineux, celui du troisième s'élargissant irrégulièrement de chaque côté aux angles latéraux du segment: quatrième segment jaune, un peu échancré de noir à la base; le cinquième brun, liseré de ferrugineux ou de jaune; anus ferrugineux. En dessous, deuxième et troisième segments portant une large bordure jaune, échancrée au milieu, les trois suivants bruns, un peu bordés de ferrugineux. Pattes noires, tarses jaunes, tibias de la première paire jaunes au côté interne. Ailes d'un brun roussâtre transparent. (Chine.)

La *var.* de Java a le prothorax bordé de roux antérieurement et postérieurement, le quatrième segment seulement bordé de ferrugineux ; les tibias de la deuxième paire ont une ligne jaune.

Var. des Indes (1). Chaperon, tête et corselet, ferrugineux ; front, chaperon et devant du premier article des antennes, jaunes. Abdomen brun ; le premier segment bordé de jaune ; le deuxième entièrement brun, le troisième jaune, sa base brune, le brun échancrant le jaune au milieu ; de chaque côté sur le jaune une tache brune ; le troisième jaune, avec son bord au milieu brun, ainsi que deux points latéraux fondus avec le brun du bord. Le reste ferrugineux ou brun. Pattes d'un ferrugineux obscur. Ailes ferrugineuses, grises au bout.

Habite : Les Indes, la Chine, les îles de la Sonde. (Ma collection, Musée de Paris, etc.)

27. V. CRABRONIFORMIS, Smith.

Fusco nigra, capite flavo-rufo; prothorace flavo; alis ferrugineis; abdomine fusco segmentis flavo limbatis ; alis flavis ; basi fuscis.

SYN. Smith. *V. crabroniformis.*! Trans. Ent. Soc. Lond. N. S. II. p. 40.

FEM. Brune; tête orangée; antennes jaunes en dessous, brunes en dessus ; mandibules ferrugineuses, avec les dents noires; prothorax jaune; une large bande longitudinale sur la partie antérieure du mésothorax, et écailles, ferrugineuses ou jaunes; ailes ferrugineuses, la côte brune; pattes brunes, couvertes de poils chatoyants. Abdomen d'un beau brun; sur les côtés de sa base une tache ferrugineuse brillante; le premier segment étroitement bordé de jaune; le deuxième plus largement; les autres segments largement bordés, ou entièrement jaunes; la bordure du troisième triéchancrée; celle du quatrième ou du cinquième portant deux points latéraux de cou-

---

(1) Cette variété est intermédiaire entre le type de l'espèce et la *V. orientalis.* Est-ce bien la même espèce?

leur brune. Insecte glabre, sauf le vertex et les côtés du métathorax.

Var. Sur le deuxième segment, de chaque côté, une marque
fauve dirigée vers le centre, et deux points pâles; angles postérieurs du prothorax bruns.

Male. Chaperon pentagone, presque circulaire, son bord
antérieur arrondi.

Rapp. et diff. Très voisin de la *V. crabro*, les bandes jaunes
de l'abdomen, surtout la deuxième, sont bien moins larges et
moins échancrées.

Habite : La Chine. (Collection de M. Smith.)

28. V. Bellicosa, n. sp.

(Pl. XIV, fig. 10.)

Nigra aut fusca; post-scutello metathoraceque flavis, illo in summo nigro; segmentis late flavo
marginatis ; alis ferrugineis, antennis supra nigris.,

♀. Long. 17 mill.; env. 37 mill.

Un peu moins grande que la *V. crabro*. Chaperon tronqué
droit, ses angles un peu saillants. Tête et corselet noirs, couverts de poils gris; mandibules jaunes, leur bord interne noir;
chaperon jaune : à son sommet un ovale noir; sur le front une
tache jaune; antennes noires, le flagellum ferrugineux en dessous, le premier article jaune en devant; une tache fauve en
arrière du bas de l'œil. Ecaille rousse; un point jaune de chaque
côté des bords antérieurs du mésothorax, sur la suture; deux
taches écartées sur l'écusson, et post-écusson, jaunes; métathorax jaune, séparé du post-écusson par une bande noire
transversale qui échancre le jaune, laquelle apparaît souvent
sous la forme de deux triangles; quelques points jaunes sous
l'aile postérieure, sur les flancs du métathorax. Abdomen brun
noirâtre; face antérieure et bord postérieur du premier segment, jaunes, la bordure un peu échancrée au milieu; moitié
postérieure du deuxième jaune; les autres jaunes, la base seule
(en général invisible) brune; bout de l'anus brun. Pattes noi-

râtres, hanches tachées de jaune, tarses et dessus des tibias antérieurs, ferrugineux. Ailes transparentes, nervures ferrugineuses. Les parties jaunes sont d'un jaune d'ocre.

Var. Couleur foncière noire; mésothorax entièrement noir; face antérieure du premier segment de l'abdomen portant deux taches jaunes.

Habite : Java. (Collect. de M. le marquis Spinola et de M. Smith.)

29. V. Auraria, Smith.!

Fulva; thorace fusco vario; abdominis segmentis basi fuscis, margine fulvo; alis flavescentibus.

Syn. Smith. *Vespa auraria.* Trans. Ent. Soc. Lond. New-Ser. ii. p. 46. pl. viii. fig. 8.

Fem. Un peu moins grande que la *V. crabro.* Yeux atteignant presque les mandibules. Tête d'un jaune un peu orangé, avec des poils noirs sur le vertex; dents des mandibules, noires. Antennes orangées. Corselet noir ou brun-noirâtre; prothorax rebordé, d'un jaune doré, ainsi que l'écusson et les angles du post-écusson; écaille ferrugineuse; mésothorax brun, avec deux lignes longitudinales ferrugineuses, se fondant en arrière pour former une tache en avant de l'écusson ; parfois ces deux lignes fondues en une bande. Abdomen brun; le premier segment tronqué franchement, bordé de jaune ; le deuxième orné d'une large bordure jaune; les autres entièrement jaunes; leur base brune étant cachée. Le jaune est un peu obscur et doré. Tout l'insecte couvert d'un duvet tomenteux. Pattes brunes, tarses et jambes antérieures jaunes, crochets bruns. Ailes ferrugineuses, le radius brun.

Male. Comme la femelle.

Habite : La partie septentrionale des Indes Orientales. (Communiquée par M. Smith.)

c. Abdomen noir, les premiers segments seuls bordés de jaune.

30. V. PHILIPPINENSIS, n. sp.

Carbonaria ; abdominis segmentis 1-3 margine orantiaco ; alis ferrugineis.

Long. 23 mill ; env. 57 mill.

MALE. Taille de la *V. crabro*. Chaperon lisse, rugueux vers le bas. Tête et corselet noirs, hérissés de poils noirs. Abdomen noir, couvert de poils noirs. Le premier segment portant une bordure orangée régulière, un peu raccourcie sur les côtés ; le deuxième une bordure très large, biéchancrée ; le troisième une bordure moins large, biéchancrée aussi ; les autres segments noirs ; le quatrième seul portant des vestiges d'une ligne jaune marginale, interrompue au milieu. En dessous l'abdomen est noir et n'offre que deux taches marginales aux angles du deuxième segment. L'abdomen est chatoyant, et lorsqu'on fait jouer la lumière, les bandes jaunes ont une superbe couleur d'or. Pattes et antennes noires, ces dernières ferrugineuses en dessous. Ailes jaunâtres, un peu obscures, les grandes nervures brunes ; un nuage gris au bout de la quatrième cubitale.

Habite ; Les Philippines. (Musée de Londres.)

31. V. BASALIS, Smith. !

Fulva ; mesothorace et metathorace nigris ; abdomine atro, primo segmento fulvo fasciato ; alis hyalino-ferrugineis.

SYN. Smith. *Vespa basalis.* Trans. Ent. Soc. Lond. New Ser. II. p. 46.

Long. 22 mill. ; env. 52 mill.

FEM. Noire ; tête, antennes et mandibules, ferrugineuses ; ces dernières noires au bout ; prothorax, écailles, une tache sous l'aile, une tache carrée sur le mésothorax en avant de l'écusson, écusson, post-écusson, et angles du métathorax, plus ou moins ferrugineux ; ailes transparentes, avec un nuage brun dans la radiale ; bords des hanches, genoux et tarses, ferrugineux

pattes couvertes de poils jaunes luisauts; premier segment de
l'abdomen finement bordé de jaune, et portant en outre une
tache ferrugineuse transversale, et bifide aux deux bouts; le
reste noir. Tout l'insecte couvert d'un duvet pubescent qui en
obscurcit les couleurs.

Habite : Le Nepaul. (Musée de Londres.)

32. V. Obliterata, Smith. !

Nigra; capite ferrugineo; prothorace, scutellis maculisque sub alis rufescentibus; abdomini
primo segmento piceo marginato ; alis basi ferrugineis.

Syn. Smith. *Vespa obliterata.* Trans. Ent. Soc. Lond. New
Ser. ii. p. 47.

Fem. Noire. Tête ferrugineuse ; dents des mandibules, noires;
prothorax, une tache sur le mésothorax touchant l'écusson,
post-écusson, base des ailes, écailles et une tache sous les ailes,
d'un jaune roux; pattes de la même couleur ; hanches, cuisses
moyennes et postérieures, sauf le bout, noires ; dernières articulations des tarses, brunes. Abdomen noir; le premier segment
liseré de brun. Tout l'insecte couvert d'un duvet pubescent,
jaune sur la tête, noir à l'abdomen.

Habite : La partie septentrionale des Indes Orientales.
(Musée de Londres.)

33. V. Deusta, Lepel.

Magna, nigra, velutina; abdominis secundi segmenti margine anguste ferrugineo, medio interrupto limbato ; alis ferrugineis.

Syn. Lep. St.-Farg. *Vespa deusta.* Hymen. i. 506.

♀. Long. 26 mill.; env. 63 mill.

Fem. Grande, entièrement noire, portant seulement une ligne
jaune sur le bord postérieur du deuxième segment abdominal,
laquelle est interrompue sur le dos. Insecte entièrement vêtu
d'un duvet noir extrêmement court, ayant un léger reflet satiné : ce duvet mêlé de poils noirs plus longs. Antennes et

pattes noires ; ailes jaune-roussâtres , plus brunes à leur base.

Habite : Les Philippines, peut-être les Indes? (Musée de Paris, ma collection.)

d. *Abdomen fauve, avec des bandes brunes sur le milieu des segments 1 et 2.*

34. V. MANDARINIA, Smith.

Caput abdomenque fulva, thorax niger, humeris scutellisque ferrugineo maculatis; abdominis segmentis 1-2 medio fascia fusca, aliis basi fuscis ; alis flavescentibus.

SYN. Smith. *Vespa mandarinia.* Trans. Ent. Soc. Lond. New Ser. II. tab. VIII. fig. 1.

♀. Long. 30 mill. ; env. 66 mill.

FEM. Tête très grosse, très fortement renflée en arrière des yeux ; chaperon fortement échancré, bidenté, fortement ponctué, surtout vers le bas. Tête ferrugineuse : mandibules noires au bout ; antennes assez longues, filiformes ; le flagellum noir en dessus ; chaperon, front et bas de la tête, presque orangés. Corselet noir ; prothorax liseré de roux, et portant sur chaque épaule une grande tache rousse ; écaille rousse ; écusson et post-écusson ornés chacun de deux taches rousses. Abdomen d'un jaune ferrugineux ; les deux premiers segments traversés sur leur milieu par une bande brune transversale ; les trois suivants bruns, bordés de jaune. Anus jaune. Pattes brunes, tarses et tibias portant des poils ferrugineux. Ailes ferrugineuses, brunes le long de la côte.

OUVR. Plus petite. Chaperon moins fortement bilobé. Ecusson ferrugineux ; bords jaunes ou ferrugineux des deuxième et troisième segments de l'abdomen, étroits.

Habite : La Chine. (Ma collection ; musées de Paris, de Londres, etc.)

35. V. Ducalis, Smith. !

Flava; prothorace, mesothorace, metathoracis summo, nigris ; alis basi fuscescentibus ; abdomine flavo, segmentis 1-2, medio fascia nigra, quarum secunda interrupta.

Syn. Smith. *Vespa ducalis.* Trans. Ent. Soc. Lond. N. S. ii. p. 39.

♀. Longueur totale, 1 pouce 6 lignes.
♂, Longueur totale, 1 pouce 2 lignes.

Fem. Couleur d'ocre. Tête grande, joues dilatées ; chaperon et mandibules rugueux ; dents de ces dernières, région des ocelles, une ligne sur le premier article des antennes, et une profonde dépression à leur base, noires ; prothorax, mésothorax, et bord antérieur de l'écusson, noirs ; écailles noires, avec le bord jaune ; ailes brunâtres vers la base ; métathorax sous le post-écusson, corselet en dessous, et cuisses, noirs ; bout des hanches, des trochanters et des cuisses, ainsi que les tibias et les tarses, d'un jaune rougeâtre ; les deux premiers segments de l'abdomen entièrement d'un jaune d'ocre, portant chacun sur leur milieu une bande noire transversale, celle du deuxième segment plus ou moins interrompue ; le reste de l'abdomen entièrement noir.

Ouvr. (1). Partie antérieure du prothorax, bords des écailles, écussons, tibias et tarses d'un jaune rougeâtre ; tarses obscurs en dessus. Les deux premiers segments de l'abdomen rougeâtres, ayant un bord d'un jaune brillant, en avant duquel est une bande étroite d'un rouge-brun obscur ; les autres segments, noirs ; le troisième bordé de jaune brillant ; ces bordures continues en dessous ; les autres segments liserés de brun.

Male. Tête ferrugineuse : région des ocelles, une tache entre les antennes, dents des mandibules, noires ; dessus des antennes obscur. Bord du prothorax et deux taches sur le devant du mésothorax, ferrugineux ; une tache sur les écailles, et la partie postérieure de l'écusson, ferrugineux ; en dessous de ces derniers, de chaque côté une tache d'un beau jaune. Devant des tibias antérieurs ferrugineux. Premier segment de l'abdomen

____

(1) Cette espèce n'est peut-être qu'une variété de la précédente.

ferrugineux; sa base séparée de son bord par une bande noire; deuxième segment ferrugineux, ayant une large bande jaune marginale; troisième et quatrième segments jaunes; les autres noirs. Abdomen et pattes couverts de poils dorés.

Habite : La Chine. Teing-Teing, près de Ning-Po-Foo. (Collect. de M. Smith.)

36. V. ANALIS, Fabr.

Ferrugineo-nigricans: abdominis primo secundoque segmentis fulvis, medio fascia fusca, ano flavo. .

SYN. Fabr. *Vespa analis.* Syst. Ent. 365. 5. — Spec. Ins. I.
459. 5. — Mant. Ins. I. 287. 6. — Ent. Syst. II. 254
6. — Syst. Piez. 254. 6.
Gmel. *V. analis.* Edit. Linn. I. 2749. 33.
Christ. *V. crabro analis.* Hymen. 218. — *V. crabro
sphinx.* Christ. 217. tab. 18. fig. 5.
Oliv. *V. analis.* Enc. Meth. VI. 677. 43.
Lep. St.-Farg. *V. analis.* Hymen. I. 508. 6.

♂. Long. 20 mill.; env. 50 mill.

Pour la description de l'espèce, voir Lepeletier de Saint-Fargeau, loc. cit.

Rapp. et diff. Ne confondez pas cette espèce avec la *V. nigripennis.*

Habite : Les Indes Orientales, et, selon Fabricius, l'Afrique.

e. *Abdomen noir et jaune, le deuxième segment entièrement jaune, ou avec une large bande jaune, entière ou interrompue.*

37. V. CINCTA, Fabr.

Nigra; capite, humeris, squamma, scutelloque ferrugineis; abdominis segmento secundo flavo, basi nigrescente; alis flavescentibus, nervis fuscis.

SYN. Fabr. *Vespa cincta.* Syst. Ent. p. 352. 1. — Spec. I p.
458. 1. — Mant. Ins. I. p. 287. 1. — Ent. Syst. II.
p. 253. 1. — Syst. Piez. p. 253. 1.

Sulz. *Sphex tropica*. Hist. Ins. tab. 27. fig. 5.

Gmel. *V. cincta*. Edit. Linn. i. 2748. 28.

Oliv. *V. cincta*. Encycl. Meth. Ins. vi. p. 676. 37. — *V. unifasciata*. Id. p. 677. 39.

Christ. *V. tenebrionis*. Hymen. 216. — *V. cincta*. Id. 219.

Lep. St.-Farg. *V. cincta* (1). Hymen. i. p. 505.

♀. Long. 28 mill. ; env. 62 mill..

Tête d'un roux noirâtre; antennes presque noires. Corselet noir; les épaulettes et l'écusson roux (2). Abdomen noir, le deuxième segment jaune; sa base d'un brun noir, cette couleur en général élargie au milieu. Pattes noires. Ailes lavées de jaune ferrugineux, la base brune.

Var. 1. Premier segment de l'abdomen roussâtre, portant un liseré jaune raccourci sur les côtés. Ailes ferrugineuses.

Var. 2. Tête, corselet et pattes entièrement noirs (Java).

Var. 3. Le premier segment de l'abdomen jaune en dessus, échancré de noir au milieu, avec, de chaque côté, une tache noire transversale. (Collect. Jurine.)

Var. 4. Sur le jaune du deuxième segment, qui est souvent assez étroit, deux taches noires.

Var. 5. Le troisième segment liseré de jaune; un peu de fauve sur les épaules.

Habite : L'Asie méridionale et orientale. Les îles de la Sonde; très commune. (Toutes les collections.)

---

(1) Dans la description donnée par cet auteur, au lieu de : *milieu du dessous*, mettez : *milieu du dessus*, et dans la note qui suit, au lieu de : *la bordure noire antérieure du premier segment*, mettez : *du second segment*.

(2) Les taches du corselet sont certainement rousses du vivant de l'insecte, non jaunes comme le dit Saint-Fargeau; il en est de même dans l'*Eumenes coangustata*, que nous observons vivante tous les jours.

38. V. Alduìni, Guer.!

V. cinctæ affinissima; segmento secundo nigro, maculis permagnis flavis, medio confluentibus.

Syn. Guérin. *Vespa Alduini.*! Voy. de la Coquille. Ins. pl. ix. fig. 6. — *V. bimaculata!* (1). Id. Entom. p. 264.

♂. Long. 30 mill. ; env. 70 mill.

Presque comme la *V. cincta*. Noire, sans roux ; le jaune du deuxième segment échancré en avant et en arrière, et presque partagé par les échancrures en deux grandes taches jaunes, qui portent chacune au milieu une tache noire. Un point jaune au milieu du bord du premier segment.

Habite : Java. (Collect. de M. Guérin-Méneville.) Cette prétendue espèce n'est très probablement qu'une petite variété de la *V. cincta*.

39. V. Affinis, Fabr.

Nigra; capite, humeris, scutellisque ferrugineis ; abdominis segmentis 1-2 flavis ; alis flavescentibus, basi fuscis.

Syn. Fabr. *Vespa affinis.* Mant. Ins. i. p. 287. 2. — Ent. Syst. ii. 253. 2. -- Syst. Piez. 254. 2.
Gmel. *V. affinis.* Edit. Linn. i. 2748. 29.
Oliv. *V. affinis.* Encycl. Meth. vi. 677. 38.
Lep. St.-Farg. *V. affinis.* Hymen. i. 506.

Long. 22 mill. , env. 46 mill.

Tête et antennes rousses : corselet noir, épaulettes rousses, cette couleur s'étendant jusque sous l'insertion des ailes ; écusson ayant deux grandes taches rousses sur son disque. Abdomen noir, dessus des premier et second segments jaune. Pattes noirâtres; genoux des deux paires antérieures roussâtres. Ailes roussâtres, plus brunes au milieu jusqu'à la base.

(1) Les planches ayant paru avant le texte, le nom d'*Alduini* doit être préféré à l'autre, comme plus ancien, mais il est presque évident que soit le premier, soit le second, seront relégués parmi les synonymes de la *V. cincta*.

Var. Tache des épaulettes ne s'étendant pas sous les ailes. Ecusson entièrement noir.

Rapp. et diff. Cette espèce ressemble beaucoup à la *V. cincta* ; elle est un peu plus petite, mais il ne serait pas impossible de la considérer comme une simple variété de cette dernière. Il n'y a qu'un pas de la var. 3 et de la *V. cincta* à la *V. affinis.*

Habite : Les Indes, la Chine. (Musées de Genève, de Paris, etc.)

B. *Ailes noires.*

40. V. MAGNIFICA, Smith.!
(Pl. XIII, fig. 3.)

Magna, nigra, capite rubro ; antennis nigris; abdominisque segmentis margine angusto flavo. Alis nigris.

SYN. Smith. *Vespa magnifica.* Trans. Ent. Soc. Lond. New Ser. 1. p. 45.

Long. 30 mill. ; env. 66 mill.

FEM. Noire. Tête et base des antennes orangées ; mandibules brunes, leurs dents noires ; ponctuations de la tête, fines, celles du chaperon grossières. Côtés du prothorax indistinctement teints de roux ; deux autres taches de cette couleur de chaque côté des bords antérieurs du mésothorax, et deux autres points sous les ailes. Ailes noires. Tibias antérieurs changeant en ferrugineux en devant, et les pattes en général couvertes de poils chatoyants. Abdomen velouté ; les segments étroitement liserés d'orangé ou de ferrugineux, tant en dessus qu'en dessous ; celle du cinquième parfois interrompue en dessus ; le sixième segment entièrement jaune.

OUVR. Plus petite ; tibias et genoux antérieurs orangés. Les bordures de l'abdomen plus étroites.

Var. Corselet entièrement noir.

Habite : Le Nepaul, les Indes Orientales. (Collection de MM. Smith et Sichel ; musée de Londres.)

41. V. Nigripennis.

Nigra ; abdominis secundo segmento margineque primi, flavis ; alis fuscis.

Long. 22 mill. ; env. 54 mill.

Taille de la *V. cincta*, et lui ressemblant beaucoup. Yeux n'atteignant pas les mandibules. Tête et corselet noirs, ponctués, velus. Antennes ferrugineuses en dessous. Abdomen noir, le troisième segment et la moitié postérieure du premier, jaunes ou fauves. Pattes noires, avec des poils bruns chatoyants. Ailes d'un brun foncé, surtout vers la base.

Rapp. et diff. Comme on le voit, cette espèce ne diffère de certaines variétés de la *V. cincta* que par la couleur de ses ailes.

Habite : Les Philippines. (Musée de Londres.)

SECTION II.

PŒCYLOCYTTARES.

Insectes construisant des nids de formes variées, toujours entourés d'une enveloppe, et souvent à plusieurs étages , mais ces étages séparés par des cloisons, et ne communiquant que par un trou.

Genre SYNŒCA.

(Pl. XVIII.)

Syn. *Polistes* Fabr. *Synœca* Sauss.

Car. *Lèvre* courte, la languette de moitié plus courte que le menton, trifide, le lobe médian large, échancré. Palpes labiaux de quatre articles, les deux premiers d'égale longueur, et le troisième à peu près égal au quatrième.

Mâchoires grandes, l'appendice égal à moins de la moitié de leur longueur. Palpe de même longueur que l'appendice, de six articles, dont le premier est le plus gros et le plus long, les autres petits, de même grandeur, plus renflés au bout qu'à la base, le sixième plus long que le cinquième.

Mandibules, longues, tronquées obliquement, un peu crochues et armées de fortes dents; *formant par leur réunion un bec obtus.*

Antennes filiformes, insérées au milieu de la hauteur de la tête, au centre de deux dépressions ovales.

Tête large, concave en arrière; ocelles en triangle régulier, yeux réniformes, à échancrure peu profonde, ne couvrant pas les côtés de la tête. Chaperon plus large que long, entier, terminé angulairement à son bord inférieur, portant une dépression longitudinale.

Corselet comprimé, deux fois aussi long que large, se rétrécissant beaucoup à son point d'union avec la tête. Métathorax très incliné, presque vertical, bombé, sans sillon médian. Ecusson saillant, un peu plus large que long.

Abdomen pédicellé, le premier segment tout entier transformé en un pétiole cylindrique, dont le tiers postérieur s'évase un peu en entonnoir et porte un renflement dorsal avec un sillon longitudinal ; au point où ce renflement commence, on remarque de chaque côté un petit tubercule. Le reste de l'abdomen parfaitement conique, un peu comprimé, le second segment s'évasant subitement en cloche, et se rétrécissant un peu en arrière.

Pattes postérieures dépassant de beaucoup l'extrémité de l'abdomen. Tibias armés de deux épines, dont l'une plus courte, droite, l'autre plus longue, courbée en forme de sabre.

Ailes très grandes , dépassant le bout de l'abdomen lorsqu'elles sont pliées longitudinalement ; cellule radiale , grande, triangulaire ; deuxième cubitale offrant un bord radial sensible, la troisième en carré oblique, plus petite que la quatrième.

Insectes construisant en écorce un nid très grossier, composé d'une seule couche de cellules plaquée contre le tronc des arbres , et recouverte d'une enveloppe convexe en demicylindre.

Les espèces qui composent ce genre sont toutes américaines ; elles jouissent entre elles de la plus proche parenté, leurs formes et leur taille offrent à peine quelques légères différences, et les premières sont trop caractéristiques pour qu'on puisse confondre ce genre avec les Polybies.

1. S. Surinama.

Cœrulea ; ore nigro ; alis cœruleis.

Syn. Linn. *Vespa surinama.* Syst. Nat. 952. 23.
　　　Oliv. *Vespa nigricornis.* Enc. Meth. vi. 615. — *V. surinama.* Id. 676.
　　　Christ. *V. surinama.* Hymen. 215.
　　　Fabr. *Polistes cœrulea.* Syst. Piez 279.

Sauss. *Synœca cœrulea.* Ann. Soc. Ent. Fr. 2ᵉ série, x.
p. 552.

Long. 18 mill. ; env. 45 mill.

Ouvr. Corps noir, luisant, à reflets métalliques, de couleur
bleu d'acier, sans granulations, mais un peu satiné. Antennes,
mandibules et chaperon, noirs, ce dernier luisant, sa dépression
peu marquée. Ocelles en triangle allongé, les deux postérieurs
assez rapprochés l'un de l'autre. Corselet, pétiole et bas du
second segment, luisants, d'un bleu d'acier, violet, ou verdâtre
avec des reflets irisés. Ecusson plus large que long, partagé par
un sillon longitudinal. Abdomen plus noirâtre et plus mat.
Pattes noires, avec quelques reflets violets. Ailes brunes, à
reflets irisés, deuxième cellule cubitale ayant son bord radial
assez étendu.

Habite : Cayenne. (Musée de Paris.)

2. S. CYANEA.

Cœrulea ; ore rufo ; alis fuscis.

Syn. Fabr. *Vespa cyanea.* Syst. Ent. 272. — Spec. Ins. i.
469. — Mant. Ins. i. 293. — Ent. Syst. ii. 282. —
Polistes cyanea. Syst. Piez. 279.
Oliv. *Vespa cyanea.* Ent. Meth. vi. 674.
Haliday. *Epipona cyanea.* Trans. Linn. Soc. of. Lond.
xvii.
Sauss. *Synœca cyanea.* Ann. Soc. Ent. Fr. 2ᵉ Sér. x.
553.

Long. 17 1/2 mill. ; env. 44 mill.

Ouvr. De même couleur que la précédente, mais le pétiole
souvent noirâtre. Chaperon, insertion des antennes, mandibules
et joue au-dessous de leurs insertions, roux ; bout des mandibules, noir : sillon du chaperon très indistinct. Ocelles en
triangle régulier. Ecusson portant un sillon longitudinal, et le
métathorax un rudiment de ligne enfoncée selon la même direc-

tion. Ailes brunes, avec très peu de reflets irisés. Deuxième cellule cubitale en trapèze, son bord radial au moins de moitié aussi long que son bord cubital.

Var. Corps d'un beau bleu clair, ou, au contraire, presque entièrement noir.

Habite : Cayenne, Surinam et le Brésil.

3. S. AZUREA, Sauss.

Cœrulea ; ore ferrugineo ; alis cyaneis.

SYN. Sauss. *Synœca azurea.* Ann. Soc. Ent. Fr. 2° Série. x. 554. 3.

♀. Long. 15 1/2 mill.; env. 39 mill.

OUVR. Un peu plus petite que la précédente, mais du reste entièrement semblable, si ce n'est que le point d'insertion des mandibules a moins de roux ; tubercules du pétiole plus marqués. Ailes violettes, seconde cellule cubitale plus rétrécie vers la radiale, son bord radial égal à un tiers du bord cubital.

Var. Chaperon bleu, bordé de roux. Joues entièrement bleues jusqu'à l'origine des mandibules.

Habite : Le Brésil, Bahia. Quelques individus de la collection de M. Guérin-Méneville viennent du Mexique. (Musée de Paris.)

4. S. ULTRAMARINA, Sauss.

Violocea, alis fuscis ; clypeo nigro maculato.

SYN. Sauss. *Synœca ultramarina.* Ann. Soc. Ent. Fr. 2° Sér. 554. Pl. 11. N° III. fig. 1.

♂. Long. 17 mill. ; env. 42 mill.

MALE. Tête, corselet et abdomen, d'un bleu d'outre-mer tirant sur le violet, luisants, avec quelques teintes roses, sans granulations. Chaperon violet ou rose, marqué au milieu d'un carré

noir; son sillon indistinct. Mandibules rousses, leurs dents peu
prononcées. Ocelles en triangle régulier. Antennes inconnues.
Pattes noires à reflets métalliques. Ailes brunes, presque sans
reflets irisés. Les yeux atteignant plus près des mandibules que
dans les autres espèces.

Ouvr. Comme le mâle, le pétiole un peu rebordé postérieurement et liseré de brun ; les ailes plus foncées, ayant des reflets
violets.

Habite : Sainte-Catherine au Brésil. Ce doit être par erreur
qu'un individu est étiqueté comme venant de Manille. (Musée
de Paris.)

Nota. Cette espèce est difficile à distinguer. On la reconnaît
à ses belles couleurs, à sa face rosée, non rousse ; à ses yeux
qui atteignent très près des mandibules.

5. S. Violacea, Sauss.

Cyaneo-nigra ; abdominis segmento secundo rubro bimaculato ; alis fuscis.

Syn. Sauss. *Synœca violacea.* Ann. Soc. Ent. Fr. 2ᵉ Sér. x.
555.

Long. 16 mill. ; env. 40 mill.

Ouvr. Noire, avec des reflets violets comme dans le *S. cyanea.*
Chaperon, mandibules, et une tache au-dessus de leurs insertions rousses. Pétiole noir, *sans sillon dorsal*, mais avec une simple
dépression. Abdomen noir, le second segment orné de chaque
côté d'une tache rouge irrégulière. Pattes noires. Ailes brunes,
avec quelques faibles reflets irisés.

Habite : Le Brésil. Rapporté de Sainte-Catherine par
M. Auguste de Saint-Hilaire. (Musée de Paris.)

6. S. Chalybea, Sauss.

(Pl. XVIII, fig. 5.)

Viridis ; abdomine cœruleo, ore ferrugineo ; alis albidis ; subferrugineis, costa nigra.

SYN. Sauss. *Synœca chalybea* Ann. Soc. Ent. Fr. 2ᵉ Sér. x. 556.

☿. Long. 16 mill. ; env. 58 mill.

OUVR. Tête et corselet d'un vert métallique, lisses, luisants. Chaperon presque circulaire, roux, ainsi que les mandibules, sa dépression peu distincte. Antennes noires, un peu ferrugineuses au bout. Métathorax très finement ponctué. Pétiole vert, bleu, ou noir, roux à sa base, son sillon presque nul. Abdomen bleu ou noir, luisant. Insertions des ailes, dessous de la tête, du corselet, et les hanches, ferrugineux. Pattes brunes. Ailes *transparentes*, un peu ferrugineuses, d'un brun foncé le long de la côte.

Var. Dessus du corselet passant au ferrugineux.

Habite : Cayenne. (Musée de Paris.)

7. S. TESTACEA, n. sp.

Pallide ferruginea ; alis hyalinis, nervis fuscis.

Long. 13 mill. ; env. 33 mill.

OUVR. Corps entièrement d'un ferrugineux pâle. Le flagellum des antennes, noir. Mésothorax orné de deux lignes plus pâles que le fond. Ecussons et métathorax offrant des reflets nacrés verdâtres. Tarses bruns. Ailes transparentes, nervures brunes; la côte un peu enfumée; deuxième cubitale élargie vers la radiale.

Très reconnaissable par ses formes identiques à celles des autres espèces du genre, et ses couleurs si différentes. Si l'on méconnaissait le premier de ces caractères, on la confondrait avec plusieurs Polybies.

Habite : Le Para. (Musée de Londres.)

Genre POLYBIA, Lepel.

(Pl. XXI et suiv.)

Syn. *Polistes* Fabr. — *Polybia , Rhopalidia, Agelaïa.* Lepel. *Myraptera* White (1),

Car. *Lèvre* très courte, large. Palpes labiaux de quatre articles, diminuant de grandeur du premier au dernier.

Mâchoires : galéa très court. Palpes maxillaires moins longs que la partie basilaire, de six articles courts.

Mandibules en trapèze, tronquées presque droit, portant quatre dents terminales, à peine échelonnées, toutes grandes.

Tête plate ; yeux allongés, leur échancrure en angle très obtus, n'atteignant pas en général les mandibules. Antennes insérées plus haut que le milieu de la tête. Chaperon terminé par une dent (2).

Corselet variable, plus ou moins comprimé, plus ou moins allongé ; le métathorax souvent très oblique ; arrondi avec un sillon médian plus ou moins prononcé. Prothorax souvent rétréci en avant, souvent large, tronqué droit et biépineux.

Abdomen pédicellé. Pétiole formé par le premier segment tout entier, très variable, mais toujours moins large que la moitié du deuxième segment, et offrant surtout ces trois formes :

1° Très court, campanulé, cupuliforme.

(1) Je réunis ici, en un seul, cinq genres entre lesquels il est impossible de trouver des limites précises, et surtout impossible de trouver des différences qui aient la moindre importance. Elles se bornent presque toutes à des détails de formes de l'abdomen, détails sans importance aucune, et à des différences dans la forme des cellules des ailes ; mais ce dernier caractère est excessivement variable et ne peut servir à faire des genres ; on voit souvent dans des espèces très voisines des formes de nervation sensiblement différentes ; des cellules plus ou moins rétrécies, plus ou moins longues, etc. Si l'on voulait donc suivre cette méthode qui a été employée par Lepeletier de St-Fargeau, on serait conduit à des genres entièrement artificiels, réunissant des espèces toutes différentes de facies, écartant souvent celles qui sont les plus voisines. Certainement les formes que nous réunissons en un même genre sont bien hétérogènes, mais il arrive ici ce qui nous a déjà fort embarrassé dans les *Odynerus* : toutes ces formes sont unies par des liaisons intimes.

(2) A une exception près.

2° Assez long, linéaire à sa base, renflé et déprimé au bout.

3° Aussi long que le corselet, cylindrique.

Le reste de l'abdomen ovalo-conique, *déprimé*, le deuxième segment, le plus grand, en cloche arrondie, sessile, en général un peu plus large que long.

Pattes variables, les postérieures très longues.

Ailes grandes ; la radiale atteignant presque le bout de l'aile, très pointue, presque triangulaire. La quatrième cubitale toujours plus grande que la troisième.

Le corps, dans la majeure partie des cas, lisse, sans ponctuations distinctes.

Rapp. et diff. Ce grand genre n'est pas bien délimité, il touche aux genres *Icaria*, *Mischocyttarus*, *Synœca*, *Tatua* et *Apoïca*.

On en distingue cependant les limites à l'œil avec facilité ; ces genres se différencient comme suit du genre *Polybia* :

1. *Synœca*, abdomen cordiforme, comprimé. Sa forme est très particulière, voyez la figure, on ne peut le confondre avec aucun autre.

2. *Tatua*, pétiole sans élargissement, l'abdomen en grelot, le deuxième segment emmagasinant tous les autres. (Voyez la figure.)

3. *Mischocyttarus*, abdomen comprimé (voyez la figure de profil), chaperon finement bidenté.

4. *Icaria*. C'est ici que la limite n'existe réellement pas distinctement. Les espèces de ce genre appartenant à l'ancien continent sont, il est vrai, bien distinctes par leur pétiole en massue sphérique, et leur deuxième segment allongé, cylindrique, qui recouvre le troisième, mais les espèces australiennes établissent la transition aux Polybies, car les *Icaria maculiventris* et *Polybia australis* se rapprochent singulièrement pour leurs formes.

5. *Apoïca*, le troisième segment de l'abdomen aussi grand que le deuxième, l'abdomen très allongé.

Le genre *Polybia* est un des plus difficiles sous le rapport des espèces, l'entomologiste doit d'autant plus se tenir sur ses gardes d'être induit en erreur que la difficulté est latente, et peut facilement servir de piége en laissant entrevoir une facilité apparente. Voici pourquoi :

1° Il existe pour ainsi dire pour chaque type un certain nombre de représentants très semblables, très faciles à confondre, souvent identiques de couleur et de facies, mais différant ou par des épines aux angles du prothorax, ou par une forme particulière du pétiole, ou même encore par ces deux caractères réunis, d'où résulte qu'une espèce unique en apparence peut, après un examen souvent très court, se trouver en former deux, trois ou quatre. (Ex. : *Polybia angulata* et *lugubris*. — *P. rejecta* et *injucunda*. — *P. cayennensis*, *surinamensis*, *cubensis* et *similissima*, — etc.)

2° Plusieurs Polybies ont leurs représentants identiques pour les couleurs soit dans le genre *Polistes* (Ex. : *Polybia liliacea* et *Polistes liliaciosus*. — *Polybia testacea* et *Polistes analis*, etc.), soit dans les Guêpes solitaires (genre *Pachymenes*. Ex. : *Polybia lugubris*, *Pachymenes atra*).

3° Toutes les espèces de couleurs fauve, ferrugineuse ou brunâtre sont sujettés à un nombre infini de variations. Il n'est donc pour ainsi dire possible de décrire que des individus, ou si l'on veut étendre le sens de ses descriptions à l'espèce en y comprenant plusieurs variétés, on n'arrive qu'à donner des indications si vagues qu'elles peuvent s'adapter à plusieurs de ces êtres par trop nombreux et par trop voisins. Fabricius qui ne s'inquiétait pas de particularités aussi spécieuses n'a décrit que des individus, non des espèces, et c'est un travail bien laborieux que de débrouiller sa synonymie.

Sous-Genre CLYPEARIA.

Chaperon n'étant pas terminé par une dent ou un angle, mais allongé et tronqué carrément au bout comme dans les Odynères (1).

Insecte américain.

(1) Ce caractère paraîtra d'une trop minime valeur pour permettre l'établisse-

1. P. Apicipennis (1).

(Pl. XVIII, fig. 6.)

Nigra, argenteo-sericea, clypeo apice truncato , subquadrato, in angulum non excurrente, abdomine breviter petiolato, segmentis flavo fasciatis, alis flavescentibus, apice subgriseis.

Syn. Spinol. *Polistes apicipennis.*! Voy. Entom. de Ghiliani. p. 59. N° 55.

Long. 7 mill. ; env. 14 mill.

Fem. Tête très plate. Yeux très allongés , étroits ; leur angle rentrant très obtus ; leur extrémité inférieure atteignant la base des mandibules. Chaperon ovoïde, large et arrondi en bas. Tête un peu concave en arrière ; ocelles disposées en triangle régulier, l'antérieure logée dans une fossette sous une ride du front. Corselet large , court ; ses angles antérieurs arrondis ; disque du mésothorax presque aussi large que long ; postécusson un peu concave au milieu ; métathorax concave, ses angles mousses. Pétiole très court, presque triangulaire, entièrement déprimé ; vu de profil il ressemble à une lame mince ; son bord postérieur égal au tiers de la largeur du deuxième segment. Celui-ci vu en dessus est en carré large ; il s'évase si fortement

ment d'un sous-genre ; je ne suis cependant pas de cette opinion. La valeur des caractères est relative, et nous la déduisons de leur fixité et du nombre de fois que nous les observons ; or, dans tous les Vespiens dont l'abdomen est pédicellé , et même dans tous les Polistes , le chaperon se termine par un angle ou par une dent, la *Polybia apicipennis* seule offre l'exemple du contraire ; une exception si nette à un caractère si général nous paraît d'une véritable importance zoologique, d'autant plus que les Guêpes sociales ont une forme de chaperon toute différente de celle des solitaires, et que cette forme compte presque parmi les caractères de la tribu. Or, l'espèce qui me sert a établir le sous-genre *Clypearia* offre précisément parmi les Vespiens une forme d'Euménien ; forme tout anormale à mes yeux. L'abdomen aussi a un facies très irrégulier ; le deuxième segment est littéralement carré en dessus.

(1) Cet insecte est le seul qui fasse jusqu'à ce jour exception à la forme constante qu'affecte le chaperon dans tous les Vespiens, les *Vespa* excepté, forme qui est celle d'un disque toujours terminé par une dent ou un angle. On serait donc tenté de prendre cette Polybie pour un Euménien, si tout le reste de ses formes, en particulier ses crochets dépourvus de dents, ne trahissaient son affinité évidente avec les Polybies.

à droite et à gauche du pétiole, qu'il a bien deux angles antérieurs, et qu'il est coupé très carrément sur les côtés ; ces angles sont surtout bien visibles en dessous. Ce segment est beaucoup plus large que long. Les autres terminent l'abdomen en
pointe courte. Insecte noir, couvert d'un duvet moiré : une
tache au haut des mandibules, dessous du premier article des
antennes, et chaperon, jaunes ; ce dernier portant au milieu
une bande noire irrégulière. Bord postérieur du prothorax, une
très petite ligne au post-écusson, angles de ce dernier et bord de
tous les segments de l'abdomen, jaunes ; bordure du pétiole très
étroite, celle des autres segments assez large et régulière ; celle
du deuxième remontant le long des côtés jusqu'à l'angle antérieur de cet anneau. Pattes noires ; crochets des tarses, roux.
Ailes transparentes, ferrugineuses, sauf le bout qui est un peu
grisâtre ; radiale étroite, très longue, atteignant le bout de l'aile,
très aiguë au bout ; deuxième cubitale moyenne, la troisième
plus grande, la quatrième plus grande que la deuxième et la
troisième réunies.

Rapp. et diff. Cette espèce ne peut être confondue avec
aucune autre, vu la forme de son chaperon et du premier segment de l'abdomen.

Habite : Le Para. (Collection de M. Spinola.)

Sous-Genre POLYBIA (Polybies proprement dites.)

*Caractères du genre. Abdomen très variable, le troisième segment
comme d'ordinaire facilement emboîté par le deuxième.*

(Pl. XXI-XXVI.)

§ 1. INSECTES AMÉRICAINS (1).

DIVISION ALPHA. [1ʳᵉ Div. (2).]

*Yeux allongés, atteignant les mandibules ; antennes insérées bas,
renflées au bout.*

(1) Pour les espèces de l'ancien continent qui forment une section à part, voyez
plus bas.

(2) Ces noms arbitraires que j'applique aux divisions sont préférables à des

Corselet assez court. Premier segment de l'abdomen très court, campanulé, subtriangulaire, mais son renflement toujours de plus de moitié moins large que le deuxième segment.

Deuxième cubitale très petite, en trapèze très étroit, près de deux fois aussi longue que large ; troisième cubitale grande, carrée, un peu plus large que longue, souvent un peu élargie vers le limbe. La quatrième beaucoup plus large que longue, un peu plus grande que la deuxième et la troisième réunies. Les deux nervures récurrentes s'insérant au même point, ou à peu près.

Cette division est surtout basée sur la nervation des ailes.

A. *Métathorax concave au milieu.*

2. P. PICTETI.

(Pl. XXI, fig. 2.)

Ferruginea, flavo ornata; abdominis segmentis flavo marginatis; alis subfuscis.

♀. Long. 5 1/2 mill. ; env. 10 mill.

OUVR. Chaperon un peu plus large que long, terminé angulairement. Corselet comprimé, étroit; métathorax arrondi, oblique. Post-écusson situé en arrière de l'écusson. Pétiole formant un petit entonnoir égal en largeur au tiers du deuxième segment, ce dernier peu ou pas rétréci en arrière. Insecte finement villeux ou un peu luisant. Antennes un peu renflées au bout. Insecte d'un brun ferrugineux. Mandibules brunes. Cha-

chiffres I, II, III, etc., qui doivent nécessairement changer à mesure qu'on intercale de nouvelles coupes entre les anciennes, et qui ne peuvent dès lors représenter des groupes naturels sans occasionner des confusions. Des noms entièrement arbitraires ont l'avantage de permettre d'intercaler de nouvelles divisions sans que le nom change; et si le groupe auquel il correspond est assez naturel pour être adopté comme section de genre dans les classifications, on pourra toujours le désigner sous ce nom, ce qui offrira de grandes commodités dans des genres très nombreux. On ne sera plus obligé de décrire au hasard les espèces nouvelles qui se publient isolément, on pourra fixer la division et la section à laquelle elles appartiennent, parce que cette section aura un même nom dans les divers ouvrages, sans que pour cela elle soit érigée en genre.

peron jaune, avec une tache ou une ligne brune au milieu. Un point entre les antennes et bordure des orbites, jaunes. Antennes noirâtres en dessus. Prothorax liseré de jaune ; une tache oblique sous l'aile, post-écusson, et deux taches sur le métathorax, jaunes. Tous les segments de l'abdomen liserés de jaune ; le deuxième orné d'une bordure plus large, et portant à sa base deux taches irrégulières de la même couleur. Pattes ferrugineuses. Ailes un peu enfumées ; deuxième cubitale très petite, très étroite.

Habite : Lébao. Colombie. (Musée de Paris.)

B. Métathorax convexe.

<h3 style="text-align:center">3. P. SEDULA. n. sp.</h3>

(Pl. XXI, fig. 3-6.)

Minima, gravis, fusca, flavo variegata ; mesothorace, metathoraceque bilineatis; abdominis segmentis flavo limbatis, secundi margine in lateribus aucto.

♀. Long. 5 mill. ; env. 11 mill.

OUVR. Très petite. Prothorax large ; pétiole très court, campanulé, mais sa partie renflée moins large que le tiers du deuxième segment, le reste de l'abdomen gros, le deuxième segment plus large que long ; métathorax court, vertical. Tout l'insecte finement soyeux, brun. Chaperon bordé de jaune, ou jaune avec une ligne noire verticale qui n'en atteint pas le bout. Orbites jaunes, ainsi que deux points entre les antennes ; ces dernières brunes, ferrugineuses en dessous. Prothorax liseré de jaune sur ses deux bords ; mésothorax orné de deux lignes jaunes ; écusson bordé de jaune antérieurement ; post-écusson jaune ; deux lignes au métathorax, et trois ou quatre traits obliques sur les flancs, jaunes ; tous les segments de l'abdomen régulièrement liserés de jaune, le jaune remontant le long des côtés du deuxième segment jusqu'à sa base, où il s'élargit en une tache. Les derniers segments de l'abdomen, bruns. Pattes brunes, tibias roux, les premiers souvent jaunes en devant ; hanches des deux premières paires jaunes en devant. Ailes transparentes, deuxième cubitale petite, la troisième presque carrée, nervures brunes.

Nota. Les parties jaunes sont d'un jaune pâle.

Var. Tête jaune, vertex noir, ainsi que deux lignes qui descendent jusqu'à la base des antennes.

Rapp. et diff. Distincte par sa très petite taille et par la base du deuxième segment qui est blanchâtre.

Habite : Bahia. (Musée de Paris et ma collection.) Construit un nid très élégant, de forme ovale ou fusiforme, composé d'un gâteau recouvert d'une délicate enveloppe, et attaché à des feuilles, particulièrement à celles des roseaux.

4. P. Minutissima, n. sp.

Minima, nigra ; metathorace bimaculato, abdominisque segmentis 1-2 margine flavo.

♀. Long. 5 mill.; env. 10 mill.

Ouvr. Très petite, noire; tête et corselet rugueux; pétiole court, faiblement campanulé en arrière, mais sensiblement moins que dans la *P. liliacea.* Chaperon arrondi en avant, bordé de blanchâtre en avant et sur les côtés; l'orbite interne des yeux bordé de même; mandibules rousses; dessous des antennes ferrugineux; sur les flancs deux petites lignes jaunes, l'une au-dessus de la première hanche, l'autre sous l'aile; au bas du métathorax deux taches jaunes; les deux premiers segments de l'abdomen également liserés de jaune. Pattes noires, tarses et tibias antérieurs roux; hanches antérieures jaunes en devant. Ailes hyalines, nervures et point noirs; deuxième cubitale très petite, la troisième très grande, presque carrée, comme dans la *P. sedula.*

Habite : L'Amérique méridionale. Quixos. Construit un nid ovale comme la *sedula,* mais moins grand, attaché par une petite colonne très courte à une feuille de palmier. (Collection de M. Spinola.)

5. P. Laboriosa, n. sp.

Minima, fusca, alis hyalinis.

♀. Long. 5 mill. ; env. 10 mill.

Ouvr. Taille, forme et nervation comme dans la précédente espèce, mais la tête et le corselet sans rugosités. Insecte brun ; dessous des antennes, mandibules et tarses, un peu ferrugineux. Ailes hyalines, point noir.

Habite : Le Mexique. (Collect. de M. Spinola.)

6. P. Sylveibæ, n. sp.

(Pl. XXII, fig. 2.)

Media, nigra, flavo picta; abdominis secundo segmento basi rugose punctato; metathorace maculis duabus, abdominisque segmentis margine, flavis, secundi lateribus acuto.

♀. Long. 7 1/2 mill. ; env. 16 mill.

Fem. Chaperon plus large que long, arrondi, son bord antérieur à peine angulaire. Corselet arrondi, un peu rétréci en avant et en arrière ; disque du mésothorax aussi large que long ; post-écusson situé sous l'écusson, mais nullement recouvert par lui ; métathorax arrondi, velu. Pétiole formant un très petit entonnoir. Insecte couvert de petits poils gris. Deuxième segment portant près de sa base une zone de gros points enfoncés.

Insecte noir. Orbites jaunes ; chaperon jaune, avec une tache noire bidentée ; deux points jaunes sur le front ; vertex jaune, avec une ligne arquée noire, ou noir avec un point jaune entre les ocelles et une ligne arquée en arrière ; antennes ferrugineuses en dessous, vers le bout. Une ligne jaune le long du bord antérieur du prothorax, se prolongeant obliquement sur les flancs jusque sous l'aile ; une autre le long du bord postérieur du prothorax, entourant le mésothorax. Bord antérieur de l'écusson et du post-écusson, jaunes ; deux points jaunes au bas du métathorax. Tous les segments de l'abdomen ornés d'une bordure jaune étroite et régulière. Celle du deuxième se prolongeant sur les côtés, mais n'atteignant pas la base du seg ment. Pattes noires, hanches de la première paire tachées de jaune. Ailes transparentes, nervures noires.

Var. A. Prothorax presque entièrement noir.

Var. B. Vertex jaune, avec deux points noirs ; prothorax entièrement jaune, ou jaune avec un point noir sur chaque épaule.

Rapp. et diff. Pour la coloration on pourrait la confondre avec la *P. elegans*, mais son pétiole court et fortement campanulé l'en distingue aisément. Elle ressemble encore à la *P. apicalipennis*, mais en est bien distincte par son chaperon angulaire, non tronqué au bout, et par le deuxième segment de l'abdomen qui est arrondi, non carré à sa base.

Habite : Le Brésil. Sylveira. (Musée de Paris.)

7. P. BIFASCIATA, n. sp.

(Pl. XXII, fig. 3.)

Nigra, petiolo brevissimo ; capite brevissimo (vertice angustissimo) ; prothoracis margine posteriore, postscutello, abdominis segmentorum marginibusque 1-2, flavis ; alis hyalinis, costa fusca.

♀. Long. 9 1/2 mill. ; env. 20 mill. ; longueur totale, 7 mill.

FEM. Espèce ayant presque le facies d'un *Odynerus* ou d'un *Gorytes.* Tête très plate ; ocelles en triangle allongé ; chaperon pentagone. Corselet ovale, rétréci en avant. Abdomen très brièvement pédicellé ; le pétiole formant un triangle presque équilatéral ; son bord postérieur à moitié aussi large que le deuxième segment, lequel est carré en dessus. Insecte d'un noir profond, lisse, satiné. Mandibules brunes au bout et à la base ; deuxième article des antennes, et le bout du premier, bruns. Ecaille brune ; bord postérieur du prothorax liseré de jaune ; post-écusson orangé ; les deux premiers segments abdominaux bordés de jaune ; le bout de l'abdomen parfois brunâtre. Pattes noires, un peu variées de brun, ainsi que les flancs. Ailes transparentes ; la côte lavée de brun ; nervation comme dans la *P. Sylveiræ.*

Rapp. et diff. Cette espèce est bien distincte par sa tête très plate ; par son pétiole très court ; et par ses ornements jaunes, qui ne sont les mêmes que dans les *P. pygmea* et *metathoracica* (var.), lesquelles ont un pétiole long et linéaire.

Habite : Le Brésil ; rapporté par M. de Saint-Hilaire. (Musée de Paris.)

8. P. Quadricincta, n. sp.

Nigra ; prothoracis margine posteriore abdominisque segmentorum marginibus, orantiacis.

♀. Long. 9 mill. ; env. 18 mill.

Fem. Formes de la *P. bifasciata.* Ailes longues et étroites ; chaperon pentagone ; deuxième segment carré en avant ; front très plat. Insecte noir ; bord postérieur du prothorax, post-écusson, et celui de tous les segments de l'abdomen, orangés. Pattes d'un brun noirâtre Ailes transparentes, avec la côte brune ; deuxième cubitale plus longue que large, la troisième presque carrée.

Habite......? L'Amérique. (Musée de Londres)

9. P. Exigua, n. sp.

(Pl. XXII, fig. 1.)

Sedulæ affinissima ; minima, nigra ; flavo variegata ; petiolo angusto, præcedentium longiore ; abdominis segmentis flavo marginatis ; secundo, basi fasciis duabus obliquis flavis.

♀. Long. 5 1/2 mill. ; env. 12 mill.

Fem. Presque aussi petite que la *P. sedula.* Semblable à cette dernière pour la coloration, mais en différant par son pétiole qui n'est pas si court, ni si gros, mais linéaire ; un peu élargi au bout. La bordure jaune du grand segment de l'abdomen après avoir remonté le long des côtés jusqu'à la base, s'infléchit subitement en dedans et en arrière, et forme ainsi sur la base de cet anneau deux lignes obliques qui, si elles étaient prolongées, se joindraient pour former un V. La troisième cubitale est aussi longue que large, c'est-à-dire moins large que dans l'espèce mentionnée ; et sa nervure externe n'est pas sinuée en S, mais droite. Les ailes sont parfaitement hyalines, avec les nervures noires et sont ornés de reflets pourprés et verts.

Habite : Le Brésil. Capitainerie de Goyaz. (Musée de Paris.)

DIVISION IOTA. [II⁰ Div.]

*Yeux atteignant presque les mandibules. Antennes presque fili-
formes. Corselet assez court, large et carré en avant. Pétiole moins
long que le corselet, campanulé, c'est-à-dire subitement élargi au
milieu de sa longueur.*

*Troisième cubitale moins large que longue, (c'est-à-dire son bord
radial moins long que son bord interne), fortement élargie vers le
limbe. Quatrième cubitale pas plus grande que les deuxième et troi-
siéme réunies.*

1. *Formes se rapprochant beaucoup de celles de la section Ire. Pétiole terminé par une cupule bombée, mais la quatrième cubitale moins grande
que dans la section B.*

10. P. Liliacea (1).

(Pl. XXII, fig. 7.)

Nigra ; thorace flavo variegato, mesothorace lineis flavis ; abdominis segmentis flavo marginatis; alis hyalinis, nervis fuscis.

Syn. Fabr. *Polistes liliacea.* Syst. Piez. 271. 10.
Lep. St.-Farg. *Polybia liliacea.* Hymen. ı, 533.

♀. Long. 13 mill. ; env. 31 mill.

Ouvr. Mandibules assez longues. Chaperon presque ovale,
insensiblement échancré; corselet large en avant, sans rebord.
Métathorax plat ou un peu concave. Pétiole court, linéaire dans
son tiers antérieur, campanulé et formant une petite cupule
dans ses deux tiers postérieurs, portant un faible sillon dorsal.
Anus très aigu.

Insecte noir, souvent d'un brun violet; mandibules un peu
brunes; un point sous l'aile, une ligne en demi-ovale le long du

(1) Ne confondez pas cette espèce avec le *Polistes liliaciosus* (mihi), qui a
identiquement la même coloration.

bord postérieur du prothorax, de chaque côté une autre ligne qui part de l'extrémité postérieure de la première, longe l'écaille, et gagne les angles de l'écusson, jaunes; deux autres lignes jaunes sur le mésothorax, assez larges et se confondant postérieurement avant de gagner l'écusson, lequel est également jaune, ainsi que le post-écusson, et sur le métathorax deux bandes longitudinales, un peu élargies en haut et interceptant un espace noir assez petit. Tous les segments de l'abdomen ornés d'une étroite bordure jaune, tant en dessus qu'en dessous. Anus noir. (Les parties jaunes sont d'un jaune chaud, mais dans les individus anciens il devient blanchâtre.) Pattes et antennes noires. Ailes transparentes, avec les nervures brunes, et le long de ces dernières souvent un peu de brun-jaunâtre.

Rapp. et diff. On ne peut confondre cette Polybie avec aucune autre, son pétiole très fortement campanulé et ses grands ornements jaunes, surtout la grande tache bifurquée du mésothorax, la distinguent de toutes les autres; mais il faut se garder de la confondre à l'œil avec le *Polistes liliaciosus* qui lui ressemble étonnamment, et qui ne s'en distingue que par la forme de l'abdomen. (Voyez Pl. XI, fig. 7.)

Habite : Cayenne. (Musée de Paris.) Il est singulier qu'on ne connaisse pas la nidification de cette espèce, d'ailleurs si commune.

11. P. Sulcata, n. sp.

(Pl. XXII, fig. 4.)

Nigra, depressa; petiolo breve; facie antennisque rufis; mesothorace et metathorace lineis fulvis; abdomine rufo, petiolo nigro, segmentis flavo limbatis.

♀. Long. 11 mill.; env. 20 mill.

Fem. Tête très large, concave en arrière. Mandibules fortement dentées. Corselet large, déprimé; prothorax arrondi; métathorax large, portant un large sillon longitudinal; pétiole court, campanulé, moins élargi que dans la *P. liliacea*, plus court et plus renflé que dans la *P. sericea*. Le reste de l'abdomen ovalo-conique, très grand; le deuxième segment très large. Tête noire, avec toute la face rousse; bordure des orbites derrière les yeux, jaune; sur le vertex une ligne arquée jaunâtre; base des mandibules et bords du chaperon, jaunâtres. Mandibules rousses, avec leur seconde moitié noire en dessus. Thorax noir : écailles rousses; bord postérieur du prothorax et l'antérieur des écussons, jaunes; sur le mésothorax deux lignes jaunes; deux autres sur le métathorax; sur les flancs deux lignes jaunes obliques; les ornements jaunes sont d'un jaune pâle. Abdomen roux-noisette; pétiole noir ou brun; tous les segments régulièrement bordés de jaune. Pattes ferrugineuses; cuisses et hanches noires. Ailes hyalines; nervures brunes.

Rapp. et diff. Par son abdomen d'un beau roux, cette espèce offre quelque ressemblance avec plusieurs autres, en particulier avec les *P. amœna* et *injucunda*, mais elle s'en distingue bien par ses ailes non ferrugineuses, avec une tache noire au bout; par sa face et ses antennes rousses; par son pétiole bien plus court et plus campanulé; par son fort sillon métathoracique, etc.

Habite : Le Brésil. (Collect. de M. Smith.)

12. P. Jurinei, n. sp.

(Pl. XXII, fig. 6.)

Nigra; scutellis flavis; alis hyalinis, costa nigra.

♀. Long. 11 mill.; env. 20 mill.

Formes de la *Pol. liliacea*; pétiole court, campanulé; prothorax arrondi en avant; abdomen ovalo-conique. Insecte noir; les deux écussons d'un beau jaune-orangé. Ailes enfumées, avec quelques reflets violets; nervures noires.

Rapp. et diff. Très voisine pour les couleurs des *P. scutellaris, metathoracica*, etc., mais distincte par son métathorax noir et son pétiole fortement campanulé, comme dans la *Polyb. liliacea*, et non linéaire comme dans les espèces citées.

Habite : Le Brésil. (Musées de Londres et de Paris, collections de M. le marquis Spinola et de M. Smith.)

2. *Pétiole s'allongeant; son renflement, faible, de largeur moindre que la moitié de celle du deuxième segment, portant une dépression dorsale.*

13. P. DIMIDIATA.

Magna, nigra ; abdomine rufo ; alis hyalinis ; prothorace inerme.

SYN. Oliv. *Vespa dimidiata.* Encycl. Meth. VI. 675. 28.

♀. Long. 16 mill.; env. 37 mill.

OUVR. Grande. Formes de la *P. angulata*, mais le prothorax sans angles saillants. Tête et corselet lisses, luisants, noirs. Abdomen roux; le pétiole un peu noirâtre en dessus, surtout sur sa partie renflée. Pattes noires. Ailes transparentes, à peine enfumées, nervures noires; quatrième cubitale à peine deux fois aussi grande que la troisième.

Var. Pétiole roux.

Rapp. et diff. Elle a presque la même coloration que les *P. rejecta* et *jucunda*; mais elle est beaucoup plus grande; pour la forme elle ressemble à la *P. rejecta*, mais ses ailes ne sont pas rousses le long de la côte, la radiale n'est pas brune, etc., etc. Pour la forme et la grandeur elle ressemble parfaitement à la *P. testacea*.

Habite : Cayenne. (Collection de M. Spinola; Musée de Paris.)

14. P. SOCIALIS, n. sp.

(Pl. XXIV, fig. 1.)

Nigra ; mandibulis rufis ; alis nigris, apice albidis.

♀. Long. 9 mill.; env. 22 mill.

OUVR. Comme la *P. atra*, dont elle ne diffère que par les caractères suivants :

Mandibules plus courtes, *rousses.* Chaperon plus large en bas qu'en haut, tronqué droit ou presque droit à son bord antérieur.

Corselet large en avant, finement rebordé. Métathorax un peu excavé au milieu. Pétiole plus cylindrique, peu élargi en arrière. Corps plus noir, ne portant pas de poils argentés. Ailes d'un brun presque noir, le bout seulement, transparent.

Habite : Le Brésil. (Musée de Paris.)

15. P. Aurichalcea, n. sp.

Nigro-brunnea, purpureo sericea ; alis infuscatis.

☿. Long. 12 1/2 mill.; env. 27 mill.

Ouvr. Chaperon pentagone, aussi large que long, terminé par un angle très obtus. Corselet rétréci en avant; pétiole allongé, un peu moins long que le corselet, linéaire dans se moitié antérieure, élargi et un peu renflé en arrière, portant en dessus un petit sillon longitudinal. Abdomen en général arrondi au bout, non conique comme dans presque toutes les espèces. Insecte d'un brun noirâtre. Un point roux à l'insertion des antennes. Prothorax liseré de ferrugineux blanchâtre à son bord postérieur; écaille ferrugineuse. Abdomen noirâtre ; pétiole brun à son bord postérieur; le reste un peu soyeux, changeant en reflets pourprés. Pattes d'un brun ferrugineux. Ailes transparentes, un peu enfumées, avec la côte un peu ferrugineuse.

Var. Pétiole d'un ferrugineux clair.

Rapp. et diff. Cette espèce pourrait être confondue avec les voisines qui sont d'une seule couleur et couvertes de poils soyeux et chatoyants ; elle est surtout distincte par les reflets de son abdomen qui sont d'un pourpré obscur, et non d'un jaune doré comme sur le corselet de la *P. aurulenta.* Ces reflets ne sont pas toujours parfaitement visibles, surtout sur les individus détériorés.

Habite : Le Brésil. (Bosc.) (Musée de Paris.)

16. P. Chrysothorax.

(Pl. XXIV, fig. 3.)

Fusca; capite antennisque nigris ; thorace aureo-sericeo ; alis infuscatis.

Syn. Weber. *Vespa chrysothorax.* Obs. Ent. 103. 9.
Fabr. *Polistes aurulenta.* Syst. Piez. 275.

♀. Long. 12 mill. ; env. 29 mill.

Ouvr. Yeux atteignant presque les mandibules. Chaperon terminé angulairement, avec un sillon vers le bas. Corselet rétréci en avant, assez large. Pétiole allongé, linéaire à sa base, assez élargi en arrière ; deuxième segment presque aussi large que long ; anus un peu arrondi. Insecte brun : tête et antennes noires ; corselet couvert de poils brillant des plus beaux reflets dorés ; abdomen un peu satiné et obscur. Pattes ferrugineuses. Ailes enfumées, ferrugineuses le long de la côte, avec des reflets dorés. Deuxième cubitale subtriangulaire.

Var.? Ailes brunes, avec quelques reflets violets ; presque transparentes au bout. Pétiole noirâtre au milieu. Long. 14 1/2 ; env. 33 mill. (Corrientès.)

Rapp. et diff. Voyez les affinités des *P. aurichalcea* et *sericea.*

Habite : Cayenne, le Brésil. Construit un nid cartonné qu'elle attache à un petit buisson. (Musée de Paris. Rapportée par M. Alc. d'Orbigny.)

17. P. Sericea.

(Pl. XXIV, fig. 4.)

Fusca ; capite et abdomine nigris, petiolo fusco ; alis infuscatis, costa nigra.

Syn. Oliv. *Vespa sericea.* Encycl, Meth. Ins. vi. 675. 29.
Lep. St.-Farg. *Rhopalidia rufithorax.* Hymen. i. 539.

♀. Long. 14 mill. ; env. 31 mill.

Ouvr. Tête et antennes noires. Corselet étroit, rétréci en avant, fortement velouté, d'un brun roux, avec le métathorax brillant d'un vif reflet doré, et couvert d'un duvet tomenteux. Abdomen noir ; pétiole brun comme le corselet, un peu campanulé. Anus arrondi, nullement aigu. Pattes brunes. Ailes d'un brun foncé, noires le long de la côte, presque transparentes le long de leur bord postérieur.

Rapp. et diff. Très distincte : se rapprochant beaucoup des *P. aurichalcea* et *aurulenta*, mais s'en distinguant bien par ses ailes brunes.

Var. Abdomen brunâtre.

Nota. Cette espèce semble être bien voisine du *Polistes nigripennis* Fabr.

Habite : Le Para, Cayenne, etc. (Musée de Paris.)

18. P. Lugubris, n. sp.

(Pl. XXIV, fig. 2.)

Magna, nigra ; alis hyalinis, subflavescentibus.

♀. Long. 13 mill. ; env. 33 mill.

Exactement semblable pour la coloration à la *P. angulata*, même taille, mais en différant essentiellement par son prothorax rétréci en avant, arrondi, sans épines ; par un pétiole qui n'est pas linéaire, mais qui porte un renflement postérieur ayant presque la même forme que dans le genre *Synœca*, tandis que dans l'*angulata* il est linéaire, un peu élargi en arrière, mais sans renflement subit ; la troisième cellule cubitale est aussi élargie vers le limbe, tandis que dans l'espèce citée elle est en parallélogramme régulier.

Insecte d'un beau noir luisant ; antennes noires, sans ferrugineux en dessous. Ailes lavées de brun-jaunâtre.

Habite : La Guyanne. (Musée de Paris.)

19. P. Rejecta.

(Pl. XXII, fig. 5.)

Nigra ; abdomine ferrugineo ; alis ferrugineis, apice fuscis.

Syn. Fabr. *Vespa rejecta.* Ent. Syst. Suppl. 264. 100. — *Polistes rejecta.* Syst. Piez. 280. 51.

♀. Long. 11 mill. ; env. 22 mill.

Ouvr. Chaperon portant un petit sillon à l'extrémité ; ocelles en triangle allongé, l'antérieure un peu écartée des autres. Métathorax peu oblique; corselet lisse; pétiole un peu plus que moitié aussi long que le corselet. Tête et corselet noirs. Mandibules portant une tache brune à leur base, le bout roux. Antennes ferrugineuses en dessous à l'extrémité. Bord postérieur du prothorax et antérieur du post-écusson liserés de jaune; écailles ferrugineuses. Abdomen roux ou brun, soyeux; pattes d'un brun noirâtre; bout des tarses roux. Ailes transparentes, ferrugineuses le long de la côte, grises au bout, avec la cellule radiale brune, et le point brun-foncé; troisième cubitale carrée, aussi large que longue.

Var. A. Mandibules brunes ; pétiole noir ou roux.

Var. B. Abdomen brun.

Rapp. et diff. Ne confondez pas cette espèce avec la *P. jucunda.*

Habite : Cayenne. (Musée de Genève. Collect. Jurine. Musée de Paris et collect. de M. Spinola.)

20. P. ATRA.

(Pl. XXIV, fig. 5.)

Nigra sericea ; alis fuscis, marginibus hyalinis.

SYN. Oliv. *Vespa atra.* Encycl. Meth. Ins. VI. 674. 20.
Halid. *Polistes ignobilis.*! Trans. Linn. Soc. XVII. p.

♀. Long. 11 mill. ; env. 26 mill.
♂. Long. 12 mill. ; env. 28 mill.

OUVR. Chaperon presque cordiforme, angulaire et arrondi au bas. Corselet rétréci en avant; métathorax arrondi; pétiole court, déprimé, en massue tronquée. Insecte d'un noir un peu argentin. Abdomen soyeux. Pattes noires. Ailes transparentes dans les bords, fortement enfumées à la base et le long de la côte ; deuxième cubitale en trapèze, plus longue que large.

MALE. Chaperon allongé, pentagone, terminé angulairement, et portant de chaque côté une ligne argentée. Antennes un peu ferrugineuses en dessous ; le premier article orné d'une ligne ferrugineuse ou jaune-pâle.

Rapp. et diff. Très voisin de la *P. socialis*. Voyez la description de cette espèce.

Habite : Le Brésil, les îles du Parana. Elles se trouvent en grande abondance, et construisent un nid en carton de forme pyramidale, qu'elles suspendent aux arbres. Elles poursuivent avec acharnement ceux qui touchent à ces nids. Les rayons sont disposés à l'intérieur par couches horizontales, et sont percés d'un trou au milieu. (Musée de Paris.) Rapportée par M. Alc. d'Orbigny qui la dit très commune.

21. P. FASCIATA (1).

(Pl. XXIV, fig. 6.)

Sulphurea, fusco variegata ; antennis ferrugineis, primo articulo supra nigro ; mesothorace lineis duabus flavis; metathorace punctis duabus fuscis; abdominis segmentis supra fuscis, margine sulphureo, *secundo basi sulphureo.*

Syn. Lep. St.-Farg. *Polistes fasciata.* (2) Hymen. i. 534. (Synon. omnibus exceptis.)

Long. 8 mill. ; env. 20 mill. ; longueur totale, 11 mill.

Fem. Insecte d'un jaune soufre; front et vertex noirs; sur le front une tache jaune, et sur le vertex une ligne arquée jaune, qui se fond avec les bordures des orbites. Antennes ferrugineuses, plus foncées en dessus : les deux ou trois premiers articles noirâtres en dessus. Prothorax et flancs jaunes; mésothorax noir ou brun, avec deux lignes jaunes qui en occupent toute la longueur. Angles postérieurs du prothorax, noirs;

(1) Cette espèce a des formes tout exceptionnelles.

(2) Il ne faut pas confondre cette Polybie avec la *Polybia fasciata* Oliv., *fulvofasciata* Deg., Serv. et Lep., comme l'a fait Lep. St-Farg. Ces dernières ne sont évidemment que la *P. phthisica*, car il n'est point fait mention de la base du deuxième segment de l'abdomen, qui est jaune comme son bord dans l'espèce décrite par Lepeletier, espèce plus rare, que l'auteur a confondue avec la *P. fasciata*, antérieurement citée par lui dans l'Encycl., tom. X, p. 172, 4.

écaille jaune, avec un point brun; écusson jaune; une bande
brune longitudinale sur son milieu, une ligne brune dans
le sillon du mésothorax, et dechaque côté un point, brun. Corselet large en avant, mais parfaitement arrondi, point rebordé;
métathorax étroit, comprimé. Pétiole un peu campanulé en
arrière, brun en dessus, bordé de jaune. Le reste de l'abdomen
ovale, très déprimé, jaune en dessous, brun en dessus, avec le
bord des segments et la base du deuxième, jaunes. Pattes jaune-
soufre; cuisses postérieures variées de brun. Ailes grandes,
hyalines, à nervures ferrugineuses; radiale atteignant presque
le bout de l'aile; deuxième cubitale subtriangulaire; la troisième
plus longue que large; la quatrième près de trois fois aussi
grande que la troisième.

Rapp. et diff. La base du deuxième segment de l'abdomen
qui est jaune, en d'autres termes, ce segment jaune avec une
bande brune sur son milieu, différencie cette espèce de toutes
celles avec lesquelles on pourrait la confondre, à savoir les *P.
phthisica* et voisines. La forme de son pétiole faiblement campanulé *au bout* seulement la fait aussi reconnaître.

Habite : Panama. (Collection de M. Smith.)

DIVISION PHI. [IIIᵉ Div.]

*Pétiole s'allongeant un peu, mais bien moins long que le corselet, en
entonnoir très allongé , n'offrant pas de renflement distinct ; souvent
un peu bosselé, et assez gros à sa base.*

22. P. Testacea.

(Pl. XXIII, fig. 1.)

Magna, ferruginea; abdominis segmento secundo nigro, basi et margine flavis; alis ferrugineis.

Syn. Fabr. *Polistes testacea.* Syst. Piez. 276. — *Polistes flavi-
cans.* Id. 276.

Long. 15 1/2 mill.; env. 40 mill.

Fem. ou Ouvr. Chaperon ovoïde, formant à son bord antérieur un angle arrondi. Yeux n'atteignant pas jusqu'aux mandibules. Prothorax fortement rebordé antérieurement, ses angles épineux ; corselet comprimé. Pétiole court, bituberculé, s'élargissant un peu en arrière ; deuxième segment en cloche, plus large que long ; abdomen ovalo-conique, déprimé. Tête et corselet veloutés, soyeux ; abdomen lisse. Insecte d'un jaune ferrugineux ; chaperon lisse, jaune, ainsi que les mandibules, dont les dents sont brunes ; deux lignes d'un ferrugineux plus foncé sur le front ; sur le métathorax, trois bandes longitudinales d'un ferrugineux un peu obscur, ainsi que des teintes sur l'écusson, sur les flancs, et surtout sur les côtés du métathorax ; pétiole un peu nuancé de brun ; base du deuxième segment abdominal jaune : en arrière de cette couleur naît une teinte brune qui devient très foncée près du bord postérieur du segment, lequel porte une bande jaune plus étroite au milieu que sur les côtés ; le reste de l'abdomen noir. Pattes et ailes d'un jaune ferrugineux ; deuxième cubitale subtriangulaire ; la quatrième presque carrée.

Var. Bordure du deuxième segment interrompue au milieu.

Male. Corselet assez rétréci en avant, sans angles saillants ; pétiole plus grêle. Devant de la tête jaunâtre ; sur le prothorax, de chaque côté, une tache brune ; sur le mésothorax une ligne médiane et une transverse le long de l'écusson, brunes ; souvent deux lignes plus claires longitudinales. Deuxième segment de l'abdomen ou entièrement jaunâtre, ou brun à sa base ; le troisième souvent bordé de jaunâtre.

Rapp. et diff. Cette espèce a la même coloration que le *Polistes analis.*

Habite : L'Amérique du Sud. La Mara. (Musées de Paris et de Genève. Collect. de M. Spinola.)

23. P. Angulicollis. Spin.!

(Pl. XXIII, fig. 3.)

Nigra ; prothorace bispinoso ; antennis et alis ferrugineis ; tibiis tarsisque flavis.

S yn. Spinol. *Polistes angulicollis.* Voy. Entom. de Ghiliani. p. 61. N° 58.

♀. Long. 13 mill. ; env. 34 mill.

F em. Prothorax carré en avant, fortement biépineux ; pétiole médiocrement long, un peu élargi, mais sans renflement subit, portant deux très petits tubercules latéraux. Ecussons fortement saillants. Ocelles en triangle allongé, l'antérieure écartée des autres. Insecte d'un noir brillant ; mandibules rousses au bout. Antennes ferrugineuses, le premier article noir ; pattes noires ; genoux, jambes et tarses, d'un jaune pâle ; hanches tachées de jaune vers le bas. Ailes ferrugineuses.

Rapp. et diff. Voyez la description des *P. lugubris* et *angulata.*

Habite : Le Para. (Collection de M. Spinola.)

24. P. A ngulata.

Nigra; alis infuscatis ; antennis supra fuscis, subtus ferrugineis: pedibus nigris aut fuscis.

S yn. Fabr. *Polistes angulata.* Syst. Piez. 275. 32.

♀. Long. 15 mill. ; env. 36 mill.

Comme la *P. angulicollis,* et n'en différant presque que par ses mandibules plus rousses, par ses antennes noires ou brunes en dessus jusqu'au bout, ou à peu près, et par ses pattes entièrement noires. Les nervures des ailes sont aussi moins jaunes. Il est cependant évident que c'est une espèce distincte.

Elle diffère de la *P. lugubris* par son prothorax à angles épineux, et par son pétiole qui n'est pas aussi distinctement campanulé.

Var. Flagellum ferrugineux ; pattes brunes.

Rap. et diff. Voyez encore la description de la *P. carbonaria.*

Habite : Le Brésil. (Musée de Paris. Collect. de M. Spinola.)

25. P. P arænsis.

(Pl. XXIII, fig. 2.)

Fulva, mesothoracis discho abdomineque brunneis, illo lineolis duabus flavis insignito, hoc segmentis omnibus flavo marginatis.

Syn. Spinol. *Polistes parænsis!* Voy. Entom. Ghiliani. N° 57.

♀. Long. 11 1/2 mill. ; env. 24 mil.

Fem. Antennes et pattes ferrugineuses. Thorax rétréci en avant ; pétiole un peu élargi en arrière. Tête d'un roux ferrugineux ; thorax ferrugineux, varié de jaune, avec le mésothorax brun, orné de deux lignes jaunes. Abdomen brun-ferrugineux, les segments bordés de jaune ; anus jaune. Ailes jaunâtres.

Rapp. et diff. Cette espèce a la coloration et les formes de la *P. phthisica* (var. jaune), mais elle est deux fois plus grande ; voyez la figure.

Habite : Le Para. (Collection de M. le marquis Spinola.)

26. P. Phthisica.

(Pl. XXIII, fig. 7-8.)

Fulva aut fusca; mesothorace lineis duabus flavis arcuatis; segmentis flavo marginatis.

Syn. Fabr. *Vespa phthisica.* Ent. Syst. — *Polistes phthisica.* Syst. Piez. 278. 42. — *Vespa cayennensis.* Ent. Syst. Suppl. 265. 103. — *Polistes cayennensis.* Syst. Piez. 280. 54. — *P. hectica.* Id. 278. 40.

Réaum. Mém. Ins. vi. 207. tab. 14. fig. 8.

Weber. *Vespa ochrosticta.* Obs. Ent. 104. 10.

De Geer. Mém. Ins. iii. 581. tab. 29. fig. 8. (Syn. exc. (1).)

Coqueb. *Vespa cayennensis.* Ill. Icon. p. 62. tab. xv. fig. 3. ♀. (mauvais).

Oliv. *Vespa fasciata.* Encycl. Meth. vi. 676. 35.

Serv. et St.-Farg. *Polistes fasciata* (2). Encycl. Meth. x. 172. 4.

Latr. *P. fulvo-fasciata.* Gen. Crust. et Ins. iv. 142.

♀. Long. 11 mill. ; env. 25 mill.

(1) Ce synonyme est la *V. fulvo-fasciata* Réaum., qui est un vrai Poliste ; voyez les *Species dubiæ,*

(2) Lepeletier a plus tard appliqué à tort ce nom et tous ses synonymes à une autre espèce ; voyez la *P. fasciata.*

Ouvr. Chaperon pentagone, terminé angulairement; corselet assez large et arrondi en avant; pétiole un peu moins long que le corselet. Insecte assez lisse, jaune-ferrugineux : chaperon et orbites, jaunes; antennes noirâtres en dessus, sauf le premier article et le bout qui sont souvent orangés; vertex portant un peu de noir. Prothorax liseré de jaune postérieurement; mésothorax brun, avec deux lignes arquées longitudinales, jaunes. atteignant l'écusson d'une part, le prothorax de l'autre, et un peu de jaune à côté de chaque écaille. Ecusson brun au milieu, jaune des deux côtés; post-écusson jaune; deux taches sur le métathorax et le bord de tous les segments de l'abdomen, jaunes. Pattes d'un jaune ferrugineux. Ailes transparentes, légèrement jaunâtres, nervures ferrugineuses.

Var. A. Le brun du mésothorax noir; écusson noir, avec deux points jaunes. Abdomen d'un ferrugineux brunâtre, ses bordures indistinctes. *Antennes noires en dessus.*

Var. B. Tout l'insecte d'un jaune testacé.

Var. C. Tête ferrugineuse, orbites bordées de jaune; corselet noir en dessous, ferrugineux en dessus; bords du prothorax, l'antérieur de l'écusson, post-écusson et un point sous chaque aile, jaunes; métathorax noir ou roux, avec deux taches jaunes: abdomen roux; pétiole noir; segments 1-3 bordés de jaune. Pattes noires ou rousses; genoux, tibias et tarses, jaunes; hanches tachées de jaune. Ailes ferrugineuses. Souvent le bord du chaperon et le devant du premier article des antennes, jaunes. C'est alors le *Polistes phthisica* Fabr.

Var. D. Entre les antennes, sur le front, un tubercule spiniforme. Insecte d'un jaune ferrugineux. Tête jaune; antennes un peu orangées; sur le vertex une tache noire bifurquée, en forme presque de fer-à-cheval; une petite tache noire de chaque côté du prothorax; mésothorax brun-noir, avec deux lignes longitudinales jaunes; écusson brun, avec ses deux angles antérieurs jaunes; une bande brune irrégulière sur le sillon du métathorax et une petite tache de chaque côté au haut de ce dernier, brunes; pétiole et tous les segments bordés de jaune pâle. Pattes d'un jaune ferrugineux. Ailes transparentes, un

peu ferrugineuses le long de la côte ; deuxième cubitale en trapèze, son bord radial égal à la moitié du bord postérieur, ou
plus.

Rapp. et diff. Comme on le voit, cette espèce est sujette à
varier à l'infini pour les couleurs ; on doit surtout la reconnaître
à la forme de son pétiole qui se rapproche cependant singulièrement de celle des *P. surinamensis, consobrina, similissima, vicina,* etc. Voyez les rapports de ces espèces et les figures qui s'y
rapportent.

Habite : Cayenne, le Brésil, l'île de Saint-Thomas. (Musées
de Paris, de Genève, etc.)

27 P. MULTIPICTA.

Flavo fuscoque varia; antennis nigris; alis fuscescentibus.

SYN. Haliday. *Polistes multipictus.* Trans. Linn. Soc. of Lond.
XVII. p. 322. 29.

Longueur totale : 6 lignes.

FEM. Caput flavum. Macula magna, hexagona, fusca, verticem fere totum occupans et punctum flavum præ ocellis inclu-
dens ; macula altera trifurca clypei basi signat, his se jungit
macula cordata flava inter antennas. Mandibulæ apice ferru-
gineæ ; antennæ nigræ ; occiput fuscescens. Thorax subtus nigro
flavoque varius ; supra nigricans ; prothoracis margine, lineolis
2 dorsi, macula laterali scutelli, metathoracis fascia transversa
maculisque duabus pone illam flavis. Pedes flavi ; litura externa
femorum anteriorum et posticis fere totis ferrugineis ; coxæ
posteriores fusco-maculatæ. Alæ dilute fuscæ, costa lutescente.
Abdomen nigrum, margine segmentorum flavo. Segmentum
primum fere infundibuliforme at brevius præcedenti.

Variat : magis flavescens.

Habite : Le Brésil. Saint-Paul. (Collection de la Société Linnéenne de Londres.)

28. P. Pallipes.

(Pl. XXV, fig. 2.)

Pallide ferruginea; antennis obscuris; mesothorace nigro, ferrugineo bilineato; abdominis segmentis ultimis nigris; alis hyalinis, nervis ferrugineis.

Syn. Oliv. *Vespa pallipes*. Encycl. Meth. vi. 675. 30.

Lep. St.-Farg. *Rhopalidia pallens*. Hymen. i. 539.

Long. 10 1/2 mill.; env. 24 mill.; longueur totale, 13 mill.

Fem. et Ouvr. Formes entièrement semblables à celles de la *P. phthisica*. Tête colorée de même d'un ferrugineux pâle, avec sur le vertex deux taches noires pyriformes. Corselet d'un ferrugineux pâle; coloré comme celui de l'espèce citée, avec le mésothorax noir ou obscur, orné de deux lignes longitudinales sur son milieu, et de deux autres à côté de l'écaille; une teinte brune sur le milieu de l'écusson. Abdomen d'un ferrugineux pâle; les segments 2-6 noirs ou noirâtres. Souvent deux lignes ou marques noires sur les épaulettes et sur le métathorax. Pattes d'un ferrugineux pâle. Antennes noirâtres; le premier article ferrugineux, ainsi que le dessous du flagellum. Ailes transparentes, nervures ferrugineuses.

Var. Tout l'abdomen ferrugineux. Cette variété ressemble beaucoup à celles de la *P. phthisica*, et n'en diffère guère que par la couleur noirâtre des antennes.

Habite : Le Brésil, Cayenne, etc. (Musée de Paris.)

29. P. Vicina, n. sp.

(Pl. XXIV, fig. 7.)

Fusca; alis hyalinis, subferrugineis; abdominis secundo segmento fulvo marginato.

☿. Long. 8 1/2 mill.; env. 22 mill.

Ouvr. Formes de la *P. phthisica*, mais le prothorax rebordé et biépineux; le pétiole moins long, plus grêle à sa base. L'abdomen plus allongé; le deuxième segment plus long que large.

Insecte lisse, soyeux, d'un brun foncé; bordure interne des orbites et le bout des antennes en dessous, plus clairs. Ecaille brune. Bord des segments 2-5, jaunâtre, passant souvent au brun, et visible seulement en dessus. Pattes d'un brun ferrugineux. Ailes grandes, transparentes, lavées de ferrugineux le long de la côte, nervures ferrugineuses, deuxième cubitale en trapèze, la troisième en carré long, beaucoup plus longue que large.

Habite : Le Brésil. (Musée de Paris.)

30. P. ANCEPS. n. sp.

P. vicinæ similissima, sed thorace flavo ornato, abdominisque segmentis 2 et 3 flavo marginatis.

Formes et taille de la *P. vicina*, mais différente de couleur (1). Mandibules, orbites, bords du chaperon, blanchâtres. Antennes ferrugineuses en dessous. Bord postérieur du corselet, deux points aux angles antérieurs de l'écusson, post-écusson, et bord des segments 2 et 3 de l'abdomen, jaunes ; souvent deux lignes au métathorax, et le bord du quatrième segment jaunes. Pattes brunes, tibias et tarses ferrugineux. Ailes hyalines, la côte lavée de ferrugineux.

Habite : Le Brésil. (Musée de Londres.)

31. P. XANTHOPUS, n. sp.

Fusca aut nigra; lateribus testaceo variegatis; abdominis secundo segmento subtus testaceo; pedibus ferrugineis; alis hyalinis.

♀. Long. 11 mill.; env. 14 mill.

Prothorax anguleux, rebordé. Tête et corselet d'un jaune testacé. Chaperon brun, bordé de jaune ; front, vertex, et sommet de la tête derrière les yeux, noirs. Antennes noires; le premier article roux en dessous. Corselet noir ou brun en

_____
(1) Ce n'en est peut-être qu'une variété.

dessus ; flancs figurant une mosaïque testacée et brune. Pétiole assez court, mais point campanulé, brun ; abdomen d'un brun noirâtre ; le deuxième segment testacé en dessous ; et en dessus à sa base un peu de testacé à l'articulation du pétiole. Pattes ferrugineuses, hanches tachées de testacé. Ailes transparentes, nervures brunes.

Habite : Le Mexique. (Collect. de M. le marquis Spinola.)

DIVISION MY. (IVᵉ Div.)

Pétiole s'allongeant, mais toujours moins long que le corselet ; linéaire à sa base, s'élargissant depuis le milieu, quoique nullement campanulé. Ailes variables, mais toujours la quatrième cubitale très grande. Yeux n'atteignant pas à la base des mandibules.

Cette division se distingue de la précédente en ce que le pétiole est très grêle à sa base, tandis qu'il est assez gros dans la IIIᵉ.

32. P. Constructor , n. sp.

(Pl. XXIII, fig. 6.)

Albescens ; dorso fuscescens ; mesothoracis discho et metathorace lineis duabus, abdominisque primi segmenti basi albidis ; prothorace bispinoso.

Long. 13 mill. ; env. 30 mill.

Ouvr. Angles du prothorax portant deux épines saillantes. Pétiole un peu moins long que le corselet, presque linéaire, un peu élargi en arrière, avec un petit enfoncement en dessus à son bord postérieur. Insecte lisse, luisant, finement soyeux. Tête et corselet d'un blanc brunâtre : front et vertex bruns : une ligne blanche verticale entre les antennes sur le front ; depuis le vertex deux lignes brunes descendant sur la pente de la tête, l'une le long des orbites, l'autre vers l'angle postérieur de la tête. Antennes brunes, ferrugineuses en dessous. Prothorax brun, avec ses deux bords d'un blanc sale ; mésothorax brun, avec deux lignes blanchâtres ou jaunâtres ; écaille tachée de brun; écusson d'un blanc sale, avec sa partie postérieure brune ; métathorax brun en arrière , avec deux lignes blanchâtres. Sur les flancs quelques dessins bruns. Pétiole blanchâtre en dessous, brun en dessus; abdomen d'un brun noirâtre, la base du deuxième segment (le quart antérieur) blanche. Pattes d'un blanc sale avec des teintes brunes, surtout sur les cuisses. Ailes transparentes, lavées de ferrugineux, nervures ferrugineuses.

Rapp. et diff. Surtout remarquable par son corselet blanchâtre en dessous, et par la base du deuxième segment, qui est blanche, tandis que le reste est brun-noirâtre. C'est la seule espèce qui offre ce caractère, sauf la *sedula*, dont la taille est très petite.

Habite : L'Amérique méridionale. Cayenne. (Musée de Paris.)

33. P. Scutellaris.

(Pl. XXIII, fig. 4.)

Parva, nigra; scutellis flavis; alis hyalinis; petiolo lineare.

Syn. White. *Myraptera scutellaris.* Ann. and Magaz. of Nat. Hist. vii. p. 315. pl. iv. fig. 4-7.

♀. Long. 8 à 9 mill. ; env. 18 mill.

Ouvr. Chaperon presque cordiforme, un peu arrondi à son bord antérieur. Prothorax arrondi en avant. Pétiole court, droit, presque linéaire, à peine renflé en arrière, et portant un petit sillon dorsal. Insecte noir, couvert de poils gris chatoyants. Antennes un peu ferrugineuses en dessous; écusson et post-écusson orangés; deuxième segment de l'abdomen à peine liseré de ferrugineux à son bord postérieur. Ailes un peu enfumées ; quatrième cubitale à peine deux fois aussi grande que la troisième.

Male? D'un brun noirâtre; antennes ferrugineuses, pétiole liseré de jaune à son bord postérieur ; ailes hyalines.

Rapp. et diff. Identique par la coloration avec la *P. furnax* mais plus petite, plus grêle, le pétiole linéaire, nullement campanulé. Distincte de la *P. metathoracica* par sa petite taille, son métathorax noir, etc.

Habite : Le Brésil. (Musée de Paris. Collection de M. Guérin-Méneville.)

34. P. Pygmæa.

(Pl. XXIII, fig. 5.)

Nigra; prothoracis margine posteriori, postscutello, maculis duabus in mesothoracis disco abdominisque segmentorum 1-4 margine, flavis.

Syn. Fabr. *Vespa pygmea.* Ent. Syst. ii. 283. 102. — *Polistes pygmea.* Syst. Piez, 280. 53.

Long. 9 mill.; env. 18 mill.

Fem. et Ouvr. Corselet ovale, métathorax peu oblique. Pétiole étroit, s'élargissant peu en arrière, plus long que la moitié du corselet. Tout le corps presque lisse, un peu chatoyant ; métathorax sans ponctuations ni stries distinctes. Insecte noir : ocelles rouges. Chaperon noir, ou bordé de jaune, ou entièrement jaune; antennes ferrugineuses en dessous. Bord postérieur du prothorax, post-écusson dans sa moitié antérieure, une tache oblique et irrégulière sous l'aile, et deux de grandeur très variable sur le métathorax, jaunes. Les quatre premiers anneaux de l'abdomen liserés de jaune. Ecaille brune. Pattes noires ou brunes. Ailes transparentes, enfumées dans la radiale et le long du radius.

Var. A. Bordure jaune du post-écusson biéchancrée ; taches du métathorax presque nulles.

Var. B. Bordure du troisième segment de l'abdomen, nulle.

Individu anomal. L'individu qui offrait la var. A présentait la deuxième cellule cubitale de l'aile droite longuement pétiolée.

Male. Chaperon, orbites, front, devant du premier article des antennes, et deux lignes sur le mésothorax, jaunes.

Rapp. et diff. Très voisine de la *P. occidentalis.* Voir les affinités de cette espèce.

Habite : Cayenne. (Musées de Paris et de Genève. Collect. Jurine.)

35. P. Occidentalis.

Parva, nigra, flavo variegata; metathorace, scutellis, prothoracis margine abdominisque segmentorum marginibus, ♂ lineis duabus in mesothorace flavis.

Syn. Oliv. *Vespa occidentalis.* Encycl. Meth. vi. 675. 31.
  Curtis. *Myraptera elegans.* Trans. Linn. Soc. of Lond.
  xix. 257. pl. 31. fig. 8, 9. (le nid).

♀. Long. 9 mill. ; env. 18 mill. ; longueur totale, 11 1/2 mill.

Fem. et Ouvr. Formes comme la *pygmea*; coloration la même, mais plus ornée : bord du chaperon et des orbites, jaune. Antennes ferrugineuses en dessous. Bord postérieur du prothorax, une ligne ou tache sous l'aile, écusson, post-écusson et plaque du métathorax, jaunes, souvent un peu orangés, souvent, au contraire, pâles; tous les segments de l'abdomen bordés de jaune. Pattes d'un brun noirâtre. Le reste comme dans la *P. pygmea,* si ce n'est que la deuxième cellule cubitale me paraît plus grande.

Var. Les écussons seulement bordés de jaune; métathorax noir, avec deux taches jaunes; les dernières bandes de l'abdomen très étroites.

Male. Chaperon, front, devant du premier article des antennes, jaunes; deux petites lignes jaunes sur le mésothorax. Antennes simples.

Var. Couleur foncière, lilas.

Rapp. et diff. Très voisine de la *P. pygmea,* dont la différencient ses couleurs (1). Semblable pour les formes et la grandeur à la *P. Jurinei,* qui s'en distingue par son métathorax noir et son abdomen presque toujours sans bordures, etc.

Habite : Le Brésil. (Musées de Paris, de Genève, etc.)

(1) Je ne suis point convaincu que la première ne soit pas une variété de la seconde.

36. P. Infernalis, n. sp.

(Pl. XXV, fig. 3.)

Parvula, ferruginea; alis magnis; antennis supra nigrescentibus; mesothorace et abdomine fuscescentibus; hujus apice rotundato.

♀. Long. 7 mill.; env. 17 mill. ; longueur totale, 9 mill.

Fem. Petite, d'un ferrugineux pâle; à ailes très grandes. Chaperon terminé par une dent aiguë; thorax rétréci en avant, nullement anguleux ; post-écusson un peu saillant; pétiole droit, à peine élargi en arrière ; le reste de l'abdomen en ovale régulier ; le deuxième segment court ; l'anus arrondi. Insecte ferrugineux ; antennes ferrugineuses, avec le flagellum noirâtre en dessus ; le bord postérieur du prothorax un peu plus clair ; mésothorax varié de brun. Abdomen, sauf le pétiole, brun, avec le bord des segments parfois plus clair, mais sans bordure distincte. Pattes ferrugineuses. Ailes très grandes, très arrondies au bout ; deuxième cubitale bien plus longue que large, en trapèze ; la troisième presque carrée ; la quatrième trois fois plus grande que la troisième.

Rapp. et diff. Cette espèce a quelques rapports avec les *P. phthisica, pallipes*, et celles en général qui sont peintes de ferrugineux. Elle se distingue surtout par sa petite taille, par ses ailes très larges, et par son abdomen *dont le bout est arrondi, non pointu*, par son pétiole plus grêle, etc. Sa petite taille et son corselet inerme empêchent qu'on la confonde avec la *P. testacea.*

Habite : Le Para. (Musée de Paris.)

37. P. Œcodoma, n. sp.

(Pl. XXV, fig. 7.)

Parvula, fusca, flavo variegata ; mesothoracis disco flavo bilineato, metathorace flavo maculato.

♀. Long. 7 1/2 mill. ; env. 8 mill.

Ouvr. Prothorax rétréci en avant, pétiole un peu moins long

que le corselet, un peu campanulé. Antennes noires, ferrugineuses en dessous; base des mandibules, tour du chaperon, une tache entre les antennes, orbites, d'un blanc sale. Bord postérieur du prothorax, deux lignes sur le mésothorax, écaille, deux taches sur l'écusson, post-écusson, plaque postérieure du métathorax, trois lignes obliques sur les flancs, et bord des trois premiers segments de l'abdomen (parfois le bord de tous les segments), jaunes ou blanchâtres; les derniers anneaux noirâtres. Pattes brunes, articulations plus claires. Ailes un peu enfumées, nervures brunes; troisième cubitale élargie vers le limbe, aussi large que longue.

Rapp. et diff. Très voisine de la *P. pygmea*, mêmes formes; en différant surtout par ses deux lignes sur le mésothorax et par la troisième cubitale qui est un peu élargie vers le limbe, tandis que dans l'espèce citée elle est presque carrée, etc.

Habite : Le Brésil. Bahia. (Musée de Paris.)

38. P. Parvula.

Elongata, nigra; petiolo albo marginato; alis hyalinis.

Syn. Fabr. *Polistes parvula.* Syst. Piez. 280. 55.

Long. 9 mill. ; env. 20 mill.

Ouvr. Forme très allongée; corselet fortement rétréci en avant; pétiole long, linéaire, un peu élargi en arrière. Insecte noir; ailes transparentes, nervures noires; du brun le long de la côte; le bord du pétiole à peine liseré de blanc.

Male. Chaperon argenté, bordé de jaune, ainsi que le bord postérieur du prothorax et du pétiole; bout de l'abdomen en dessous, roux.

Rapp. et diff. Cette espèce pourrait être confondue avec la *P. lugubris*, mais sa couleur est beaucoup moins brillante, ses formes sont plus grêles, et l'insecte est de plus de moitié plus petit.

Habite : Le Mexique. (Collect. de M. le marquis Spinola.)

39. P. Fastidiosuscula.

(Pl. XXV, fig. 4.)

Liliacea; flavo multipicta; capite flavo, clypei medio nigro ; antennis supra nigrescentibus; tertia cellula cubitali latiore quam longiore.

♀. Long. 8 1/2 mill. ; env. 20 mill. ; longueur totale, 10 mill.

Fem. Taille un peu supérieure à celle de la *P. occidentalis* ; forme la même; le pétiole un peu plus grêle, et le reste de l'abdomen plus petit. Coloration presque comme dans les *P. phthisica* (var. brune), *indeterminabilis*, etc.

Tête orangée ; un point noir au vertex, comprenant les ocelles ; chaperon portant sur son milieu un ovale noir, et deux points noirs à l'insertion des antennes. Mandibules jaunes comme la tête. Antennes obscures, avec le bout ferrugineux ; ferrugineuses en dessous, avec le premier article jaune en devant. Corselet orangé (1), avec le mésothorax noir, orné de deux lignes jaunes ; flancs variés de noir. Abdomen brun, avec tous les segments bordés de jaune; *la bordure du deuxième très large,* couvrant le tiers ou la moitié postérieure de ce segment et remontant sur les côtés. Pattes brunes, tibias et tarses ferrugineux. Ailes lavées de ferrugineux le long de la côte ; nervures brunes, *troisième cubitale plus large que longue ;* la quatrième égale à peine au double de la troisième.

Var. Couleur foncière, noire, avec tous les ornements jaunes; ces ornements très nombreux (2).

Rapp. et diff. Cette espèce ressemble trop à un grand nombre d'autres pour qu'il soit possible de l'en différencier par une description. Son principal caractère réside dans la nervation de l'aile, dans la couleur de la tête et du deuxième segment de l'abdomen.

Habite : Le Brésil. Capitainerie de Goyaz. (Musée de Paris.)

(1) On pourrait dire aussi : noir, avec tous les ornements jaunes; ici le jaune envahit presque tout le corselet, mais dans les variétés on voit de nouveau apparaître les taches.

(2) Ces ornements étant toujours les mêmes, il est inutile de les décrire ici.

40. P. Carbonaria, n. sp.

(Pl. XXVI, fig. 5.)

Nigra; prothorace inermi; alis hyalinis.

· ♀. Long. 15 mill. ; env. 36 mill.

Fem. Chaperon ayant au bas un sillon vertical. Prothorax arrondi, ses angles nullement saillants. Pétiole droit, sans renflement aucun. Insecte noir ; bouche et pattes brunes ; flagellum des antennes ferrugineux, brun en dessus vers sa base. Ailes transparentes, nervures ferrugineuses.

Rapp. et diff. Cette espèce est presque exactement semblable pour la couleur aux espèces suivantes :

1° *P. lugubris*, dont elle diffère par son pétiole qui n'est point campanulé ;

2° *P. angulata ;* cette dernière se distingue de la *P. carbonaria* presque uniquement par les angles épineux de son prothorax ;

3° *P. angulicollis*, qui a les pattes peintes de jaune ;

4° *Pachymenes atra* (3). Cette espèce a les mandibules longues, le chaperon tronqué et bidenté, etc.

Habite : Le Brésil. (Collection de M. Baly, de Londres.)

41. P. Metathoracica, n. sp.

(Pl. XXV, fig. 1.)

Nigra; scutellis, metathorace abdominisque segmentorum 1-2 margine, flavis ; genubus et tarsis flavis.

♀. Long. 13 mill.; env. 27 mill.

Ouvr. Prothorax très finement rebordé ; pétiole linéaire, moins long que le corselet. Insecte noir : antennes sauf le premier article, ferrugineuses en dessous, ; bord postérieur du prothorax portant un cordon jaune ; écaille brune; écussons et deux taches réunies, ou un carré sur le métathorax, orangés ; les deux premiers segments de l'abdomen finement bordés de

(3) Voyez la Monographie des Guêpes solitaires.

jaune ; pattes noires ; une ligne sur les hanches, bout des cuisses et des tibias, jaunes. Ailes transparentes, à peine un peu enfumées, mais brunâtres le long de la côte.

Var. A. Métathorax et abdomen noirs.

Var. B. Entièrement noire, sauf les genoux et le post-écusson qui sont jaunes.

Rapp. et diff. Voyez les affinités des *P. Jurinei* et *scutellaris,* dont elle se distingue par sa grande taille, par son pétiole allongé et linéaire, par son métathorax jaune, etc.

Habite : Cayenne. (Musée de Paris. Collect. de M. le marquis Spinola.)

42. P. Flavitarsis.

Nigra, flavo multipicta; abdomine flavo, petiolo nigro, apice flavo; tibiis tarsisque flavis; alis ferrugineis, apice griseis.

♀. Long. 15 mill. ; env. 28 mill.

Fem. Formes de la *P. metathoracica.* Prothorax très large, mais nullement anguleux. Insecte lisse. Tête noire ; chaperon, mandibules, orbites, un V sur le vertex, un triangle sur le front, jaunes. Antennes orangées ; le premier article jaune en devant, un peu obscur en dessus. Corselet noir ; les deux bords du prothorax, une tache sous l'aile, bord antérieur des deux écussons, et deux taches pyriformes sur le métathorax, jaunes. Ecailles rousses. Abdomen jaune ; base du deuxième segment et pétiole, noirs ; ce dernier jaune au bout. Pattes noires ; genoux, tibias et tarses, jaunes, variés de roux. Hanches tachées de jaune. Ailes ferrugineuses, le bout gris. Le noir de la base du deuxième segment est assez irrégulier.

Habite : La Californie. (Musée de Londres.)

DIVISION KAPPA (V* Div.).

Pétiole très long, aussi large que le corselet, ou à peu près linéaire ; et cylindrique. Quatrième cubitale très grande ; les deuxième et troi-sième prises ensemble plus petites qu'elle.

43. P. INJUCUNDA.

(Pl. XXV, fig. 8.)

Caput et thorax nigra, flavo ornata; abdomen rufo-fuscum , petiolo lineari, subdentato.

♀. Long. 11 mill. ; env. 2 3 mill.

FEM. Presque semblable pour la couleur à la *P. rejecta,* mais ayant les hanches postérieures plus longues , et le pétiole tout à fait linéaire, aussi long que le corselet et bidenté. Tête et cor-selet noirs ; dessous des antennes ferrugineux au bout. Bord postérieur du prothorax et bord antérieur du post-écusson , liserés de jaune ; bas du métathorax un peu roux sur les côtés. Abdomen d'un brun ferrugineux ; pétiole brun, bordé de jaune. Pattes d'un brun noirâtre ; articulations jaunes ; hanches posté-rieures ayant deux arêtes saillantes, jaunes. Ailes hyalines, la côte un peu jaune, le bout grisâtre.

Rapp. et diff. Même coloration que la *P. rejecta,* mais ayant le pétiole linéaire. Outre les différences mentionnées, elle en diffère par son pétiole roux, par ses antennes rousses en des-sous, par ses hanches postérieures tachées de jaune, ainsi que les genoux, par son prothorax carré et anguleux en avant. Ses ailes sont sans tache noire au bout; la troisième cubitale est en carré long, beaucoup plus longue que large.

Habite : Le Para. (Collect. du marquis Spinola.)

44. P. SURINAMENSIS, n. sp.

Flavo-ferruginea; mesothorace fusco aut fulvo, lineis duabus pallidis; metathorace maculis duabus flavis.

♂ et ♀. Long. 10 mill. ; env. 24 mill.

Ouvr. Comme la *P. phthisica* (var. jaune), brune ou ferrugineuse, avec les mêmes ornements jaunes.

Ailes de la même couleur. Pétiole sensiblement moins gros, linéaire, aussi long que le corselet. Deuxième cubitale aussi large que longue (son bord radial égal au bord interne), et fortement élargie vers le disque. Hanches postérieures très allongées, atteignant presque au bout du pétiole. Ailes étroites, hyalines; nervures d'un brun ferrugineux; point fauve; antennes brunes en dessus.

Male. Antennes arquées, enroulées au bout, le premier article court, renflé. Chaperon couvert d'un duvet soyeux.

Rapp. et diff. Diffère de la **P.** *phthisica* par les différences citées; on peut encore la confondre avec la **P.** *cubensis*, dont elle a aussi la coloration et les formes, mais elle s'en distingue par son pétiole plus cylindrique, par son abdomen allongé, et par la troisième cubitale qui est fortement élargie vers le limbe.

Habite : Surinam, le Brésil. Construit un nid composé de cellules très allongées, mais dont la forme nous est inconnue.

45. P. Indeterminabilis, n. sp.

P. mexicanæ simillima; alis fusco-ferrugineis.

Cette espèce tient le milieu entre la **P.** *Mexicana* et la **P.** *phthisica*. Tête et antennes rousses, orbites jaunes. Corselet roux ou noir; prothorax médiocrement étroit. Coloration de tout le corps comme dans la **P.** *phthisica* (var. brune); pétiole linéaire comme dans la **P.** *Mexicana*. Hanches et cuisses noires, le reste des pattes jaune. *Ailes n'étant pas d'un roux brun, avec un petit reflet violet au bout.* C'est ce caractère surtout qui la distingue des deux autres. Pour les formes elle ressemble entièrement à la **P.** *surinamensis*, dont elle n'est peut-être qu'une variété. Si cela venait à être démontré, cette dernière aurait deux variétés correspondantes à celles de la **P.** *phthisica* : une variété jaune (*P. surinamensis*, correspondant

à la *P. cayennensis* Fabr.), et une variété brune (*P. indeterminabilis*, correspondant à la *P. phthisica* Fabr.).

Voyez surtout la description de la *P. cubensis.*

Var. Couleur foncière rougeâtre, ou ferrugineuse.

Habite : Amérique du Sud. Ile Sainte-Lucie. (Musée de
Paris.)

46. P. Cubensis.

(Pl. XXV, fig. 5-6.)

Ferruginea, fulvo picta; mesothoracis disco fulvo bilineato; metathorace fulvo bimaculato.

♀. Long. 9 mill. ; env. 21 mill.

Comme la *P. cayennensis*, mais le pétiole entièrement linéaire,
aussi long que le corselet; le prothorax plus large. Coloration,,
la même. Ailes plus étroites, hyalines, un peu ferrugineuses
le long de la côte; toutes les nervures ferrugineuses ; la troisième cubitale un peu plus longue que large, élargie vers le
limbe. Cuisses et base du pétiole brunes.

Cette espèce est surtout reconnaissable à son abdomen globuleux, non allongé, ovalo-conique, comme dans les autres
espèces; sans ce caractère, je l'aurais prise pour une variété
rousse de la *P. indeterminabilis.* Sa troisième cubitale a la nervure externe presque droite, tandis que dans la *P. indeterminabilis*
elle est sinuée en S.

Rapp. et diff. Elle est très voisine de la *P. cayennensis* ; mais
cette dernière a le pétiole moins long que le corselet, et assez
gros, non filiforme comme dans la *P. cubensis.* L'aile est entièrement ferrugineuse; la deuxième cubitale n'est que peu élargie
vers le limbe et beaucoup plus longue que large.

Voyez les affinités des *P. surinamensis* et *phthisica.*

Habite : Les Antilles, Cuba. (Musée de Paris.)

47. P. Mexicana, n. sp.

(Pl. XXVI, fig. 6.)

Elongata; petiolo filiformi, perlongo; prothorace lato ; corpore fusco, flavo variegato ; metathorace flavo maculato, alis hyalinis.

♀. Long. 11 mill.; env. 24 mill.

Ouvr. Bien plus grêle encore que la *P. phthisica*. Ocelles en triangle régulier. Corselet large en avant, finement rebordé ; métathorax très allongé, pétiole linéaire ; hanches postérieures très grandes, cuisses postérieures atteignant jusqu'au bout du troisième segment de l'abdomen. Insecte lisse, soyeux, d'un brun satiné ; front et vertex noirs, ainsi qu'une ligne sur le premier article et le dessus des huit derniers articles des antennes. Les deux bords du prothorax liserés de jaune ; sur les épaulettes, une teinte noirâtre, flancs noirs, avec diverses taches brunes, une au-dessus de chaque hanche ; mésothorax noir, avec deux lignes brunes étroites ; écaille ferrugineuse, bordée de jaune du côté interne ; écussons et métathorax noirs, le bord antérieur des deux premiers, et deux taches en demi-ovale sur le second, jaunes ; ces dernières séparées par une bande noire ou brune. Le pétiole portant une assez large bordure jaune, et près de sa base, de chaque côté une ligne jaune ; les autres segments liserés de jaune ; parfois les derniers entièrement bruns ; quelques teintes obscures à leur base. Pattes brunes ; hanches noires, avec une ligne jaune ; les postérieures en portant deux ; articulations jaunes ; les derniers articles des tarses, noirâtres. Ailes hyalines, radius et point, jaunes.

Var. A. Orbites des yeux entièrement bordées de jaune ; des points jaunes sous les ailes et sur les hanches.

Var. B. Insecte brun ; tarses un peu ferrugineux.

Var. présumables. Tout le corps ferrugineux clair, ou le corselet entièrement noir, avec les mêmes ornements jaunes.

Rapp. et diff. Très voisin des *P. phthisica* et *raphigastra ;* mais différant de la première par son corselet large en avant, non rétréci ; par son pétiole plus linéaire, etc.

Voyez encore la description de la *P. filiformis.*

Habite : Le Mexique. (Musée de Paris.)

48. P. Rufidens, n. sp.

Nigra, flavo ornata; metathorace flavo bimaculato; mandibulis rufis.

☿. Long. 13 mill. ; env. 26 mill.

Ouvr. Pétiole long, linéaire; prothorax assez large. Insecte noir : mandibules courtes, rousses; yeux atteignant presque les mandibules. Orbites liserées de jaune; antennes noires en dessus, ferrugineuses en dessous; bord antérieur du chaperon, roux; les deux bords du prothorax liserés de jaune; écaille brune; bord antérieur de l'écusson et du post-écusson, jaunes; sur le métathorax deux taches pyriformes de cette couleur; bord du pétiole jaune, ainsi que le bord du deuxième segment ; le jaune montant le long des côtés presque jusqu'au pétiole; les autres segments brunâtres au bord; pattes noires, un peu roussâtres; genoux jaunes. Ailes transparentes, lavées d'un peu de gris et de jaune le long de la côte.

Rapp. et diff. Cette espèce jaune et noire ressemble assez aux *P. occidentalis*, *metathoracica* et *scutellaris*, mais elle est facile à distinguer par son écusson seulement bordé de jaune, par son pétiole beaucoup plus linéaire, etc.

Habite : Cayenne. (Collection de M. Spinola.)

49. P. Raphigastra, n. sp.

Elongatissima, ferruginea ; antennis, vertice, mesothorace laterumque macula, nigris; abdomine fusco, segmentis fulvo limbatis.

☿. Long. 10 1/2 mill.; env. 23 mill.

Ouvr. Insecte très grêle, ayant presque la forme d'un Mischocyttare. Chaperon formant une dent très saillante; corselet très comprimé, rétréci en avant ; métathorax très allongé; pétiole linéaire, aussi long que le corselet ; abdomen ovale, déprimé. Ailes très grandes. Tête grande, rousse; vertex et front, noirs; antennes noires. Corselet ferrugineux ; mésothorax noir en dessus; flancs du prothorax portant une grande tache uoire ; un peu de brun entre les écussons et dans le sillon du métathorax ; pétiole ferrugineux, brun en dessus, sauf son bord postérieur. Abdomen ferrugineux en dessous, brun en dessus, avec le bord des segments d'un ferrugineux blanchâtre ; pattes ferrugineuses, articulations et dessus des cuisses un peu obscurs ; tarses bruns. Ailes transparentes, comme enduites d'un vernis gris-jaunâtre, nervures brunes.

Rapp. et diff. Surtout distincte par son corselet ferrugineux, avec le mésothorax et les flancs du prothorax, noirs.

Habite : L'Amérique? Etiqueté par erreur de Pulo-Pinang (Asie). (Collection de M. le marquis Spinola.)

50. P. Pediculata, n. sp.

(Pl. XXVI, fig. 7.)

Parvula, nigra ; fasciis flavis: petiolo tenuissimo, apice globuloso, ante apicem bituberculato; alis hyalinis.

♀. Long. 9 mill. ; env. 16 mill.

Fem. Formes assez voisines de celles de la *P. filiformis.* Chaperon plus large que long, terminé par une petite dent. Echancrure des yeux très obtuse. Prothorax arrondi en avant, sans angle aigu, mais rebordé sur ses côtés seulement ; disque du mésothorax plus large que long ; métathorax strié ; post-écusson un peu excavé au milieu. Tête et corselet très finement ponctués, couverts d'un duvet soyeux. Pétiole presque aussi long que le corselet, très grêle, filiforme ; à son extrémité seulement il porte une petite bosse en dessus, et il est bituberculé à son *tiers postérieur,* non au milieu comme cela a lieu en général. Le deuxième segment presque en grelot, plus large que long, et très subitement élargi à sa base, qui à cause de cela n'est pas arrondie en cloche comme lorsqu'elle se renfle graduellement, mais presque comme tronquée. Insecte noir, à reflets satinés gris. Bord antérieur du chaperon, une tache entre lui et l'œil, devant du scape des antennes, jaunes. Une ligne jaune le long du bord postérieur du prothorax ; bord antérieur du post-écusson et valves articulaires du métathorax, jaunes aussi, de même que le bord des deux premiers segments de l'abdomen ; l'écaille et le bord des autres segments, roux. Pattes brunes. Ailes parfaitement hyalines, avec les nervures noires ; la deuxième cubitale très petite, beaucoup plus longue que large ; la troisième plus large que longue, la quatrième aussi grande que la deuxième et la troisième réunies.

Rapp. et diff. L'extrême finesse du pétiole de cette espèce la rend assez distincte ; il faut y ajouter les deux tubercules de ce dernier qui n'occupent pas son milieu, et la bosse terminale qui la distingue de la *P. filiformis*.

Habite : Le Brésil. (Collection de M. Smith.)

DIVISION OMEGA (VIᵉ Div.).

Pétiole plus long que le corselet, tout à fait linéaire. Pattes très longues ; tibias de la troisième paire dépassant de beaucoup l'extrémité de l'abdomen ; une seule épine tibiale à la paire moyenne ; quatrième cubitale très longue.

51. P. FILIFORMIS, n. sp.

(Pl. XXVI, fig. 8.)

Elongatissima; prothorace subspinoso ; petiolo lineari, thorace longiore ; abdomine parvulo globuloso; corpore nigro, flavo picto; tarsis anterioribus partim flavis, ultimis nigris.

MALE. Insecte très grêle. Yeux gros, bombés, couvrant entièrement les côtés de la tête, atteignant presque les mandibules. Ocelles en triangle équilatéral. Corselet court ; prothorax large, rebordé, anguleux. Métathorax assez large, convexe. Tête et corselet ponctués ; métathorax couvert de grosses ponctuations piligères. Abdomen très allongé ; le pétiole droit, cylindrique, tout à fait filiforme, bien plus long que le corselet, et bituberculé au milieu ; le reste de l'abdomen globuleux, bien moins volumineux que le thorax.

Insecte noir : chaperon et mandibules (♂) jaunes. Antennes noires, avec le premier article jaune en dessous; orbites liserées de jaune. Les deux bords du prothorax, une tache sous l'aile, deux petites lignes sur le mésothorax, écusson, une ligne interrompue sur le post-écusson, et deux taches au métathorax, jaunes; bout du pétiole et bord des trois ou quatre segments suivants, jaunes; ces bordures étroites; celle du deuxième segment remontant sur les côtés. Pattes noires : les postérieures avec les genoux et deux lignes sur les hanches, jaunes; les moyennes ayant le devant des hanches, le premier article des tarses, et le tibia en dessus, jaunes; les antérieures n'offrant que le dernier article des tarses noirâtre. Le tibia de la deuxième paire de pattes ne porte qu'une seule épine. Ailes transparentes, avec des reflets irisés ; nervures noires, un peu jaunes le long du radius; deuxième cubitale en trapèze ; les deux nervures récurrentes s'insérant très près l'une de l'autre et près du bord externe de la cellule; troisième cubitale plus large que longue; la quatrième deux fois aussi grande que la troisième.

Rapp. et diff. Voyez la description de la *P. mexicana* et de la *P. pediculata.*

Habite : Le Brésil. (Collection de M. Smith.)

§. 2. INSECTES DE L'ANCIEN CONTINENT.

DIVISION PARAPOLYBIA.

Antennes longues ; corselet comprimé ; pétiole linéaire, un peu moins long que le thorax, cylindrique, avec une faible bosse près de son extrémité ; deuxième segment court.

52. P. INDICA, n. sp.
(Pl. XXVI, fig. 3.)

Elongata, fulva; petiolo subclavato; alis hyalinis.

♀. Long. 14 mill. ; env. 30 mill.

FEM. Antennes très longues, chaperon terminé par une dent

aiguë. Thorax rétréci en avant et en arrière, allongé, comprimé. Pétiole presque aussi long que le thorax, cylindrique et grêle, mais portant une bosse près de son extrémité. Le reste de l'abdomen déprimé; le deuxième segment en forme de cloche ouverte, court, s'élargissant jusqu'à son bord postérieur. Insecte d'un jaune fauve; dents des mandibules noires; les antennes brunes en dessus, mais ayant les six derniers articles entièrement fauves; mésothorax portant du brun sur les côtés du disque. Tarses des quatre pattes postérieures, noirâtres. Ailes transparentes; les nervures d'un brun ferrugineux; le point assez ferrugineux.

Habite : La Chine. (Musée de Paris.)

53. P. ORIENTALIS, n. sp.
(Pl. XXVI. fig. 2.)

Ferruginea, flavo ornata; mesothorace lineis duabus flavis; abdominis segmentis basi fasciis interruptis flavis, secundo maculis duabus flavis.

♀. Long. 12 mill. ; env. 26 mill.

FEM. Tête jaune; chaperon portant une ligne brune verticale qui n'atteint pas sa dent terminale. Antennes ferrugineuses, avec le devant du premier article jaune. Corselet jaune ; une ligne sur les épaulettes, quelques taches sur les flancs, et trois lignes au métathorax, ferrugineuses; disque du mésothorax ferrugineux, orné de deux lignes jaunes; écusson ferrugineux, avec ses angles jaunes. Abdomen ferrugineux ; deux lignes sur les côtés du pétiole, et de chaque côté à son extrémité une tache, jaunes. Sur le milieu du deuxième segment, deux taches rondes, jaunes; ces dernières se continuant sur les côtés en une ligne jaune qui atteint la base du segment; les trois anneaux suivants ornés à leur base d'une bande interrompue ou de deux taches jaunes, en partie recouvertes par le bord de l'anneau précédent. Pattes ferrugineuses, bout des cuisses et des tibias, jaune. Ailes transparentes, nervures ferrugineuses, la quatrième cubitale égale au double de la troisième.

Habite : La Chine. (Musée de Londres.)

54. P. Tabida. Fabr.! (1).

(Pl. XXVI, fig. 4.)

Brunnea, flavo variegata; abdomine brunneo, secundo segmento basi flavo; alis subinfuscatis, purpureo nitentibus.

Syn. Fabr. *Vespa tabida.* Spec. Ins. i. 468. 62. — Mant. Ins.
293. 76. — Ent. Syst. ii. 281. 96. — *Polistes tabida.*
Syst. Piez. 278. 40.
Oliv. *Vespa tabida.* Encycl. Meth. vi. 673. 18.

♀. Long. 9 mill. ; env. 20 mill. ; longueur totale, 11 mill.

Fem. Insecte grêle, allongé ; ailes très grandes. Tête assez grande ; ocelles très saillantes ; chaperon terminé par une dent aiguë. Corselet très comprimé, arrondi en avant ; écussons saillants, arrondis ; métathorax très étroit ; pétiole en massue très allongée, grêle. Abdomen ovale, très déprimé ; le deuxième segment en entonnoir plutôt qu'en cloche. Insecte d'un beau brun noirâtre. Antennes noirâtres, un peu ferrugineuses en dessous ; chaperon, mandibules et orbites, jaunes ; bord postérieur du prothorax, une tache sous l'aile, post-écusson et écusson, jaunes ; une tache brune couvre le milieu de l'écusson et son bord postérieur ; plaque du métathorax ornée de deux taches jaunes pyriformes, réunies sur la ligne médiane ; en outre, deux lignes obliques de cette couleur sur les côtés du métathorax. Abdomen brun, avec la base du deuxième segment jaune ; en dessous, des teintes pâles. Pattes jaunes ; tarses moyens et postérieurs bruns ; cuisses et tibias postérieurs variés de brun. Ailes à peine enfumées, nervures brunes, une teinte dans la radiale. Troisième cubitale rétrécie vers la radiale ; la quatrième très large, trois fois aussi grande que la troisième. Radiale atteignant le bout de l'aile. Ces organes comme enduits d'un vernis brillant de pourpre et de vert.

Rapp. et diff. Par la forme du deuxième segment de l'abdomen, cette espèce se rapproche du genre *Apoïca* ; par la ner-

____

(1) J'ai vu le type dans la collection de Banks.

vation des ailes, elle est très voisine de la *P. surinamensis.*
Par sa couleur, elle se rapproche beaucoup de la *P. constructor,*
mais elle est bien plus petite, elle n'a pas le prothorax épineux
sur ses angles, etc. Elle a certains rapports avec la *P. vicina,*
mais son pétiole est plus grêle, et sa quatrième cubitale est
bien plus étroite; la couleur de ces deux espèces est du reste
très différente.

Habite : L'Afrique. (Collection de M. Smith.)

Species non visæ aut dubiæ.

1. P. Fuscicornis.

Syn. Lep. St.-Farg. *Agelaïa fuscicornis.* Hymen. i. 539.

Pétiole en cône allongé. Seconde cubitale à peine rétrécie
vers la radiale, peu dilatée vers le disque, etc. Voyez la description de l'espèce, loc. cit.

Je n'ai pu retrouver cette espèce qui, pour les couleurs, se
rapproche beaucoup des *Apoïca pallida* et *Polybia testacea;* mais
ce ne peut être la première, qui est très petite ; ce peut encore
moins être la seconde, qui a la deuxième cubitale entièrement rétrécie vers la radiale ; la *P. pallens* l'a du reste aussi très rétrécie.

2. P. Areata (1).

Thorace nigro, flavo bilineato flavoque marginato.

Syn. Say. *Polistes areata.* Bost. Journ. of Nat. Hist. i. 388. 2.

Longueur totale, moindre qu'un demi-pouce.

Tête jaune. Chaperon jaune au bout, et orné à son sommet
d'une ligne jaune, bifide vers les antennes. Mandibules brunes
au bout. Antennes d'un brun rougeâtre, plus obscures en

(1) Cette espèce paraît assez voisine de la *P. fastidiosuscula.* Sa description
est du reste peu explicite, je ne puis que la traduire.

dessus, le premier article jaune en dessous. Vertex noir, envoyant deux bandes noires vers les antennes, et deux lignes qui descendent derrière les yeux. Thorax noir, portant deux bordures jaunes ; prothorax orné d'une ligne devant l'aile, et d'une autre transversale, noires. Ailes un peu ferrugineuses le long de la côte. Ecusson et post-écusson, jaunes ; le premier noir au milieu. Métathorax jaune, avec une bande noire, et vers sa base deux points noirs. Abdomen : le premier segment pétioliforme, aussi long que le deuxième. Dos noir ; les anneaux bordés de jaune en arrière et sur les côtés ; le deuxième aussi jaune à sa base. Pattes jaunâtres ; la paire postérieure plus obscure en arrière.

Habite : Le Mexique.

3. P. Brunnea (1).

Sericeo-fusca, pedibus ochraceis; femoribus, genubus tibiisque quatuor posticis (nisi basi) fuscis, maculis duabus in genis flavis.

Syn. Curtis. *Myraptera brunnea.* Trans. Linn. Soc. xix. p. 256. pl. 31. fig. 8-10.

♀. Long. 5 1/2 lignes ; env. 11 lignes.

Ouvr. D'un brun soyeux ; tête argentée ; une longue tache jaune sur chaque joue ; mandibules couleur d'ocre, la base exceptée, leur bout quadridenté, les dents brunes : dessous des antennes au-delà du milieu, orangé. Métathorax ovale, oblique ; pétiole allongé, grêle à sa base, n'ayant pas au bout la moitié de la largeur du deuxième segment, portant un sillon dorsal : abdomen ovalo-conique, pas plus large que le thorax, les angles des segments teints de jaune obscur, plus facilement visible sur les côtés, et formant en dessous quatre bordures. Ailes jaunâtres à leur base, et surtout le long de la côte ; stigma jaune d'ocre ; nervures d'un brun pâle : genoux, tibias antérieurs, bout des autres, et tous les tarses, jaune d'ocre.

(1) Je n'ai pas vu cette espèce, mais je la crois voisine des *P. aurulenta* ou *phthisica.*

Habite : Le Brésil. Construit un nid en cône renversé, avec un orifice excentrique placé au bas. La longueur du nid est de 8 pouces; sa circonférence, de 15 ; l'ouverture a un demi-pouce de diamètre. Ce nid est construit en sable rougeâtre ; sa surface est rugueuse et offre des taches translucides qui sont dues peut-être aux sucs qui découlent des cellules. Cet édifice fournit un abri également bon contre la pluie et contre le soleil; il est assez solide pour ne pas se briser en tombant.

4. P. IRINA.

SYN. Spinola. *Polistes irina.* Voy. Ent. Ghiliani. N° 56.

Cette espèce, que je n'ai pu reconnaître, semble se rapprocher des *P. aurichalcea* et voisines. — Voici la description qui en est donnée, dégagée de tous les caractères purement génériques : Long. 16 mill. Antennes noires; les deux premiers articles fauves. Corps et pattes fauves; dos du thorax et de l'abdomen offrant des reflets opalins ou irisés. Ailes enfumées, avec les nervures noirâtres.

5. *P. albimaculata.* Fabr. Syst. Piez. 277. 36.

6. *P. bistriata.* Fabr. Syst. Piez. 281. 57. An varietas *phthisicæ ?*

7. *P. dorsata.* Fabr. Syst. Piez. 281. 58. Voisine de la *Polyb. sedula ?*

SECTION III.

PHRAGMOCYTTARES.

Insectes construisant des nids à plusieurs étages; ces étages séparés par des cloisons, ne communiquant que par une série de trous, et supportés par l'enveloppe même du nid.

Genre TATUA (1). (Mihi).

(Pl. XXXI, fig. 1, a.)

Syn. *Vespa* Cuv. *Polistes* Fabr. *Epipona* Latr. Lepel.

Car. *Lèvre* courte; menton long, étroit. Palpes labiaux de quatre articles distincts, presque égaux en longueur et garnis de poils raides.

Mâchoires : Galéa à moitié aussi long que la partie basilaire, portant un point corné au bout. Palpe moins long que la partie basilaire, de six articles gros et courts, le sixième aussi long que le quatrième et le cinquième réunis, ou à peu près.

Mandibules longues, tronquées obliquement à l'extrémité, et portant cinq dents terminales; les deux premières très obtuses, la dernière crochue; les deux mandibules formant par leur réunion un bec presque aigu.

Tête grande, beaucoup plus large que le corselet, plate, concave en arrière; les yeux n'atteignant pas la base des mandibules; leur échancrure très obtuse.

Corselet assez allongé; métathorax arrondi.

Abdomen pédicellé; le pétiole composé du premier segment entier, moins long que le corselet, linéaire, un peu déprimé, et à peine élargi en arrière; le reste de l'abdomen presque cordi-

(1) Ce genre devrait conserver le nom d'*Epipona* après qu'on en a séparé les deux espèces décrites par Lepeletier qui rentrent dans le nouveau genre *Icaria*; mais le nom d'*Epipona* ayant été employé avant Latreille pour une section des Odynères, il est nécessaire de le changer dans ce cas-ci. Voyez la *Monographie des Guêpes solitaires, Supplément* au genre *Odynerus.*

forme; le deuxième segment s'élargissant dès sa base, plus large que long.

Pattes moyennes.

Ailes : Deuxième cubitale en trapèze, plus longue que large ; la troisième un peu élargie vers le disque, plus grande que la moitié de la quatrième.

Genre américain. Insectes construisant un nid indéfini, d'un carton fin et dense, de forme presque cylindrique, à étages plats, et suspendu à une branche d'arbre.

1. T. MORIO.

(Pl. XXXI, fig. 1.)

Niger; alis fuscis, costa nigra.

SYN. Fabr. *Vespa morio*. Ent. Syst. Suppl. 264. — *Polistes morio*. Syst. Piez. 279.

Cuv. *Vespa tatua*. Bullet. Soc. Philom. N° 8.

Latr. *Epipona tatua* (1). Gener. Crust. et Ins. IV. 141. — I. tab. 14. fig. 5. ♀. — In Cuv. Règne An. v. 339.

St.-Farg. et Serv. *Polistes tatua*, *Polistes morio*. Encycl. Meth. x. 172. 2.

Lep. St.-Farg. *Epipona tatua*. Hymen. I. 544.

Curtis. *Chartergus morio* (2). Trans. Linn. Soc. Lond. XIX. p. 258. 6.

♀. Long. 13 mill.; env. 25 mill.

OUVR. Chaperon pyriforme, très faiblement bidenté; corselet lisse ; métathorax ponctué, arrondi, partagé par un large sillon. Pétiole un peu moins long que le corselet, un peu déprimé, insensiblement rétréci au milieu. Le reste de l'abdomen presque

(1) Ne confondez pas cette espèce avec le *Chartergus chartarius*, voyez la note, page 221.

(2) Curtis se trompe entièrement sur le genre, mais non sur l'espèce, car il la place dans la section des guêpes à abdomen longuement pédicellé.

cordiforme, conique et déprimé ; le deuxième segment élargi dès sa base, deux fois aussi large que long. Insecte entièrement d'un noir brillant ; mandibules un peu brunâtres. Ailes fortement enfumées ; d'un brun foncé le long de la côte ; deuxième cellule cubitale en trapèze, plus longue que large.

Habite : Cayenne ; très commun. Il construit un nid des plus élégants en carton gris, comme les *Chartergus,* mais à fond plat et à orifice excentrique. Voyez sa description dans l'introduction. Il est figuré pl. XXXIII.

(Musées de Paris et de Genève.)

2. T. Guerini, n. sp.

Niger ; alis secundum costam fuscis.

♀. Long. 10 1/2 mill. ; env. 22 mill.

Ouvr. Formes et couleur du *T. morio,* mais un peu plus petit. Chaperon très faiblement échancré. Tête et corselet lisses, luisants ; métathorax convexe, sans forte échancrure, et rugueusement ponctué ; pétiole comme dans le *T. morio,* un peu rétréci au milieu, le reste de l'abdomen pyriforme, un peu plus long que dans l'espèce mentionnée ; le deuxième segment n'étant pas deux fois aussi large que long. Insecte d'un noir luisant ; antennes et pattes portant des poils gris. Ailes fortement enfumées et brunes le long de la côte.

Rapp. et diff. Cette espèce a exactement les formes du *T. morio,* dont elle ne diffère que par sa plus petite taille et par son métathorax, qui n'offre pas comme dans cette espèce un profond sillon longitudinal pour recevoir le pétiole.

Habite : Le Mexique. (Collect. de M. Guérin-Méneville et la mienne.)

Genre CHARTERGUS.

(Pl. XXXI, fig. 2 *a*--2 *c*, 7, 7 *a*.)

Syn. *Polistes* Fabr. *Epipona* Latr. *Chartergus* Lep.

Car. *Lèvre* courte. Palpes labiaux de quatre articles, le quatrième très petit, le troisième armé d'un gros poil arqué.

Mâchoires : Galéa très court. Palpe maxillaire moins long que la partie basilaire; de six articles, tous très courts, le premier et le sixième plus longs que les autres.

Mandibule carrée, armée au bout de trois fortes dents, et d'une quatrième très petite, ces dents terminales n'étant pas étagées obliquement.

Tête plate. Chaperon pentagone, terminé par un angle très obtus. Ocelles en triangle allongé. Yeux n'atteignant pas les mandibules.

Thorax variable ; métathorax arrondi, sans angles ni épines.

Abdomen déprimé, ovale, terminé en pointe; le premier segment arrondi, en forme de cupule, nullement tronqué en avant (1), emboîtant la base du deuxième (2).

Ailes variables, la deuxième cubitale plus longue que large (3).

Genre exclusivement américain. — Pour son admirable architecture, voyez l'introduction. (Pl. XXXIII.)

Tableau pour servir à la détermination des espèces.

1 {	Segments abdominaux noirs, bordés de jaune.	5.
	Abdomen unicolore.	2.
2 {	Insecte jaunâtre. . . . . 2 {	*colobopterus* 3. / *Smithii.* . 4.
	Insecte noir, ou brun.	3.

(1) Il a exactement la même forme que dans les Odynères du sous-genre *Oplopus*. (*Epipona*).

(2) Ce caractère permet de distinguer ce genre à première vue du genre *Nectarinia*. Il faut cependant bien se garder de prendre dans ce dernier le deuxième segment pour le premier, celui-ci est très petit, souvent difficile à voir.

(3) Accidentellement pédonculée !

3 { Ailes noires, avec le bout blanc.	*apicalis.*	. 1.
{ Ailes transparentes.	4.	
4 { Abdomen noir.	*ater.*	. . 7.
{ Abdomen brun.	*fulgipennis.*	2.
5 { Thorax comprimé, abdomen large.	*compressus.*	9.
{ Thorax non comprimé, aussi large que l'abdomen.	6.	
6 { Prothorax noir.	*globiventris.*	6.
{ Prothorax bordé de jaune.	{ *chartarius* . 5.	
	{ *zonatus.* . 8.	

Ire DIVISION.

Thorax carré, tronqué droit en avant, aussi large que l'abdomen, ou à peu près.

1. *Post-écusson triangulaire, ou du moins assez large. Abdomen fortement déprimé.*

1. CH. APICALIS.

Niger, villosus; alis nigris, apice albis.

SYN. Fabr. *Vespa apicalis.* Syst. Piez. 260.
Lep. St.-Farg. *Chartergus ater* (1). Hymen. I. 546.

Long. 14 mill.; env. 25 mill.

Corselet et abdomen couverts de poils noirs assez longs, qui donnent à l'insecte un aspect cotonneux; métathorax concave au milieu, arrondi sur ses angles; abdomen fortement déprimé. Insecte d'un noir un peu grisâtre, à cause des poils qui le couvrent; le premier segment de l'abdomen d'un noir luisant. Ailes noires, avec le bout blanc; deuxième cellule cubitale subtriangulaire, son bord radial court.

Var. Mandibules rousses. (Cap Nord?)

Nota. Certains individus nous ont offert une singulière anomalie de la fixité de la nervation des ailes : les uns ont la deuxième cubitale triangulaire, d'autres l'ont pédonculée; les individus qui offrent ce caractère ne formeraient-ils pas une nouvelle espèce très voisine de l'*apicalis?*

(1) Ne confondez pas cette espèce avec le *Ch. ater.*

Rapp. et diff. Cette espèce ressemble pour la distribution des couleurs à la *Monobia apicalipennis* (voyez la Monogr. des Guêpes solitaires, p. 98), mais la longueur des mandibules de cette dernière et sa grande taille ne permettent pas de la confondre avec ce *Chartergus*. Elle ressemble beaucoup aussi au *Ch. ater*, mais s'en distingue nettement par ses ailes noires, etc.

Habite : L'Amérique. J'ai vu des individus provenant de la Bolivie, du Brésil, de Cayenne et du Mexique.

2. CH. FULGIDIPENNIS, n. sp.

(Pl. XXXI, fig. 5.)

Fusco-ferrugineus ; ano nigro ; alis hyalinis, secundum costam fuscis.

Taille du *Ch. chartarius.*

Formes déprimées du *Ch. apicalis.* Chaperon arrondi. Prothorax rebordé. Corselet ponctué ; le métathorax couvert de poils soyeux. Abdomen très déprimé et très conique. Insecte d'un brun-café obscur. Face plus claire ; antennes noires, les trois premiers articles bruns ; front et vertex noirâtres ; mésothorax obscur. Segments 3-6 de l'abdomen noirs ; le troisième bordé de brun. Pattes brunes. Ailes transparentes, brillant de reflets vifs et variés de pourpre et de vert ; toute la côte largement brune, presque noire ; nervures brunes.

Habite : Lë Para. (Collection de M. Smith.)

3. CH. COLOBOPTERUS.

(Pl. XXXI, fig. 2.)

Testaceus ; vertice et metathorace nigricantibus ; alis hyalinis, costa fusca.

SYN. Weber. *Vespa coloboptera.* Observ. Entomol. 102. 5.
?Seba (1). Locupl. Rer. Thes. IV. pl. 98. avec deux nids. p. 99.

Long. 7 1/2 mill. ; env. 18 mill.

(1) Dans la figure, l'abdomen des insectes porte des bandes brunes qui sont probablement exagérées.

Formes du *Ch. apicalis*, mais le métathorax un peu plus largement excavé, presque plat ; l'insecte moins velu. Tout le corps couvert d'un jaune clair. Un peu de gris sur le vertex, entourant les ocelles postérieures ; mésothorax gris. Yeux d'un bleu clair. Ailes transparentes, brunes le long de la côte, jusqu'au point, lequel est ferrugineux ; deuxième cubitale subtriangulaire.

Var. Insecte d'un jaune un peu orangé ; mésothorax roux. Ailes un peu brunes.

Rapp. et diff. Ressemble beaucoup à l'*Odynerus testaceus*, (*chloroticus*), qui est d'Egypte, mais très distinct par ses mandibules courtes, ne formant pas de bec par leur réunion. (Voyez la Monogr. des Guêpes solitaires, p. 195.)

Habite : La Colombie. Lebao. (Musée de Paris, ma collection.)

Nota. Son nid, figuré par Seba, ressemble entièrement à celui du *Ch. chartarius*, mais nous ne sommes point assuré que ce nid appartienne bien à l'espèce qui vient d'être décrite.

4. Ch. Smithii, n. sp.

Flavus; antennarum flagello nigro; mesothoracis disco, scutello alarumque costa, nigris.

Long. 6 1/2 mill. ; env. 16 mill.

Male. Taille et formes du *Ch. coloboptera*, dont il se rapproche extrêmement. Comme lui, d'un jaune testacé, mais ayant le haut du front et le vertex entièrement noirs. Antennes : les deux premiers articles d'un jaune testacé ; le flagellum noir en dessus, ferrugineux en dessous. Corselet très ponctué en dessus. Prothorax large, rebordé, anguleux ; mésothorax noir ; écusson brun, antérieurement bordé de jaune ; de chaque côté du prothorax une ligne brune ; de chaque côté du métathorax un point brun ; le premier segment de l'abdomen brun, largement bordé de jaune ; le deuxième un peu orangé, et portant à sa base trois petites taches, ou une grande tache trilobée, brunes. Pattes jaunes-testacées ; pelottes des tarses, noirâtres. Ailes transparentes, avec la côte brune comme dans l'espèce citée.

Rapp. et diff. Très voisin du *Ch. colobopterus*, mais bien reconnaissable à ses antennes, son mésothorax, son écusson, noirs, etc.

Habite : Le Brésil. (Collection de M. Smith.)

II. *Post-écusson n'apparaissant que sous la forme d'un cordon transversal. Abdomen assez globuleux.*

A. *Premier segment de l'abdomen assez grand, emboîtant distinctement la base du deuxième.*

5. CH. CHARTARIUS.

(Pl. XXXI, fig. 4.)

Niger, sericeus; prothoracis margine, postscutello, segmentorumque omnium limbo, flavis; alis hyalinis.

Sxn. Oliv. *Vespa chartaria.* Encycl. Meth. vi. 687.

Christ. *Vespa artifex surinamensis.* Hymen. 226. tab. 20.

Fabr. *Vespa nidulans.* Syst. Piez. 266. etc.

Réaum. Mém. Ins. (1). vi. pl. 20. fig. 1. 3. 4. pl. 21. fig. 1. pl. 22. fig. 2. 3. pl. 24?

Vallot. *Vespa chartifex.* Concord. Syst. etc. p. 171.

Coqueb. *Vespa nidulans.* Illustr. Icon. tab. 6. fig. 3.

Latr. *Epipona nidulans.* Gen. Crust. et Ins. pl. xiv. fig. 6. — In Cuv. Règn. An. v. p. 339. — *Epipona chartaria.* Hist. Cr. et Ins. xiii. p. 102. pl. xiv. fig. 6,7.

St.-Farg. et Serv. *Polistes nidulans.* Encycl. Meth. x. p. 172 5.

Guer. *Polistes nidulans.* Icon. Règn. An. pl. 72. fig. 7.

Curtis. *Epipona nidulans.* — *E. chartaria.* Trans. Linn. Soc. Lond. xix. p. 258. 4.

(1) Les figures 2, pl. 20, et 2-4, pl. 21, représentent des Chalcidides parasites, et non les artisans du nid.

Blanch. *Epipona tatua* (1). Règn. An. III. Ins. pl. 124. fig. 7. (Synonym. except.)

Lep. St.-Farg. *Chartergus nidulans.* Hymen. I. 546.

Long. 9 1/2 mill. ; env. 20 mill.

FEM. et OUVR. Chaperon pentagone, plus large que long ; écusson deux fois aussi large que long ; post-écusson linéaire, très large, portant au milieu un tubercule spiniforme ; métathorax concave et lisse, bordé par une ligne un peu tranchante ; abdomen à peine déprimé, le premier segment large, aplati par devant. Tête et corselet ponctués. Insecte noir, couvert de reflets argentés. Bord inférieur du chaperon, jaune, le jaune élargi sur les côtés. Une tache jaune en dehors de chaque antenne ; un peu de jaune au-dessus de l'insertion des mandibules. Prothorax liseré de jaune le long de son bord antérieur ; écaille brune ou tachée de jaune ; post-écusson jaune ; tous les segments de l'abdomen ornés d'une bordure jaune étroite et régulière. Anus noir. Pattes et antennes noires. Ailes transparentes, deuxième cubitale subtriangulaire, allongée.

Rapp. et diff. Très voisin pour les couleurs de l'*Odynerus brachygaster,* mais s'en distinguant nettement par ses mandibules très courtes, etc. Très voisin des *Ch. globiventris* et *zonatus ;* s'en distinguant surtout par la grandeur du premier segment de l'abdomen qui emboîte distinctement le second. Voyez la description de ces espèces.

Habite : L'Amérique du Sud. Cayenne, le Brésil. Très commun. Construit un nid indéfini en carton solide, suspendu à une branche d'arbre, terminé inférieurement par un cône très raccourci, avec une ouverture médiane. Pour sa description, voyez l'introduction.

6. CH. GLOBIVENTRIS, n. sp.

(Pl. XXXI, fig. 3.)

Niger; postscutello abdominisque segmentorum margine, flavis ; alis hyalinis.

Grandeur du *Ch. coloboptcrus.*

(1) A tort. Il y a ici confusion de nom avec l'*Epipona tatua* (*Tatua morio* de cet ouvrage), qui a été figuré par Cuvier.

Fem. Plus petit que le *Ch. chartarius*, mais très voisin de ce dernier. Corps noir, couvert d'un duvet soyeux. Antennes noires; mandibules brunes. Post-écusson jaune, offrant au milieu un rudiment de tubercule. Tous les segments abdominaux liserés de jaune; anus noir. L'abdomen court, globuleux. Pattes noires, tarses bruns. Ailes parfaitement hyalines; nervures noires.

Rapp. et diff. Cette petite espèce ressemble beaucoup aux *Ch. chartarius, zonatus* et *ater*. Elle se distingue des deux premiers par son prothorax sans jaune, par sa petite taille, etc., et du troisième par son abdomen orné de jaune.

Habite : Le Brésil. (Collection de M. Smith.)

B. *Premier segment de l'abdomen petit, n'emboîtant pas bien le deuxième, contre lequel il ne fait presque que s'appliquer à plat.*

7. Ch. Ater, n. sp.

Niger ; alis hyalinis.

Grandeur du *Ch. colobopterus.*

Noir : devant de la tête argenté, roux. Antennes rousses, flagellum noir en dessus. Ecussons saillants. Prothorax deux fois liseré de jaune, post-écusson et une tache sous l'aile, jaunes. Ailes transparentes.

Habite : Le Brésil. (Collection de M. Spinola.)

8. Ch. Zonatus, Spin.!

Niger, flavo ornatus; abdominis fasciis duabus duabus que scutellorum, flavis.

Syn. Spinola. *Chartergus zonatus.* Voy. Entom. Ghiliani. p. 57. N° 53.

Long. 7 mill. ; env. 15 mill.

Très voisin du *Ch. chartarius*, mais plus petit, et s'en distinguant aisément à son écusson bordé de jaune antérieurement. Le métathorax est plus arrondi ; l'abdomen plus conique, moins ovale, le premier segment plus petit, s'appliquant presque à plat contre le deuxième, et ne formant pas, comme dans le *Ch. chartarius*, une cupule qui emboîte le deuxième. Insecte noir, devant de la tête et dessus des antennes, roux ; front noir, espace en arrière des yeux, jaune. Corselet très court, noir ; les deux bords du prothorax ornés d'un cordon jaune ; une ligne jaune très étroite sous l'aile ; bord antérieur de l'écusson et post-écusson, jaunes ; les deux premiers segments de l'abdomen portant une étroite bordure jaune-blanchâtre en dessus seulement, la deuxième s'infléchissant en avant sur les côtés, la première portant au milieu un point enfoncé. Le troisième segment orné d'une bordure jaune, raccourcie sur les côtés. Pattes noires, bout des tarses roux. Ailes transparentes, nervures brunes.

Rapp. et diff. Très voisin du *Ch. chartarius*, mais en différant par son chaperon roux, par sa ligne jaune à l'écusson, par la forme différente de l'abdomen, par ses derniers segments qui sont noirs, sans jaune, etc.

Nota. Cette espèce établit presque la transition au genre *Nectarinia* par la petitesse du premier segment de l'abdomen.

Habite : Le Para, rapporté par M. Ghiliani. (Collection de M. Spinola.)

IIᵉ DIVISION.

Thorax arrondi en avant, fortement comprimé, beaucoup moins large que l'abdomen.

9. Ch. Compressus, n. sp.

(Pl. XXXI, fig. 6.)

Niger ; thorace compresso ; abdomine depresso, segmentis flavo fasciatis.

♂. Long. 11 mill. ; env. 23 mill.

MALE. Tête très plate, plus large que longue. Chaperon plus large que long, arrondi à son bord inférieur. Prothorax très étroit, très arrondi; écussons saillants, mais arrondis. Abdomen déprimé, très large, le premier segment petit, plaquant contre la face antérieure du deuxième. Ce dernier bien plus large que long. Insecte lisse, couvert d'un duvet soyeux, noir. Antennes noires, ferrugineuses en dessous, avec le devant du premier article jaune. Bordure des orbites jusqu'au fond du sinus et derrière les yeux, jaune; deux petites taches sur le front et chaperon, jaunes; ce dernier couvert de poils argentés, et orné au sommet d'un point noir. Mandibules noires, bordées antérieurement de ferrugineux. On voit sur le prothorax une ligne indistincte jaune, et sous l'aile une tache pâle. Tous les segments de l'abdomen bordés de jaune; les bordures étroites, sauf la deuxième qui est large et biéchancrée. Anus noir. Pattes d'un noir brunâtre; devant des hanches et des tibias de la première paire, jaunes. Ailes transparentes, nervures brunes.

Rapp. et diff. Très distinct par son corselet comprimé et par la largeur relative de son abdomen.

Habite : Les Amazones. (Collection de M. Smith; Musée de Londres, etc.)

Genre NECTARINIA , Shuck.

(Pl. XXXIV, fig. 1-1,*c.*)

Syn. *Brachygastra* (1) Perty.— *Nectarinia* Shuck.

Car. *Lèvre* très courte. Palpes labiaux assez longs, de quatre articles piligères , égaux deux à deux , le quatrième aussi long que le troisième.

Mâchoires : Galéa très court. Palpes maxillaires presque aussi longs que la partie basilaire, de six articles, tous très petits.

Mandibules médiocrement longues, crochues au bout, tronquées obliquement à l'extrémité, et portant quatre dents étagées, les trois premières grandes, la première crochue, la quatrième très mousse.

Tête plate ; yeux atteignant presque les mandibules ; antennes insérées plus bas que son milieu, simples dans les deux sexes ; chaperon terminé par une petite dent.

Corselet cubique, (fig. 1) tronqué droit par devant et par derrière. Ecusson tronqué verticalement, recouvrant entièrement le post-écusson, très saillant, ses bords tranchants. Post-écusson formant un second étage sous l'écusson (fig. 1, *a.*) , visible du côté de la plaque postérieure du métathorax seulement, où il offre sa tranche (2).

Abdomen très court, gros, conique, sessile, le premier segment très petit, s'appliquant contre la face antérieure du

(1) Ce nom a dû être changé, car il est déjà employé pour un genre de Coléoptères. Le nom de *Nectarinia* proposé par Shuckard, dans un ouvrage peu répandu n'est pas nouveau non plus ; il désigne un genre et même une petite famille d'oiseaux ; néanmoins j'ai cru pouvoir le conserver, vu que la confusion entre les guêpes et les oiseaux-mouches serait bien difficile à faire.

(2) Nous approuvons entièrement les observations de M. Spinola sur la langue et le thorax des *Brachygastra* telles qu'il les formule dans son mémoire sur les Hyménoptères recueillis par M. Leprieur ; il est cependant à remarquer en outre que le premier segment de l'abdomen a une forme très différente dans les deux genres *Chartergus* et *Nectarinia* (voyez leur description). Ce caractère très tranché vient s'ajouter à ceux tirés du corselet pour appuyer la séparation de ces deux groupes.

15

deuxième, comme un pétiole très raccourci, sans nullement l'emboîter, le deuxième très grand, emboîtant fortement les autres qui ne le dépassent pas de beaucoup, et se terminant en pointe. Aux angles antérieurs du deuxième segment, sur sa face antérieure, se voient deux points enfoncés plus ou moins distincts.

Ailes : Troisième cubitale élargie vers le limbe; la deuxième très étroite.

Genre américain. La place que j'assigne aux insectes de ce genre dans cette section n'est peut-être pas celle qui devra leur être conservée. Ils sont peu étudiés encore, et leurs espèces, assez rares dans les collections, ont besoin d'une révision comparative complète, propre à les bien fixer.

Pour la nidification de ce genre, voyez l'introduction (1).

Tableau pour servir à la détermination des espéces.

1	Ecussons jaunes	5.
	Ecussons noirs, ou noirs et jaunes.	2.
2	Deux lignes jaunes sur le mésothorax.	*bilineolata.* 3.
	Pas de lignes sur le mésothorax.	3.
3	Métathorax sans épines.	*mellifica?.* 9. *binotata.* . 5. *analis.* . . 6.
	Métathorax biépineux.	*velutina.* . 7. *Lecheguana* 8. *mellifica?.* 9.
4	Ailes jaunâtres, grises au bout.	5.
	Ailes hyalines, nervures noires.	*Augusti.* . . 10.
5	Deuxième segment de l'abdomen orangé.	*rufiventris.* 1.
	Deuxième segment de l'abdomen noir et jaune.	6.
6	Deux bandes jaunes au deuxième segment.	*Smithii.* . . 4.
	Une bande jaune au deuxième segment.	*scutellata.* 2.

1. N. Rufiventris, n. sp.

Nigra; scutellis abdomineque aurantiacis.

Long. 6 1/2 mill.; env. 13 mill.

FEM. Comme la *N. scutellata;* les écussons orangés; mais en

(1) Latreille ne se trompe point en avançant que les nids figurés dans la partie zoologique du voyage de MM. de Humboldt et Bompland, T. I, pl. XXXI, fig. 3, 4, pourraient être l'ouvrage des *Nectarinia* (*Brachygaster*.)

différant par son abdomen qui est aussi orangé, avec le premier segment noir ou brun ; le deuxième portant à son bord postérieur une tache noire transversale. Anus brun ; tous les segments liserés de jaune-soufre. Le chaperon bordé de blanchâtre ; mandibules rousses au bout. Pattes noires, variées de brun. Ailes transparentes ; la côte brune jusqu'au point ; nervures noires.

Habite : Le Para. (Musée de Londres.)

2. N. Scutellata, Spin.!

Nigra; scutellis flavis ; abdominis segmentis flavo limbatis.

Syn. Spinol. *Brachygastra scutellata.* Voy. entomol. de Ghiliani. N° 54.

Long. 6 1/2 mill. ; env. 14 mill.

Ouvr. Chaperon ovale, plus large que long. Corselet carré ; écusson bituberculeux, sans angle vif, trois fois aussi large que long ; métathorax un peu concave au milieu, ponctué dans le reste de son étendue, ses angles sans épines, mais formant deux crêtes un peu tranchantes ; deuxième segment de l'abdomen carré, n'étant pas rétréci en arrière. Tout l'insecte ponctué ; deuxième segment de l'abdomen un peu rugueux. Insecte noir (sans reflets) ; bout des mandibules, et quelquefois le chaperon, bruns. Ecusson et post-écusson orangés. Tous les segments de l'abdomen finement liserés de jaune-blanchâtre. Ailes un peu enfumées, deuxième cubitale beaucoup plus longue que large, la troisième ayant son bord externe sinué en S.

Var. Abdomen brun ou roux.

Rapp. et diff. Très distincte par sa petite taille et ses écussons jaunes. Ne pas la confondre cependant avec la *N. Smithii.*

Habite : L'Amérique du Sud. (Collect. de M. Spinola. Musée de Paris.)

3. N. Bilineolata.

(Pl. XXXIV, fig. 2.)

Nigra ; abdominis segmentis flavo marginatis ; scutelli margine lineisque in mesothorace duabus, flavis.

Syn. Spinol. *Brachygastra bilineolata.!* Hymen. recueillis à Cayenne, par M. Leprieur. 126. n. 76 (1).

Long. 3 lignes; larg. 1 ligne.

Ouvr. Corps très ponctué : ponctuation piligère, plus forte à la tête et au corselet, qu'à l'abdomen, presque nulle aux deux premiers étages de la face postérieure du corselet : poils, hérissés ; intervalles élevés, finement pointillés et couverts d'un duvet soyeux, court et serré, mais non couché en arrière. Deuxième cellule cubitale, notablement plus large que longue, rétrécie en dehors ; bord radial, très court ; bord cubital, arrondi. Dos de l'écusson, échancré en arrière. Corps, antennes et pattes noirs. Poils hérissés, bruns. Duvet soyeux, grisâtre, plus clair et presque argenté au milieu du front, aux joues et aux flancs du mésothorax. Contour du chaperon, orbites interne et externe des yeux, une bande interrompue sur le vertex, écailles alaires, deux lignes longitudinales sur le disque du mésothorax, contour de l'écusson, moitié supérieure de la portion post-scutellaire ou du second étage de la face postérieure du corselet, bord postérieur du dos du premier anneau, bord postérieur entier des quatre intermédiaires, sixième et dernier, jaunes. Ailes jaunes, extrémité obscure ; point épais, brun ; nervures, testacées dans la partie plus claire de l'aile, noires dans sa partie obscure.

Rapp. et diff. Cette espèce est facile à distinguer des suivantes, par ses lignes jaunes au métathorax et au corselet en

---

(1) Il ne faut tenir aucun compte du nom de *dorsolineata* donné à la même espèce dans le même mémoire, p. 123 ; il s'est glissé dans le manuscrit par une erreur de copiste. Il en est de même de la B. *scutellaris*, citée p. 127, qui n'est nullement décrite par Perty, mais qui l'a été plus tard par M. Spinola. (Voyez les synonymes de cette espèce.) Cette dernière confusion tient à une erreur d'étiquette, comme j'ai pu m'en convaincre par l'inspection de la collection même de M. le marquis Spinola.

général, par son écusson bordé de jaune, et par les ponctuations fortes de son abdomen ; il ne faut pas la confondre avec la *N. Smithii.*

Habite : Cayenne. (Collect. de M. Spinola. Musée de Paris.)

4. N. Smithii. n. sp.

(Pl. XXXI, fig. 8.)

Nigra, aureo nitens, flavo multipicta; scutellis flavis, lineis duabus in mesothoracis disco flavis; abdominis secundo segmento supra flavo, medio fascia nigra; alis ferrugineis, apice subfuscis.

♀. Long. 6 1/2 mill. ; env. 13 mill.

Fem. Ponctuations et duvet comme dans la *Nect. bilineolata*, à laquelle elle ressemble. Corselet plus large que long. Ecusson surplombant, bituberculé, très grossièrement ponctué; métathorax plat, offrant de chaque côté un angle tranchant, mais non pointu. Tête noire : mandibules noires ; chaperon entouré de jaune ; une tache sur le front, et orbites des antennes, largement jaunes ; en arrière des ocelles, un arc ou deux taches jaunâtres ; front et vertex couverts de reflets dorés ; antennes noires. Corselet noir, couvert de reflets dorés, sous l'aile une ligne jaune, bord antérieur du prothorax, jaune ainsi que souvent son bord postérieur ; dos bombé, portant en dessus deux grandes lignes jaunes, qui en se réunissant en avant de l'écusson figurent presque un fer à cheval ; écusson trois ou quatre fois aussi large que long, séparé du métathorax par un très profond sillon, d'un jaune presque orange ; ses tubercules, noirâtres au bout ; post-écusson couleur de soufre ; métathorax noir. Abdomen noir ; tous ses segments ornés d'une bordure assez large et régulière, sauf le premier qui l'a étroite ; le deuxième portant en outre une large bande jaune, transversale sur le bord antérieur de sa face supérieure (1) ; cette dernière, plus de deux fois aussi large que longue. Pattes noires. Ailes ferrugineuses, le bout gris. Ecailles rousses avec une ligne jaune.

Les ornements jaunes sont presque orangés.

(1) En d'autres termes : le deuxième segment est jaune en dessus avec une bande noire transversale sur son milieu.

Rapp. et diff. Cette espèce ne peut être confondue qu'avec la *N. bilineolata*, mais elle en est bien distincte par ses ornements jaunes infiniment plus développés, en particulier par les deux bandes jaunes du deuxième segment de l'abdomen, par les écussons entièrement jaunes, etc.

Habite: Le Brésil. Santarem. (Collection de M. Smith, lequel a bien voulu me la communiquer.)

5. N. Binotata. n. sp.

Nigra; abdominis segmentis flavo marginatis, secundo basi flavo, obscure bimaculato.

Long. 8 mill. ; env. 18 mill.

Male. Longuement villeux, les poils ferrugineux. Chaperon, bordure interne des orbites, d'un jaune ferrugineux ; devant de la tête argenté ; antennes ferrugineuses ou orangées, obscures en dessus ; milieu du prothorax jaune ; segments de l'abdomen tous bordés de jaune ; anus jaune au bout ; de chaque côté à la base du deuxième segment une tache jaune irrégulière ; devant des hanches, et dessous des cuisses du milieu jaunes, argentés ; bout des tarses ferrugineux. Ailes hyalines, lavées de ferrugineux ; nervures toutes ferrugineuses. Ecailles ferrugineuses. Métathorax sans angles spiniformes. Insecte couvert d'un duvet dense et grossier de poils longs et couchés, comme il ne s'en trouve dans aucune des autres espèces.

Rapp. et diff. Son métathorax sans angles spiniformes, ne permet de la confondre qu'avec la *N. analis,* dont elle se distingue par ses couleurs, son duvet très long ; par sa tête très courte, plate. Le prothorax est fortement rebordé.

Habite : Cayenne. (Musée de Paris.)

6. N. Analis.

Nigra ; abdominis segmentis flavo limbatis ; metathorace haud spinoso.

Syn. Perty. *Brachygastra analis.* Delect. An. Art. pl. 28.

Long. 7 1/2 mill. ; env. 17 mill.

Ouvr. Petit, soyeux ; écusson assez mousse , beaucoup moins tranchant que dans la *velutina ; métathorax sans épines,* arrondi ; deuxième segment de l'abdomen peu ou pas rétréci en arrière. Insecte noir, les segments portant une bordure jaune large, sauf le premier où la bordure est étroite. Tarses roux. Ailes transparentes, nervures rousses, bout de l'aile gris. Antennes rousses en dessous, vers le bout.

Habite : Le Brésil. (Collect. de M. Spinola. Musée de Paris.)

7. N. Velutina.

Nigra, aureo-sericea; metathorace bispinoso; abdominis segmentis flavo limbatis.

Syn. Spinola. *Brachygastra velutina.*! Ins. Recueill. par M. Leprieur. p. 126. n. 77. pl. 3. fig. v.

♀. Long. 10 mill. ; env. 21 mill.

Ouvr. Plus finement ponctué que la *bilineolata.* Abdomen lisse, son duvet épais, très soyeux, avec des reflets dorés ; écusson très tranchant, un peu enfoncé au milieu ; métathorax lisse offrant deux angles spiniformes. Deuxième segment de l'abdomen rétréci en arrière, fortement renflé en dessus, formant presque un tubercule. Tête et corselet couverts de reflets moirés ; milieu du prothorax et bord de l'écaille, jaunâtres ; tous les segments de l'abdomen ornés d'une bordure jaune régulière. Pattes noires, tarses antérieurs roux. Ailes lavées de ferrugineux. Antennes ferrugineuses en dessous vers le bout ; mandibules rousses.

Var. Pas de jaune au milieu du prothorax.

Rapp. et diff. Cette espèce diffère des *N. scutellata* et *bilineata,* par son écusson noir ; elle ne peut être confondue avec la *N. analis,* qui s'en écarte par son métathorax sans épines distinctes et par le bord jaune du premier segment de l'abdomen, mais elle ressemble beaucoup à la *N. lecheguana,* et je ne suis pas convaincu que ces espèces soient distinctes, parce que je n'ai pu examiner la *N. velutina* qu'en passant. Elle semble différer par ses tarses roux, et le bout de ses ailes qui n'est pas noir.

Habite : Cayenne, le Brésil, etc. (Collection de M. Spinola. Musée de Paris.)

8. N. LECHEGUANA.

(Pl. XXXIV, fig. 3.)

Nigra; abdominis segmentis flavo marginatis; metathorace bidentato.

SYN. Latr. *Polistes Lecheguana.* Ann. Sc. Nat. I™ Sér. IV. 335.

Long. 8 mill. ; env. 19 mill.

OUVR. Insecte noir. Tête, thorax et pattes sans taches. Métathorax bidenté. Les anneaux de l'abdomen tous bordés de jaune; anus jaune. Ailes ferrugineuses enfumées au bout. Insecte couvert d'un duvet soyeux gris. Corselet fortement ponctué; abdomen finement ponctué revêtu d'un duvet soyeux.

FEM. Un peu plus grande.

Rapp. et diff. Cette espèce se distingue de la *N. analis* par ses épines métathoraciques, et de la *N. velutina* par son thorax et ses pattes noirs; par son deuxième segment de l'abdomen plus court, moins renflé en dessus, et surtout nullement rétréci en arrière, en carré large en dessus, tandis que dans la *N. velutina* il est un peu rétréci en arrière.

Voyez les affinités de la *N. mellifica.*

Nota. J'ai sous les yeux les *Nectarinia*, rapportées du Brésil par M. de St-Hilaire, ce sont les *N. analis, lecheguana* et *Augusti.* Latreille semble avoir confondu ces espèces.

Habite: Le Brésil. Rapportée par M. A. de St-Hilaire, qui, en découvrant cet insecte, faillit être la victime des propriétés vénéneuses de son miel. (Musée de Paris.)

9. N. Mellifica. (1)

Nigra, aureo sericea; metathorace bispinoso; ano margineque abdominis segmentorum, flavis; alis flavescentibus, apice griseis.

Syn. Say. *Polistes mellifica.* North. Amer. Hymen. 390. ♂.

Long. totale 3 1/2 lignes.

Cette espèce ressemble trop à la *N. Lecheguana* pour ne pas engendrer des doutes relatifs à son identité; si l'on s'en tient à la description, elle ne semble en différer que par la couleur jaune de l'anus, mais il est probable qu'un œil attentif découvrirait par la comparaison des deux insectes, d'autres différences tenant à la forme et à la sculpture.

Fem. Corps noir, soyeux, à reflets dorés : mandibules brunes au bout, corselet portant sur sa partie antérieure une ligne enfoncée longitudinale ; ailes jaunâtres ; grises au bout ; écusson subéchancré ; métathorax presque vertical, avec de chaque côté un fort angle spiniforme. Tous les segments de l'abdomen bordés de jaune ; anus jaune.

Male. Premier article des antennes jaune en dessous ; chaperon argenté ; hanches tachées de jaune-blanchâtre.

Habite : Le Mexique. Say rapporte qu'il a vu les Indiens manger le miel qu'ils tiraient d'un nid de ces insectes, malheureusement déjà détruit ; ce miel avait un goût agréable.

10. N. Augusti (2) n. sp.

Parvula, punctata, nigra ; punctis duobus supra clypeum ; abdominis segmentis anguste flavo limbatis, ano flavo ; alis hyalinis, metathorace bispinoso.

♀. Long. 7 mill. ; env. 15 mill.

(1) A propos des remarques que fait Say. p. 391, il faut noter que quand Latreille dit : « Le bord des cinq premiers anneaux jaune, » cela signifie le bord de tous les anneaux, puisque l'abdomen n'en a que six, y compris le segment anal ; il n'y a donc pas de différence essentielle entre les deux espèces quant à la coloration du bord des segments.

(2) Dédiée à la mémoire de M. Auguste de Saint-Hilaire, qui l'a rapportée du Brésil. (*Nota.* Il vient de mourir.)

Ouvr. Petite taille de la *N. scutellata*. Corps finement ponctué ; métathorax offrant deux angles spiniformes ; abdomen très court ; le deuxième segment en dessus presque deux fois aussi large que long. Insecte noir : bout des mandibules roux ; deux petits points jaunes au-dessus des angles supérieurs du chaperon ; tous les segments de l'abdomen étroitement lisérés de jaune, sauf le premier qui est entièrement noir ; anus jaune. Ailes hyalines, nervures noires.

Rapp. et diff. Distincte par sa petite taille, par son corselet entièrement noir, et par ses ailes qui ne sont pas jaunes le long de la côte ni grises au bout.

Habite : Le Brésil. Capit. de Saint-Paul, Rio Grande, Goyaz. Rapportée par M. Auguste de Saint-Hilaire. (Musée de Paris.)

APPENDICE.

EMENDANDA ET ADDENDA.

Dans mon dernier voyage à Londres, j'ai recueilli un grand nombre de matériaux dont plusieurs sont arrivés trop tard pour être intercalés dans le texte de cet ouvrage et je me suis vu forcé de les reléguer dans cet appendice.

On y trouvera en particulier un genre nouveau qui est formé par un type très curieux et très différent des autres Vespiens.

Voyez plus bas le genre *Anthreneïdea*.

Page 5.

Le tableau pour la détermination des genres qui se trouve à la page 5, est incomplet. Il y manque :

1° Le genre Apoïca, qui viendrait se placer sous le même chef que le genre Polybia. La raison de cette omission est que je l'avais d'abord réuni à ce dernier, ce n'est que par suite de l'inspection de son nid que je l'en ai séparé.

2° Le genre Anthreneïdea, arrivé très tard à ma connaissance.

Page 12.

Raphigaster. Ce·nom a déjà été employé. Je me vois donc dans la nécessité de le changer, et j'adopte à sa place celui de :

BELONOGASTER (1).

(1) βελλόνη, *aiguille*; γαϛήρ, *ventre*.

Genre ICARIA.

Ajoutez à ce genre les espèces suivantes :

1o *Appartenant à la IIe section.* (Page 25.)

ICARIA VARIEGATA. (page 25)

J'ai commis une erreur de synonymie à propos de cette espèce qui est bien distincte de celle décrite par M. Smith. Changez donc son nom en :

ICARIA ARTIFEX, n. sp.

(Pl. IV, fig. 3, 3 *a.*)

et rayez le synonyme.

Pour l'espèce décrite par M. Smith, voyez plus bas, p. 237.

ICARIA GREGARIA, n. sp.

Petite taille de l'*I. socialistica.* Formes de l'*I. ferruginea.* Tête, antennes, thorax, pétiole et pattes, d'un ferrugineux lie de vin. Le deuxième segment allongé, noir, avec une bordure jaune régulière ; le reste ferrugineux. Ailes hyalines ; portant au bout une tache ronde noire.

Habite : La Nouvelle-Hollande. (Collect. de M. de Romand).

2o *Appartenant à la IIIe section* (page 30).

ICARIA XANTHURA, n. sp.

Nigra, punctatissima ; abdomine apice aurantiaco ; alis hyalinis, costa nigra.

♀. Long. 9 mill. ; env. 17 mill.

FEM. Formes de l'*I. constitutionalis.* Le premier segment abdominal très fortement campanulé. Tête et corselet grossièrement ponctués ; abdomen très ponctué et couvert de poils couchés. Insecte noir : bout des mandibules ferrugineux, chaperon bordé de jaune-ferrugineux. Le troisième segment de l'abdomen brun en dessus, les suivants orangés. Pattes noires ou noirâtres. Ailes transparentes, la côte et le point, noirs; la deuxième cubitale très droite, la troisième rétrécie vers la radiale, la quatrième grande.

Habite : Madagascar. (Collection de M. Baly.)

3° *Appartenant à la IVe section.* (Page 36).

ICARIA FERRUGINEA. (Page 38.)

Var. Entièrement ferrugineuse. Le deuxième segment indistinctement liseré de jaune.

Rayez des synonymes :

Lepel. St-Farg. *Epipona marginata.* Hym. i. 541,
qui me paraît être distincte.

I. MARGINATA, Lep.

Long. 10 mill.; env. 18 mill.

Ouvr. Bien plus petite que l'*I. ferruginea;* plus grêle. D'un ferrugineux obscur. Coloration comme l'*I. picta.* Ecussons jaunes; bordure du deuxième segment de l'abdomen, jaune, précédée d'une teinte obscure. Pas de taches jaunes libres à ce segment.

J'avais d'abord pris cette espèce pour l'ouvrière de l'*I. ferruginea,* (page 38), ce qui n'est évidemment pas. — A la même page, rayez la *var. A,* qui appartient à l'*I. marginata,* et la *var. B,* qui doit se placer sous l'*I. picta.*

Habite : Les Indes-Orientales.

ICARIA VARIEGATA (1).

Ferruginea, flavo multipicta; abdominis segmento secundo basi flavo bimaculato.

Syn. Smith. *Epipona variegata.* Trans. Ent. Soc. of. Lond., 2e sér., 1852, p. 48.

Longueur totale : 3 1|2 lignes.

(1) Ne confondez pas avec l'*I. variegata* de la page 25, dont le nom a été changé en *I. artifex.* Voyez plus haut, page 236.

FEM. Ferrugineuse ; une ligne bordant les orbites jusque dans le sinus des yeux., chaperon et une tache entre les antennes, devant du scape, mandibules et une large ligne derrière les yeux , jaunes. Au milieu du chaperon, une ligne ferrugineuse. Bord antérieur du mésothorax, prothorax, écailles, une tache sous l'aile, bord antérieur de l'écusson, post-écusson, deux taches ovales sur le métathorax, deux sur la poitrine, jaunes. Pattes ferrugineuses, avec le devant des hanches, une ligne sur la face inférieure des fémurs des deux premières paires, ainsi qu'une ligne sur tous les tibias, jaunes. Abdomen ayant le bout du pétiole, deux taches à la base du deuxième segment, et une large bordure à celui-ci, jaunes. Ailes transparentes avec la radiale brune dans sa moitié externe.

Cette espèce a les formes de l'*I. ferruginea*, et elle est certainement très voisine de l'*I. marginata*. Il ne faut pas donner trop d'importance aux ornements jaunes dans ces espèces où le ferrugineux et le jaune se remplacent continuellement.

Habite : La Chine. Poona. (Collect. de M. Smith.)

I. PICTA (1), n. sp.

Rufa; facie flava; clypei linea nigra verticali; scutellis et metathoracis disco, flavis; abdominis secundi segmenti margine et in ejus basi maculis duabus, flavis; alis apice macula subfusca.

Long. 8 1/2 mill. ; env. 16 mill. ; longueur totale, 10 mill.

FEM. OU OUVR. Formes de l'*I. ferruginea*, mais plus petite. Prothorax rebordé. Pétiole très grêle portant au bout un renflement globuleux. Le deuxième segment un peu plus long que large ; son extrémité tronquée de haut en bas et d'arrière en avant, de façon à ce que vu de profil son bord dorsal se trouve être plus long que le ventral.

Tête d'un roux brun ; vertex noirâtre ; mandibules, bord postérieur des yeux, chaperon, milieu du front et bord interne des orbites jusque dans le sinus des yeux, jaunes. Sur le chaperon, une ligne noire verticale qui n'atteint pas son bord antérieur. Antennes orangées, plus claires en dessous. Corselet

(1) Ne serait-ce pas une variété de l'*I. variegata?*

roux; prothorax liseré de jaune; écussons jaunes; écailles souvent jaunes; métathorax noir avec deux lignes jaunes, ou deux taches qui en couvrent la plaque postérieure. Abdomen roux, deuxième segment brun-noirâtre ou brun avec une large bordure jaune et orné à sa base de deux taches jaunes, les autres segments roux, parfois bordés de jaune; anus souvent noir. Pattes rousses, cuisses postérieures variées de brun, devant des hanches, cuisses et jambes ornés de jaune. Ailes hyalines, nervures de la côte et point, ferrugineux; une tache moyenne brune au bout de la radiale, troisième cubitale élargie vers le limbe; la quatrième trois fois aussi grande qu'elle.

Rapp. et diff. Cette espèce ressemble beaucoup à l'*I. marginata.* mais elle s'en distingue par ses deux taches au deuxième segment de l'abdomen, par la troisième cubitale moins grande par rapport à la quatrième. Elle se distingue de l'*I. artifex,* par son pétiole renflé au bout en un globule, ce qui n'existe pas chez cette espèce.

Habite : Le Bengale. (Musée de Paris.)

ICARIA HONGKONGENSIS, n. sp.

Fusco-rubra; capite et thorace nigro variis; postscutello punctis duobus, metathorace linea, flavis; antennis obscure ferrugineis; alarum apice macula fusca.

♀. Long. 10 1/2 mill. ; env. 20 mill.

FEM. Assez allongé. Pétiole comme dans l'*I. ferruginea,* mais plus long et grêle. Premier segment de l'abdomen court, tronqué à peu près verticalement. Insecte brun : tête noire ; bout du chaperon blanchâtre, mandibules brunes avec une tache blanche ; sur son sommet deux taches rougeâtres ; en dehors de chaque antenne une ligne, et la partie supérieure de l'espace derrière les yeux, ainsi que les antennes, de cette même couleur rougeâtre. Corselet noir, les flancs variés de rougeâtre, le bord postérieur du corselet, deux taches sur le mésothorax, écailles et écussons, rougeâtres ; deux points jaunes sur le post-écusson; deux lignes jaunes confondues dans le sillon du métathorax.

Abdomen brun-rougeâtre, *ponctué comme le corselet ;* le pétiole et
le deuxième segment liserés de jaune-pâle ; et le tout couvert
d'un duvet cendré. Pattes de la couleur de l'abdomen. Ailes un
peu enfumées, le point jaunâtre, la radiale brune à son bord
antérieur.

Habite : La Chine. Hong-Kong. (Musée de Londres.)

ICARIA PHILIPPINENSIS, n. sp.

Brunnea ; abdominis secundo segmento longissimo, margine flavo ; prothoracis et petioli
marginibus flavis ; scutellis flavo quadrimaculatis.

Long. 8 mill. ; env. 15 mill.

Fem. Petite, tête et corselet chagrinés. Pétiole assez court,
grêle, campanulé au bout, et renflé en une bosse transversale à
l'extrémité ; deuxième segment de l'abdomen beaucoup plus
long que large, son bord postérieur tronqué de haut en bas et
un peu d'avant en arrière. Insecte d'un brun chocolat : mandibules tachées de jaune. Les trois bords du chaperon jaunes, ainsi
que le bord interne des orbites. Antennes ferrugineuses en dessous. Prothorax et des taches sur les flancs, roux. Bord antérieur
du corselet, deux taches sur l'écusson, post-écusson, et bord des.
deux premiers segments de l'abdomen, jaunes. Pattes brunes ;
hanches tachées de jaune. Ailes transparentes, le bout à peine
gris. Quatrième cubitale trois fois aussi grande que la troisième.

Habite : Les Iles Philippines. (Musée de Londres.)

ICARIA POLITICA, n. sp.

Ouvr. Exactement comme l'*I. guttatipennis*, sauf ce qui suit :

Corps brun-roux, le devant du prothorax, le bord du 2ᵉ segment de l'abdomen, et souvent celui du pétiole, jaunes-orangés.
La bordure du deuxième segment très festonnée.

Male. Bordure du deuxième segment étroite et régulière.

Habite : Le Sénégal. (Musée de Paris.)

Nota. Je ne serais pas étonné que ce fût une var. de l'*I. gut-*
tatipennis.

4o *Espèce dont on ne connaît pas la section.*

Page 42, n° 2.

Icaria ? tabida.

Rayez cette espèce, voyez *Polybia tabida.*

I. ? Lefebvrei. Le Guillou.

Capite et mandibulis fulvis; facie sulphurea; antennis nigris, primo articulo fulvo; thorace fulvo, sulphureo superne marginato; abdominis secundo segmento maximo; pedibus fuscis ; alis translucidis, ad apicem pallide brunneis.

Syn. Le Guillou. *Polistes Lefebvrei.* Ann. Soc. Ent. Fr. Iᵉ Sér. X. 322.

♀. Long. 12 mill.

Fem. L'écaille est fauve, entourée d'une bande jaune soufre. Quatre lignes longitudinales , couleur jaune soufre, partant de l'écusson, s'élèvent à la moitié du corselet. 'Deux bandes transversales de même couleur couvrent le post-écusson. Une plaque jaune avec un enfoncement au milieu, couvre le métathorax. Le premier segment de l'abdomen fait le pédicule ; il est, par moitié, de couleur fauve au commencement, et jaune-soufre à la fin. Le deuxième, très grand , est fauve, ainsi que les autres, et bordé d'une bande jaune soufre. Les pattes sont fauves, les ailes sont vitreuses, avec une teinte brunâtre à l'extrémité.

Habite : Triton-Bay.

I. ? Sumatræ.

Atra, pubescens; abdominis petiolo rufo, basi nigro; alis hyalinis, apice nigro-nebulosis.

Syn. Weber. *Vespa Sumatræ.* (1) Obs. Entomol. 103. 7.
Illig. *V. mutillata.* Magaz. f. Insektenk. ɪ. 189. 19.
Fabr. *Polistes pubescens.* Syst. Piez. 279. 49.

Long. 4 3ɪ4 lignes.

(1) Le nom de Weber est le plus ancien, puisqu'il est cité par Illiger, quoique prenant date à la même année.

16

Formes de l'*Eumenes pomiformis*. Noire avec un duvet grisâtre : chaperon entouré de blanc; deux points blancs sur les joues. Pétiole aussi long que le deuxième segment, grêle à sa base, campanulé au milieu, mais seulement égal à un tiers de la largeur du deuxième segment. Sa couleur est rouge de brique, avec la base noire et son bord postérieur jaune. Bord des anneaux cilié. Ailes hyalines, la côte et le bout enfumés.

Habite : Sumatra.

Nota. Ce qui me fait penser que cette espèce est bien une *Icaria*, c'est d'abord ce mot de « *pubescens* » ensuite la phrase : « bord des anneaux ciliés » ce qui s'accorde parfaitement avec les caractères des *Icaria*, tandis que les *Eumenes*, ont toujours l'abdomen lisse, et glabre, ou du moins assez pour que les segments ne puissent être ciliés.

Genre POLISTES.

Polistes biglumis. (Page 46).

J'ai vu dans la collection de Linné (1) le type de cette espèce. Elle me paraît distincte du *P. diadema* auquel je l'ai réuni; et sans vouloir cependant rien préjuger sur la valeur de la séparation spécifique de ces deux *Polistes*, je les conserve provisoirement comme distincts; peut-être faudra-t-il par la suite, les considérer comme les variétés d'une même espèce.

Je dédouble comme suit le *P. biglumis* de cette Monographie.

Polistes biglumis.

Syn. *Vespa biglumis.* Linn.! Muell. Gmel. Fabr. Christ. Oliv. Vill. Ins. — *Vespa rupestris.* Linn.

Comme le *P. diadema*, mais tous les ornements étant d'un blanc de neige.

Habite : La Scandinavie.

---

(1) Voyez le supplément à la Monographie des Guêpes solitaires : Avant-propos.

Polistes diadema. Latr.

Syn. Les autres syn. non cités à propos du *P. biglumis.*
plus : Sauss. *P. biglumis*, M. G. sociales., p. 46. (Syn. *P. biglumi.* exc.)

D'après un examen minutieux d'un grand nombre d'individus il ressort qu'il existe des sujets tout-à-fait intermédiaires entre le *P. Gallicus* et le *P. diadema.* Sont-ce des hybrides, sont-ce de simples variétés qui impliquent la nécessité de la fusion de ces deux espèces en une seule, c'est ce que des observations futures prouveront.

Ajoutez aux synonymes :

Menestrié. *Polistes diadema.* Cat. Ins. Rec. p. Lehmann. 2ᵉ part. 91. 987.

Page 48.

Polistes gallicus.

Ajoutez aux synonymes :

Cloquet. *Vespa arbustorum.* Faune des médec. V. p. 304-308.

Ménestrié. *Polistes bucharensis.* Cat. Ins. rec. par Lehmann. 2ᵉ part., 91. 986. (N'est qu'une variété sans taches au méso-thorax et à antennes orangées.)

Cette espèce paraît s'étendre jusqu'en Chine.

Page 103.

Rayez Nº 11. *Vespa undata,* etc. (Voyez la Table),

Page 107.

Apoïca virginea.

Cette espèce varie beaucoup pour les couleurs :
Le corselet devient brun ne laissant de blanchâtre que le post-écusson.

Fem. Tête et corselet bruns ou noirâtres ; écailles et bord postérieur du prothorax ferrugineux. Pétiole brun ; abdomen ferrugineux, très déprimé ; bout du pétiole et les deux tiers antérieurs du deuxième segment, d'un jaune pâle.

Page 133.

Vespa borealis. Zetterzt.

Cette espèce doit être réunie à la *Vespa norwegica*.

Page 182.

Vespa cincta.

Ajoutez aux synonymes :
Westw. *V. cincta*. Ins. of Ind. 89. tal. 57, fig. 1. 2.

Je place ici un genre dont je n'ai pris connaissance que depuis peu de temps, mais qui est très digne d'être noté, car il offre des caractères très singuliers, et forme parmi les Vespiens une section tranchée, en ce que l'innervation des ailes ne ressemble point à celle si uniforme de tous les autres genres.

La deuxième cubitale ne reçoit que la première nervure récurrente, fait dont jusqu'à ce jour on n'avait eu aucun exemple dans la tribu des Vespiens.

Genre ANTHRENEIDA. (1) White.

Car. Deuxième cellule cubitale pétiolée, recevant la première récurrente ; troisième cellule cubitale recevant la deuxième récurrente près de son angle interne.

Chaperon terminé par une dent.

Mandibules courtes, se repliant derrière le chaperon et armées au bout de dents aiguës.

Yeux atteignant les mandibules ; leur échancrure obtuse.

Corselet arrondi en avant ; métathorax comme dans le genre Icaria.

Abdomen pédicellé.

Crochets des tarses simples.

---

(1) Ce genre, extrêmement curieux, n'est connu que par un individu conservé au Musée de Londres, mais privé de son abdomen. Au dire de M. White, cet abdomen offrait un fait unique dans les Vespides et peut-être dans les Hyménoptères : son deuxième segment abdominal avait son bord garni de petites dentelures (qui n'étaient pas des excroissances végétales) ; ce segment emboîte les autres et chevauche sur le troisième, comme dans le genre *Icaria.*

Je crois devoir ranger ce genre parmi les Guêpes sociales, quoique je ne le connaisse que très imparfaitement, parce que son chaperon angulaire, ses mandibules armées de dents terminales et son corselet exactement conformé comme il l'est dans le genre *Icaria*, me démontrent suffisamment ses affinités.

A. Coronata. White. !

Syn. White. *Anthreneida coronata.* Ann. And. Mag. of Nat. Hist. vii. p. 321. Note

Env. 19 mill.

Fem. Tête noire couverte de poils argentés; bout du chaperon et une petite ligne à côté de chaque œil, jaunes. Prothorax large, tronqué droit, finement rebordé. Métathorax un peu concave, ses côtés arrondis; écusson formant ensemble un carré.

Corselet noir; un peu velouté, finement ponctué. Pattes brunes. Antennes noires (la base seule est conservée.) Ailes transparentes; la côte et la radiale brunes; le bout de l'aile enfumé; deuxième cubitale très brièvement pétiolée, recevant la première récurrente au-delà de son milieu; la troisième élargie vers le disque, recevant la deuxième récurrente à son angle interne; la quatrième deux fois aussi grande que la troisième.

On trouve dans la description de M. White :

Pétiole roux ; abdomen noirâtre, ponctué ; les dentelures du deuxième segment sont jaunâtres, et bordées à l'extrémité.

Habite : ..... ?

D'après sa forme, cet insecte semble devoir provenir de l'archipel indien ou de l'ancien continent.

LISTE DES ESPÈCES

QUE JE N'AI PAS RENCONTRÉES OU QUE JE N'AI PU RÉUSSIR

· A RECONNAITRE.

Espèces décrites par Fabricius (1).

1. *Polistes albimaculata.* . . . . Syst. Piz. 276. 36. POLYBIA ?
2. *P. atrophica.* . . . . 280. 52. EUMENES ?
3. *P. bengalensis* . . . . 277. 38. ICARIA ?
4. *P. bioculata* . . . . 278. 41. ICARIA ?
5. *P. bistriata* . . . . 281. 56. POLYBIA ?
6. *P. dorsalis.* . . . . 273. 19. POLISTES ?
7. *P. dorsata.* . . . . 281. 57. POLYBIA ?
8. *P. fusca.* . . . . 274. 25. ICARIA ou EUMENES ?
9. *P. fuscata.* . . . . 270. 4. POLISTES ?
10. *P. lateralis* . . . . 273. 21. RHYGCHIUM ?
11. *P. Nestor* . . . . 272. 18. POLISTES ?
12. *P. striata* . . . . 271. 12. POLISTES ?
13. *P. Sumatræ* . . . . 273. 23. ICARIA ou EUMENES ?
14. *P. varia* . . . . 279. 48. EUMENES ?
15. *Zethus elongatus.* . . . . 283. 5. POLYBIA ?

(1) Ce sont naturellement les seules que je cite, puisque les autres auteurs anciens plaçaient tous les Vespides dans le genre Vespa et que, ne sachant distinguer celles qui appartiennent aux guêpes solitaires de celles qui font partie des sociales, j'en ai donné la liste à la fin de la monographie des Euméniens.

TABLE ALPHABÉTIQUE
DES GENRES, DES ESPÈCES,
ET DE LEURS SYNONYMES.

(1) Nom qui doit remplacer celui de *Raphigaster*, p. 12.

(1) Voyez *Polybia tabida*.

(1) Ce nom doit être changé en *diadema*. Voyez les corrections indiquées p. 241.
(2) P. 46. *P. biglumis*. Le nom doit être changé.

ERRATA (1).

Page 3. Avant-dernière ligne, *au lieu de* : Myschocytharus, *lisez* : Mischocyttarus.

Page 4. Avant-dernière ligne, *au lieu de* : intermédiaire entre , *lisez* : intermédiaire aux.

Page 5. Ligne 2*, *au lieu de* : Nectarina, *lisez* : Nectarinia.

Ligne 6*, à partir du bas, *au lieu de* : Mischocytharus, *lisez* : Mischocyttarus.

Page 8. N° 2. Dans la diagnose, *au lieu de* : quartæ, *lisez* : quarta, et *au lieu de* : secunda nervo recurrentoque, etc., *lisez* : nervoque recurrenti secunda anguloso.

Page 22. *Au lieu de* : LATERONIDES, *lisez* : LATERINIDES.

Page 25. N° 3. Dans la diagnose, *au lieu de* : abdominisque segmento, etc., *lisez* : abdominis segmento, etc. — *Au lieu de* : duobus, *lisez* : duabus.

Page 26. N° 4. Dans la diagnose, *au lieu de* : margine flavo, *lisez* : margine flavis.

Page 28. N° 6. Ibid. *Au lieu de* : abdominis segmentorumque, *lisez* : abdominisque segmentorum, etc. — *Au lieu de* : cubitalis, *lisez* : cubitali. — *Au lieu de* minore *lisez* : minori.

Page 30. N° 8. Ibid. *Au lieu de* : viride *lisez* : viridi.

Page 33. N° 10. Ibid. *au lieu de* : longiore, *lisez* : longiori. — *Au lieu de* : tenue, *lisez* : tenui.

Page 36. N° 14. Ibid. *Au lieu de* : scutellis, *lisez* : in scutellis.

Page 37. Dernière ligne. *Au lieu de* : I. inconstitutionalis, *lisez* : I. pomicolor.

Page 41. *Au lieu de* : le Guillon, *lisez* : le Guillou.

Page 46. N° 1. Dans la diagnose, *au lieu de* : discho, *lisez* : disco.

Page 48. N° 2. *Au lieu de* : P. GALLICA, *lisez* : P. GALLICUS.

Page 55. N° 11. *Au lieu de* : HOPLITUS, *lisez* : HOPLITES.

Page 71. N° 31. *Au lieu de* : P. CALLIMORPHA, *lisez* : P. CALLIMORPHUS.

Page 78. N° 40. Dans la diagnose, *au lieu de* : orantiacis, *lisez* : aurantiacis.

Page 81. N° 44. Ibid. *Au lieu de* : metathorace, *lisez* : metathoracis.

Page 96. N° 57. Ibid. *Au lieu de* : segmentorumque, *lisez* : segmentorum.

Page 98. N° 59. Ibid. *au lieu de* : ejus minor, *lisez* : sed minor.

N° 60. Ibid. *Au lieu de* : metathorace, *lisez* : metathoracis.

Page 100. N° 62. Ibid. *Au lieu de* : ovoido, *lisez* : apice rotundato, etc.

Page 102. N° 2. Ibid. *Au lieu de* : migris, *lisez* : nigris.

Page 104. P. CYNOSTOMA. Rayez le synonyme (nom inédit).

(1) Obligé comme je l'étais de confier à une personne étrangère à l'entomologie le soin de la publication de ce travail, pendant le temps que j'employais à voyager, il s'est glissé, soit dans le texte, soit dans les planches, des erreurs de copistes et de compositeurs, et des fautes typographiques, que je regrette amèrement d'y voir figurer. — Le lecteur est prié d'introduire les corrections dans le texte.

256

Page 107. N° 12. Dans la diagnose, *au lieu de* : costa ferrugineis, *lisez* : costa ferruginea.

Page 112. N° 1. *Au lieu de* : V. ANOMALA, *lisez* : V. DORYLLOÏDES.

Page 120. N° 4. *Au lieu de* : Herr.-Schæff., etc., *lisez* : ? Herr.-Schæff., etc.

Page 130. Ligne 1re, *au lieu de* : Herr.-Schæff., etc., *lisez* : ? Herr.-Schæff., etc.

Page 132. N° 11. *Au lieu de* : V. ORIENTALIS, Fabr., *lisez* : id. Linn.

Page 133. N° 12. *Au lieu de* : fuscis, *lisez* : fusco.

Page 134. N° 14. *Au lieu de* : antennis, *lisez* : antennarum.

Page 141. N° 21. *Ajoutez* : n. sp.

Page 142. N° 23. Dans la diagnose, *au lieu de* : basi, *lisez* : baseos.

Page 143. N° 25. Ibid. *Au lieu de* : discho, *lisez* ; disco.

Page 148. N° 30. Ibid. *Au lieu de* : orantiaco, *lisez* : aurantiaco.

Page 149. N° 32. Ibid. *Au lieu de* : prolhorace, *lisez* : prothorace. — *Au lieu de* : abdomini, *lisez* : abdominis.

Page 150. N° 34. Ibid. *Au lieu de* : aliis, *lisez* : reliquis.

Page 157. Au lieu de : POECYLOGYTTARES , lisez : POECILOCYTTARES.

Page 168. N° 2. *Ajoutez* : n. sp.

Page 171. N° 6. *Au lieu de* : SYLVEIBÆ, *lisez* : SYLVEIRÆ.—Dans la diagnose, *au lieu de* : acuto, *lisez* : aucto.

Page 172. N° 7. Dans la diagnose, *au lieu de* : posteriore, *lisez* : posteriori.— *Au lieu de* : abdominis segmentorum marginibusque, *lisez* : abdominisque segmentorum marginibus, etc.

Page 173. N° 8. *Au lieu de* : posteriore *et de* orantiacis, *lisez* : posteriori *et* aurantiacis.

Page 182. N° 21. Ibid. *Au lieu de* : P. PARÆNSIS, *lisez* : PARAENSIS. — Dans la diagnose, *au lieu de* : discho, *lisez* : disco.

Page 190. N° 80. Dans la diagnose, *au lieu de* : similissima, *lisez* : simillima.

Page 191. N° 82. *Au lieu de* : P. CONSTRUCTOR, *lisez* : P. CONSTRUCTRIX. — *Au lieu de* : mesothoracis discho et metathoracis, etc., *lisez* : mesothoracis disco, metathoracis, etc.

Page 199. N° 42. *Ajoutez* : n. sp.

Page 200. N° 43. *Ajoutez* : n. sp.

Page 202. N° 46. *Ajoutez* : n. sp.

Pl. I. *Au lieu de* : Stulocyttares, *lisez* : Stalocyttares. — *Au lieu de* : Lateronides, *lisez* : Laterinides. — *Au lieu de* : Phragmacyttares, *lisez* : Phragmocyttares. — *Au lieu de* : Brachygaster, *lisez* : Nectarinia.

Planche II. *Au lieu de* : Ichnogaster, *lisez* : Ischnogaster.

Planche III. *Au lieu de* : Mischocytharus , *lisez* : Miscocytarus.

Planche XXIII. *Au lieu de* : 8. P. PHTHYSICA, *lisez* : P. PHTHISICA.

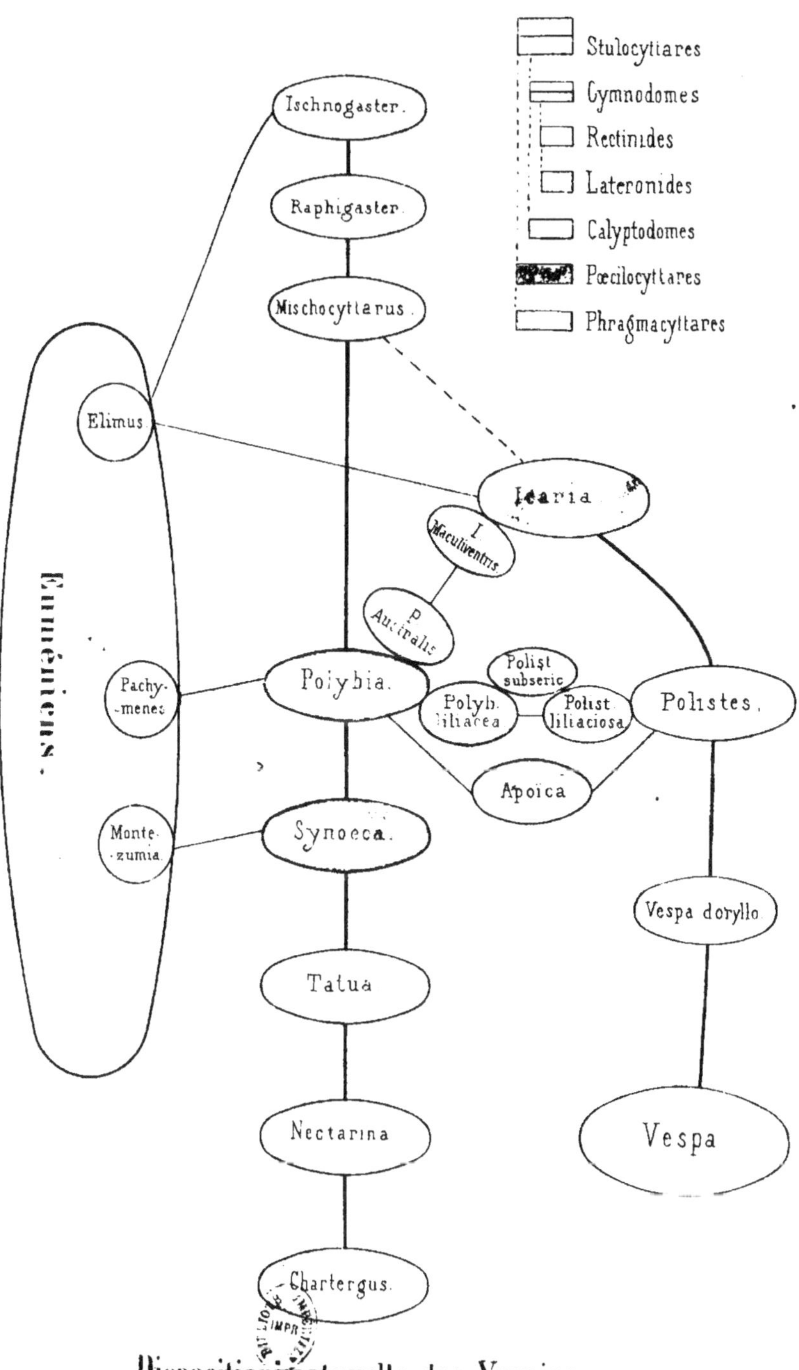

Disposition naturelle des Vespiens.

PLANCHE II.

Caractères du genre ISCHNOGASTER.

1 *a*. Lèvre de l'*I. Mellyi*, Sauss.
1 *b*. Mâchoire du même.
1 *c*. Mandibule du même.
1 *d* Aile du même. La deuxième cellule cubitale est très grande, nullement rétrécie vers la radiale.
1 *f*. Nid du même.
Voyez la figure de l'*I. micans*, Sauss., sur la planche supplémentaire.

Genre RAPHIGASTER.

Caractères du genre RAPHIGASTER.

2 *a*. Mâchoire du *R. junceus*, Oliv. Les palpes ont cinq articles seulement, dans ce genre; dans tous les autres ils en ont six.
2 *b*. Mandibule du même.
2 *c*. Antenne de la femelle du même.
2 *d*. Antenne du mâle du même.
2 *f*. Chaperon du même ♀. Il est terminé par une dent.
2. *R. junceus*, Oliv. (*Guineensis*, Fab.) ♀, var. d'Abyssinie.
3. *R. Guerini*, Sauss. ♀.
3 *a*. Partie caractéristique de l'aile du même.
4. *R. filiformis*, Sauss. ♀.
5. Partie caractéristique de l'aile du *R. filiventris*, Sauss. La quatrième cubitale trois fois aussi grande que la troisième; le bord radial de cette dernière plus court que son bord interne.
6. Partie caractéristique de l'aile du *R. rufipennis*, De Geer. La quatrième cubitale à peine deux fois aussi grande que la troisième.
7. Partie caractéristique de l'aile du *R. madecassus*, Sauss. Le bord radial de la troisième cubitale plus long que son bord interne.

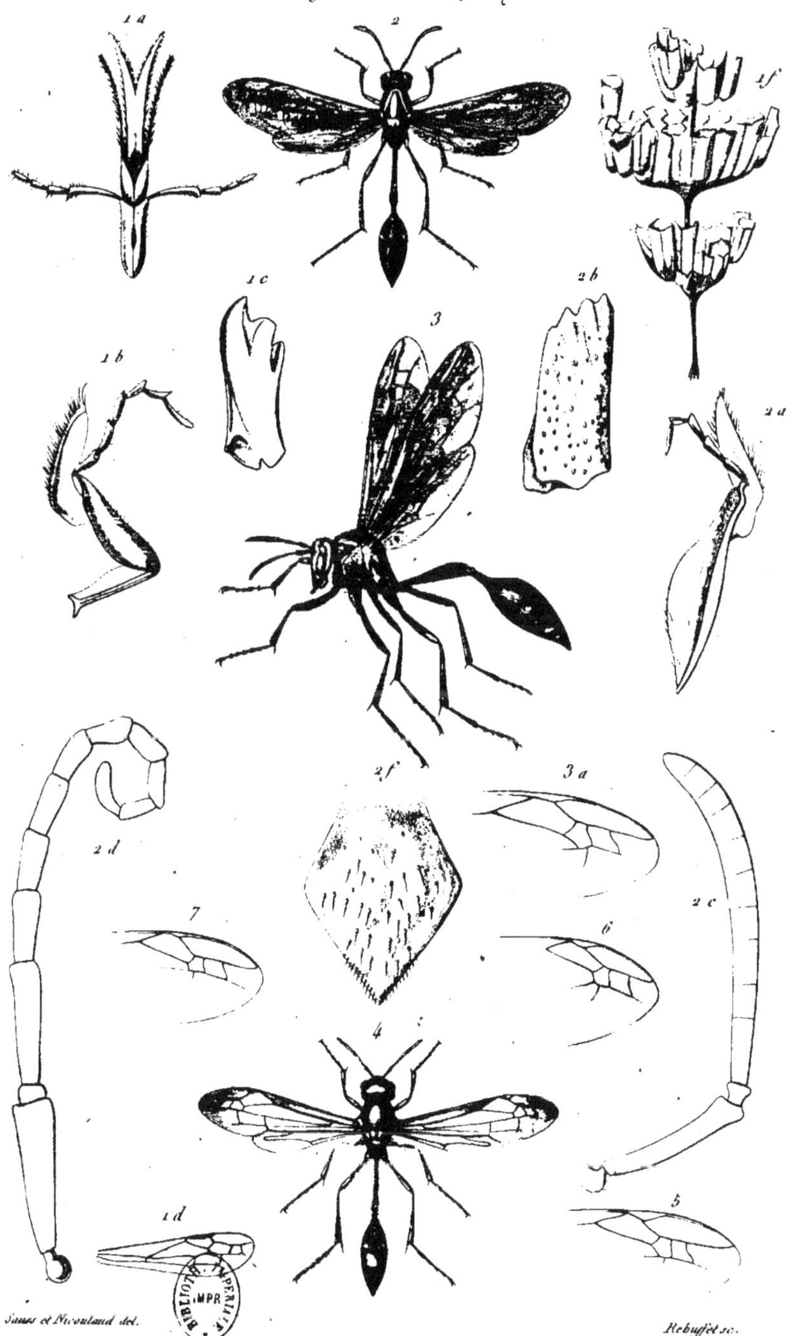

1. J. MELLYI. 2. R. GUINEENSIS. 3. R. GUERINI.
4. R. FILIFORMIS.

PLANCHE III.

Genre MISCHOCYTTARUS.

Caractères du genre MISCHOCYTTARUS.

1. Partie caractéristique de l'aile. (La radiale devrait être plus allongée, et son bord postérieur plus convexe en avant.)
2. Lèvre du *M. labiatus*, Fab.
3. Mâchoire du même.
4. Mandibule du même.
5. Tête du même, montrant la forme du chaperon, qui n'est pas distinctement terminé par une dent, comme cela a lieu dans les
autres genres. (Voyez pl. II, fig. 2 *f.*)
6. Antenne du mâle du même.
7. Tarse d'un Vespien pour montrer la forme des crochets qui sont
entièrement simples, sans dents.
    7 *a.* Le même vu en dessus.
8. *M. labiatus*, Fabr. ♀.
    8 *a.* Profil du même.
9. Nid du même.

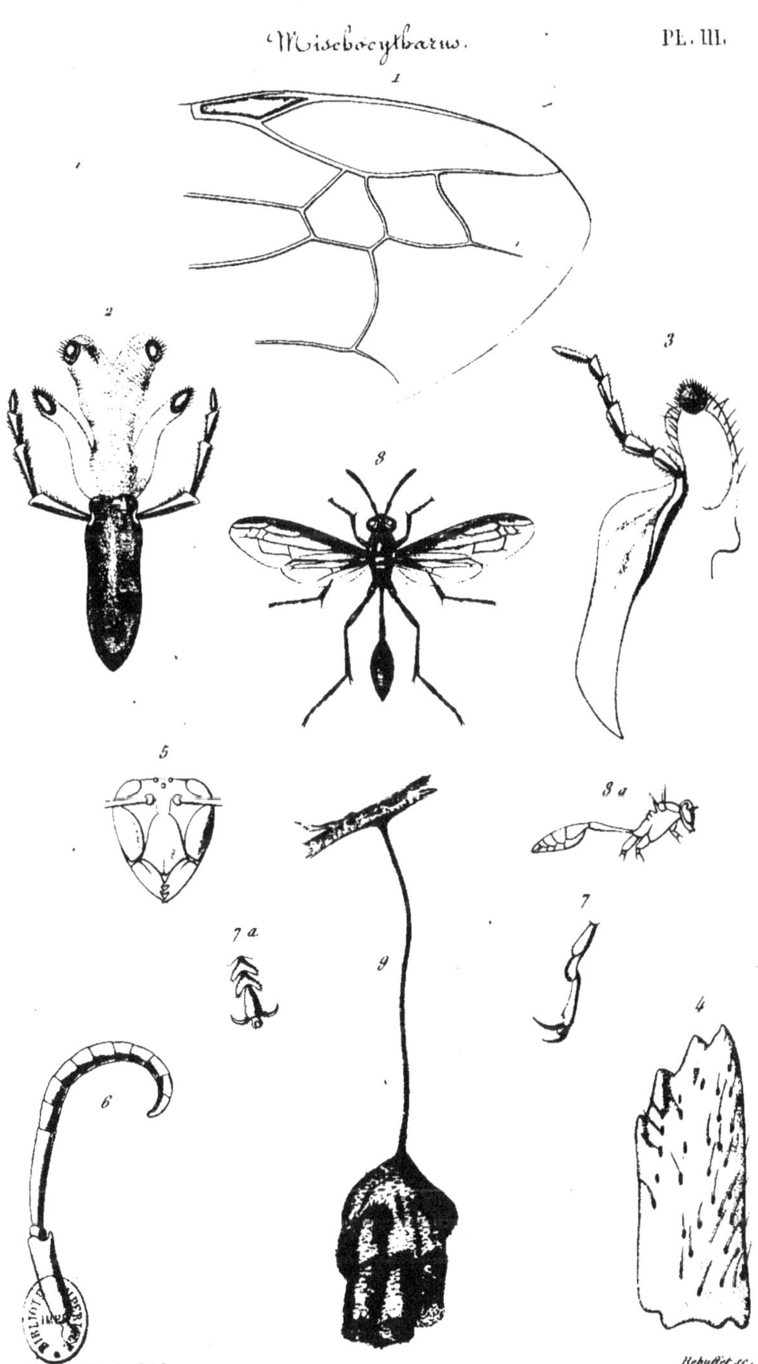

M. LABIATUS.

Paris. Imp. Cémy Gros. r. St Jacques, 33.

V   PLANCHE IV.

Genre ICARIA.

Caractères du genre.

1 *a*. Lèvre de l'*I. guttatipennis*, Sauss.
1 *b*. Mâchoire de la même.
1 *c*. Mandibule de la même.
2. Aile de l'*I. Cabeti*.
3. *I. variegata*, Smith. ♀ (grossie).
    3 *a*. Nid de la même.
4. *I. constitutionalis*, Sauss. ♀ (grossie).
    4 *a*. Profil de la même. Le pétiole offre un fort renflement,
        le deuxième segment est tronqué de haut en bas et
        d'avant en arrière.
5. *I. phalansterica*, Sauss, ♀ (grossie).
    5 *a*. Profil de la même.
6. *I. socialistica*, Sauss. ♀ (grossie).
    6 *a*. Profil de la même.
7. Nid tout à fait semblable à celui figuré en 3 *a*, composé comme
    lui d'une double rangée d'alvéoles, et que je présume avoir été
    construit par une espèce d'*Icaria*.

    Ce nid est censé venir de l'Amérique du sud ; je suppose
qu'il y a là erreur et qu'il est bien originaire de l'ancien continent ou d'Australie, car le genre *Icaria* ne se trouve pas en
Amérique. Si cependant ce nid avait bien l'origine qu'on lui
suppose, il aurait été construit par quelque Polybie, et les
genres *Icaria* et *Polybia* ne devraient plus en former qu'un
seul, puisqu'ils sont si voisins et que leur mode de nidification
est une des principales raisons qui porte à les séparer.

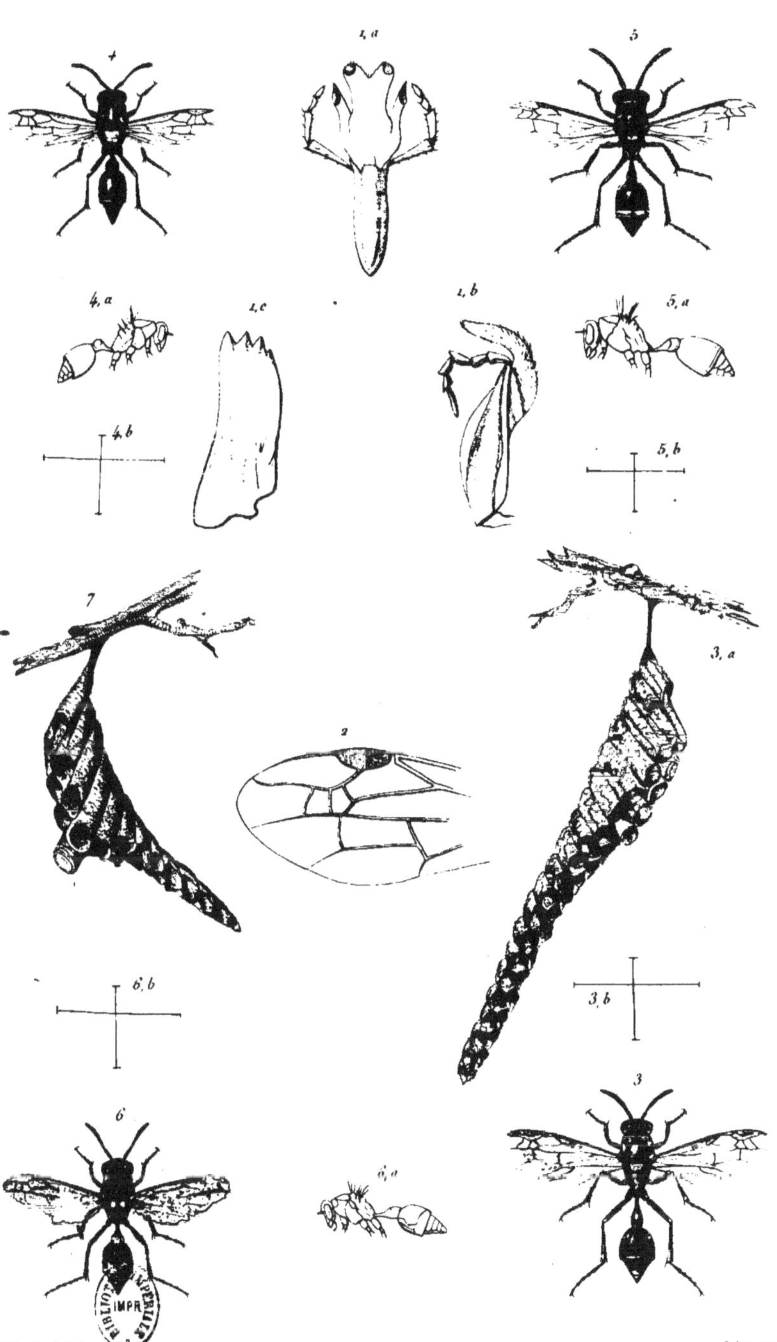

3. J. VARIECATA.　4. J. CONSTITUTIONALIS.　5. J. PHALANSTERICA.
6. J. SOCIALISTICA.

PLANCHE V.

Genre ICARIA.

1. Aile de l'*I. phalansterica*, Sauss. (IIIe section.)
2. *I. Cabeti*, Sauss. ♀ (grossie).
     2 *a*. Tête de la même.
3. *I. pomicolor*, Sauss. ♀ (grossie).
     3 *a*. Profil de la même. Le deuxième segment de l'abdomen tronqué de haut en bas et d'arrière en avant.
4. *I. anarchica*. Sauss. ♀ (grossie).
     4 *a*. L'abdomen de la même.
5. Aile de l'I. *guttatipennis*, Sauss. (IVe section.)
6. *I. ferruginea*, Fab. ♀ (grossie). Dans l'ouvrière la bande jaune du deuxième segment de l'abdomen est étroite.
     6 *a*. Tête de la même.
7. *I. revolutionalis*, Sauss. ♀ (grossie).
     7 *a*. Profil de la même.
8. *I. guttatipennis*, Sauss. ♀ (grossie).
9. *I. cincta*, Lepel. ♀ (très grossie), var. Cet individu est attaqué de la guêpe végétante ; de toutes ses articulations sortent de longues végétations qui ont causé la mort de l'insecte. On en voit surtout deux très grosses qui ont poussé dessous les écailles des ailes et qui ont refoulé ces organes en bas, et plusieurs autres qui sortent des articulations des segments abdominaux.

   Voyez pl. XI un autre exemple de cette maladie, qui attaque fréquemment les Guêpes des tropiques.

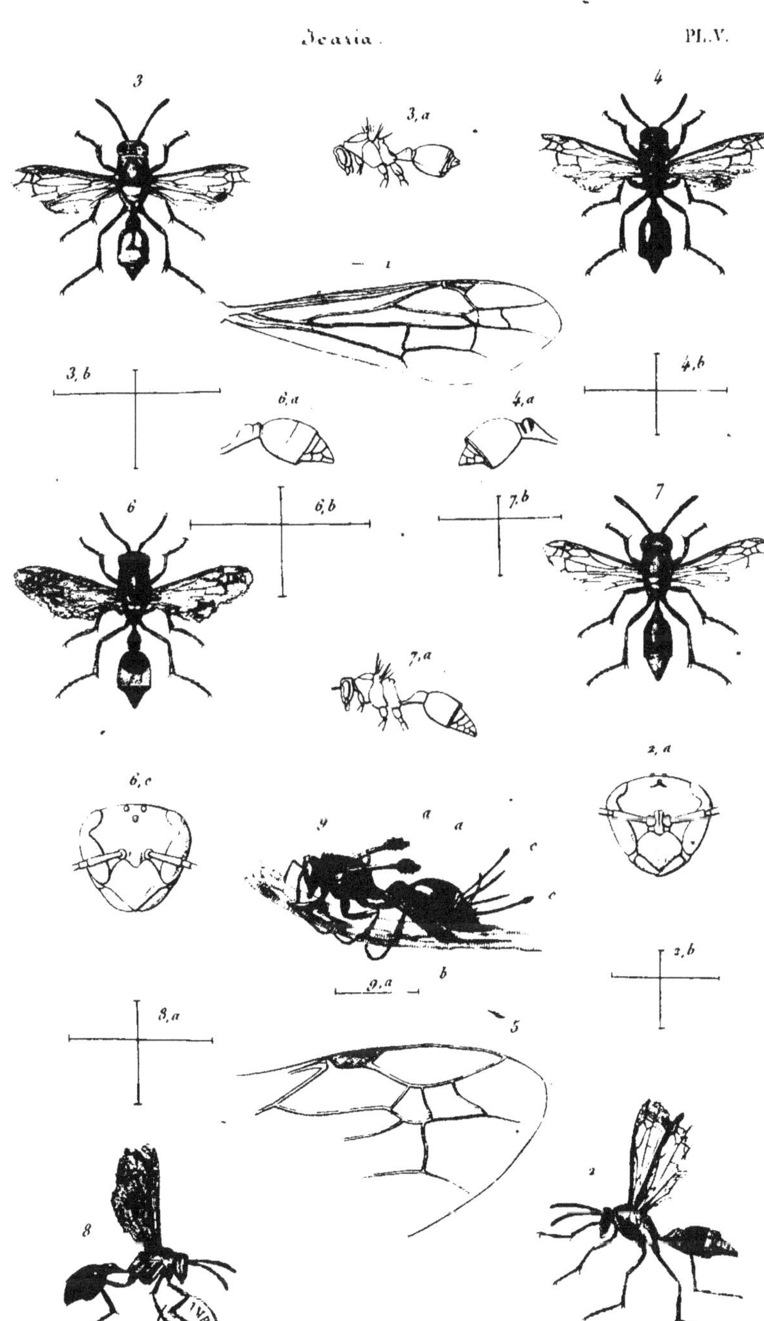

2. J. CABETI.   3. J. POMICOLOR.   4. J. ANARCHICA.   6. J. FERRUGINEA.

7. J. REVOLUTIONALIS.   8. J. GUTTATIPENNIS.   9. J. CINCTA, (anom.,)

Paris. Imp. Geny Gros, r. S! Jacques, 33.

Genre POLISTES.

1. *Caractères du genre* POLISTES.

    1 *a*. Lèvre du *Polistes gallicus*, Fab.

    1 *b*. Mâchoire du même.

    1 *c*. Tête du même, pour montrer la forme du chaperon, terminé par un angle, et la brièveté des mandibules qui, dans l'état de repos, sont à peine visibles par devant.

    1 *d*. Mandibule du même. Dans ce genre, ces organes sont presque aussi courts que dans les *Vespa*, et sensiblement moins longs que dans les *Polybia*.

2. *Polistes marginalis*, Fabr. Fem. grossie.

3.   —   *stigma*, Fabr. Fem. grossie.

4.   —   *maculipennis*, Sauss. Fem. grossie.

5.   —   *synœcus*, Sauss. Fem. grossie.

6.   —   *Tasmaniensis*, Sauss. Fem. grossie.

7.   —   *diabolicus*, Sauss. Fem.

8.   —   *Picteti*, Sauss. Fem.

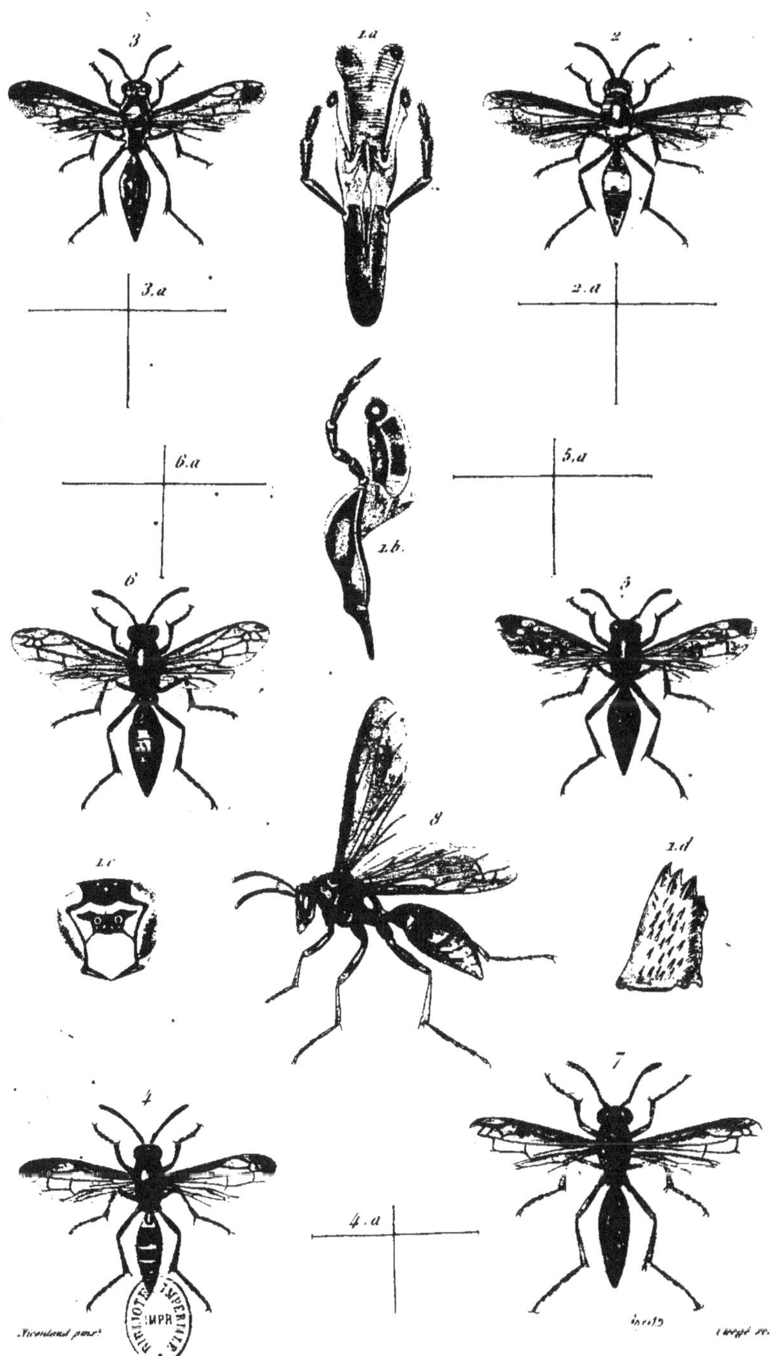

2. P. MARGINALIS. 3. P. STIGMA. 4. P. MACULIPENNIS. 5. P. SYNOECUS. 6. P. TASMANIENSIS.

7. P. DIABOLICUS. 8. P. PICTETI.

Imp. Toursaut.

PLANCHE VII.

Genre POLISTES.

1. *Polistes hebræus* (var. *macaensis*), Fab. ♀.
2. — *chinensis*, Fabr. ♀.
3. — *Smithii*, Sauss. ♀ grossie.
4. — *metricus*, Say. ♀.
5. — *versicolor*, Fabr. (Voyez encore pl. VIII, fig. 6, 6 *a*.)
6. — *binotatus*, Sauss. ♀.
7. Les valves articulaires du métathorax vues par derrière.
8. Les mêmes vues en dessus.

     a a. *Stries du métathorax.*

     v v. *Les valves.*

     o o. *Saillies qui emboîtent la base de l'abdomen.*

     m. *Funiculus, ou muscle qui sert à relever l'abdomen.*

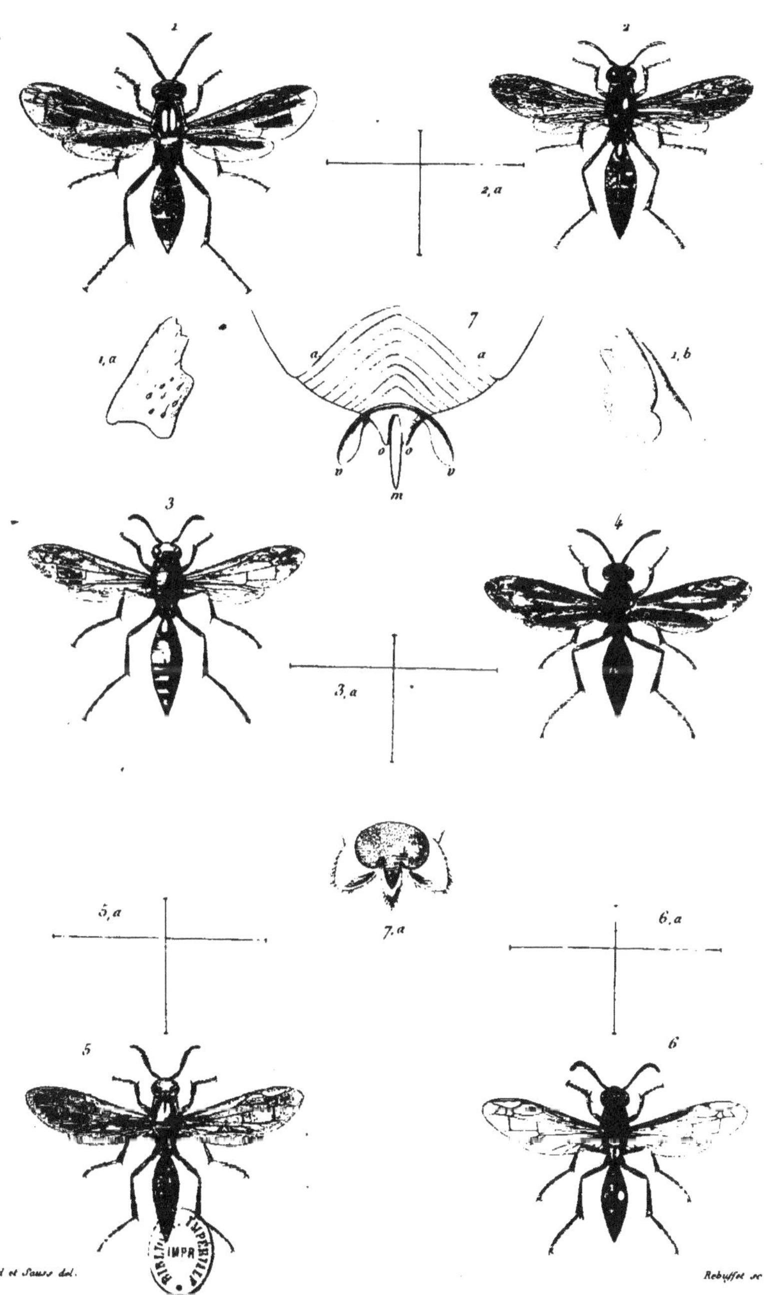

1. P. MACAENSIS   2. P. CHINENSIS   3. P. SMITHII   4. P. METRICUS

5. P. VERSICOLOR   6. P. BINOTATUS

Boulaud et Sausse del.   Rebuffet sc.

Paris Imp Bérry Gros r St Jacques 33.

V.

PLANCHE VIII.

STELOCYTTARES. *GYMNODOMES LATERINIDES.*

Genre POLISTES.

1. *Polistes tepidus*, Fabr., avec son nid. Celui-ci est composé d'un disque de cellules supporté par un pédicule excentrique qui vient se fixer à une branche d'arbre.
2. Jeune nid de *Polistes gallicus*.
3. Nid de *Polistes tasmaniensis*, commençant à se former.
4. *Polistes annularis*, Fab. ♀.
> 4. *a*. Nid du même, presque de grandeur naturelle. — Ce nid entièrement prolongé dans le sens latéral, est très régulièrement construit ; il offre un noyau de deux cellules, puis il va croissant selon les nombres 3, 4, 5, 6, etc.
5. Autre nid américain, très voisin du précédent pour la structure, mais encore plus régulier. (Vu par sa face dorsale). Il commence par le nombre 1, et va croissant régulièrement selon les nombres 2, 3, 4, 5, 6, etc.
6. *Polistes versicolor*, Fab. ♀. Var. sans noir, entièrement ferrugineuse, manquant de plusieurs taches jaunes. (Voyez pl. VII, fig. 5, une autre variété). Cet individu est probablement éclos dans une saison avancée et n'est pas arrivé à un parfait développement des couleurs. Rien n'est plus fréquent que ces variations chez le Polistes.
> 6 *a*. Nid du même, vu par sa face supérieure et de forme très extraordinaire. Il est en forme de rectangle et comme étranglé au milieu ; au centre était probablement une simple petite masse gommeuse servant à le fixer. Je ne puis supposer qu'il fut porté par un pédicule, car sa face supérieure est concave, et le contraire a lieu lorsque le pédicule existe. (Il est possible que la forme de ce nid tienne à ce qu'il ait été gêné dans son accroissement par les objets environnants.)

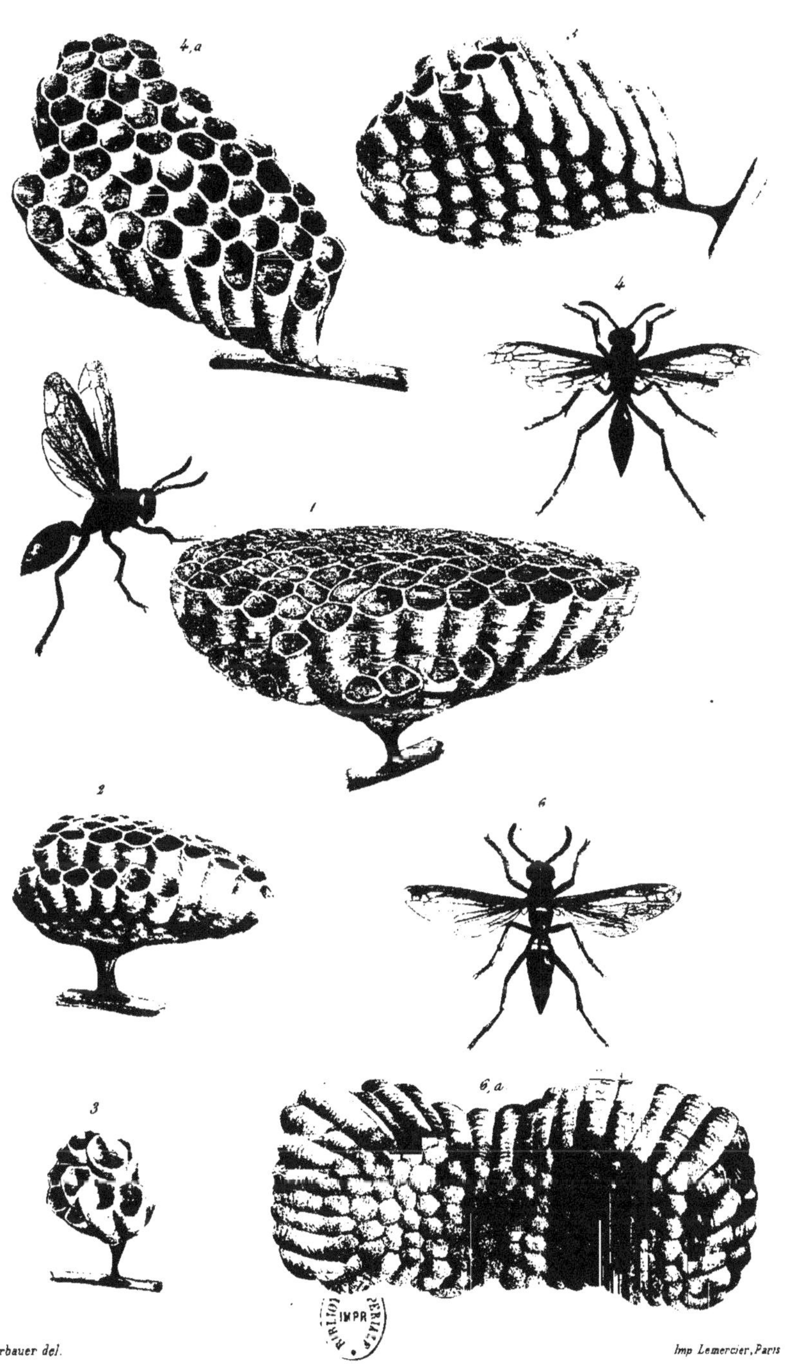

Lackerbauer del.

Imp. Lemercier, Paris

1. P. TEPIDUS.   4. P. ANNULARIS.   6. P. VERSICOLOR . VAR.

v. PLANCHE IX.

STELOCYTTARES. *GYMNODOMES LATERINIDES* (1).

Genre POLISTES.

1. *Polistes canadensis,* Linn. ♀.
    1 *a.* Nid du même, renversé.
        Ce nid est composé d'un disque de cellules assez irrégu-
        lières, plutôt rondes que polygonales, et dont plusieurs
        contiennent des nymphes et des insectes parfaits. Il est
        fixé par un pédicule tout à fait latéral, qui s'étale à sa
        base sur la surface à laquelle il adhérait. (Probablement
        quelque rocher ou le bord du toît de quelque maison.
    1 *b.* Mandibule du mâle du *P. canadensis.*
2. Nid de Poliste vu en dessus, attaché à une branche d'arbre par
    un pédicule tout à fait latéral, et dont la forme va croissant selon
    les nombres 2, 3, 4, 5, 6, 7, etc.
3. Autre nid de Poliste vu en dessous, dans lequel les séries de
    cellules sont rangées selon la longueur du nid.

Ces trois nids fournissent un bon exemple de ce que j'appelle les GYMNODOMES LATERINIDES.

Nota. J'ai figuré les n⁰ˢ 2 et 3, sous le nom de *Polistes gallicus,* parce que ces objets portent ce nom dans la collection du Musée de Paris, mais je suis bien convaincu qu'en acceptant ainsi sur parole une détermination hasardée, je tombe dans une erreur. En effet, tous les nids bien authentiques de *P. gallicus,* que j'ai examinés, ont un pédicule plus ou moins central, comme par exemple pl. VIII, fig. 2; et je ne crois pas me tromper en rapportant le n⁰ 3, au *P. marginalis.* Il offre même une si grande ressemblance avec le nid de cette espèce figuré dans les *Ins. d'Af. et d'Amér.,* que je suis tenté de croire qu'il s'agit bien ici du nid typique de Palissot de Beauvois.

(1) Voyez encore les pl. VIII, X et XIII.

—

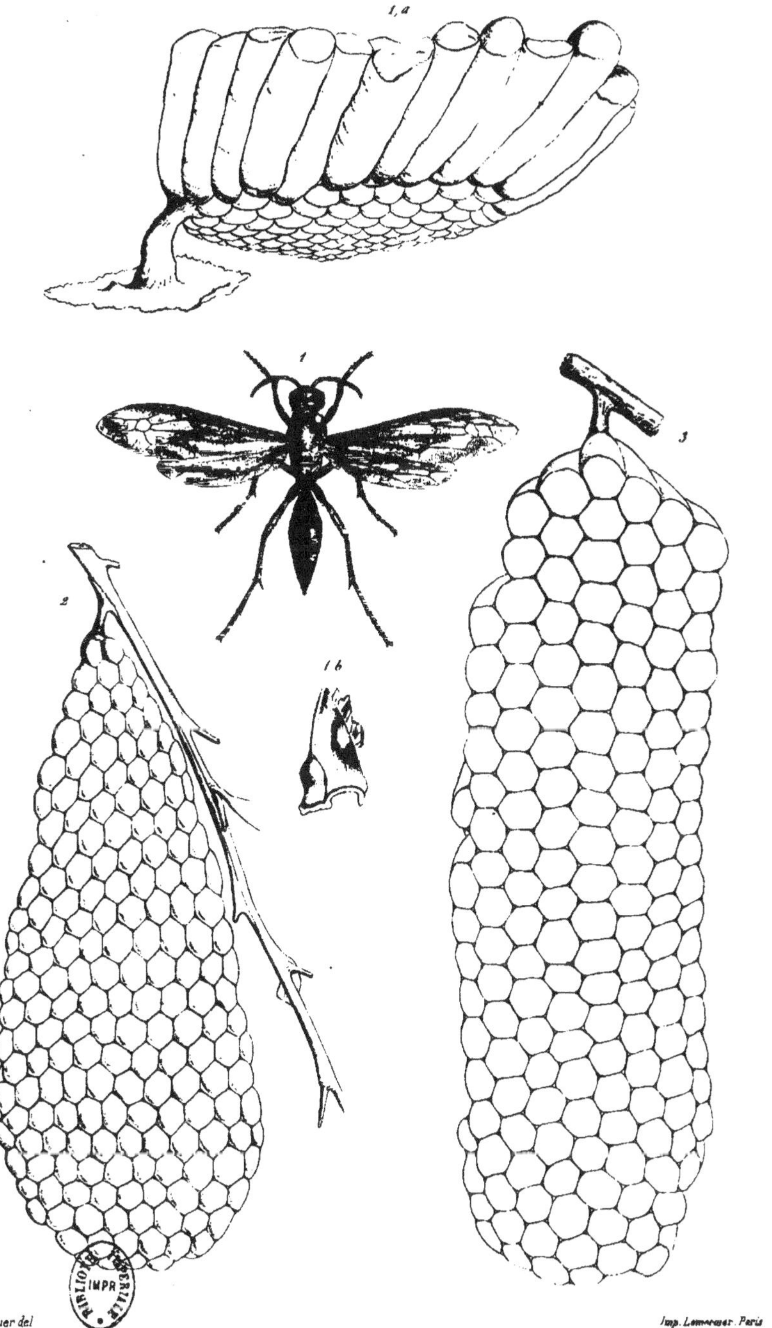

1. P. CANADENSIS. 2.3 P. GALLICA.

PLANCHE X.

Genre POLISTES.

1. *Polistes callimorphus*, Sauss. ♀, grossi.
2. *Polistes instabilis*, Sauss. ♀, grossi. (1)
3. *Polistes ruficornis*, Sauss.
4. *Polistes cinerascens*, Sauss. ♀, grossi.
5. *Polistes carnifex*, Fabr. ♀, sur son nid.

Ce nid, qui m'a été envoyé de Bahia, est un peu comprimé, ovale. Il est fixé à une branche d'arbre par un court pédicelle.

Ici il est représenté renversé ; dans la position naturelle les alvéoles regardent toujours en bas.

(1) Voyez encore pl. XI, fig. 1.

V.

1. *P. CALLIMORPHA*   2. *P. INSTABILIS var.*   3. *P. RUFICORNIS*

4. *P. CINERASCENS.*   5. *P. CARNIFEX*

Paris. Imp. Geny-Gros. r. S.ᵗ Jacques. 33

PLANCHE XI.

Genre POLISTES.

1. *Polistes instabilis*, Sauss. ♀, var. (Voyez aussi pl. X, fig. 2).
2. *Polistes Acteon*, Halid. ♀. grossi.
3. *Polistes minor*, Pall. Beauv. ♀. grossi.
4. *Polistes americanus*, Fabr. ♀, var. rouge (1).
5. *Polistes americanus*, Fabr. ♀, var. noire. Individu attaqué de la *guêpe végétante*, couvert de longues végétations. Il paraît être mort de cette maladie en se cramponnant à la branche d'un arbrisseau. Cette espèce de Poliste semble être très sujette à cette maladie, car Felton avait déjà décrit dans le siècle dernier un individu attaqué du même mal et qu'il avait nommé pour cette raison *Vespa crinita*. (Voyez aussi Pl. V, fig. 9.)
6. *Polistes lineatus*, Fabr. ♀.
7. *Polistes liliaciosus*, Sauss. ♀. grossi.
8. *Polistes cavapyta*, Sauss. ♀.

(1) Les taches du mésothorax sont trop rouges sur la majeure partie des épreuves.

PL. XI.

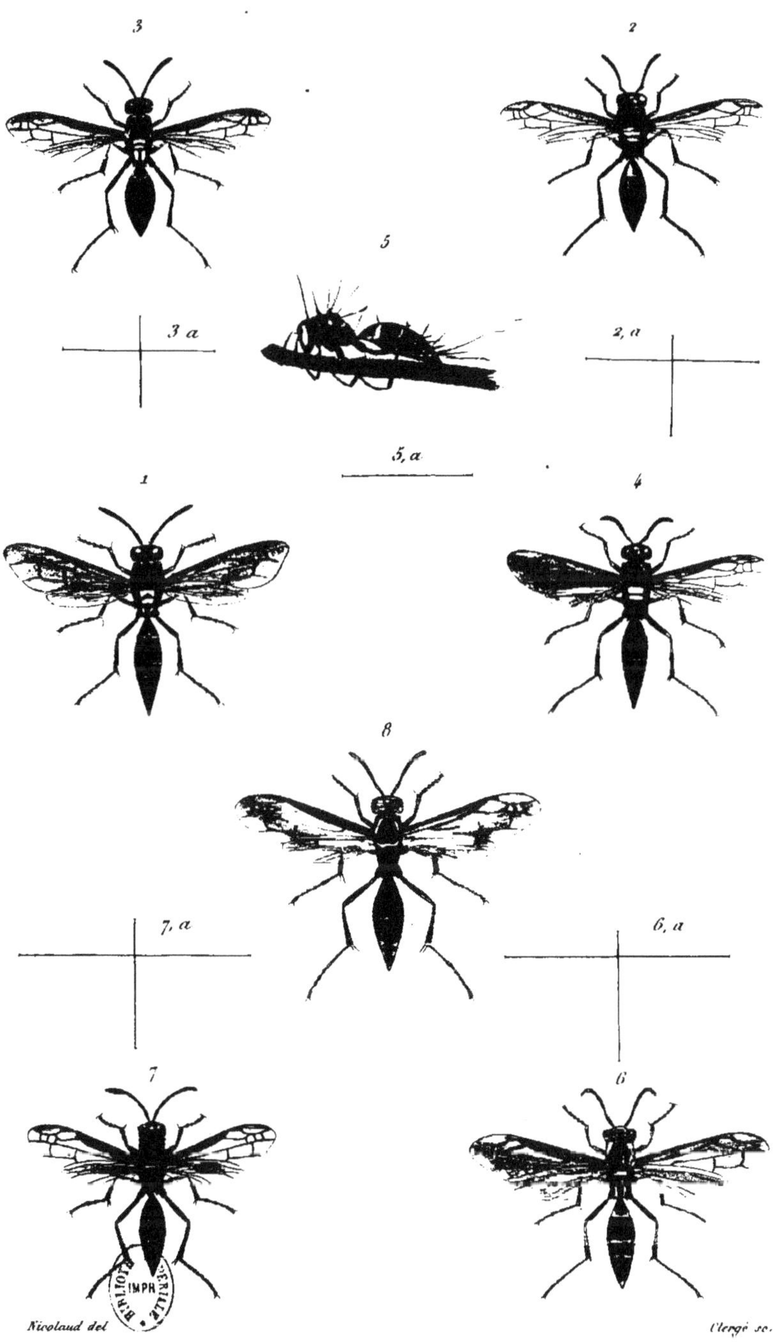

1. P. INSTABILIS.   2. P. ACTEON   3. P. MINOR   4-5. P. AMERICANUS

6. P. LINEATUS.   7. P. LILIACIOSUS   8. P. CAVAPYTA

Paris. Imp. Geny-Gros, r. St. Jacques, 33.

Genre POLISTES.

1-4. *Polistes pallipes*, Lepel. Fem. Cette espèce est très variable, et les quatre figures ne représentent que les variétés extrêmes; elles sont si nombreuses qu'on passe de la première à la dernière par une série de transitions insensibles.

5. *Polistes exilis*, Sauss. Mâle.

6. *Polistes opalinus*, Sauss. Fem. (*Les taches de l'abdomen sont trop grandes et trop écartées du bord; dans la nature elles apparaissent comme des morceaux de la bordure qu'on aurait déchirée.* Il a été impossible de rendre les reflets opalins de l'abdomen de cette espèce.)

7. *Polistes subsericeus*, Sauss. Mâle. (Type de la deuxième division.)

8-10. Formes théoriques de l'abdomen des Polistes.

La figure 8 représente un losange allongé auquel on peut approximativement rapporter la forme de l'abdomen des Polistes. Les angles a et o représentent la base et l'extrémité de l'abdomen; les angles e et u n'existent pas, car les lignes $a\,e\,o$ et $a\,u\,o$ sont toujours arquées, mais si l'on venait à comprimer le losange par les angles e et u, on obtiendrait la forme $a\,e'\,o\,u'$, figure 9, qui est celle des abdomen que nous nommons *comprimés*. (*Polistes americanus, lineatus, canadensis*, etc.) Si au contraire on raccourcit le losange en rapprochant ses deux angles extrêmes (fig. 10), on obtiendra la forme $a'\,e\,o'\,u$, ou celle des abdomen que nous nommons *déprimés*. (*P. minor, pallipes, ruficornis, metricus*, etc.) C'est en suivant cette transformation qu'on se rendra le mieux compte de la différence, souvent difficile à apprécier, qui existe entre ces deux formes très caractéristiques des espèces.

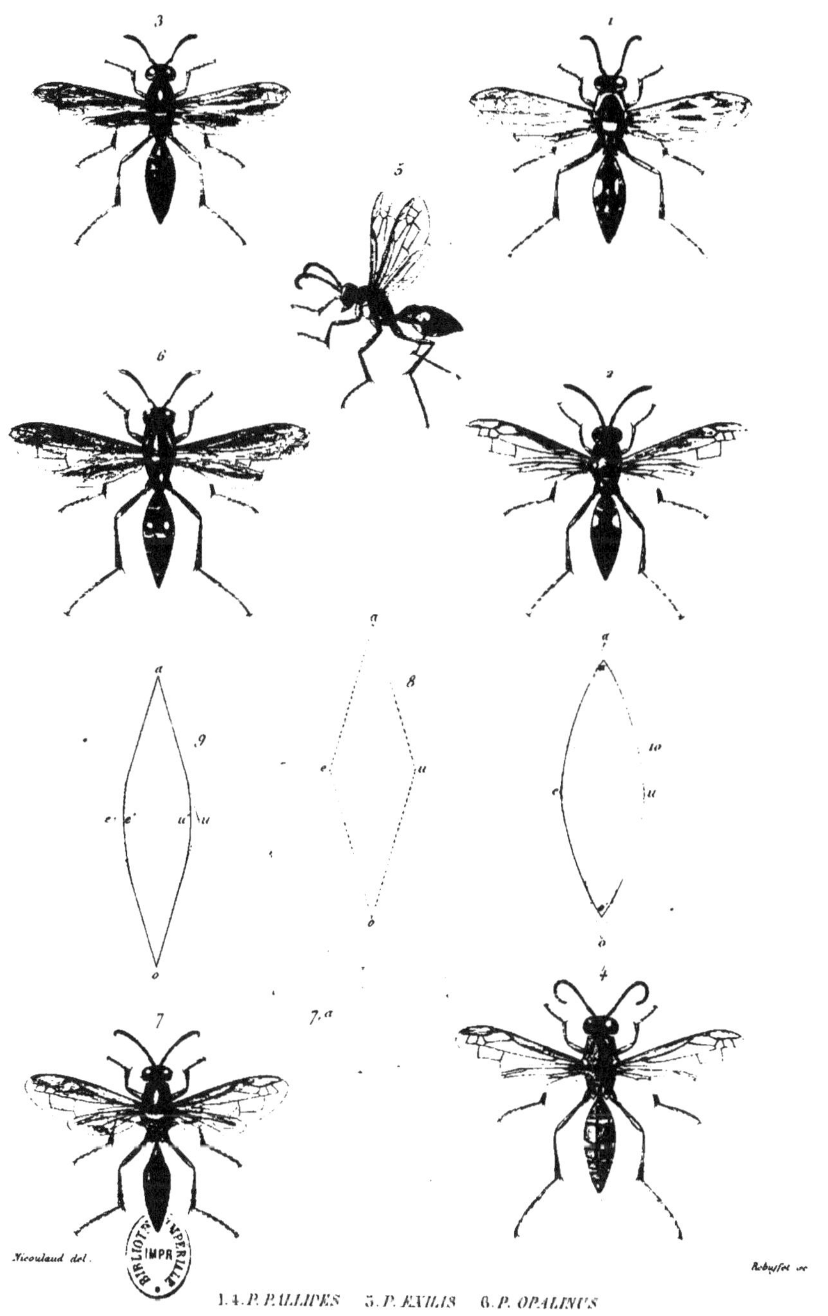

Nicoulaud del.
Robuffet sc
BIBLIOTH. IMPERIALE
IMPR
1.4.P. PALLIPES　　3.P. EXILIS　　6.P. OPALINUS
7.P. SUBSERICEUS
Paris Imp Gény frères r S.t Jacques 33

PLANCHE XIII.

STELOCYTTARES. *GYMNODOMES LATERINIDES.*

1. Grand nid de *Polistes.*

2. Le même vu par derrière et considérablement réduit.

Comme ce nid est réduit de moitié, il n'offre en surface que le quart de sa grandeur naturelle. Il forme un grand gâteau plat, attaché à une branche d'arbre par un pédicule central court. — On distingue aisément à sa surface des cellules de grandeurs diverses. Certaines d'entre elles sont beaucoup plus longues que les autres et ont servi de berceau aux femelles et aux mâles. Les autres étaient destinées à recevoir les larves des ouvrières. Un grand nombre de cellules sont encore fermées et contiennent la progéniture, tandis que d'autres ont déjà été percées et sont dépourvues de leurs opercules. Enfin au pourtour du nid est une large zône de cellules, commencées seulement, qui avec le temps auraient acquis les mêmes dimensions que celles du milieu.

On ignore quel est l'artisan de cette demeure et quel est le pays qui l'a fournie.

Cette belle pièce fait partie du Musée de Paris.

3. *Vespa magnifica,* Smith ♀, de grandeur naturelle.

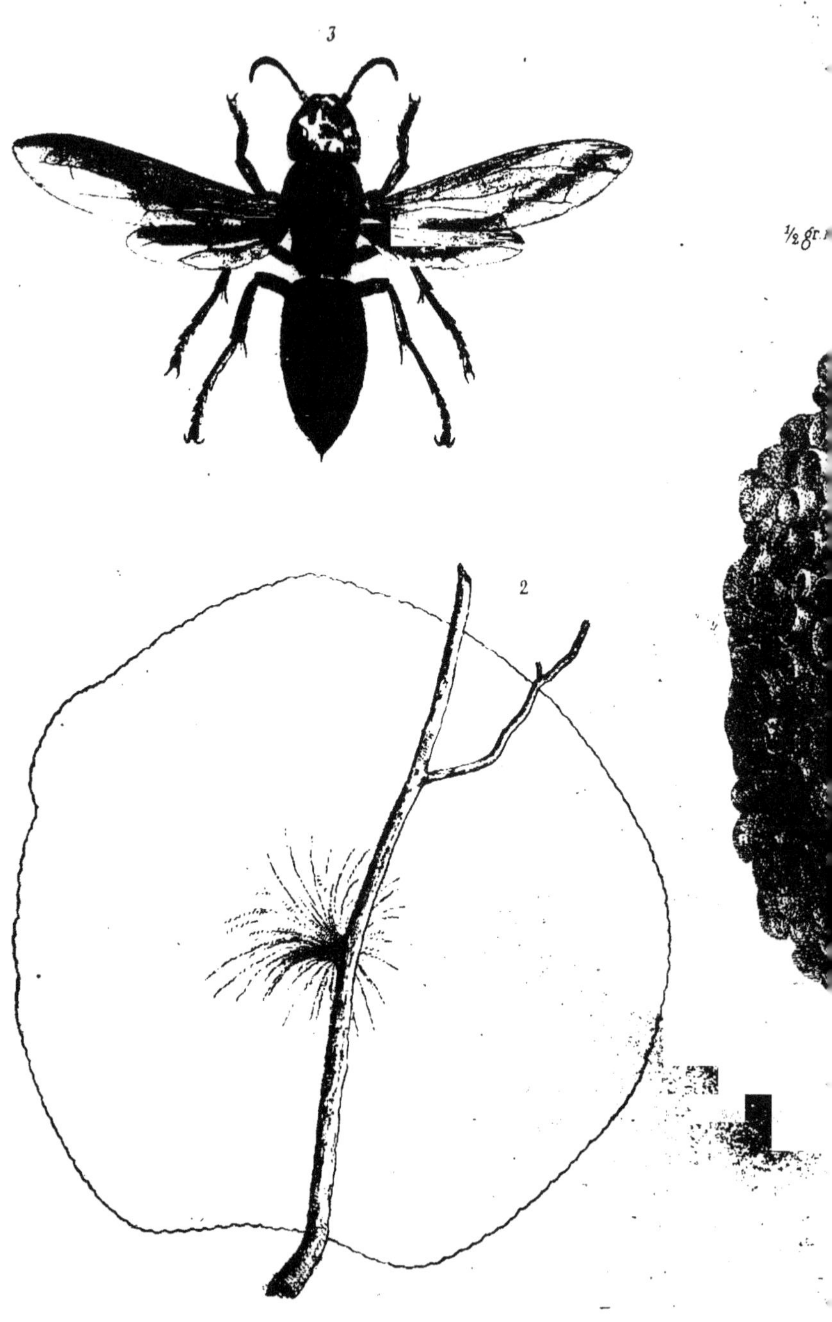

1.2. NID DE POLISTES.

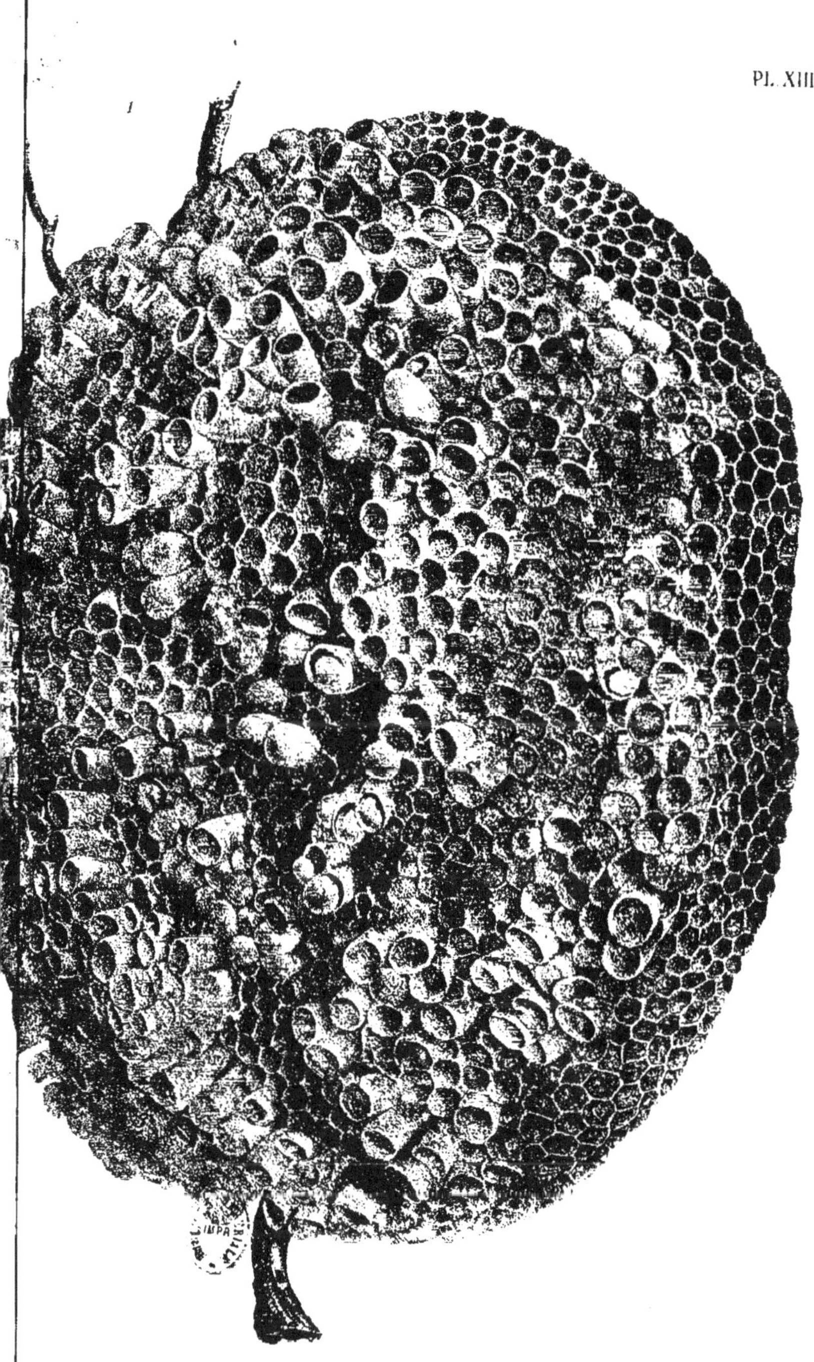
1
VESPA MAGNIFICA.
Imp Lemercier Paris

PLANCHE XIV.

Genre VESPA.

1. Caractères du genre Vespa.
     1 *a*. Lèvre de la *Vespa orientalis*, Fabr. — 1 *b*. Mâchoire de la même.— 1 *c*. Mandibule.— 1 *d*. Labre.
2. *Vespa dorylloïdes*, Sauss. ♀.— 2 *a*. La même de profil.
3. Tête de *V. vulgaris*, Linn. ♀.— 3 *a*. Pénis du mâle.— *b, c, d, e*, formes des taches frontales dans cette espèce, d'après Smith.
4. Tête de *V. germanica*, Fabr. ♀. — 4 *a*. Pénis du mâle, pour aider à distinguer cette espèce de la précédente.— *b, c*. Formes des taches frontales.
5. *V. rufa*, Linn. ♀.— 5 *a*. Tête de la même.
6. Tête de *V. sylvestris*, Scop. ♀.
7. Tête de *V. norwegica*, Fabr. ♀.
8. *Vespa arborea*, Smith. ♀.— 8 *a*. Tête de la même.
9. *Vespa media*, De Geer. ♀.
10. *Vespa bellicosa*, Sauss. ♀.

—

PLANCHE XV.

Stelocyttares. *CALYPTODOMES.*

Cette planche représente un grand nid de *Vespa*, considérablement réduit (1). Ce nid offre ceci de particulier, que son enveloppe est bien plus régulière qu'elle ne l'est en général dans les nids de Vespa. Le carton dont elle est formée se roule pour donner naissance à des espèces de goulots, qui sont autant de sorties pour les guêpes. Il existe néanmoins une grande ouverture vers le bas (*b*), par où l'on voit tomber des gouttes de miel ou de liquide découlant des cellules.

Ce nid était construit dans un appartement à l'angle d'une fenêtre, attaché par un sommet *c*, et les insectes avaient en outre eu le soin de le protéger par une grande lame papyracée, placée entre lui et le vide de la fenêtre (*a*).

(1) J'ai fait graver ce nid d'après un vélin du Museum que M. Milne Edwards voulut bien me communiquer. Sur le dessin qui remonte probablement à Latreille, on a représenté un grand nombre de *Vespa crabro*, mais j'ai la conviction que ce nid est exotique et qu'il est bâti par une tout autre espèce.

—

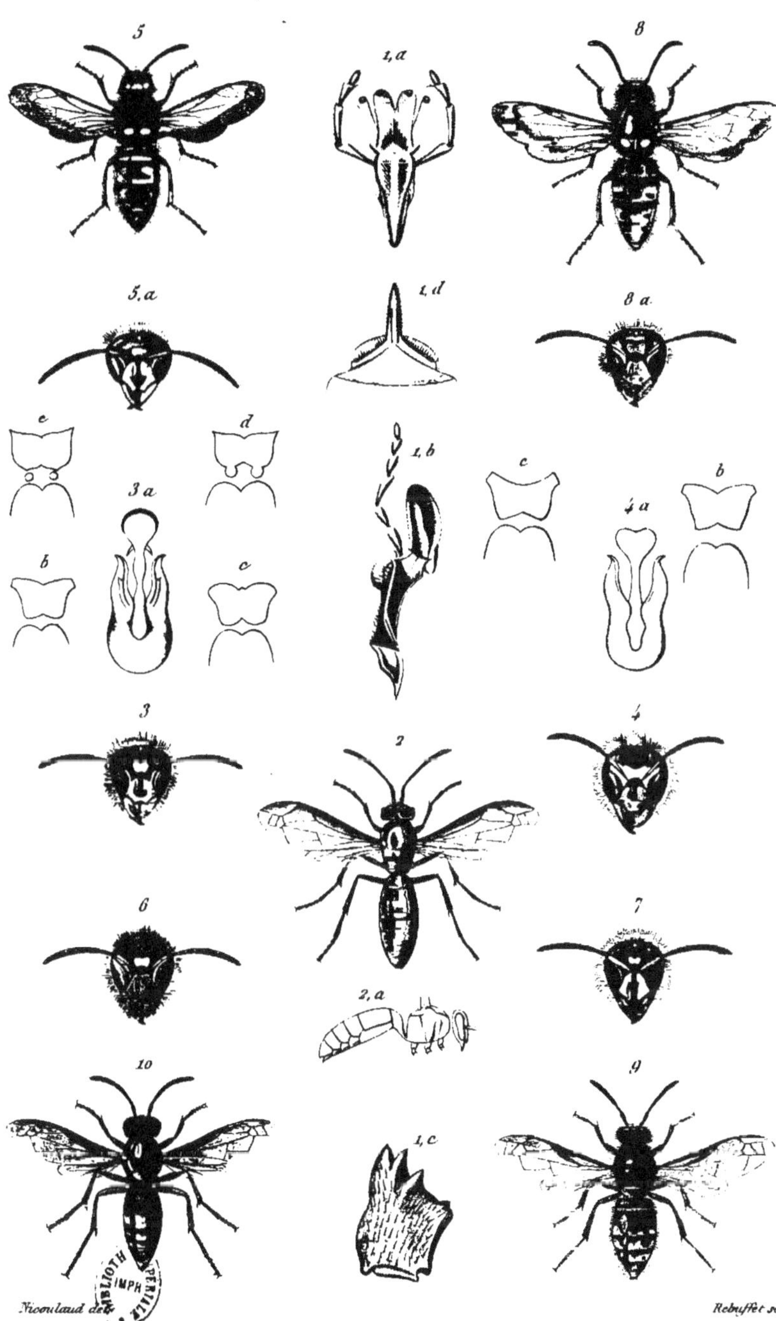

2. V. DORYLLOÏDES   3. V. VULGARIS   4. V. GERMANICA   5. V. RUFA

6. V. SYLVESTRIS   7. V. NORWEGICA   18 V. ARBOREA   9. V. MEDIA

10. V. BELLICOSA

Paris Gengy-Gros Imp.r. St. Jacques, 33.

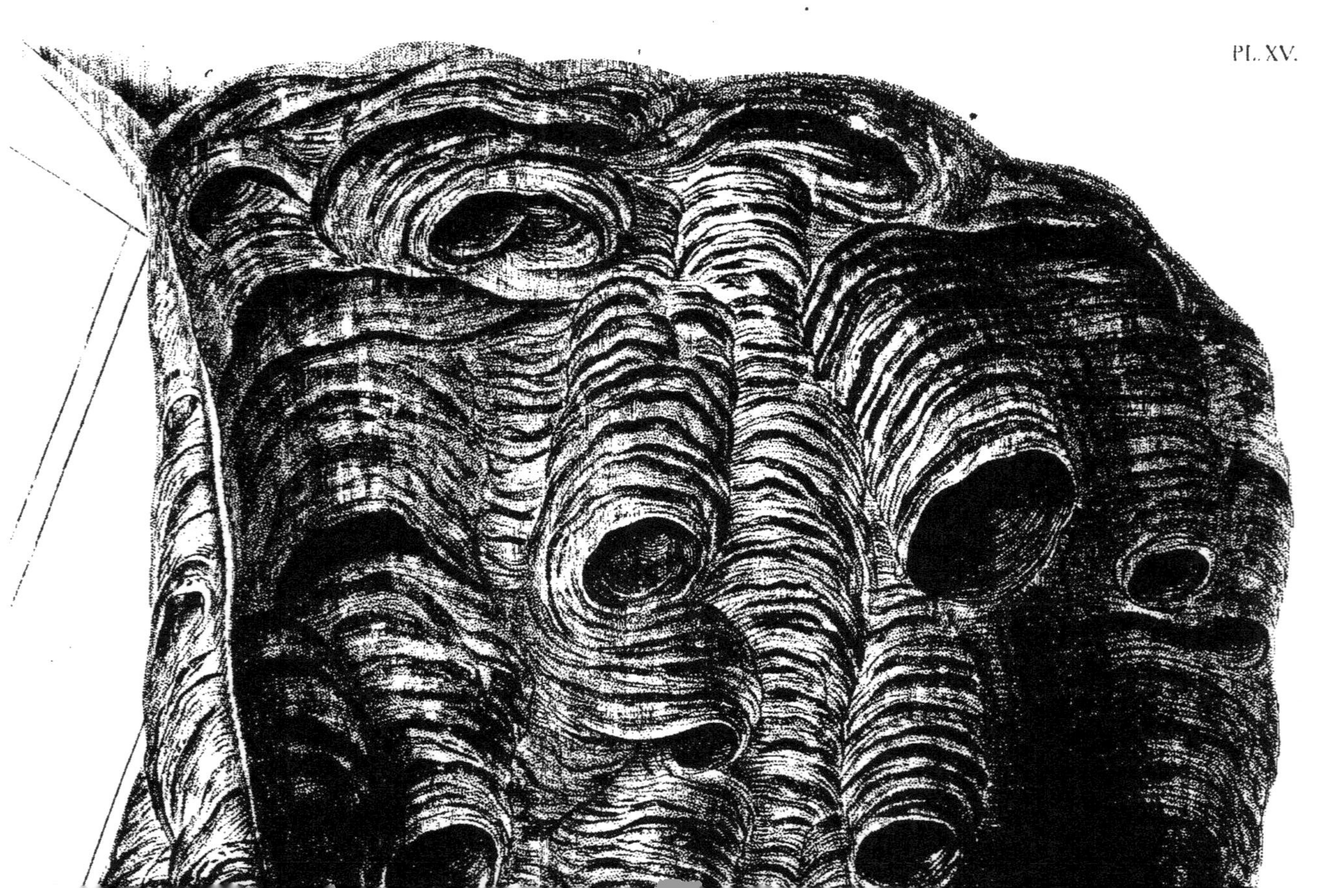
Pl. XV.

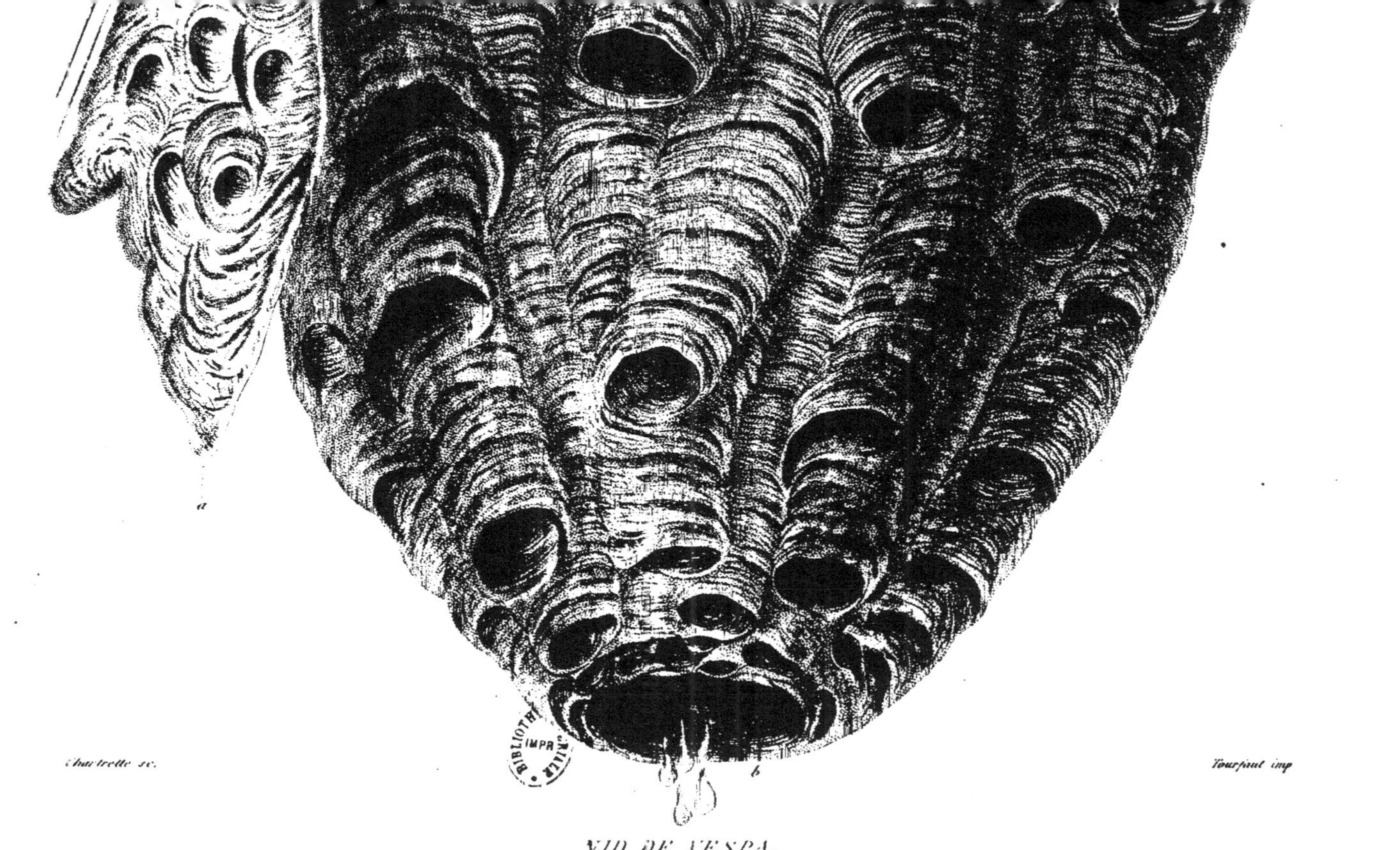

NID DE VESPA.

PLANCHE XVI.

Stelocyttares. *CALYPTODOMES.*

1. Nid de *Vespa germanica*, ouvert par une coupe verticale. Ce nid a sans doute été retiré d'une cavité du sol.

Il offre une particularité très remarquable ; c'est l'immense développement de l'enveloppe celluleuse (*e*) qui est en même temps très irrégulière. Elle se compose de grandes feuilles d'un papier gris, groupées sans ordre en couches concentriques, probablement dans le but de remplir entièrement l'excavation qu'occupait le nid et de le protéger contre l'infiltration des eaux. Sa cavité est occupée par sept rayons qui n'offrent rien de particulier. On voit ici la structure des nids des *Stelocyttares calyptodomes*. Les gâteaux ne remplissent pas complétement la chambre du nid, leurs bords sont libres ; il existe toujours entre eux et l'enveloppe, un vide qui sert à la communication d'un étage à l'autre (1). Les étages sont soutenus par de petites colonnettes (*c*) qui les relient ensemble, et non comme dans les *Phragmocyttares* où c'est l'enveloppe elle-même qui les supporte. — Nid conservé au Muséum de Paris. (Dans cette figure il est réduit à un tiers de sa grandeur naturelle.)

2. Nid anormal de *Vespa crabro*, dans la cavité d'un arbre.

Ce nid que j'ai vu au Musée Britannique, est établi dans la cavité d'un arbre que les insectes ont probablement creusé *ad hoc* ; il communique à l'extérieur par un étroit canal. Cette construction montre avec quelle industrie les guêpes savent varier leurs travaux ; ici l'enveloppe n'était pas nécessaire, parce que le bois en tenait lieu ; les guêpes se sont dispensées de l'établir. — (Figure considérablement réduite, et renversée.)

Poecilocyttares.

3. Nid d'une *Polybia* du Brésil, dont l'extrémité inférieure a été enlevée.

Il est construit en terre, en forme de poire, et suspendu à une branche d'arbre. L'enveloppe est épaisse, massive, celluleuse, en argile comme les rayons. Dans son intérieur, on remarque des gâteaux parallèles construits sur des cloisons minces et convexes en bas (*a'b'*). Ces cloisons sont adhérentes à l'enveloppe et ne permettent de communication d'un étage à l'autre, que par un trou latéral (*a'*). — Le gâteau *a b* est sorti du nid et viendrait se placer en *a b b*.

PLANCHE XVII.

Stelocyttares *CALYPTODOMES.*

1. Nid de *Vespa sylvestris*. Scop. réduit à un tiers de sa grandeur naturelle.

Ce nid est commun dans nos bois ; il est toujours fixé à des branches d'arbres ou aux toits des maisons. On lui voit toujours affecter une forme plus ou moins sphérique. Les rayons sont disposés dans son intérieur comme ceux de la *V. germanica*. (Voyez pl. XVI) ; l'enveloppe seule diffère par la régularité des couches concentriques du papier qui la compose. Sur la figure on voit le seul orifice dont l'enveloppe soit percée.

2. Le même très jeune et renversé.

Il est fixé par un pétiole à la branche qui lui sert d'appui. — *a*, sa première coque, ouverte en *o*. — *b*. la seconde enveloppe encore incomplète.

3. Le même, partagé par une coupe verticale ; dans l'intérieur on voit le premier noyau de cellules.

4. Le même, montrant sa seconde enveloppe presque achevée et la troisième commencée.

(1) Dans les Phragmocyttares ce vide périphérique est remplacé par un simple trou.

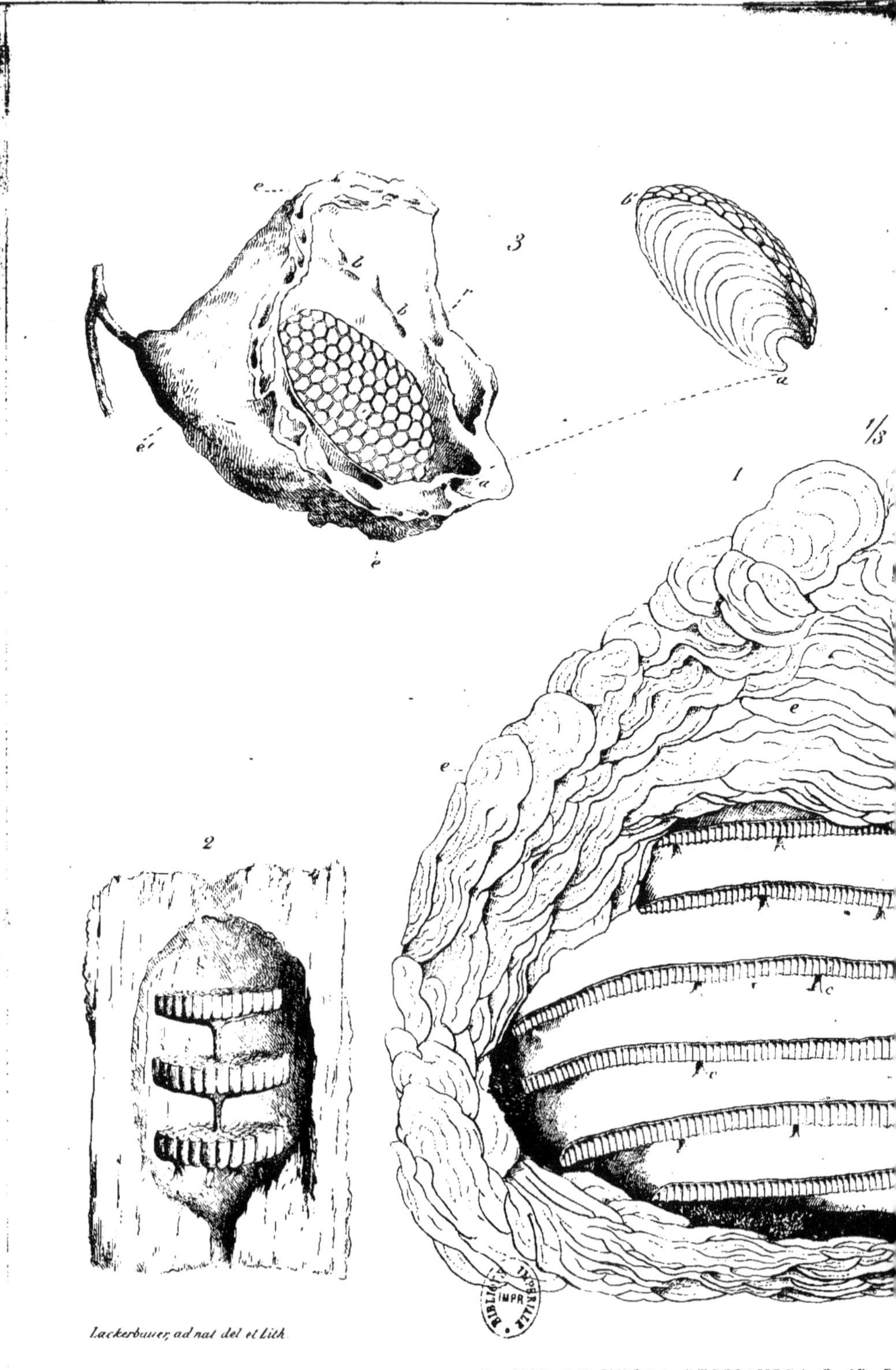

Lackerbauer, ad nat del et Lith.

1. NID DE VESPA GERMANICA. 2. ID. D.

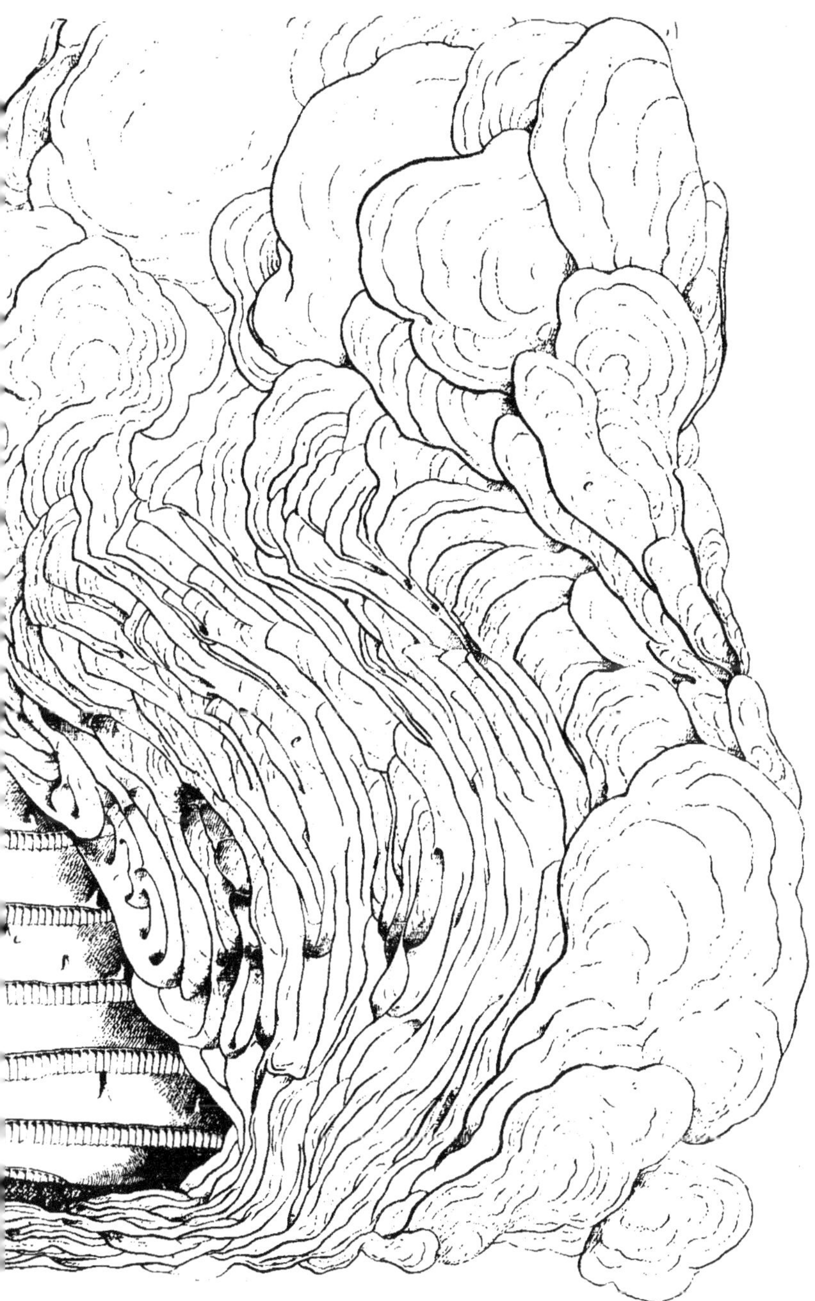

Paris.Imp Ceny Gros.r S.t Jacques.33.

A CRABRO. 3. ID. DE POLYBIA.

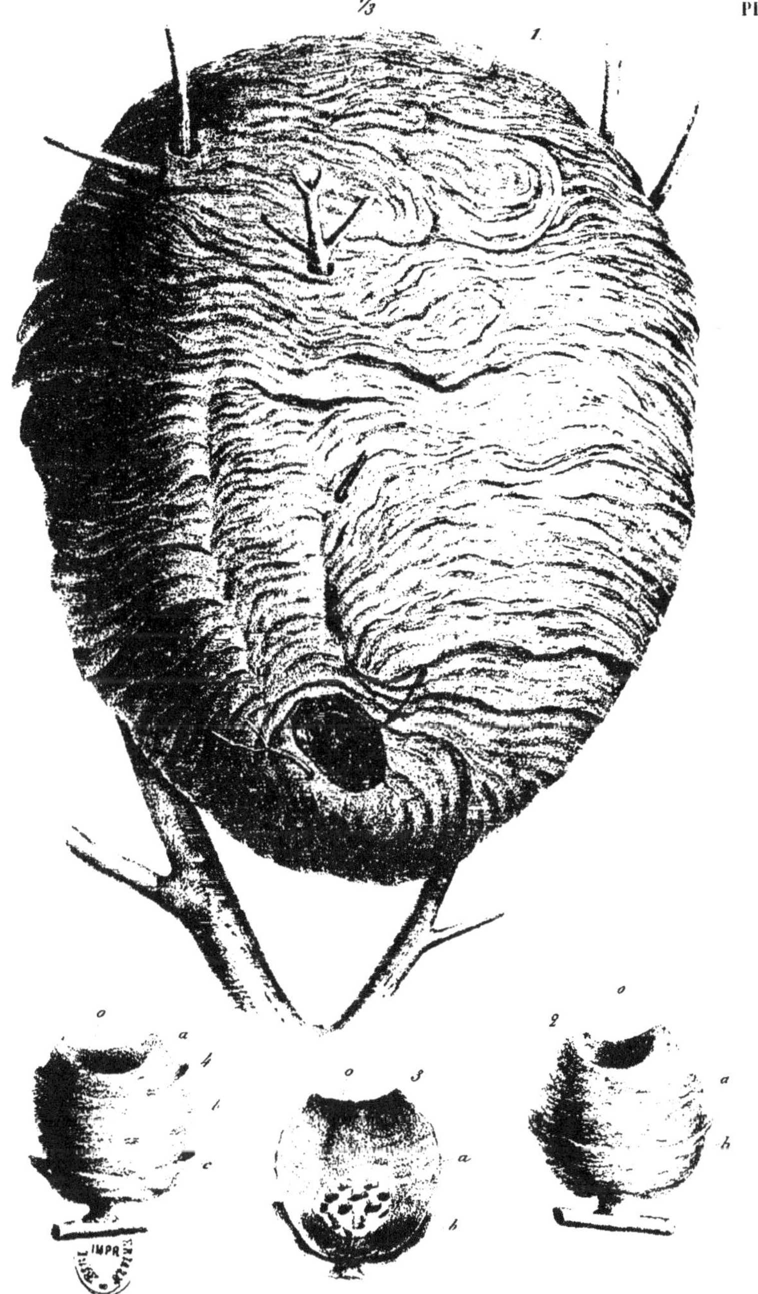

rbauer, ad nat. Lith.

Paris, Imp. beny-Gros, r. S.ᵗ Jacques, 33.

NIDS DE VESPA.

v.

PLANCHE XVIII.

Genre Apoïca (1).

1. *Apoïca pallida.* Oliv. ♀.
    1 *a.* Mâchoire de la même.
    1 *b.* Nid de la même, encore très jeune (2).
2. *Apoïca virginea.* Fabr. ♀.
3. *Apoïca cubitalis,* Sauss. ♀.

Genre Synoeca.

4. Caractères du genre *Synœca.*
    4 *a.* Lèvre de *Synœca cyanca,* Fabr.
    4 *b.* Mâchoire de la même.
    4 *c.* Mandibule de la même.
5. *Synœca chalybea,* Sauss. ♀.
    5 *a.* Profil de la même.
    5 *b.* Tête de la même.

Genre Polybia.

Sous-genre Clypearia.

6. *Polybia apicipennis,* Spin. ♀, grossie.
    6 *a.* Tête de la même pour montrer la forme anormale du
        chaperon.
    6 *b.* Abdomen vu de profil.

(1) Voyez aussi pl. XXVIII.
(2) Voyez encore pl. XXVI.

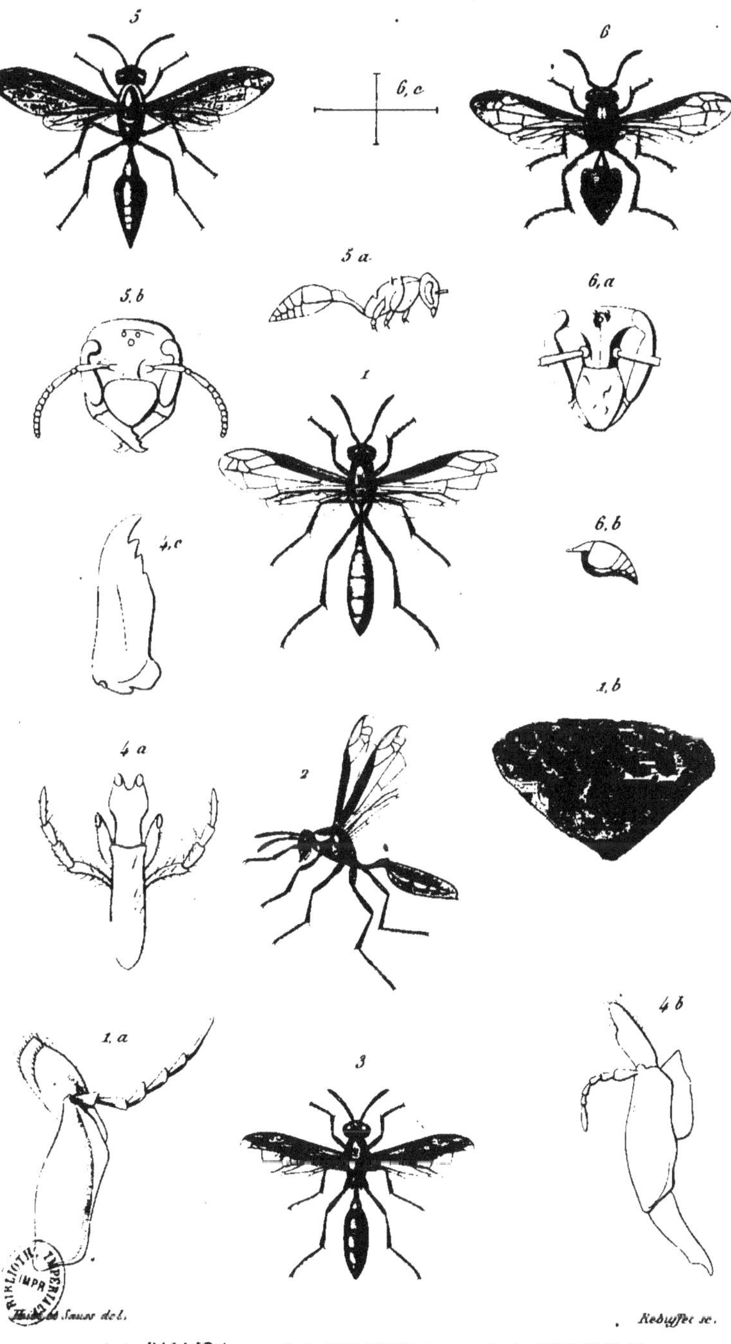

1. A. *PALLIDA*   2. A. *VIRGINEA*   3. A. *CUBITALIS*

5. S. *CHALYBEA*   6. P. *APICIPENNIS*

PLANCHE XIX.

Poecilocyttares.

Nid plus ou moins semblable à celui qui est figuré pl. XXVII, et dessiné d'après nature au Musée britannique. Il se compose aussi d'une enveloppe ridée, d'un papier très fin et qui circonscrit un espace compris entre les branches d'un arbrisseau, auxquelles se fixent sans doute les rayons.

Plus irrégulier que ce dernier, il est aussi fait d'un papier gris plus grossier, qui ressemble beaucoup à celui que fabrique la *Vespa sylvestris*, mais qui n'est pas digne d'une moindre admiration. Les nombreuses branches sur lesquelles il se moule et qui en déterminent la forme, contrecarrent souvent la régularité de ses rides. L'insecte a su, avec un art admirable, diminuer les unes, augmenter les autres pour les raccorder dans les parties régulières, et les adapter à toutes les courbures.

Inférieurement, le manteau se termine par un goulot qui tient lieu de porte d'entrée et de sortie.

J'ai vu à Londres plusieurs nids de ce genre, de formes assez variables, mais toujours établis d'après le même principe.

Ces constructions sont attribuées avec doute au *Chartergus apicalis*, mais je suis plutôt tenté de voir en elles des productions des Polybies,

PL. XIX.

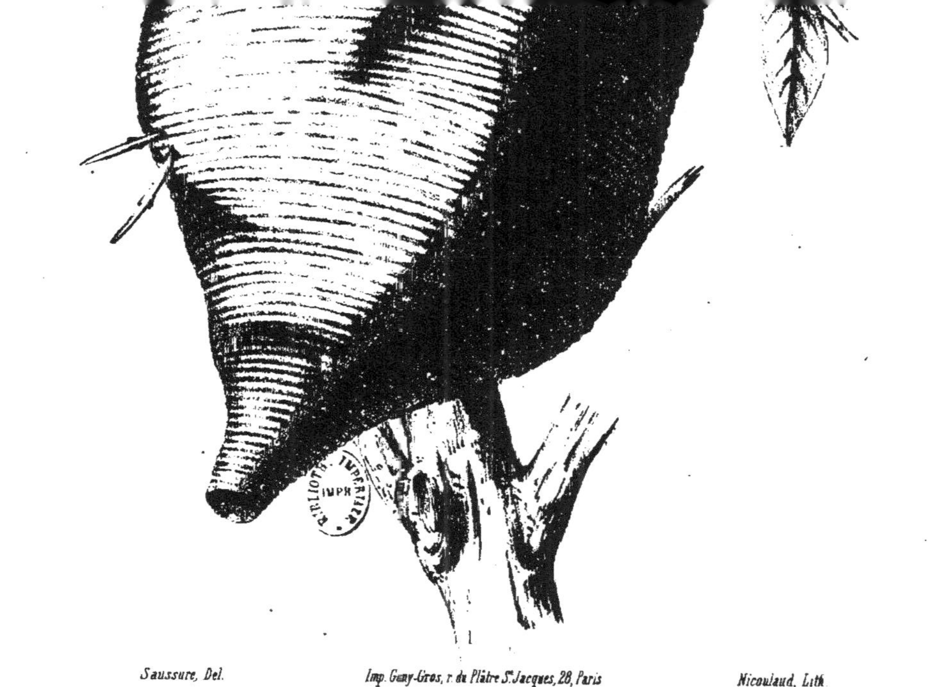

Saussure, Del.   Imp. Gany-Gros, r. du Plâtre St. Jacques, 28, Paris   Nicoulaud, Lith

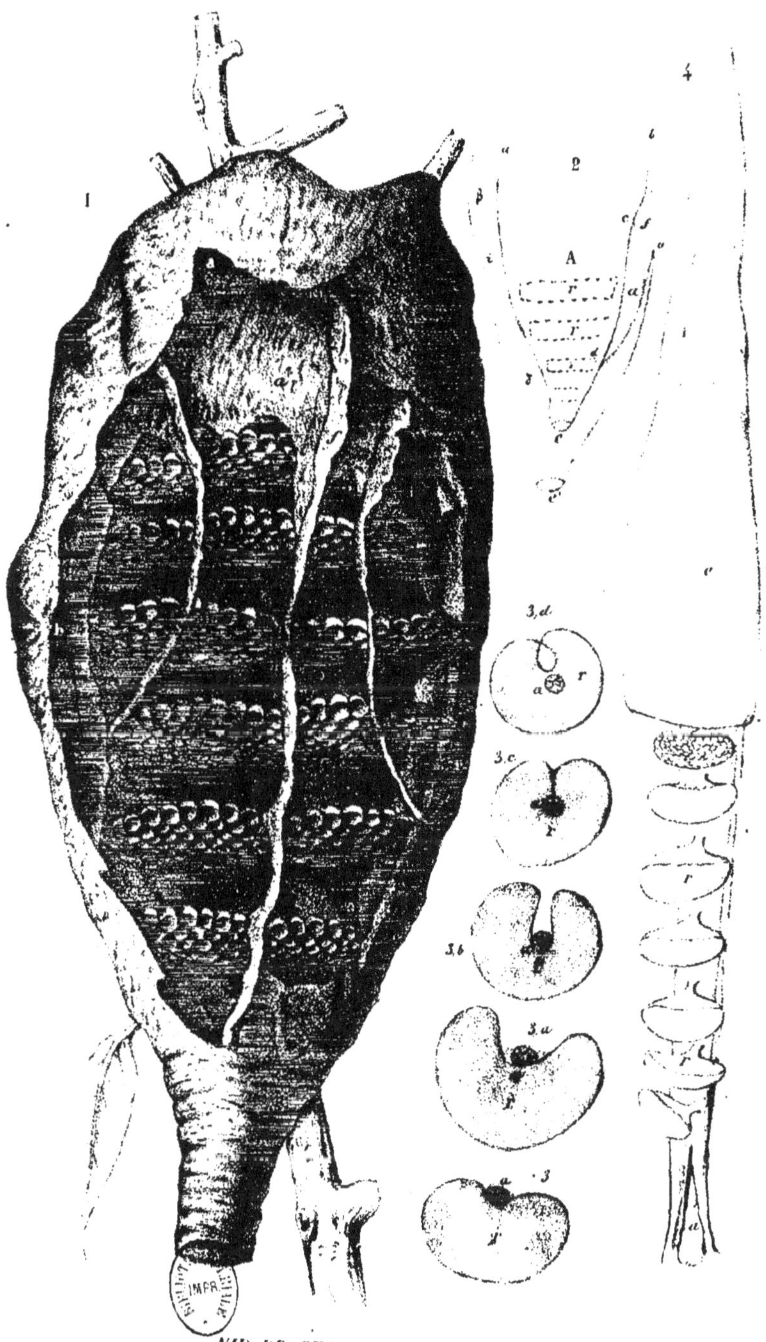

NID DE CHARTERGUS APICALIS.

Paris, Geny Gros, Imp R. S.t Jacques, 55.

 # PLANCHE XX.

Pœcilocyttares.

Nid de *Synœca cyanea,* Fabr.

Nid très curieux et entièrement inconnu jusqu'à ce jour, composé d'une simple couche de cellules collées contre le tronc d'un arbre, et recouvertes d'une enveloppe en forme de voûte.

Ce nid est bâti avec des matériaux assez grossiers, probablement des parcelles d'écorce arrachées aux arbres morts, agglutinées en un carton raboteux, et moins solide que celui que font les Chartergus.

La forme du nid est cependant ménagée avec art ; on voit comme des zônes longitudinales qui convergent et se contournent en un point pour former une espèce de goulot, placé au bas du nid et servant à la communication avec l'extérieur. Tout le pourtour de ce nid est artistement ondulé, soit pour augmenter la solidité de sa base, soit parce qu'il suit le contour des cellules périphériques.

Les Insectes du genre *Synœca* construisent des nids qui ont toujours cette même forme, mais dont la grandeur est très variable. J'en ai vu qui mesuraient près de trois pieds de longueur, tout en étant très étroits; jamais ils n'ont plus d'un étage.

British Museum.

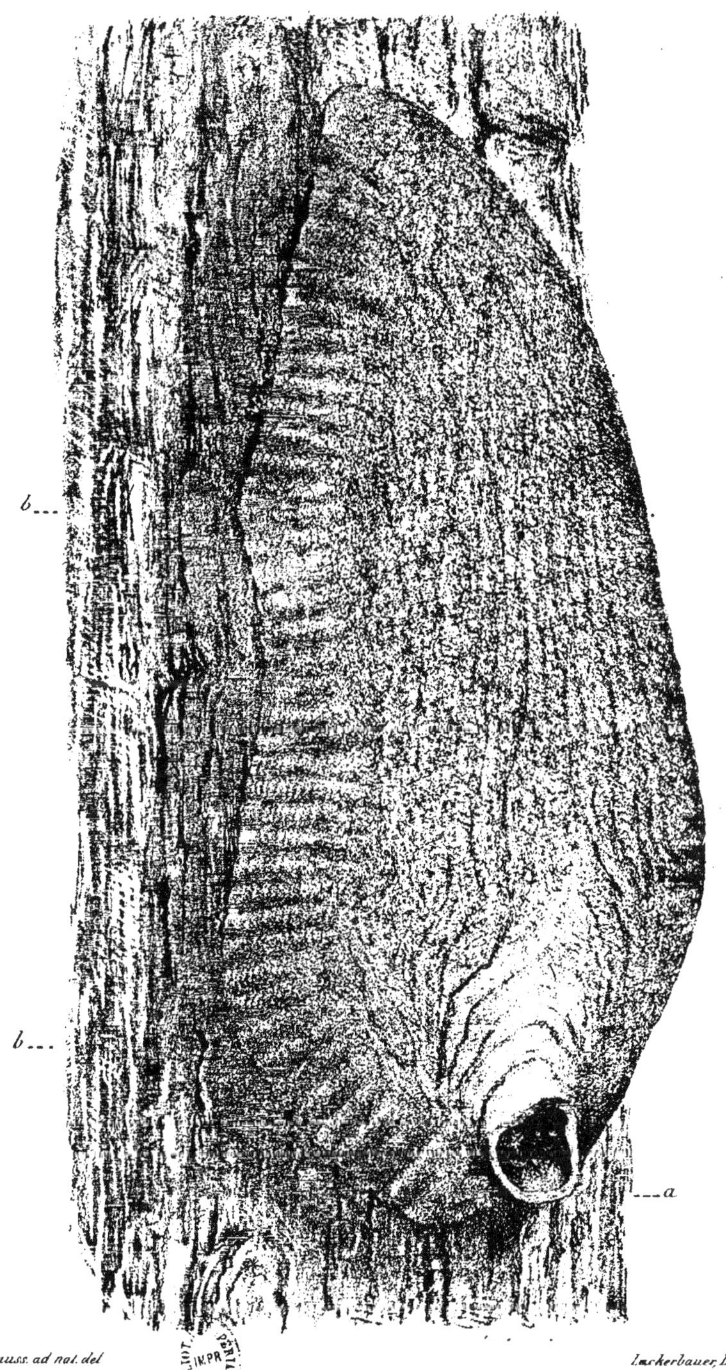

Sauss. ad nat. del

Lackerbauer, Lith.

NID DE SYNOECA.

Paris, Imp Geny-Gros, r. St Jacques, 33

PLANCHE XXI.

Pœcilocyttares.

Genre Polybia.

1. Caractères du genre Polybia.
    1 a. Lèvre de *Polybia sericca*, Oliv.
    1 b. Mâchoire de la même.
    1 c. Mandibule de la même.
    1 d. Chaperon de la même.

Division ALPHA (page 167).

2. *Polybia Picteti*, Sauss. ♀, grossie.
    2 b. La même vue de profil.
    2 c. Aile de la même, pour montrer le mode d'innervation dans cette division ; (2ᵉ cubitale très petite ; 3ᵉ plus large que longue).
3. *Polybia sedula*, Sauss. ♀, grossie.
4-6. Nids divers de la même, de grandeur naturelle.

Cette espèce offre ce fait très singulier, qu'elle nidifie de plusieurs manières. Elle suit dans ses constructions la forme des objets, particulièrement des feuilles, sur lesquels elle les établit ; ainsi, les nids bâtis sous des feuilles de roseaux ou de monocotylédonées ont toujours une forme allongée (fig. 4. — *a* orifice du nid), tandis que ceux qui se fixent à des feuilles arrondies s'approchent plus ou moins de cette forme. (Fig. 5, 6.) Le nid se compose d'une couche de cellules enveloppées d'un manteau d'une pâte presque ligneuse, qui ressemble beaucoup à l'écorce des arbres, et dont le plancher suit de près le plan des cellules. — Fig. 5. on voit un de ces nids dépouillé d'une partie de ce plancher ; au milieu sont des cellules encore closes, renfermant des larves. — La fig. 6. en représente un qui a deux étages et dont l'enveloppe est brisée autour de son orifice ; il est bien dû à la même espèce, comme j'ai pu le constater en sortant de ses cellules des insectes presqu'entièrement développés.

Les nids de forme allongée atteignent une longueur de 8 à 10 pouces, mais en général ils sont bien plus petits.

Musée de Londres ; ma collection. Originaire de Bahia.

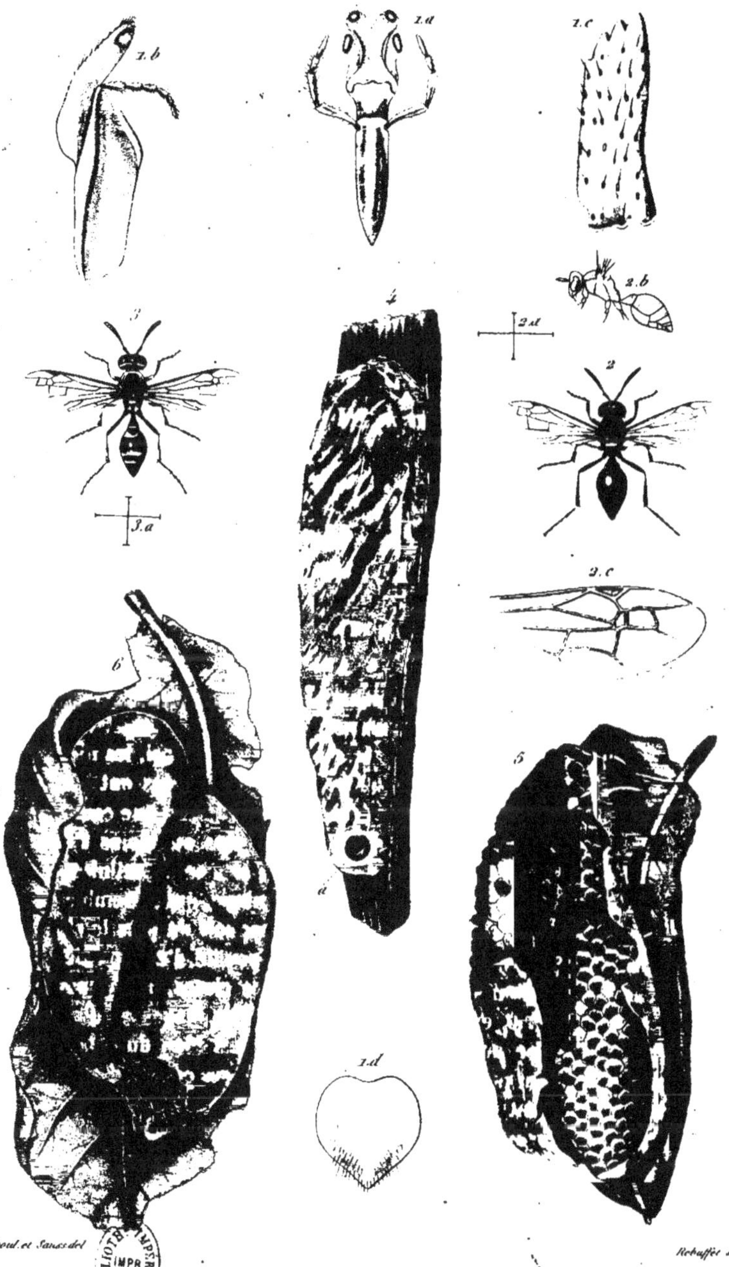

Nicoul et Sarus del.   Rebuffet sc.

2. P. PICTETI. 3–6. P. SEDULA.

Imp. Tourfaut.

    PLANCHE XXII.

Genre POLYBIA.

DIVISION ALPHA (page 167).

1. *Polybia exigua*, Sauss. ♀, grossie.
2. *Polybia sylveiræ*, Sauss., ♀, grossie.
   2 *b*. La même vue de profil.
   2 *c*. Aile de la même (type de nervation dans cette division.)
3. *Polybia bifasciata*, Sauss. ♀, grossie.
4. *Polybia sulcata*, Sauss. ♀, grossie.

DIVISION IOTA (page 174).

5. *Polybia rejecta*, Fabr. ♀ , grossie.
6. *Polybia Jurinei*, Sauss. ♀, grossie.
   6 *b*. Abdomen de la même.
7. *Polybia liliacea*, Fabr. ♀, grossie.
   7 *b*. Abdomen de la même.

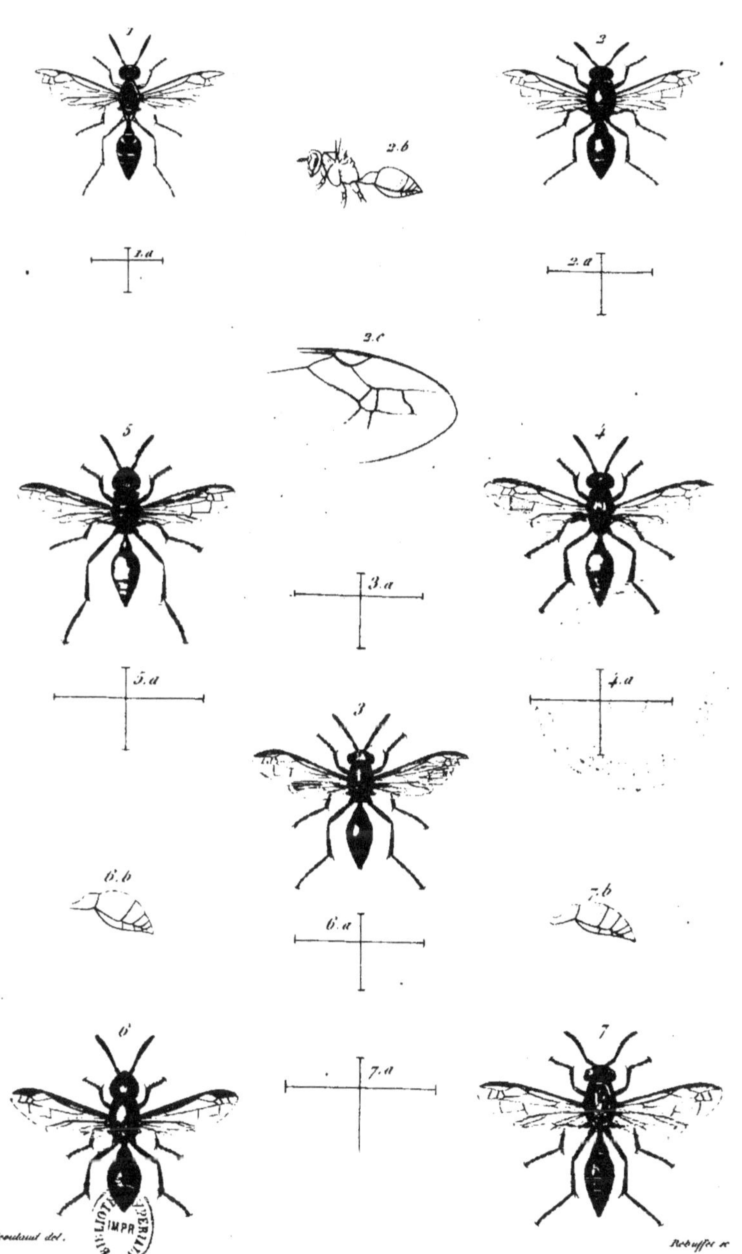

1.P.EXIGUA. 2.P.SYLVEIRAE. 3.P.BIFASCIATA. 4.P.SULCATA. 5.P.REJECTA.
6.P.JURINEI. 7.P.LILIACEA.

Imp. Taurfaut.

PLANCHE XXIII.

Genre POLYBIA.

DIVISIONS PHI. (p. 183.) et MY. (p. 191.)

1. *Polybia testacea*, Fabr. ♀.
   1 *a.* Tête de la même.
   1 *b.* Abdomen vu de profil.
2. *Polybia paraensis*, Spin. ♀.
3. *Polybia angulicollis*, Spin. ♀.
4. *Polybia scutellaris*, White ♀ grossie.
   4 *a.* Profil de la même.
5. *Polybia pygmea*, Fabr. ♀ grossie.
   5 *b.* Abdomen de la même.
6. *Polybia constructrix*, Sauss. ♀.
7. *Polybia cayennensis* (*phthisica.*) Fabr. ♀ grossie.
   7. *a* Aile de la même.
8. *Polybia phthisica*, Fabr., var. noire. ♀ grossie.

—

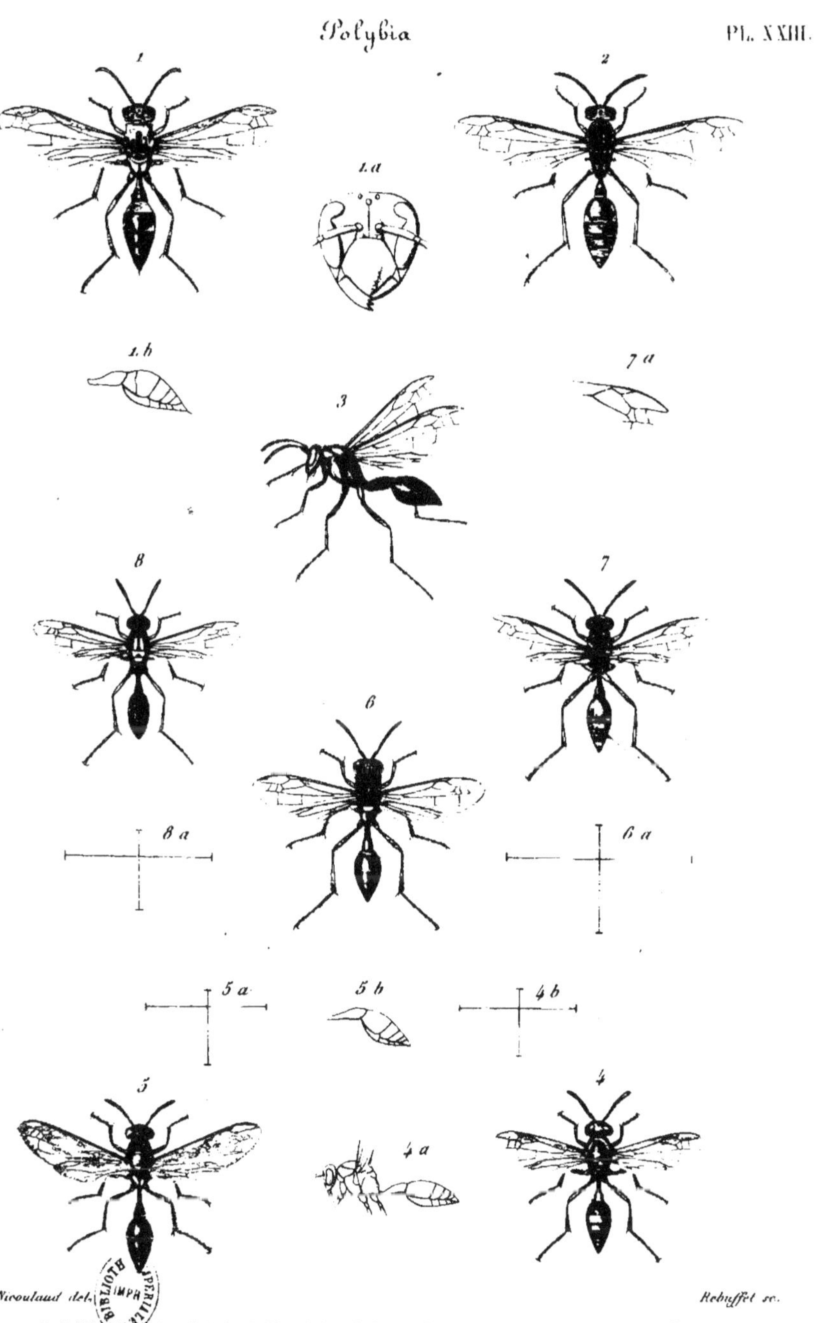

1. *P. TESTACEA.* 2. *P. PARAENSIS.* 3. *P. ANGULICOLLIS.* 4. *P. SCUTELLARIS.*

5. *P. PYGMEA.* 6. *P. CONSTRUCTOR.* 7. *P. CAYENNENSIS.* 8. *P. PHTHYSICA.*

V. **PLANCHE XXIV.**

Genre POLYBIA.

DIVISION IOTA.

1. *Polybia socialis*, Sauss. ☿ grossie.
2. *Polybia lugubris*, Sauss. ☿.
    2 *a*. La même, de profil.
3. *Polybia chrysothorax*, Sauss. ☿ grossie.
4. *Polybia sericea*, Oliv. ☿ grossie.
5. *Polybia atra* (1), Oliv. ☿ grossie.
6. *Polybia fasciata*, Lepel. ☿ grossie.
    6 *a*. La même, de profil.

DIVISION PHI.

7. *Polybia vicina*, Sauss. ☿ grossie.

(1) *ignobilis*, Curtis. Ce nom a été gravé sur la planche, mais il doit être rejeté, comme plus récent que l'autre.

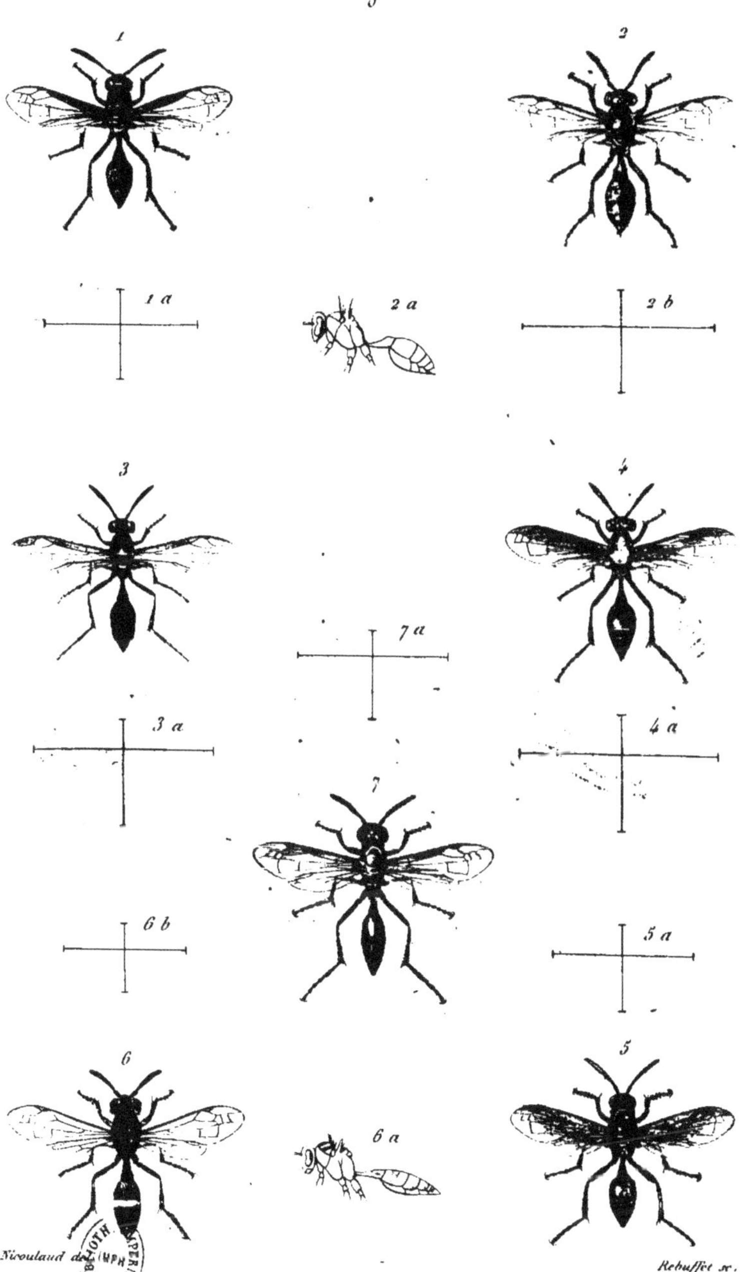

1. P. SOCIALIS.   2. P. LUGUBRIS.   3. P. CHRYSOTHORAX.   4. P. SERICEA
5. P. IGNOBILIS.   6. P. FASCIATA   7. P. VICINA.

Paris. Imp. Geny-Gros, r. St Jacques, 33.

v.

PLANCHE XXV.

Genre POLYBIA.

DIVISION MY (page 191.)

1. *Polybia metathoracica*, Sauss. ♀, grossie.
   1 *b*. Abdomen vu de profil.
   1 *c*. Partie caractéristique de l'aile.
2. *Polybia pallipes*, Oliv. ♀, grossie. (Division PHI.)
3. *Polybia infernalis*, Sauss. ♀, grossie.
4. *Polybia fastidiosuscula*, Sauss. ♀, grossie.
5. *Polybia cubensis*, Sauss. ♀, grossie.
6. *Polybia cubensis*, Sauss. ♂, grossi. Les segments de l'abdomen
   étant écartés.
7. *Polybia œcodoma*, Sauss. ♀, grossie.

DIVISION KAPPA (page 200.)

8. *Polybia injucunda*, Sauss. ♀, grossie.

Polybia PL. XXV.

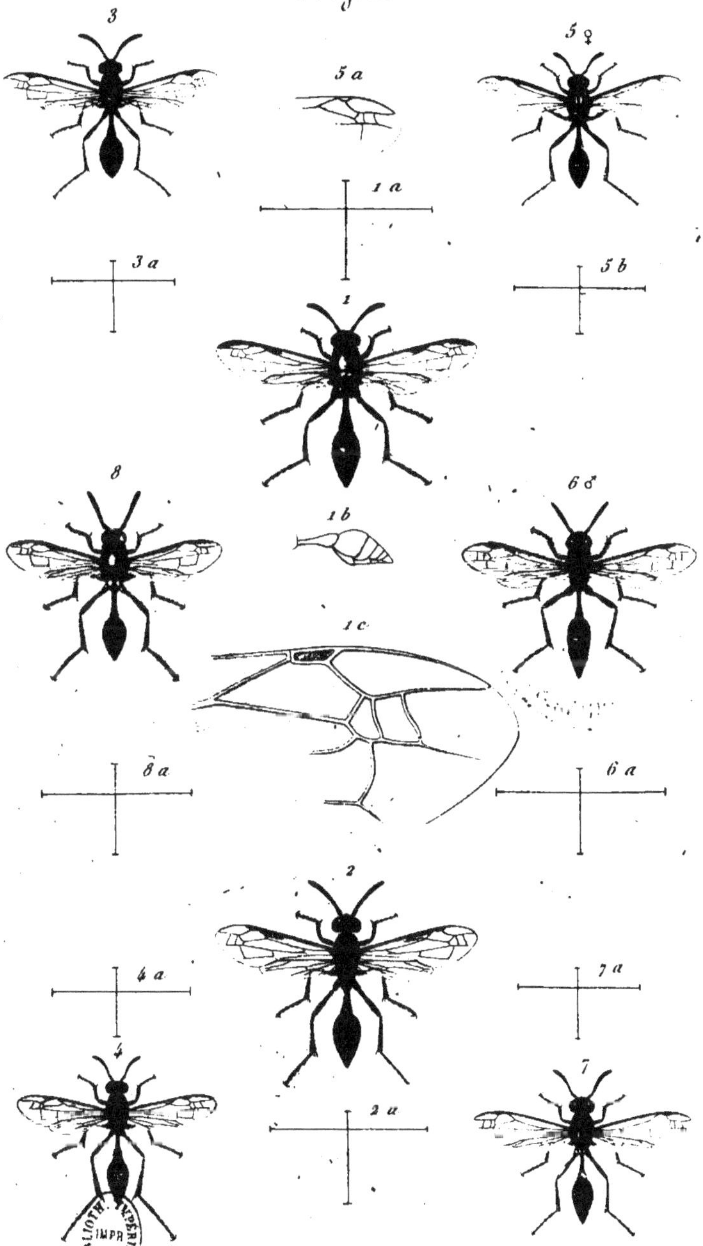

Nicoulaud del. Rebuffet sc.

1. P. METATHORACICA. 2. P. PALLIPES. 3. P. INFERNALIS. 4. P. FASTIDIOSUSCULA.

5-6. P. CUBENSIS. 7. P. OECODOMA. 8. P. INJUCUNDA.

Paris. Imp. Geny-Gros, r. St Jacques. 33.

PLANCHE XXVI.

Genre Apoïca. (Voyez encore pl. xviii.)

1. *Apoïca arborea*, Sauss. ♀.

Genre Polybia (suite).

2. *Polybia orientalis*, Sauss. ♀ — 2 *a,* la même de profil.
3. *Polybia indica*, Sauss. ♀.
4. *Polybia tabida*, Fabr. ♀ grossie.
5. *Polybia carbonaria*, Sauss. ♀ grossie.
6. *Polybia mexicana*, Sauss. ♀ grossie. — 6 *a* profil de la même.
7. *Polybia pediculata*, Sauss. ♀ grossie.
    7 *a.* Tête de la même. — 7 *b.* Profil de la même.
8. *Polybia filiformis.* Sauss. ♀ grossie. — 8 *a.* Profil de la même.

PLANCHE XXVII.

Poecilocyttares.

Nid d'une Polybia, de grandeur naturelle (1).

Ce nid est construit avec un art admirable, mais on ignore quel en est l'artisan ; à en juger par la forme, j'ai cru pouvoir le rapporter aux Polybies. L'insecte a su profiter d'une tige ou d'une branche pour en faire l'axe et le support du tout. A cette branche sont fixés douze petits rayons demi-circulaires et pédicellés. Le tout est enveloppé d'un manteau fusiforme, d'un papier fauve et rougeâtre d'une admirable délicatesse et plissé en rides parallèles très nombreuses.

Sur la face antérieure de ce manteau est une ligne verticale ou une espèce de *raphé* qui figure comme une suture, ou le point vers lequel viennent converger les fibres (Voyez fig. 1, le lambeau *b*); pour l'entrée et la sortie il n'existe qu'un seul orifice qui se trouve placé au bas contre l'axe du nid.

1. Nid dont on a découpé et renversé un lambeau de l'enveloppe pour montrer la disposition intérieure, vu par devant. — *a.* Orifice du nid.

2. Le même vu par derrière. (L'axe se voit dans presque toute sa longueur, car il n'est pas enveloppé par le manteau.)

4. Sommet du nid ; replis du manteau autour de différentes branches.

4. Extrémité inférieure du nid ; son entrée *a* vue par devant.

5. Un morceau de l'axe supportant un des rayons, vus de profil ; — *a,* axe. — *b.* Rayon. — *c.* Son pétiole.

6. Le même vu en dessus. — *a.* Coupe de l'axe. — *b.* Rayon. — *c.* Son pétiole.

Nid conservé au Musée de Paris ; gravé d'après un vélin du Muséum.

Nota. Dans la nature, les parties claires de ce nid sont fauves, et ses parties foncées ont une couleur rougeâtre.

(1). Voyez aussi pl. XIX.

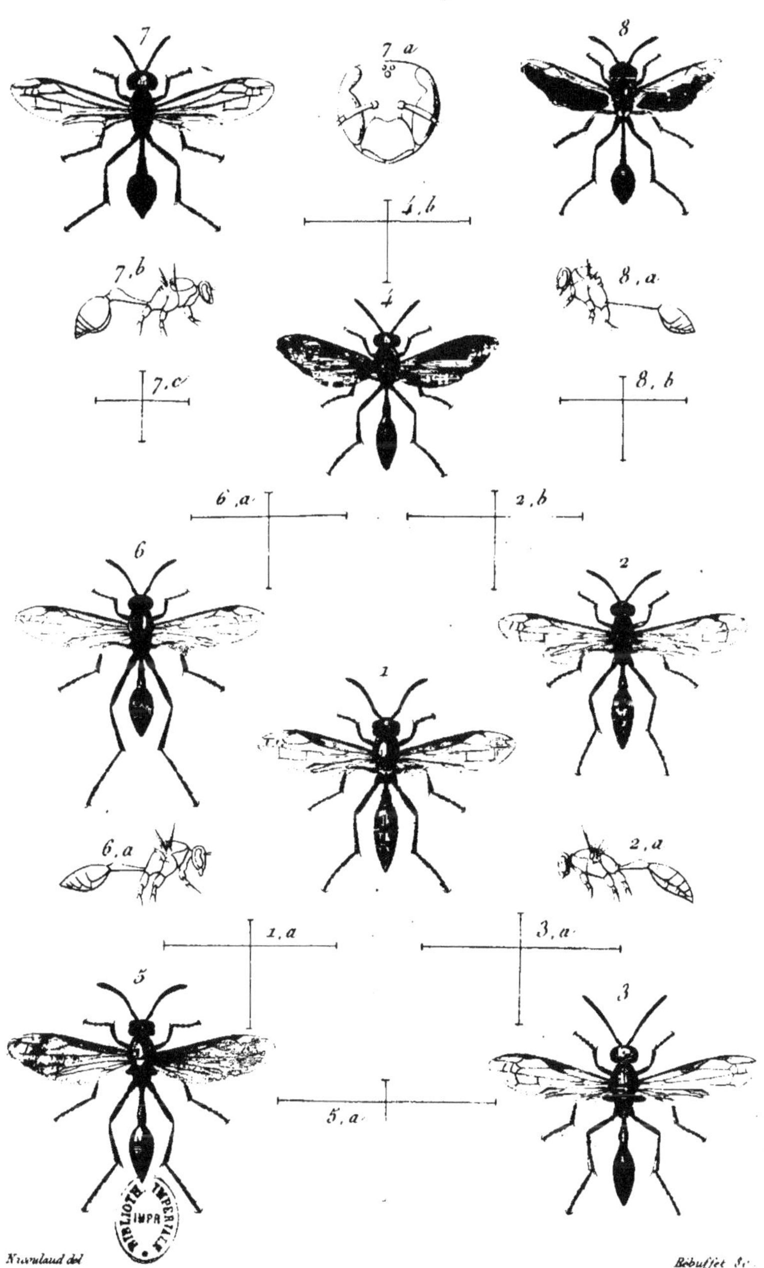

1. A. ARBOREA   2. P. ORIENTALIS   3. P. INDICA

4. P. TABIDA   5. P. CARBONARIA   6. P. MEXICANA

7. P. PEDICULATA   8. P. FILIFORMIS.

V.   **PLANCHE XXVIII.**

Stelocyttares. *GYMNODOMES.*

1. Nid d'*Apoïca pallida*, Oliv.
2. Coupe théorique de ce nid selon un plan vertical.

Ce nid est composé d'un simple plan de cellules comme celui des Polistes, mais avec cette différence, que le gâteau est en continuité avec une grande masse hémisphérique de matière celluleuse qui enveloppe les branches auxquelles se fixe le nid, et dont l'usage paraît être de protéger la couche de cellules contre la pluie et les corps qui peuvent le frapper en tombant. Les matériaux dont il est construit sont un papier fauve bien travaillé, un peu gommeux et lustré. La masse celluleuse, lorsqu'on la coupe pour en voir la structure, ressemble à une écume à petites bulles. Le plan des cellules est concave, afin que les bords saillants du nid protègent mieux son milieu. Cette forme concave résulte de son mode d'accroissement indiqué par la figure 2. Avant d'avoir eu la forme $a\,b\,c$, il a passé par les intermédiaires $a\,b'\,c'$, $a\,b''\,c''$.

On voit plusieurs de ces nids au Musée de Londres.

Pœcilocyttares.

Fig. 3. Nid d'origine inconnue, de grandeur naturelle.

Ce nid se compose d'un manteau cortical en forme de bouteille, et fixé par sa base à la face inférieure d'une grande feuille. En regardant par le goulot qui le termine, on voit sur le plancher un petit noyau de cellules. Théoriquement parlant, c'est avec les nids de Synœca que cette construction a le plus d'analogie. Je suppose qu'à l'état parfait il n'offre, comme les nids des insectes de ce genre, qu'une couche de cellules collée à plat sur la feuille et recouverte du manteau dont l'orifice est . prolongé en tube.

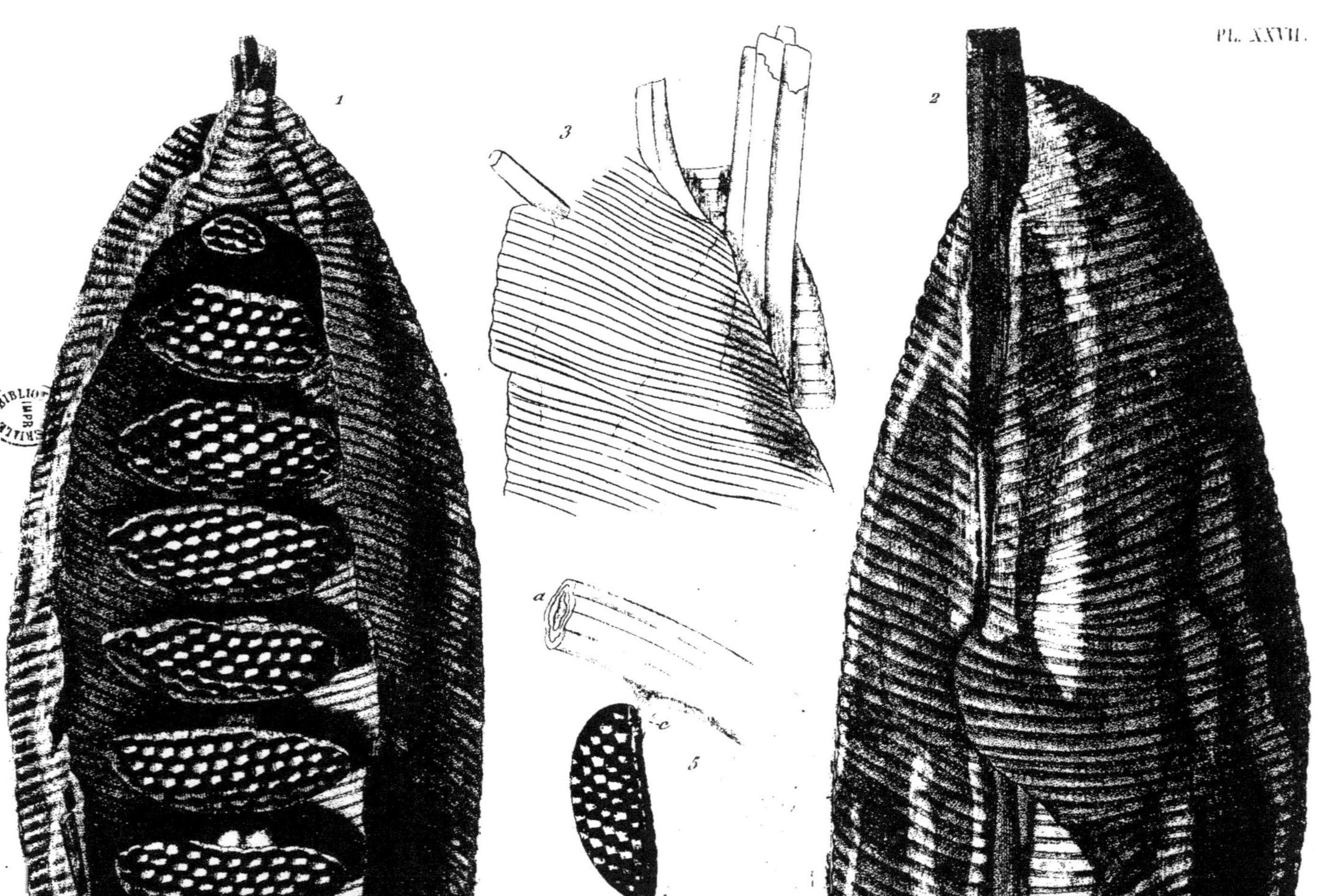

PL. XXVII.
1
2
3
5
a
c

Vaillant del
Corge sc.
Paris. Imp. Geny-Gros. r. St Jacques. 53.

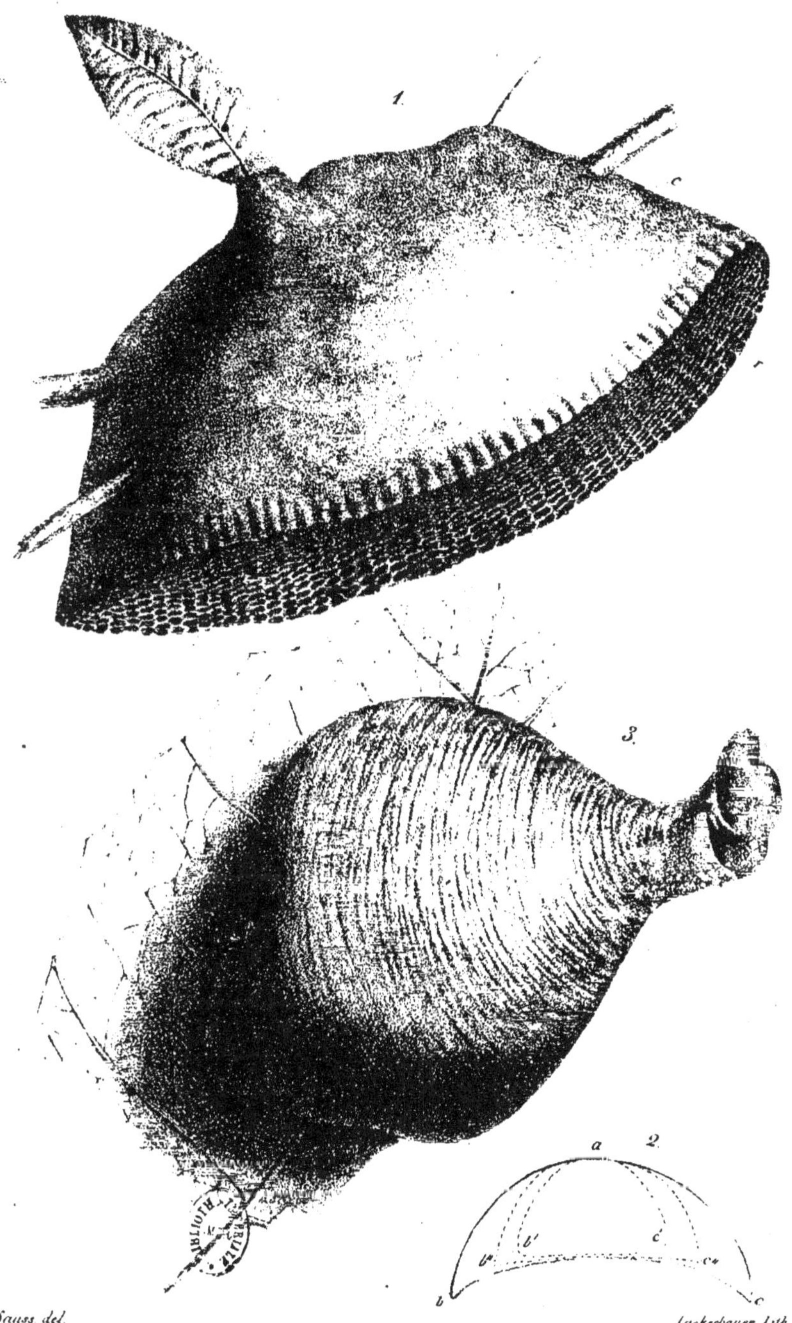

Sauss. del.

Lackerbauer, lith.

1-2. *NID DE L'APOÏCA PALLIDA*, 3. *NID DE* ?

PLANCHE XXIX.

PHRAGMOCYTTARES.

Nids de Polybies se rapprochant pour leur forme de ceux des *parfaits Phragmocyttares*.

1-2. Nid de *Polybia sericea* Oliv., réduit à 1/3 de sa grandeur.

La figure 1 représente le nid au début de sa formation. Il n'est alors qu'une simple chambre tapissée de cellules à son plancher, et percée d'un orifice de sortie.

Dans la fig. 2 on voit un nid semblable qui a reçu deux étages de plus, lesquels sont venus s'ajouter en dessous, de la même manière que dans les nids de *Phragmocyttares*.

3. Coupe théorique des nids de ce genre, pour montrer quel est leur mode d'accroissement

Fig. 4, 5, 6, nids de *Polybia rejecta* Fabr., considérablement réduits.

La fig. 5 montre le profil du nid qui n'a encore qu'un seul étage, comme dans la fig. 1. (Il est réduit à 1/4 de sa grandeur).

Fig. 4. Ce même nid vu par sa face inférieure et réduit de moitié, pour montrer les zônes concentriques de son enveloppe.

Fig. 5. Nid ayant acquis un grand développement et considérablement réduit. Un grand nombre d'étages successifs sont venus s'ajouter au premier, chacun de ces étages est indiqué par un étranglement.

La première chambre du nid (fig. 5) correspond au cône qui le termine en haut *o a b*, ensuite sont venus les étages *c d, e f*, etc.

Ces nids sont absolument des *Phragmocyttares* imparfaits, ils diffèrent des parfaits par la grande différence d'épaisseur entre les cloisons et l'enveloppe, différence qui est bien en faveur de cette dernière, en sorte que la construction des parties internes reste assez indépendante de celle de l'enveloppe. (Voyez les *Considérations générales sur la Nidification*, la troisième espèce des Phragmocyttares parfaits.)

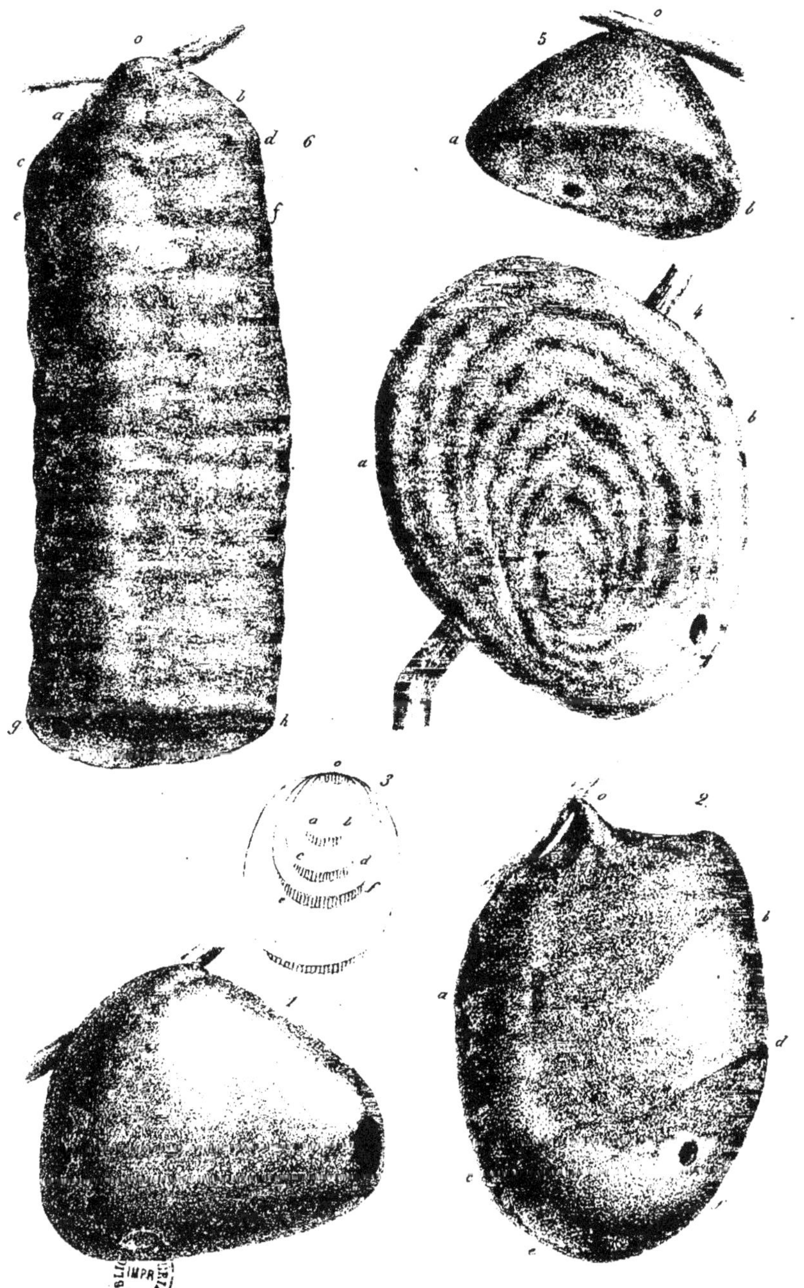

Paris. Imp. Geny Gros, r. St Jacques, 38.

NIDS DE POLYBIA.

V. PLANCHE XXX.

Nid de *Nectarinia Lecheguana*, réduit de plus de moitié.

Il est d'une grandeur disproportionnée à la taille de l'insecte qui en est l'artisan, comme on peut en juger à la petitesse des cellules. C'est une grande masse papyracée qui enveloppe les nombreuses ramifications d'un arbrisseau. Son papier est gris, mince comme celui que fabriquent les *Vespa*. A l'extérieur il a aussi l'apparence d'un nid de Vespa, mais il en diffère essentiellement par le fait que certaines parties de l'enveloppe sont couvertes de cellules en voie de construction, ce qui n'est jamais le cas dans les nids des STELOCYTTARES, dont les rayons sont toujours indépendants de l'enveloppe, et ce qui a toujours lieu chez les PHRAGMOCYTTARES, qui ont l'habitude de construire les cellules sur des portions de l'enveloppe même.

La coupe du nid montre effectivement que les gâteaux sont disposés en couches concentriques qui suivent la forme de l'enveloppe et qui ne communiquent que par des trous. Ce guêpier rentre dans le genre des Phragmocyttares sphériques. (Voyez l'*Histoire de la nidification.*)

Ce nid a été photographié sur pierre et ensuite tiré à la lithographie d'après le nouveau procédé dont on est redevable à M. Lemercier. C'est ici la première application de la lithophographie aux sciences naturelles.

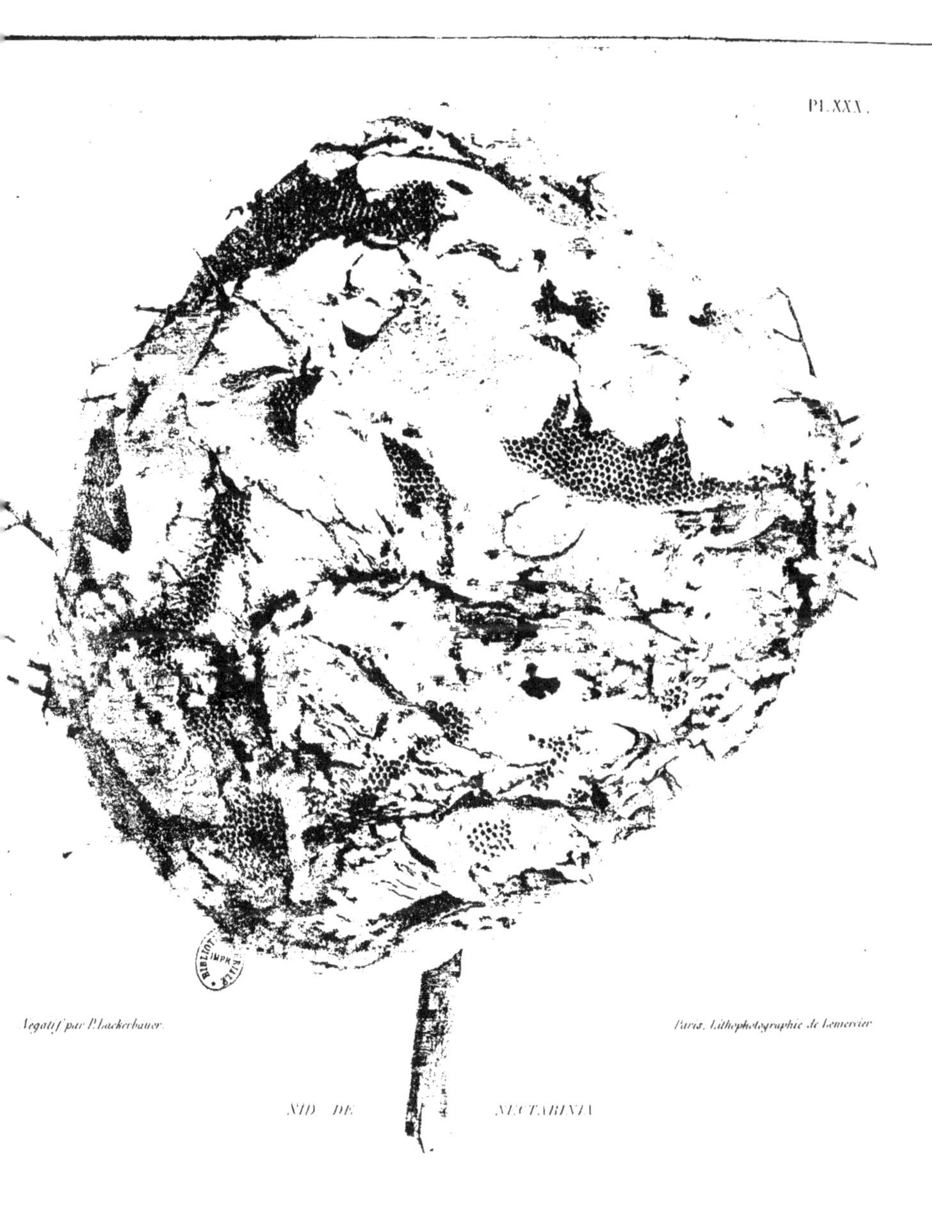

Paris, Lithophotographie de Lemercier

NID DE NECTARINIA

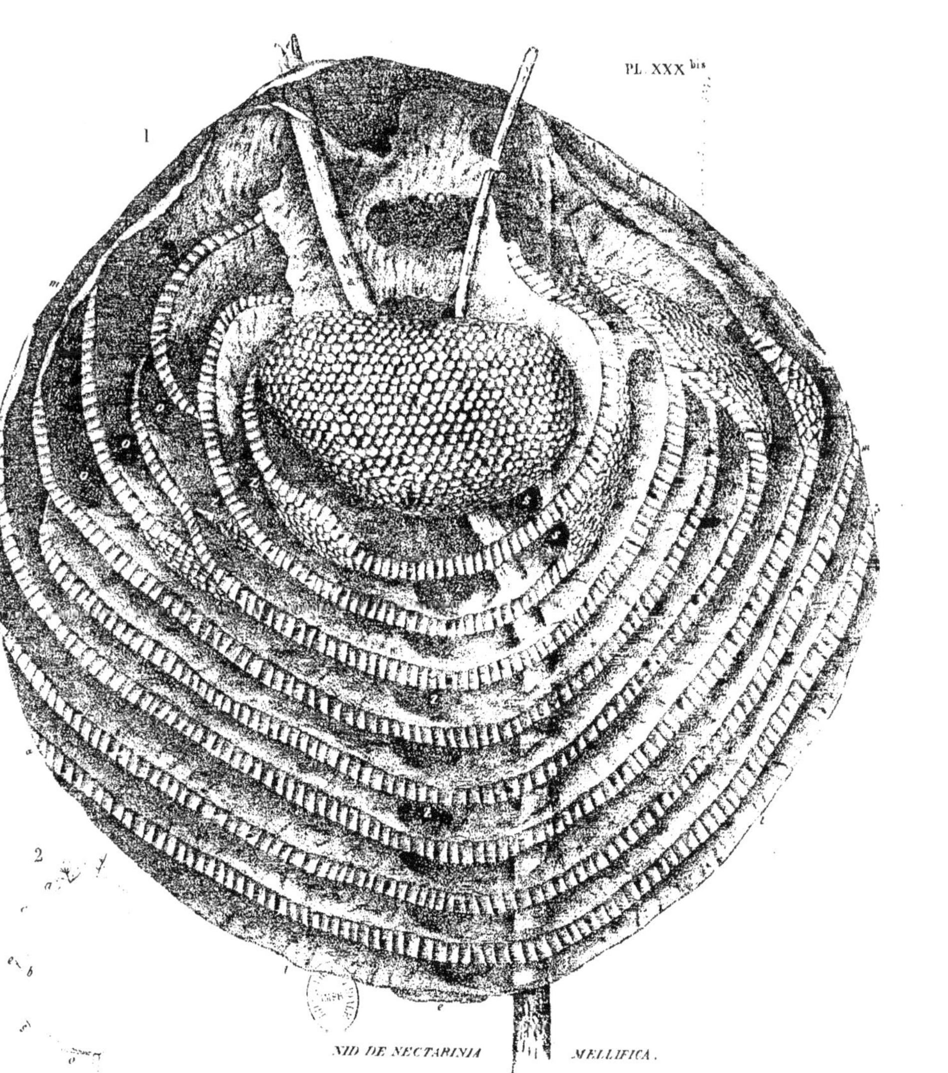

NID DE NECTARINIA MELLIFICA.

Paris Impr. Gros Imp. r St Jacques, 33

PLANCHE XXXI.

Genre TATUA.

1. *Tatua morio*, Cuv. ♀ grossie.
   1 *a*. Tête du même.

Genre CHARTERGUS.

Ire DIVISION.

2. *Chartergus colobopterus*, Web. ♀. grossi.
   2 *a*. Mâchoire du même.
   2 *b*. Mandibule du même.
   2 *c*. Tête du même, pour montrer la forme du chaperon.
3. *Chartergus globiventris*, Sauss. ♀. grossi.
   3 *a*. Profil du même.
4. *Chartergus chartarius*, Oliv. ♀. grossi.
5. *Chartergus fulgipennis*, Sauss. ♀. grossi.
   5 *a*. Profil du même.

IIe DIVISION.

6. *Chartergus compressus*, Sauss. ♀. grossi.
   6 *a*. Tête du même.
7. Nervation de l'aile dans les *Chartergus*, et en particulier dans le
   Chartergus apicalis.
   7 *a*. Anomalie très fréquente chez le *Chartergus apicalis*.

Genre NECTARINIA.

8. *Nectarinia Smithii*, Sauss. ♀. grossie.
   8 *a*. Abdomen de la même vu de profil, pour montrer l'extrême
   petitesse du premier segment, relativement à la taille qu'il
   a dans les *Chartergus*. (Fig. 3 *a*, et 5 *a*.)

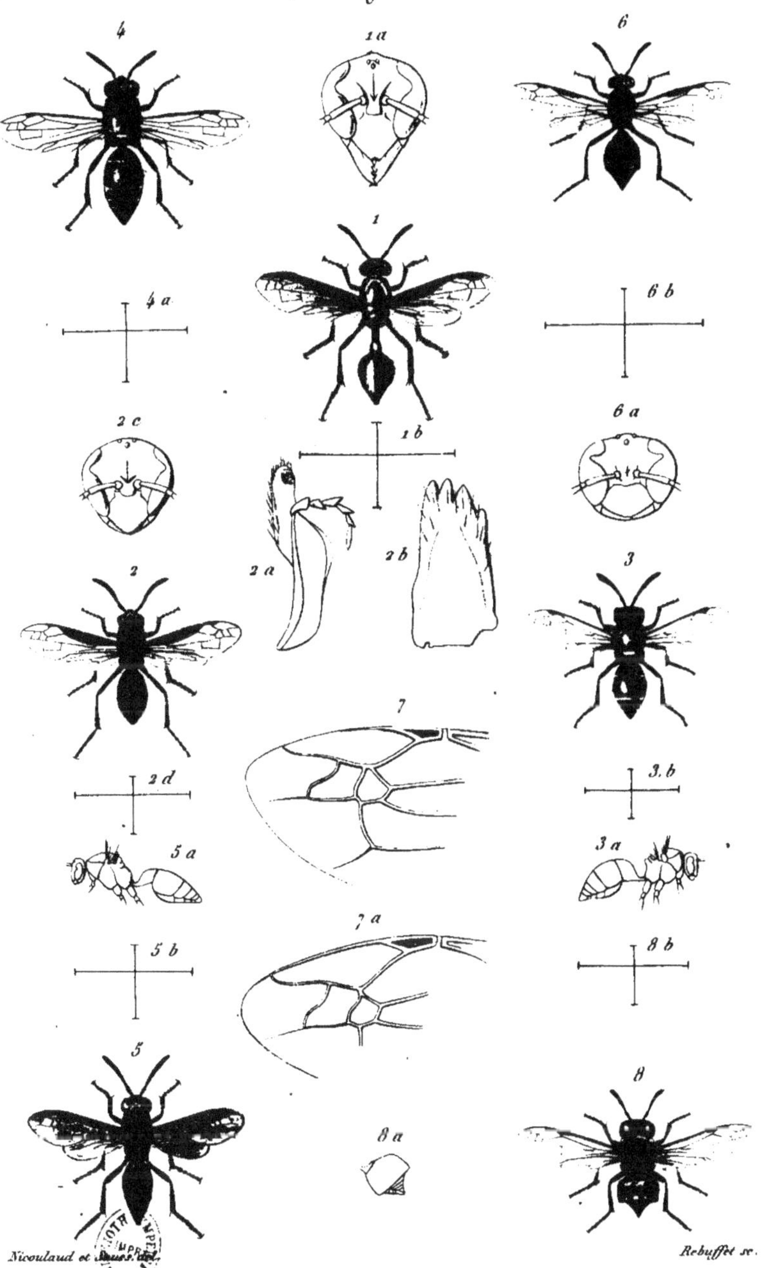

Nicoulaud et ... del. Rebuffet sc.

1. T. MORIO. 2. C. COLOBOPTERUS. 3. C. GLOBIVENTRIS. 4. C. CHARTARIUS.

5. C. FULGIPENNIS. 6. C. COMPRESSUS. 8. B. SMITHII.

Paris. Imp. Geny-Gros, r. St Jacques, 33.

PLANCHE XXXII.

PHRAGMOCYTTARES.

Genre TATUA.

1. Nid de *Tatua morio* (voyez pl. XXXI, fig. 1), partagé par une coupe verticale.

Ce nid, ainsi que le suivant, fournit un exemple parfait de la catégorie de ceux que je nomme *phragmocyttares*, c'est-à-dire de ceux où les gâteaux ne forment pas dans l'intérieur de l'enveloppe une masse libre supportée par des colonnettes qui s'étendent d'un rayon à l'autre, mais où ils reposent sur des cloisons complètes qui font partie de la charpente même du nid. Tandis que dans les Stelocyttares il existe toujours entre l'enveloppe et les rayons, un espace libre, on ne voit ici, d'un étage à l'autre, qu'un trou de communication (*c, b, a,* etc.), qui se trouve tout à fait latéral, et qui perce toutes les cloisons. Les gâteaux les plus inférieurs ne sont que commencés ; ils s'accroissent à mesure que de nouveaux étages s'ajoutent au nid. Les *Tatua* font les cloisons planes, en sorte que le nid est comme tronqué.

Celui-ci qui est conservé au Musée de Paris, et qui a été figuré par Cuvier (1), est trois fois aussi long que la figure le représente. Il pend à une branche d'arbre, et va en s'élargissant jusqu'au bas.

La matière qui a servi à sa charpente est un carton brun, assez grossier, probablement fait avec l'écorce des arbres, et d'une étonnante ténacité.

Les chambres sont tapissées à l'intérieur d'une couche plus fine.

2. Coupe d'un morceau de l'enveloppe et d'une cloison, pour montrer la structure de leur tissu. — *bb*, morceau de l'enveloppe. — *a*, extrémité de la cloison qui la continue. — *r*, cellules du rayon. — *c*, couche blanchâtre qui tapisse les chambres.

Ce nid est comme celui qui se voit représenté à la planche suivante, un nid indéfini.

____

(1) Bullet. Soc. philomat. n. 8. (Voyez p. 214 de ce volume.)

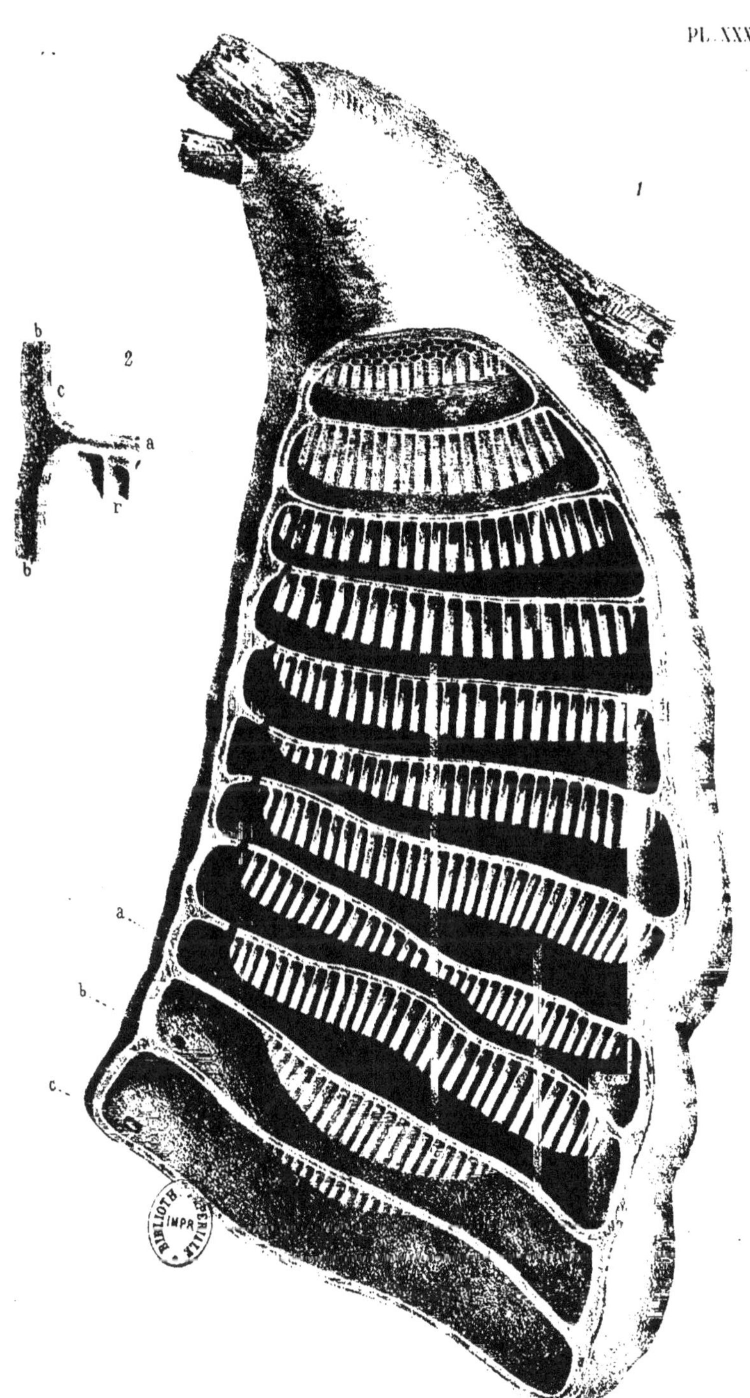

NID DE TATUA MORIO.

PLANCHE XXXIII.

PHRAGMOCYTTARES.

Genre CHARTERGUS.

1. Nid de *Chartergus chartarius*. Oliv., partagé par une coupe verticale, et réduit de moitié.

Ce nid est presque construit comme le précédent, seulement, les cloisons au lieu d'être planes ont une forme plus ou moins conique, forme qui paraît être caractéristique dans le genre Chartergus. Les trous de communication sont centraux et percent les rayons par le sommet du cône. Le carton est toujours très ténace, très fin, et de couleur blanchâtre, mais rien n'est plus variable que la forme et la grandeur que peuvent affecter ces constructions; en général elles sont cylindriques et arquées, mais bien souvent aussi on en rencontre de très comprimées; j'ai vu de ces nids très petits qui n'avaient que deux rayons, et d'autres dont la longueur atteignait près de deux pieds. Ils paraissent être très communs dans les forêts de l'Amérique méridionale.

On voit nettement combien sont minces les cloisons supérieures; elles ont probablement été rongées par les insectes qui faisaient servir ces matériaux à la construction de nouveaux étages.

L'exemplaire figuré offre une anomalie dans la disposition de ses gâteaux, qui est probablement due à quelqu'accident.

2. Coupe d'un morceau de l'enveloppe et d'une cloison. On voit distinctement que la cloison *ab* n'est que la continuation de l'enveloppe *ad*, et qu'anciennement elle faisait partie de cette enveloppe avant qu'une nouvelle chambre fût venue s'ajouter en dessous.

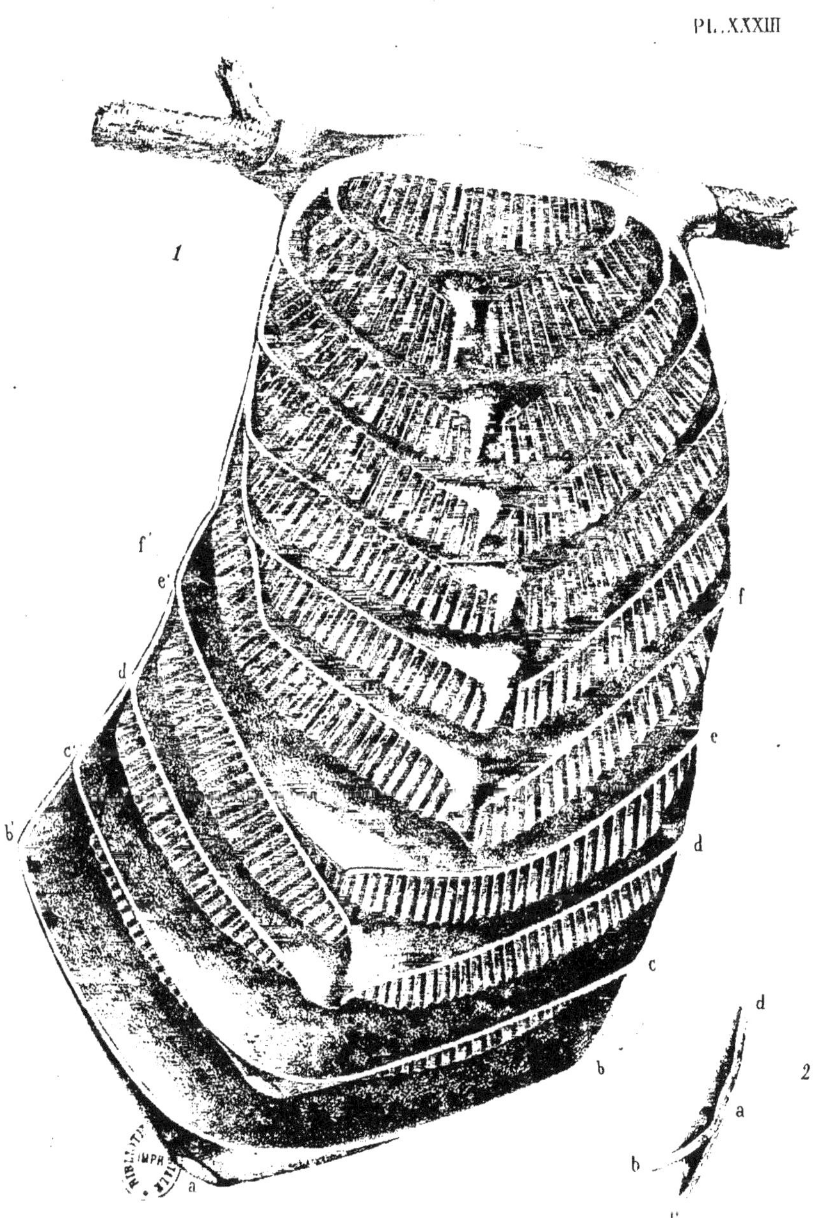

Lakerbauer lith

Imp Lemercier, Paris

NID DU CHARTERGUS CHARTARIUS

V.

PLANCHE XXXIV.

Genre NECTARINIA.

1. Caractères du genre *Nectarinia*.

    Fig. 1. Thorax vu en dessus : *a, b*, prothorax — *m*, métathorax — *e*, écusson. L'écusson chevauche sur le postécusson et le cache entièrement.

    Fig. 1, *a*. Thorax vu par derrière : *m*, métathorax — *e*, écusson — *p*, postécusson. L'écusson se voit au sommet ; sa face postérieure est tronquée et surplombe ; le postécusson est visible entre lui et le métathorax.

    1, *b*. Mâchoire de la *Nectarinia Lechegnana*.

    1, *c*. Mandibule de la même.

2. *Nectarinia bilineolata*. Spin. ♀, grossie.

3. *Nectarinia Lechegnana*. Latr. ♀, grossie.

    3, *a*. Profil de la même.

    3, *b*. Tête de la même, pour montrer la forme du chaperon.

Genre ISCHNOGASTER.

(Supplément à la pl. 1re.)

4. *Ischnogaster nitidipennis*. Sauss. ♀, grossie.

Genre ICARIA.

(Supplément aux pl. III et IV.)

5. *Icaria Australis*. Sauss. ♀, grossie.

    5, *a*. Profil de la même.

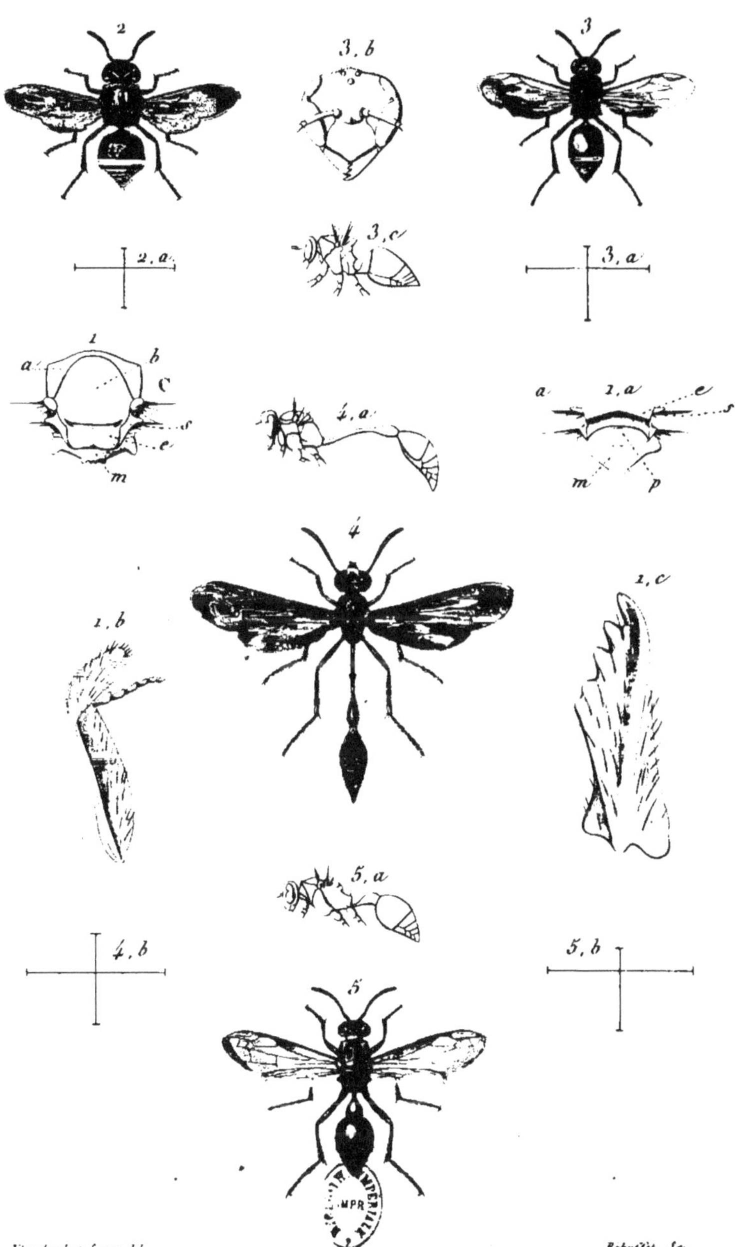

Nicoulaud et Sauss del.   Robuffet Sc.

2 . N . BILINEOLATA   3 . N . LECHEGUANA

4 . ISCHNOGASTER NITIDIPENNIS

5 . ICARIA AUSTRALIS .

Paris Gény-Gros, Imp.r St Jacques 33.

PL. XXXV.

Fig. 3.

Fig. 2.

Fig. 6.

Fig. 1.

Fig. 9.

Fig. 7.

Fig. 4.

Fig. 11.

Fig. 12.

Fig. 8.

Fig. 5.

Fig. 10.

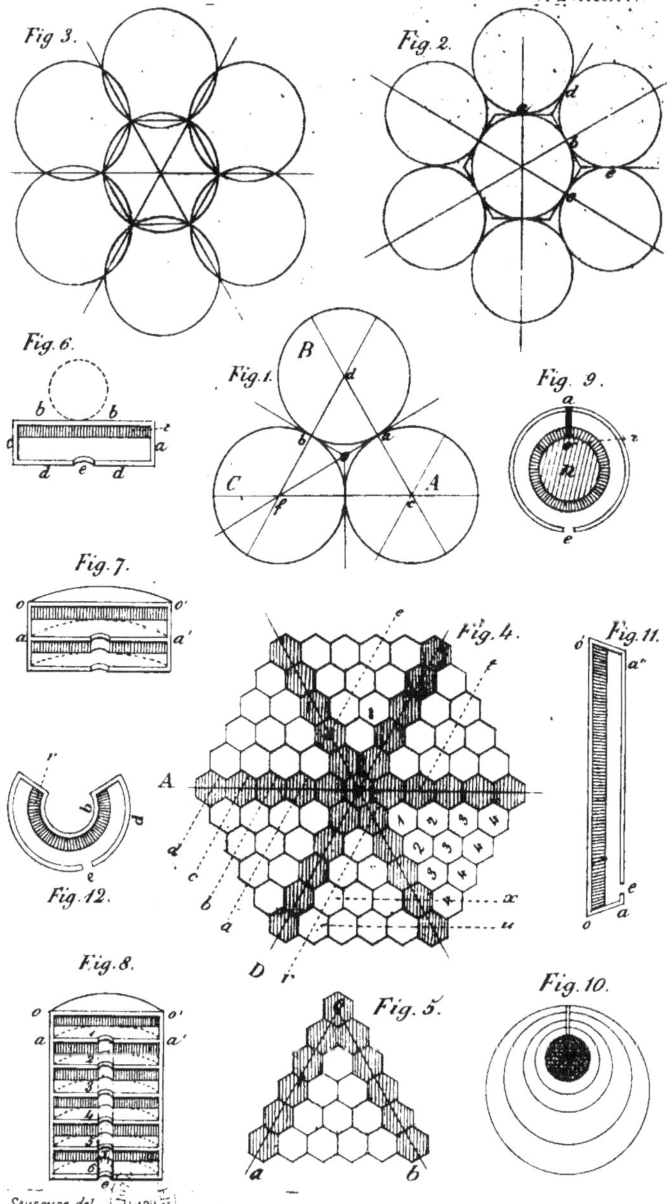

Saussure del.

PL XXXVI.

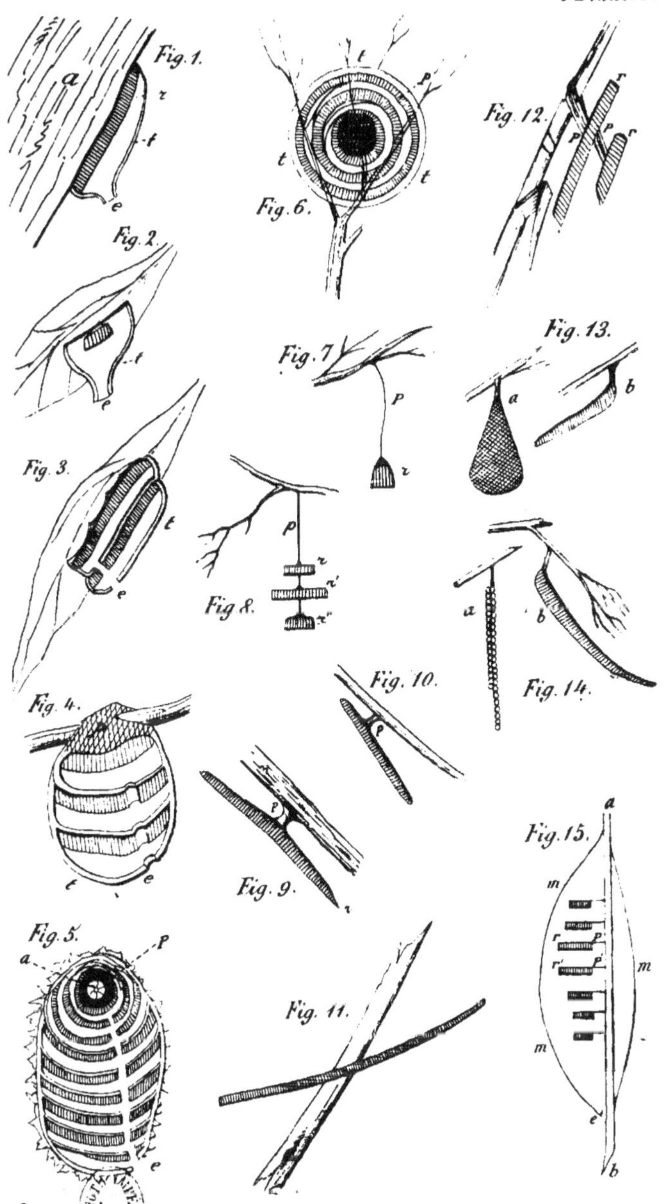

Coupe théorique des différentes espèces de Guêpiers.

PL. XXXVII.

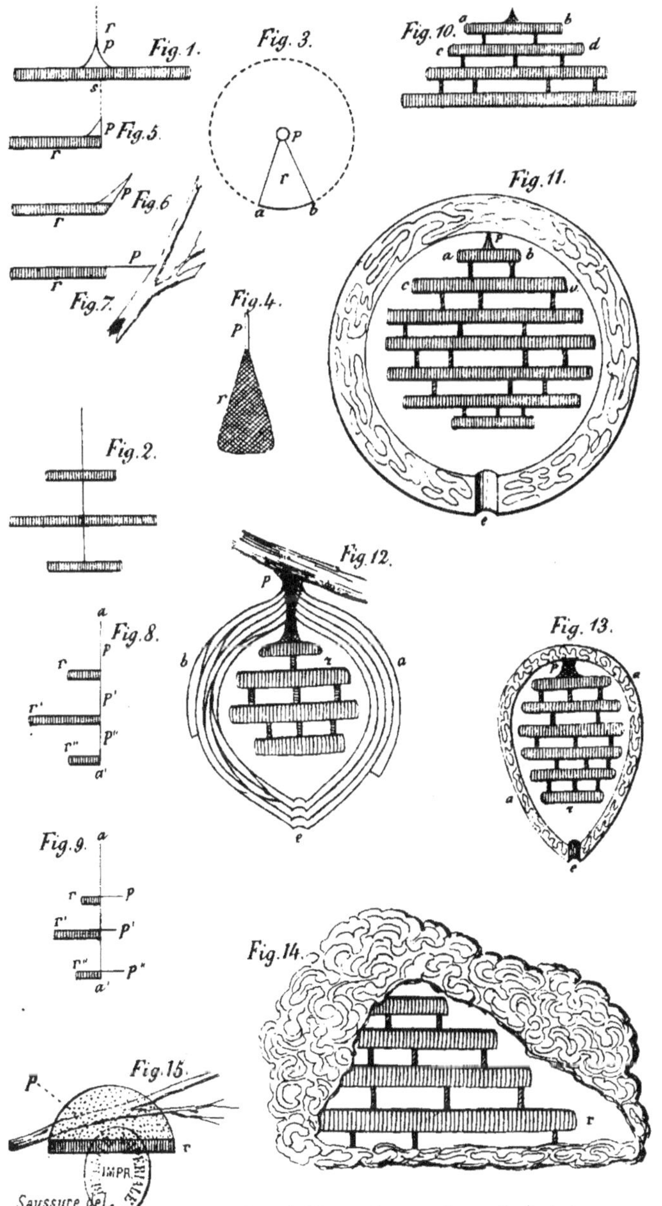

Coupe théorique des differentes espèces de Guêpiers.

ÉTUDES SUR LA FAMILLE DES VESPIDES.

MONOGRAPHIE

DES

GUÊPES SOCIALES,

OU DE LA

TRIBU DES VESPIENS,

OUVRAGE FAISANT SUITE

A LA MONOGRAPHIE DES GUÊPES SOLITAIRES,

PAR

Henri de SAUSSURE.

1ᵉʳ **Cahier**

PRIX : 6 FR.

PARIS,
VICTOR MASSON,
PLACE DE L'ÉCOLE DE-MÉDECINE.

GENÈVE,
JOËL CHERBULIEZ,
RUE DE LA CITÉ.

1855.

MONOGRAPHIE

DES

GUÊPES SOCIALES,

OU DE LA

TRIBU DES VESPIENS,

OUVRAGE FAISANT SUITE

A LA MONOGRAPHIE DES GUÊPES SOLITAIRES,

PAR

Henri de SAUSSURE.

2e **Cahier**

PRIX : 6 FR.

PARIS,

VICTOR MASSON,

PLACE DE L'ÉCOLE-DE-MÉDECINE.

GENÊVE,

JOËL CHERBULIEZ,

RUE DE LA CITÉ.

1853.

MONOGRAPHIE

DES

GUÊPES SOCIALES,

OU DE LA

TRIBU DES VESPIENS,

OUVRAGE FAISANT SUITE

A LA MONOGRAPHIE DES GUÊPES SOLITAIRES,

PAR

Henri de SAUSSURE.

Cahier 3

PRIX : 6 FR.

PARIS,

VICTOR MASSON,

PLACE DE L'ÉCOLE-DE-MÉDECINE.

GENÈVE,

JOËL CHERBULIEZ,

RUE DE LA CITÉ.

1853.

ÉTUDES SUR LA FAMILLE DES VESPIDES.

MONOGRAPHIE

DES

GUÊPES SOCIALES,

OU DE LA

TRIBU DES VESPIENS,

OUVRAGE FAISANT SUITE

A LA MONOGRAPHIE DES GUÊPES SOLITAIRES,

PAR

Henri de SAUSSURE.

Cahier 4

PRIX : 6 FR.

PARIS,

VICTOR MASSON,

PLACE DE L'ECOLE-DE-MÉDECINE.

GENÉVE,

JOËL CHERBULIEZ,

RUE DE LA CITÉ.

1853.

MONOGRAPHIE

DES

GUÊPES SOCIALES,

OU DE LA

TRIBU DES VESPIENS,

OUVRAGE FAISANT SUITE

A LA MONOGRAPHIE DES GUÊPES SOLITAIRES,

PAR

Henri de SAUSSURE.

Cahier *f*

PRIX : 6 FR.

PARIS,
VICTOR MASSON,
PLACE DE L'ÉCOLE-DE-MÉDECINE.

GENÈVE,
JOËL CHERBULIEZ,
RUE DE LA CITÉ.

1853.

MONOGRAPHIE

DES

GUÊPES SOCIALES,

OU DE LA

TRIBU DES VESPIENS,

OUVRAGE FAISANT SUITE

A LA MONOGRAPHIE DES GUÊPES SOLITAIRES,

PAR

Henri de SAUSSURE.

Cahier

PRIX : 6 FR.

PARIS,	**GENÈVE,**
VICTOR MASSON,	JOËL CHERBULIEZ,
PLACE DE L'ÉCOLE-DE-MÉDECINE.	RUE DE LA CITÉ.

1853.

MONOGRAPHIE

DES

GUÊPES SOCIALES,

OU DE LA

TRIBU DES VESPIENS,

OUVRAGE FAISANT SUITE

A LA MONOGRAPHIE DES GUÊPES SOLITAIRES,

PAR

Henri de SAUSSURE.

Cahier 7

PRIX : 6 FR.

PARIS,

VICTOR MASSON,

PLACE DE L'ÉCOLE-DE-MÉDECINE.

GENÈVE,

JOËL CHERBULIEZ,

RUE DE LA CITÉ.

1853.

MONOGRAPHIE

DES

GUÊPES SOCIALES,

OU DE LA

TRIBU DES VESPIENS,

OUVRAGE FAISANT SUITE

A LA MONOGRAPHIE DES GUÊPES SOLITAIRES,

PAR

Henri de SAUSSURE.

Cahier 9

PRIX : 6 FR.

PARIS,
VICTOR MASSON,
PLACE DE L'ÉCOLE-DE-MÉDECINE,

GENÉVE,
JOËL CHERBULIEZ,
RUE DE LA CITÉ,

1856.

ÉTUDES SUR LA FAMILLE DES VESPIDES.

MONOGRAPHIE

DES

GUÊPES SOCIALES,

OU DE LA

TRIBU DES VESPIENS,

OUVRAGE FAISANT SUITE

A LA MONOGRAPHIE DES GUÊPES SOLITAIRES,

PAR

Henri de SAUSSURE.

Cahier 9

PRIX : 6 FR.

PARIS,
VICTOR MASSON,
PLACE DE L'ÉCOLE-DE-MÉDECINE,

GENÈVE,
JOËL CHERBULIEZ,
RUE DE LA CITÉ,

1857.